新工科建设与紧缺人才培养·数据科学系列

大数据技术与应用

赵 亮 陈志奎 钟芳明 孙婷婷 编 著

电子工业出版社

Publishing House of Electronics Industry

北京·BEIJING

内 容 简 介

"大数据技术与应用"是一门大数据知识入门课程,是数据科学与大数据技术、计算机科学与技术、软件工程等专业的重要前沿理论课程,对于信息类专业的学生掌握大数据相关理论知识并与企业工程实践接轨具有十分重要的作用。本书共包含9章,第1章为初识大数据,第2章为大数据采集,第3章为大数据预处理,第4章为大数据存储,第5章为大数据计算,第6章为大数据挖掘,第7章为大数据安全,第8章为大数据可视化,第9章为大数据应用案例。

本书以大数据生命周期为主线,通过"理论学习+应用案例"使学生参与到大数据实际处理、分析中来,有利于学生深入理解大数据技术、综合应用大数据技术和面向产业实践大数据技术。

本书可作为本科院校相关专业课程的教材,也可供相关技术人员参考。

图书在版编目(CIP)数据

大数据技术与应用 / 赵亮等编著. —北京:电子工业出版社,2023.4

ISBN 978-7-121-45308-3

Ⅰ. ①大⋯ Ⅱ. ①赵⋯ Ⅲ. ①数据处理－高等学校－教材 Ⅳ. ①TP274

中国国家版本馆 CIP 数据核字(2023)第 051778 号

责任编辑:刘 珺   特约编辑:田学清
印   刷:三河市华成印务有限公司
装   订:三河市华成印务有限公司
出版发行:电子工业出版社
        北京市海淀区万寿路 173 信箱   邮编:100036
开   本:787×1092   1/16   印张:21.75   字数:556 千字
版   次:2023 年 4 月第 1 版
印   次:2023 年 4 月第 1 次印刷
定   价:79.00 元

前 言

PREFACE

随着移动互联网的崛起，全球数据正呈爆炸性增长。据统计，目前全球 90% 以上的数据是近几年产生的，数据规模大约每两年翻一番。现有数据不仅包括人们在互联网上发布的海量信息，还包括各种设备、建筑、系统、人员、业务和场景等产生的结构化、半结构化与非结构化数据，这些数据随时更新并传递着有关对象的各种状态及变化。当今时代是产生大数据的时代，更是需要大数据力量的时代。大数据技术正在加速推动数据资源的汇集，成为当今时代由 IT 时代向 DT 时代跃迁的三大产业支柱之一，大数据已经在多个领域引发了变革。

本书共包含 9 章：第 1 章主要介绍大数据的基本概念和大数据的关键技术，列举了一些大数据在金融、医疗、土地资源管理等领域的应用，数据隐私和安全、数据共享机制、价值挖掘问题等挑战；第 2 章主要介绍大数据采集的基础、大数据采集的架构、互联网数据抓取与处理等数据采集方面的技术及文本数据处理的相关技术；第 3 章主要介绍数据基础的概念、数据预处理、数据清洗、数据集成、数据规约和数据转换等大数据预处理的相关知识；第 4 章主要介绍大数据时代下海量数据存储技术，包括 Google 开发的分布式文件系统 HDFS、分布式数据库 HBase 及 NoSQL 非关系型数据库的概念和应用；第 5 章主要介绍大数据计算方法与平台，包括批处理计算、流计算、图计算、查询分析计算、云计算及 Spark 和 Hadoop 平台；第 6 章主要介绍大数据挖掘的基本知识，包括数据挖掘基础、聚类分析、分类分析、回归分析、关联分析和异常检测；第 7 章主要介绍大数据安全与隐私的相关概念及其保护的关键技术，同时阐述了大数据生命周期各主要阶段所面临的安全风险，给出了大数据安全与隐私保护技术框架；第 8 章主要介绍大数据可视化技术的内涵、特点及数据可视化基本图表，列举了大数据可视化的常用工具，并且讨论了当前大数据可视化所面临的挑战和机遇；第 9 章主要介绍大数据在各个领域的应用案例，包括金融、医疗、交通、土地资源管理等领域。

本书旨在让学生在大学入学最初阶段对大数据的发展历史、知识结构与要求及与大数据相关专业的基础知识、典型技术、具体应用等有一个直观的认识，区别于新生课的普适性介绍，相关内容偏专业，目的是让学生对大数据知识和相关专业培养要求有一个相对全面而直观的了解，同时也会概述性地介绍有关计算机学科相关内容及典型人物，以激发学生的学习兴趣，促进学生进一步了解设置这门课程的背景和总体学习要求。

本书旨在增强学生专业知识的学习能力、领域知识的综合应用能力及学生团队的协调和工作能力，直观有效地增强学生的实践能力，以及调动学生从事相关科学研究的主动性和持续性，使学生能够更加适应以后的求职和工作。

本书由赵亮和陈志奎负责全书整体结构的规划，由赵亮、陈志奎、钟芳明和孙婷婷共同完成编写。其中，赵亮主要负责第1、2、3、6章的编写，陈志奎主要负责第4、5章的编写，钟芳明主要负责第7、8章的编写，孙婷婷主要负责第9章的编写。本书配有PPT、课程思政、习题解答等资源，读者可登录华信教育资源网（http://www.hxedu.com.cn）免费下载。

编著者在本书的编写过程中受到了领域内众多学者及其研究内容的启发，并得到了广泛的支持与帮助，首先，要感谢大连理工大学教学改革项目的支持。然后，要感谢大连理工大学软件学院大数据研究所成立的教材编写指导小组，并带领主要成员多次外出学习、访问。最后，对支持和帮助及关注本书的所有同仁表示感谢，同时，也要感谢团队研究生同学杜佳宁、仇希如、孙铭阳、周光海、包荣鑫、王勐、张洁、郭芳清等协助收集素材和校稿。

由于编著者的时间和水平有限，本书难免存在不足之处，请广大读者批评指正。编著者邮箱为 liangzhao@dlut.edu.cn。

编著者

目 录

CONTENTS

第1章
初识大数据

课程思政

1.1 大数据的概述

1.1.1 大数据时代的背景及定义

1.1.1.1 大数据时代的背景

1. 数据爆炸

近年来，随着计算机和信息技术的迅猛发展与普及，互联网、物联网、电子商务、社交媒体、现代物流、网络金融等多种现代服务行业的规模迅速扩大，全球数据量正呈几何级数增长。动辄达到数百 TB 级规模甚至数十至数百 PB 级规模的行业数据已经远远超出了现有传统的计算技术和信息系统的处理能力。据统计，过去几年时间产生的数据量超过了人类历史上的数据总和，2030 年全球新增数据量将突破 1YB 级，人类将进入"YB 时代"（1YB 约等于一亿亿亿字节）。数据爆炸式增长的实际数据体现如图 1.1 所示。

图 1.1　数据爆炸式增长的实际数据体现

2. 感知化、物联化、智能化

感知化是指数据源的变化。由于传感器、RFID 标签、芯片、摄像头遍布世界的各个角落，因此物理世界中原本不能被感知的事物现在可以被感知，它们通过各种技术被接入了互联网的世界。

物联化是指数据传送方式的变化。继人与人、人与机器的互联后，机器与机器之间的互联成为当下的发展趋势。

智能化是指数据使用方式的变化。数据只有经过处理、分析和计算，从中提取出有价值的东西，才能实现真正的价值。

3. 大数据在各个领域中逐渐崭露头角

传统的面向应用的数据开发模式逐渐转向数据驱动模式。大数据引发了商业、科研、政务、社会服务等领域的深刻变革。具体来说，首先，大数据能够支持政务活动，如奥巴马竞选中的民意预测采用大数据存储和分析选民资料、筹集资金、投放广告等；然后，大数据可以提高社会服务能力，如洛杉矶的智能交通 ATSAC，采用感应器收集车速、流量等信息，进行实时处理。此外，大数据可以提高商业决策水平。例如，US Xpress 的物流运输使用大数据分析车辆状况，对车辆人员进行合理调度。

1.1.1.2　大数据的定义

目前业界对大数据还没有一个统一的定义。常见的研究机构基于不同的角度给出如下定义。

大数据是指大小超出常规的数据库工具获取、存储、管理和分析能力的数据集（并不是说一定要超过特定 TB 级的数据集才算大数据）。

——麦肯锡

大数据是指无法在一定时间内用常规软件工具对其内容进行抓取、管理和处理的数据集。

——维基百科

大数据是需要新处理模式才能具有更强的决策力、洞察发现力和流程优化力的海量、高增长率和多样化的信息资产。

——Gartner

数据量大、获取速度快或形态多样的数据，难以用传统关系型数据分析方法进行有效分析，或者需要大规模的水平扩展才能高效处理。

——美国国际标准技术研究院（NIST）

大数据一般会涉及两种或两种以上的数据形式，它需要收集超过 100TB（1TB=2^{40}B）的数据，并且是高速实时流数据；或者从小数据开始，但数据每年增长速率至少为 60%。

——国际数据公司

总的来说，大数据是指所涉及的数据规模巨大到无法通过人工或计算机，在可容忍的时间下使用常规软件工具完成存储、管理和处理任务，并解释成人们所能解读的形式的信息。

1.1.2　大数据的特征

现在普遍以 5V 特征来描述大数据，其反映了大数据在 5 方面的特征，如图 1.2 所示。

图 1.2　大数据的 5V 特征

（1）Volume（巨量性）：数据量巨大。这是大数据的显著特征，数据集合的规模不断扩大，已从 GB 级到 TB 级再到 PB 级，甚至已经到了 EB 级和 ZB 级。

（2）Variety（多样性）：数据类型复杂多样。以往产生或者处理的数据类型较为单一，大部分是结构化数据，如传统文本类和数据库数据。如今，数据类型不仅包括结构化数据，还包括大量半结构化或者非结构化数据，如 XML、邮件、博客、即时消息。此外，企业需要整合分析来自复杂的传统和非传统信息源的数据，包括企业内部和外部的数据。

（3）Velocity（高速性）：数据具有高速性。数据产生、处理和分析的速度持续提高，数据流量大。速度提高的原因是数据创建的实时性及需要将流数据结合到业务流程和决策过程中。

（4）Veracity（准确性）：数据具有准确性。该特征体现了大数据的数据质量。较为典型的应用是网络垃圾邮件，它们给社交网络带来了严重的困扰。据统计，网络垃圾占万维网所有内容的 20%以上。

（5）Value（高价值，低价值密度）：数据具有潜在价值。大数据由于数据量不断增大，单位数据的价值密度不断降低，而数据的整体价值不断提高。有人甚至将大数据等同于黄金和石油，表示大数据中蕴含了无限的商业价值。

一般而言，数据量越大，类型越多，用户得到的信息量越大。但在实际情况中，大数据低价值密度这一特征使其数据价值往往依赖于较好的数据处理方式和工具。因此，尽量减少由于数据垃圾和信息过剩造成的数据价值丢失，力求从数据中获得更高的价值回报至关重要。

从传统数据到大数据，类似于从"池塘捕鱼"到"大海捕鱼"的过程，其中的鱼如同待处理的数据。传统数据与大数据的区别如表 1.1 所示。

此外，大数据和海量数据的概念也是有区别的，应该注意区分，可以从以下两方面对这两个概念进行区分。

（1）两者都具有数据量大的特征。但大数据的目标是从大量数据中提取相关的价值信息，它并不仅仅是大量数据的堆积，其数据之间是具有一定直接或间接联系的。因此，大数据和海量数据间的重要区别是数据间是否具有结构性和关联性。

（2）大数据能够快速、高效地对多种类型的数据进行处理和整合，从而获得有价值的信息。在数据处理过程中，运用了如数据挖掘、分布式处理、聚类分析等多种技术，并对相关硬件发展和软硬件的集成技术提出了较高要求。

表 1.1　传统数据与大数据的区别

类型	传统数据	大数据
数据规模	小规模，以 MB、GB 为单位	大规模，以 TB、PB 为单位
生成速度	每小时、每天	每秒，甚至更快
数据源	集中的数据源	分散的数据源
数据类型	单一的结构化数据	结构化、半结构化、非结构化等多源异构数据
数据存储	关系型数据管理系统（RDBMS）	非关系型数据库（NoSQL）、分布式存储系统（Hadoop 分布式文件系统）
处理工具	一种或少数几种处理工具	不存在单一的全处理工具

1.1.3　大数据的数据类型

大数据的数据类型不再仅仅局限于由传统的二维表形式表示的规范化存储结构。按照数据的结构特点分类，大数据可以分为结构化数据、半结构化数据和非结构化数据，并且半结构化数据和非结构化数据越来越成为数据的主要组成部分。据互联网数据中心（Internet Data Center，IDC）的调查报告显示：企业中 80%的数据都是非结构化数据，这些数据每年都按指数级增长 60%，并且随着大数据的发展，非结构化数据的比例会不断增加。

1.1.3.1　结构化数据

所谓结构化数据，简单来说就是数据库，也称作行数据，是由二维表形式来逻辑表达和实现的数据，严格地遵循数据格式与长度规范，它的特点是每一列数据具有相同的数据类型，每一列数据不可以再细分。

此类数据主要通过关系型数据库进行存储和管理。常用的关系型数据库有 SQL Server、DB2、MySQL、Oracle。这些数据库基本能够满足数据的高速存储、数据备份、数据共享及数据容灾等需求。结构化数据表举例如表 1.2 所示。

表 1.2　结构化数据表举例

用户 ID	姓名	班级	爱好	手机号码
1	张*三	119	游泳	138****1298
2	孙*	120	乒乓球	150****5236

结构化数据可以通过固有键值获取相应信息，且数据的格式固定。大多数技术应用基于结构化数据。

1.1.3.2 半结构化数据

半结构化数据和普通纯文本相比具有一定的结构性，且和具有严格理论模型的关系型数据库的数据相比更灵活。它是一种适于数据库集成的数据类型，也就是说，它适于描述包含在两个或多个数据库（这些数据库含有不同模式的相似数据）中的数据，如邮件、报表、HTML文档、具有定义模式的 XML 数据文件等。半结构化数据的典型应用场景有邮件系统、档案系统等。

半结构化数据的格式一般是纯文本数据，其格式较为规范，可以通过某种方式解析得到其中的每一项数据。常见的半结构化数据包括日志数据、HTML 数据、XML 数据、JSON 数据等。这类数据中的每条记录可能会有预定义的规范，但其包含的信息可能具有不同字段数、字段名或不同的嵌套格式。此外，这些数据一般通过解析来输出，输出形式一般是纯文本形式，便于管理和维护。

本节主要介绍 XML 数据和 JSON 数据。

1. XML 数据

XML 数据的示例如下：

```
<person>
<name>A</name>
<age>13</age>
<gender>female</gender>
</person>
```

有人说半结构化数据是以树或者图的数据结构存储数据的，怎么理解呢？在以上示例中，<person>标签是树的根节点，<name>和<gender>标签是子节点。通过这样的数据格式，可以自由地表达很多有用的信息，包括自我描述信息（元数据）。

2. JSON 数据

JSON（JavaScript Object Notation）是一种轻量级的数据交换格式。它使得人们可以很容易地对数据进行阅读和编写，同时也方便机器对数据进行解析和生成，解析后的数据以键值对或者值的有序列表形式输出。JSON 数据的示例如下：

```
{"employees": [
  { "firstName":"Bill" , "lastName":"Gates" },
  { "firstName":"George" , "lastName":"Bush" },
  { "firstName":"Thomas" , "lastName":"Carter" }
]}
```

相对于结构化数据，半结构化数据的构成更为复杂和不确定，从而也具有更高的灵活性，能够适应更为广泛的应用需求。

1.1.3.3 非结构化数据

非结构化数据是与结构化数据相对的，它不适合用二维表形式表示，包括所有格式的办公文档、图片和音频、视频信息等。支持非结构化数据的数据库采用多值字段、变长字段等机制进行数据项的创建和管理，广泛应用于全文检索和各种多媒体信息处理领域。

据预测，非结构化数据将占据所有数据的 70%～80%。结构化数据的分析挖掘技术经过多年的发展，已经形成了相对成熟的技术体系。也正是由于非结构化数据中没有限定结构形式的特点，它的表示灵活，并蕴含了丰富的信息。因此，综合看来，在大数据分析挖掘中，掌握非结构化数据处理技术是至关重要的，该技术中具有挑战性的问题在于语言表达的灵活性和多样性。具体的非结构化数据处理技术包括以下几种。

（1）Web 页面信息内容提取。

（2）结构化处理，包含文本的词汇切分、词性分析、歧义处理等。

（3）语义处理，包含实体提取、词汇相关度、句子相关度、篇章相关度、句法分析等。

（4）文本建模，包含向量空间模型、主题（Topic）模型等。

（5）隐私保护，包含社交网络的连接型数据处理、位置轨迹型数据处理等。

这些技术所涉及的领域较广，在情感分类、客户语音挖掘、法律文书分析等许多领域都有广泛的应用价值。

1.2　大数据的发展

随着"互联网+"时代的到来，信息技术的广泛使用极大地推动了大数据及其技术的应用和发展，并渗透到人们的日常生活中。本节将从大数据概念的发展展开论述，并总结大数据技术的发展。

1.2.1　大数据概念的发展

2005 年，Hadoop 技术诞生。最初，Hadoop 是雅虎用来解决网页搜索的技术，之后由于该技术的高效性，它被 Apache Software Foundation 引用并成为开源应用。目前，Hadoop 已经成为由多个软件产品组成的一个生态系统，这些软件产品共同实现功能全面和灵活的大数据分析。Hadoop 最关键的两项服务是采用 Hadoop 分布式文件系统（Hadoop Distributed File System，HDFS）的可靠数据存储服务及 MapReduce 技术的高性能并行数据处理服务。这两项服务的共同目标是，提供一个能使对结构化数据和复杂数据的快速、可靠分析变为现实的基础。

2008 年 9 月，在 Google 成立 10 周年之际，著名的《自然》杂志出版了一期专刊，专门讨论与未来的大数据处理相关的一系列技术问题和挑战，其中就提出了大数据的概念。

2008 年年末，计算社区联盟（Computing Community Consortium）发表了一份有影响力的白皮书《大数据计算：在商务、科学和社会领域创建革命性突破》。它使人们的思维不再局限于数据处理的机器，并提出：大数据真正重要的是新用途和新见解，而非数据本身。

从 2009 年开始，"大数据"成为互联网信息技术行业的流行词汇，大数据起初的成熟应用多在互联网行业，互联网上的数据每年增长 50%，每两年翻一番，全球互联网企业都意识到"大数据"时代的来临，数据对于企业有着重要意义。

2011 年 5 月，麦肯锡全球研究院发布题为《大数据：创新、竞争和生产力的下一个新领域》的报告。该报告对大数据的关键技术和应用领域进行了详细分析。报告发布后，"大数据"迅速成为计算机行业的热门话题。

在 2012 年 3 月美国奥巴马政府推出"大数据研究和发展倡议"，并划拨 2 亿美元的专项资金之后，全球掀起了一股大数据的热潮。根据 Wikibon 于 2011 年发布的大数据报告，大数据市场正处在井喷式增长的前夕，未来五年全球大数据市场价值将高达 500 亿美元。

2012 年 4 月 19 日，美国软件公司 Splunk 在纳斯达克成功上市，成为第一家上市的大数据处理公司。在美国经济持续低迷、股市持续震荡的大背景下，Splunk 首日的突出交易表现令人们印象深刻。Splunk 是一家领先提供大数据监测和分析服务的软件提供商，成立于 2003 年。它的成功上市促使资本市场给予大数据更多的关注，同时也促使 IT 厂商加快大数据布局。

2012 年 7 月，联合国在纽约发布了关于大数据政务的白皮书《大数据促发展：挑战与机遇》，全球大数据的研究和发展进入了前所未有的高潮。这本白皮书总结了各国政府如何利用大数据响应社会需求、指导经济运行、更好地为人们服务，并建议成员国建立"脉搏实验室"，挖掘大数据的潜在价值。

2012 年 7 月，阿里巴巴在管理层设立"首席数据官"一职（负责全面推进"数据分享平台"战略），并推出大型的数据分享平台——"聚石塔"，为天猫、淘宝平台上的电商及电商服务商等提供数据云服务。随后，阿里巴巴董事局主席马云在 2012 年网商大会上发表演讲，称从 2013 年 1 月 1 日起阿里巴巴将转型重塑平台、金融和数据三大业务。阿里巴巴希望通过分享和挖掘海量数据，为国家和中小企业提供价值。这是国内企业把大数据提升到企业管理层高度的一次重大里程碑。阿里巴巴也是最早提出通过数据进行企业数据化运营的企业。

2013 年 4 月 14 日和 21 日，央视著名"对话"节目邀请了编写《大数据时代——生活、工作与思维的大变革》的作者维克托·迈尔·舍恩伯格及美国大数据存储技术公司 LSI 总裁阿比，做了两期大数据专题谈话节目"谁在引爆大数据""谁在掘金大数据"。央视相关媒体对大数据的关注和宣传体现了大数据已经成为国家和社会普遍关注的焦点。

2013 年以来，国家自然科学基金、973、863 等重大研究计划都已把大数据研究列为重大的研究课题。此外，2012 年中国计算机学会发起组织了大数据专家委员会，该委员会还特别成立了一个"大数据技术发展战略报告"撰写组，并已撰写发布了《2013 年中国大数据技术与产业发展白皮书》。

2014 年 4 月，世界经济论坛以"大数据的回报与风险"为主题发布了《全球信息技术报告（第 13 版）》。报告认为，在未来几年，针对各种信息通信技术的政策会显得更加重要，并将对数据保密和网络管制等议题展开积极讨论。全球大数据产业的日趋活跃、技术演进和应用创新的加速发展，使各国政府逐渐认识到大数据在推动经济发展、改善公共服务、增进人民福祉，乃至保障国家安全方面的重大意义。

2014 年 5 月，美国白宫发布 2014 年全球"大数据"白皮书的研究报告《大数据：抓住机遇、守护价值》。报告鼓励人们使用数据以推动社会进步，特别是在市场与现有的机构中以其他方式来支持这种进步的领域；同时，也需要相应的框架、结构与研究，来帮助维护美国人对于保护个人隐私、确保公平或防止歧视的坚定信仰。

2015 年，国务院正式印发《促进大数据发展行动纲要》，此纲要明确表示要不断地推动大数据发展和应用，在未来打造精准治理、多方协作的社会治理新模式，建立运行平稳、安全高效的经济运行新机制，构建以人为本、惠及全民的民生服务新体系，开启大众创业、万众创新的创新驱动新格局，培育高端智能、新兴繁荣的产业发展新生态。

2016 年，大数据产业"十三五"规划出台，该规划通过定量和定性相结合的方式提出了 2020 年大数据产业发展目标。在总体目标方面，提出到 2020 年，技术先进、应用繁荣、保障有力的大数据产业体系基本形成，大数据相关产品和服务业务收入突破 1 万亿元，年均复合增长率保持 30%左右。在此基础之上，明确了 2020 年的细化发展目标，即技术产品先进可控、应用能力显著增强、生态体系繁荣发展、支撑能力不断增强、数据安全保障有力。

2021 年，工业和信息化部发布的《"十四五"大数据产业发展规划》指出，立足推动大数据产业从培育期进入高质量发展期，在"十三五"规划提出的产业规模 1 万亿元目标基础上，提出"到 2025 年底，大数据产业测算规模突破 3 万亿元"的增长目标及数据要素价值体系、现代化大数据产业体系建设等方面的新目标。

1.2.2 大数据技术的发展

大数据技术是一种新时代技术和构架，它成本较低且能快速地采集、处理和分析，从各种超大规模的数据中提取价值。大数据技术不断涌现和发展，让人们处理海量数据更加容易、方便和迅速。大数据技术的发展可以分为以下几个方向。

（1）大数据采集。大数据来源广泛，数据结构复杂，如何从大量的数据中采集到需要的数据是大数据技术面临的第一个挑战。现在已经出现很多大数据采集框架为数据采集提供服务。

（2）大数据预处理。与大数据相关的常见的问题是，数据多源性和数据的质量存在差异将严重影响数据的可用性。针对这个问题，很多公司推出了多种数据清洗和质量控制工具。

（3）大数据存储。大数据存储最常见的问题是，由于数据规模大，结构复杂多样，包括结构化数据、半结构化数据、非结构化数据，因此数据不易管理。而分布式文件系统和分布式数据库相关技术的出现及发展有效地解决了该问题。此外，与大数据相关的其他技术（如大数据索引和查询技术、实时和流式大数据存储与处理技术）也在逐步发展和成熟。

（4）大数据计算。由于大数据的处理多样性需求，因此当前已经出现多种典型的计算模式，包括大数据查询分析计算（如 Hive）、批处理计算（如 Hadoop MapReduce）、流计算（如 Storm）、迭代计算（如 Hadoop）、图计算（如 Pregel）和内存计算（如 Hana）等，而这些计算模式的混合计算模式将成为满足多样性大数据处理和应用需求的有效手段。

（5）大数据挖掘。随着数据量规模的飞速膨胀，人们需要对数据进行深度分析和挖掘，并且对自动化分析提出越来越高的要求。因此，越来越多的大数据分析算法和工具应运而生，如基于 MapReduce 的数据挖掘算法等。

（6）大数据安全。当人们在用大数据分析和数据挖掘获取数据的商业价值时，黑客很可能在对人们拥有的数据进行攻击，以收集数据的敏感信息。因此，大数据的安全一直是企业和学术界非常关注的研究方向。通过文件访问控制来限制对数据的操作、基础设备加密、匿名化保护和加密保护等技术正在最大程度地保护数据安全。

（7）大数据可视化。大数据可视化是关于数据视觉表现形式的科学技术研究。利用图形、图像处理、计算机视觉及用户界面，通过表达、建模，对立体、表面、属性及动画的显示，对数据加以可视化解释。与立体建模之类的特殊技术相比，大数据可视化所涵盖的技术要广泛得多，并且它也是大数据展示和交互的有效技术。

（8）大数据的应用案例。在当今的信息时代，信息之间交互传递，孕育出了巨大的社会价值和商业价值。大数据时代的到来为金融、医疗、交通、土地资源等领域带来了新的发展契机。本书介绍了大数据在金融、医疗、交通、土地资源领域中的应用。

1.3　大数据的关键技术

大数据带来的不仅是机遇，还是挑战。由于传统的数据处理手段已经无法满足大数据的海量实时需求，因此人们需要采用新一代的信息技术来应对大数据的爆发。大数据技术是新兴的，能够高速捕获、分析、处理大容量、多种类数据，并从中得到相应价值的技术和架构。大数据技术可归纳为以下几个方向。

1.3.1　大数据采集

1.3.1.1　基于传感器的采集系统

数据采集系统（DAQ 或 DAS）是指从传感器和其他待测设备等模拟和数字被测单元中自动采集非电量或者电量信号，并将信号送到上位机中进行分析、处理的电子仪器，通常可扩展为仪器仪表和控制系统。它是结合基于计算机或者其他专用测试平台的测量软硬件产品来实现灵活、用户自定义测量系统的，通常具有多通道、中到高分辨率（12~20 位），而且采样速度相对较慢（比示波器慢）。

1.3.1.2　网络数据采集系统

通过网络爬虫和一些网站平台提供的公共 API（Application Program Interface，应用程序接口）等方式（如 Twitter 和新浪微博 API）从网站上获取数据。这样就可以将非结构化数据和半结构化数据的网络数据从网页中提取出来。目前常用的爬虫框架有 Apache Nutch、Crawler4j、Scrapy。

Apache Nutch 是高度可扩展和可伸缩的分布式爬虫框架。Apache Nutch 由 Hadoop 提供支持，通过提交 MapReduce 任务来抓取网页数据，并可以将网页数据存储在 HDFS 中。Apache Nutch 可以采用分布式多任务的方式进行数据爬取、存储和索引。由于多个机器并行做爬取任务，因此 Apache Nutch 充分利用了机器的计算资源和存储能力，大大提高了系统爬取数据的能力。

Crawler4j 和 Scrapy 可提供给开发人员便利的爬虫 API 接口。开发人员只需要关心爬虫 API 接口的实现，不需要关心这种爬虫框架是如何爬取数据的。Crawler4j、Scrapy 大大提高了爬虫系统开发效率，从而使开发人员可以很快完成一个爬虫系统的开发。

1.3.1.3　日志采集系统

许多公司的业务平台每天都会产生大量的日志数据。基于这些日志数据，人们可以得到很多有价值的信息。公司通过对这些日志数据进行采集和数据分析，挖掘公司业务平台日志数据中的潜在价值，为公司决策和公司后台服务器（Server）平台性能评估提供可靠的数据保证。日志采集系统就是采集日志数据以供离线和在线的实时分析使用。目前常用的开源日志采集系统有 Cloudera 的 Flume、Facebook 的 Scribe、Hadoop 的 Chukwa 等。

Flume 是一个分布式、高可靠和高可用的海量日志采集、聚合和传输系统。它支持在日志采集系统中定制各种数据发送方，用于采集数据；同时，Flume 提供对数据进行简单处理，并写到各种数据接收方（如文本、HDFS、HBase 等）的能力。Flume 的可靠性机制、故障转移和恢复机制，使其具有强大的容错功能。

Scribe 是 Facebook 开源的日志采集系统。Scribe 实际上是一个分布式共享队列，它可以从各种数据源上采集日志数据，并放入内部的分布式共享队列中。Scribe 可以接受 Thrift Client 发送过来的数据，并将其放入它的消息队列中，通过消息队列将数据输入分布式存储系统中，由分布式存储系统提供可靠的容错功能。当分布式存储系统宕机时，Scribe 中的消息队列也可以提供容错功能，它会将日志数据写到本地磁盘中。Scribe 支持持久化的消息队列，来提供日志采集系统的容错功能。

1.3.2　大数据预处理

数据预处理（Data Preprocessing）是对数据进行抽取、清洗、集成、转换、规约并最终加载到数据仓库的过程。由于现实世界中数据大体上都是不完整、不一致的脏数据，无法直接对其进行挖掘，或挖掘结果不尽人意。为了提高数据挖掘的质量，产生了数据预处理技术。数据预处理在数据挖掘之前进行，可大大提高数据挖掘的质量，缩短数据挖掘所需要的时间。目前主流的数据预处理方式为数据清洗（Data Cleaning）、数据集成（Data Integration）、数据规约（Data Reduction）和数据转换（Data Transfer），这也是数据预处理的大致流程。

数据清洗主要通过缺失值填充、识别离群点和光滑噪声数据来纠正数据中的不一致。首先，缺失值填充包括删除含有缺失值的样本、人工填写缺失值、全局常量填充缺失值、使用属性的均值填充缺失值、使用与给定元组同一类的所有样本属性均值填充相应的缺失值、使用最可能的值填充缺失值。然后，离群点和噪声数据是完全不同的。离群点是指数据集中包含一些数据对象，它们与数据的一般行为或模型不一致（正常值，但偏离大多数数据）。而噪声数据是指被测量变量的随机误差或者方差（一般指错误的数据）。识别离群点的方法主要包括基于统计的离群点检测、基于密度的局部离群点检测、基于距离的离群点检测、基于偏差的离群点检测、基于聚类的离群点检测等。此外，给定一个数值属性，通常可使用分箱法、聚类法、回归法来光滑其中的噪声数据。

数据集成是将来自多个数据源的数据集成到一起。但对数据进行集成后可能会出现数据冗余问题，为了避免此类问题的产生，可以对数据再次进行数据清洗、检测和删除由数据集成带来的冗余。

数据规约是用来得到数据集的规约表示，可在接近或保持原始数据完整性的同时大大减小数据集规模。常见的数据规约有维规约、数量规约、数据压缩。

数据转换是将数据转换或合并成适合数据挖掘的形式。数据转换主要包括光滑、属性构造、聚集、规范化、离散化、概念分层。

1.3.3　大数据存储

数据经过采集和转换之后，需要进行存储管理，建立相应的数据库。曾经传统的关系型数据库（见图 1.3）是万能的，它利用 SQL 这种蕴含关系代数逻辑的编程语言处理结构化数据极其便捷，然而现代社会非结构化数据容量巨大、增长迅速、没有固定格式、查找目标数据代价巨大、提炼价值信息的处理逻辑复杂、扩展不便，传统的关系型数据库已经难以应对。因此，用户对大数据存储系统在计算机软件、硬件架构，数据管理理论方面提出了新的要求。

图 1.3　传统的关系型数据库

大数据存储系统的特点和要求主要包括以下部分。

（1）容量：大数据的数量级通常可以达到 PB 级，因此大数据存储系统需要具备相应等级的扩展能力。

（2）延迟：大多数大数据的应用系统都要求较高的读写次数，因此大数据存储系统在实时性、延迟问题方面也需要具备较高的能力。

（3）安全：由于一些行业的特殊性，如金融信息、医疗数据、政治情报等具有保密性和相应的安全标准，因此大数据存储系统的设计需要考虑这些数据的安全性问题。

（4）成本：在大数据环境下的企业，成本控制是关键问题。通过减少昂贵部件、数据缩减等方式可不断提高数据存储效率，从而实现更高的效率。

（5）数据累积：很多企业需要数据能够长期保存，如网络硬盘、视频点播平台，或者一些行业，如医疗、金融、财政等。为了实现数据长期保存，需要保证大数据存储系统的长期可用性。

（6）灵活：设计大数据存储系统时，需要考虑其灵活性和扩展性，使得它可以适应各种不同的场景和应用类型。

由于 NoSQL 具有模式自由、易于复制、提供简单 API、最终一致性和支持海量数据的特性，所以它逐渐成为处理大数据的标准。根据数据类型的不同，NoSQL 主流的数据存储模型包括键值存储、列存储、文档存储、图存储。NoSQL 的数据存储模型的特点如图 1.4 所示。

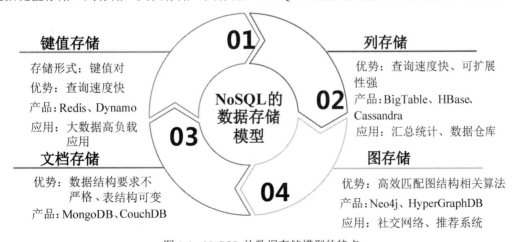

图 1.4　NoSQL 的数据存储模型的特点

大数据存储系统可以通过不同的方式组织构建，主要组织构建方式为直接附接存储（DAS）、网络附接存储（NAS）、存储区域网络（SAN）。常用的大数据存储系统架构的特点如表 1.3 所示。

表 1.3　常用的大数据存储系统架构的特点

名称	DAS	NAS	SAN
架构图解			
存储特点	存储设备通过主机总线直接连接到应用服务器。存储设备和应用服务器之间没有存储网络	文件块级别的存储技术，包含许多硬盘驱动器，这些硬盘驱动器为逻辑冗余的存储设备	通过专用的存储网络在一组服务器中提供文件块级别的数据存储，SAN 能够合并多个存储设备，使得它们能够通过服务器直接访问
不同	DAS 是对已有服务器存储的最简单的扩展	和 SAN 相比，NAS 可以同时提供存储和文件系统，并能作为一个文件服务器	具有最复杂的网络架构，并依赖于特定的存储设备

此外，由于轻型数据库无法满足对结构化、半结构化和非结构化海量数据的存储和管理，故逐渐出现了新的大数据存储方式，主要包括分布式系统、NoSQL、云数据库。

（1）分布式系统：它包含多个自主的处理单元，通过计算机网络互连来协作完成分配的任务，其分而治之的策略能够更好地处理大规模数据分析问题。分布式文件系统主要包括分布式文件系统（如 HDFS）和分布式键值系统（如 Amazon Dynamo）。

（2）NoSQL：关系型数据库已经无法满足 Web2.0 的需求。而 NoSQL 可以支持超大规模数据存储，灵活的数据存储模型可以很好地满足 Web2.0 的需求，具有强大的横向扩展能力。

（3）云数据库：它是基于云计算技术发展的一种共享基础架构的数据存储方式，并能部署和虚拟化在云计算环境中。云数据库具有高可扩展性、高可用性、采用多租形式和支持资源有效分发等特点。

1.3.4　大数据计算

大数据计算模式主要包括批处理计算、流计算、图计算、查询分析计算、云计算。大数据计算模式及其代表产品如表 1.4 所示。

表 1.4　大数据计算模式及其代表产品

大数据计算模式	解决问题	代表产品
批处理计算	针对大规模数据的批量处理	MapReduce、Spark 等

续表

大数据计算模式	解决问题	代表产品
流计算	针对流数据的实时计算	Storm、S4、Flume、Streams、Puma、DStream、Super Mario、银河流数据处理平台等
图计算	针对大规模图结构数据的处理	Pregel、GraphX、Giraph、PowerGraph、Hama、GoldenOrb 等
查询分析计算	大规模数据的存储管理和查询分析	Dremel、Hive、Cassandra、Impala 等
云计算	具备网络接入条件的地方，用户可以随时随地获得所需的各种资源	Amazon AWS、华为云、阿里云、腾讯云等

以上大数据计算模式将在本书第 5 章进行详细讲解。

1.3.5　大数据挖掘

数据挖掘是知识获取的核心，它是从大量不完全的、有噪声的、模糊的和随机的应用数据中，提取隐含在其中、事前不知道的，但又是潜在有用数据的过程。数据挖掘的主要对象包括关系型数据库、面向对象的数据库、文本数据库、多媒体数据库、空间数据库、时态数据库、异质数据库、NoSQL、数据仓库等。

经典的数据挖掘算法包括以下几种。

（1）C4.5 算法。它是机器学习算法中的分类决策树算法，且是决策树核心算法 ID3 的改进算法。决策树构造方法就是每次选择一个好的特征及分裂点作为当前节点的分类条件。

（2）k-means 算法。k-means 算法是一种聚类算法，把 n 个对象根据它们的属性分为 k 个分割（$k<n$）。它与处理混合正态分布的最大期望算法（Expectation-Maximization，EM）很相似，都试图找到数据中自然聚类的中心。k-means 算法假设对象属性来自于空间向量，其目标是使各个群组内部的均方误差总和最小。

（3）支持向量机（SVM）算法。它是一种监督式学习的算法，广泛应用于统计分类及回归分析中。支持向量机算法是指将向量映射到一个更高维的空间中，在这个空间中建有一个最大间隔分离超平面。在分开数据的分离超平面两侧建有两个互相平行的超平面，分离超平面使两个平行超平面的距离最大化。

（4）Apriori 算法。Apriori 算法是一种最有影响的挖掘布尔关联规则频繁项集的算法，其核心是基于两阶段频繁项集思想的递推算法。该关联规则在分类上属于单维、单层、布尔关联规则。在这里，所有支持度大于最小支持度的项集称为频繁项集，简称频集。

（5）EM 算法。在统计计算中，EM 算法是在概率模型中寻找参数最大似然估计的算法，其中概率模型依赖于无法观测的隐藏变量。EM 算法经常用在机器学习和计算机视觉的数据聚类（Data Clustering）领域。

（6）PageRank 算法。PageRank 算法是 Google 算法的重要内容，2001 年 9 月被授予美国专利，专利人是 Google 创始人之一拉里·佩奇。PageRank 算法是指根据网站的外部链接和内部链接的数量和质量，衡量网站的价值。PageRank 算法隐含的理念是每个到网页的链接都是对该网页的一次投票，该网页的链接越多，就意味着它被其他网站投票越多。

（7）Adaboost 算法。它是一种迭代算法，其核心思想是针对同一个训练集训练不同的分类器（弱分类器），并把这些弱分类器集合起来，构成一个更强的最终分类器（强分类器）。该算法本身是通过改变数据分布来实现的，它根据每次训练集中每个样本的分类是否正确及上次总体分类的准确率，来确定每个样本的权值，将修改过权值的新数据集送给下层分类器进行训练，并将每次训练得到的分类器融合起来，作为最后的决策分类器。

（8）最近邻算法。它是一种理论上比较成熟的算法，也是最简单的机器学习算法之一。该算法的思路：若一个样本在特征空间中的 k 个最相似（特征空间中最邻近）样本中的大多数属于某一个类别，则该样本也属于这个类别。

（9）朴素贝叶斯模型。朴素贝叶斯模型发源于古典数学理论，有着坚实的数学基础及稳定的分类效率。同时，朴素贝叶斯模型所需估计的参数很少，对缺失数据不太敏感，算法也比较简单。理论上，朴素贝叶斯模型与其他分类算法相比具有最小的误差率。

（10）分类与回归树（Classification And Regression Trees，CART）。在分类树中有两个关键的思想。第一个思想是递归地划分自变量空间（二元切分法）；第二个思想是用验证数据进行剪枝（预剪枝、后剪枝）。在回归树基础上的模型树构建难度可能有所增加，但同时其分类效果也有提升。

此外，时空数据挖掘算法综合了人工智能、机器学习、领域知识等交叉技术，旨在从大规模数据集中发现高层次的模式和规律，揭示时空数据中具有丰富价值的知识，为对象的时空行为模式和内在规律探索提供支撑。目前，时空数据挖掘算法作为一种新兴的研究算法，已在众多领域得到广泛应用，如交通监管、犯罪预测、环境监测、社交网络等。

数据挖掘和数据分析的本质区别在于数据挖掘是在没有明确假设的前提下挖掘信息和发现知识的，它得到的信息具有先前未知、有效和可实用的特征。

数据挖掘和在线数据分析的主要区别在于数据挖掘主要用于产生假设，而在线数据分析主要用于查证假设。

通过运用数据挖掘的相关技术，不仅能对过去的数据进行查询和遍历，还能找出过去数据间的潜在联系，从而促进信息的传递、发现规律和规则。大数据挖掘已在零售业、制造业、财务、金融、土地资源、保险、通信、医疗等许多领域得以应用。

1.3.6　大数据安全

大数据所存储的数据量非常巨大，往往采用分布式的方式进行存储，而正是由于这种存储方式，存储的路径视图相对清晰，而针对大规模数据，这种存储方式的数据保护方法显得相对简单，黑客可以较为轻易地利用相关漏洞，实施不法操作，从而引起数据安全问题。由于大数据环境下终端用户非常多，且受众类型较多，因此对用户身份的认证环节需要耗费大量时间。由于 APT（Advanced Persistent Threat，高级持续威胁）攻击具有很强的针对性，且攻击时间长，一旦攻击成功，大数据分析平台输出的最终数据均会被获取，容易造成较大的数据安全隐患。

大数据安全问题包括以下方面。

（1）大数据信息泄露风险。在对大数据进行数据采集（Data Acquisition）和数据挖掘时，要注重用户隐私数据的安全问题，在不泄露用户隐私数据的前提下进行数据挖掘。在分布计算的信息传输和数据转换时，保证各个存储点内的用户隐私数据不被非法泄露和使用是当前大数据背景下数据安全的主要问题。同时，当前的大数据量并不是固定的，而是在应用过程中动态增加的，但是，传统的数据隐私保护技术大多是针对静态数据的。所以，如何有效地应对大数据动态数据属性和表现形式的数据隐私保护也是要注重的安全问题。大数据的数据远比传统数据复杂，现有敏感数据的隐私保护是否能够满足大数据复杂的数据信息也是应该考虑的安全问题。

（2）大数据传输生命周期安全问题。伴随着大数据传输技术和应用的快速发展，在大数据传输生命周期的各个阶段、各个环节，越来越多的安全隐患逐渐暴露出来。例如：在大数据传输环节，数据除存在泄露、篡改等风险外，还可能被流数据攻击者利用，或者数据在传输中可能出现逐步失真等；在大数据处理环节，数据除被非授权使用和被破坏的风险外，由于大数据传输的异构、多源、关联等特点，即使多个数据集各自脱敏处理，数据集仍然存在因关联分析而造成个人信息泄露的风险。

基础设施安全问题。作为大数据传输汇集的主要载体和基础设施，云平台为大数据传输提供了存储场所、访问通道、虚拟化的数据处理空间。因此，云平台中存储数据的安全问题也成为阻碍大数据传输发展的主要因素。

个人隐私安全问题。在现有隐私保护法规不健全、隐私保护技术不完善的条件下，互联网上的个人隐私泄露失去管控，微信、微博、QQ 等社交软件掌握着用户的社会关系，监控系统记录着用户的聊天、上网、出行记录，网上支付、购物网站记录着用户的消费行为。但在大数据传输时代，用户面临的威胁不仅在于个人隐私泄露，还在于基于大数据传输对其状态和行为的预测。近年来，国内多省社保系统个人信息泄露、12306 账号信息泄露等大数据传输安全事件表明，大数据传输未被妥善处理会对用户隐私造成极大的侵害。因此，在大数据传输生命周期的各个阶段、各个环节中，如何管理好数据，在保证数据使用效益的同时保护个人隐私，是大数据传输时代面临的巨大挑战之一。

（3）大数据的存储管理风险。大数据的数据类型和数据结构是传统数据不能比拟的。在大数据的存储平台上，数据量以非线性甚至指数级的速度增长，将各种类型和结构的数据混合进行数据存储，势必会引发多种应用进程的并发且频繁无序的运行，极易造成数据存储错位和数据管理混乱，为大数据存储和后期的处理带来安全隐患。当前的数据管理系统，能否满足大数据背景下海量数据的数据存储需求，还有待考验。

在大数据的安全技术中，基于身份的密码体制已经成为当前研究领域的一个热点，与传统的公钥加密方案相比，基于身份的密码体制具有以下优点：不需要公钥证书、不需要证书机构、降低支持加密的花费和减少不必要的设施、秘钥撤销简单、提供前向安全性等。它包括基于身份的签名技术和基于身份的加密（Identity-Based Encrypted，IBE）技术。

（1）基于身份的签名技术。基于身份的签名技术一般由私钥生成器（Private Key Generator，PKG）密钥生成算法 IBS.KG、用户私钥提取算法 IBS.Extr、签名生成算法 IBS.Sign 和签名验证算法 IBS.Vfy 构成。基于身份的签名技术构造非常简单，并且一些具有附加性质的基于身份的签名也可以从基于 PKI（Public key Infrastructure，公钥基础设施）的签名中构造。

（2）基于身份的加密技术。基于身份的加密思想早在 1984 年就由 Shamir 提出，但建立该技术被认为是非常困难的问题，基于身份的加密技术算法包括系统建立算法（PKG 创建系统参数和一个主密钥）、密钥提取（用户将其身份信息 ID 提交给 PKG，PKG 生成一个对应于身份信息 ID 的私钥返给用户）、加密算法（利用一个身份信息 ID 加密一个消息）和解密算法（利用身份信息 ID 对应的私钥解密密文，得到消息）。

1.3.7　大数据可视化

大数据可视化是指利用支持信息可视化的用户界面及支持分析过程的人机交互方式与技术，有效融合计算机的计算能力和人的认知能力，以获得对于大规模复杂数据集的洞察力。大数据可视化涉及传统的科学可视化和信息可视化，从在大数据分析中掘取信息和洞悉知识的角度出发，信息可视化将在大数据可视化中扮演更为重要的角色。

随着大数据的兴起与发展，互联网、社交网络、地理信息系统、企业商业智能、社会公共服务等主流应用领域逐渐催生了几类特征鲜明的信息类型，主要包括文本、网络（图）、时空数据及多维数据。因此，大数据可视化主要分为以下几类。

（1）文本可视化。文本信息是大数据时代非结构化数据的典型代表，也是互联网中最主要的信息类型，还是物联网各种传感器采集数据后生成的主要信息类型。人们日常工作和生活中接触最多的电子文档也是以文本形式存在的。文本可视化的意义在于，能够将文本中蕴含的语义特征（如词频与重要度、逻辑结构、主题聚类、动态演化规律等）直观地展示出来。

（2）网络（图）可视化。基于网络节点和连接的拓扑关系，直观地展示网络中潜在的模式关系，如节点或边聚集性，是网络可视化的主要内容之一。经典的基于节点和边的可视化是图可视化的主要形式，如 H 状树、圆锥树、气球图、放射图等。对于具有层次特征的图，空间填充法也是常采用的可视化方法，如树图方法及其改进方法。

（3）时空数据可视化。时空数据是指带有地理位置与时间标签的数据。传感器与移动终端的迅速普及，使得时空数据成为大数据时代典型的数据类型。时空数据可视化与地理制图学相结合，重点对时间和空间维度及与之相关的信息对象属性建立可视化表征，对与时间、空间密切相关的模式及规律进行展示。为了反映信息对象随时间进展与空间位置所发生的行为变化，通常通过信息对象的属性可视化来展现，流式地图是一种典型的方法，它可将时间事件流与地图进行融合。为了突破二维平面的局限性，可采用的方法为时空立方体，它会以三维方式将时间、空间及事件直观地展现出来。

（4）多维数据可视化。多维数据是指具有多个维度属性的数据变量，广泛存在于基于传统的关系型数据库及数据仓库的应用中。多维数据可视化的基本方法包括基于几何图形、基于图标、基于像素、基于层次结构、基于图结构及混合方法。其中，基于几何图形的多维数据可视化是近年来主要的研究方向。

此外，时空数据可视分析是近年国际大数据分析与数据可视化领域研究的热点前沿，也是全空间信息系统的核心研究内容之一。由于时空数据所属空间从宏观的宇宙空间到地表室内空间及更微观的空间，其时间、空间和属性方面的固有特征呈现出时空紧耦合、数据高维、多源异构、动态演化、复杂语义关联的特点。现有的时空数据可视化方法主要包括描述性可视化、解释性可视化和探索性可视化。其中，典型的描述性可视化包括时序数据可视化、轨迹数据可视化和网络可视化。

1.4　大数据的应用案例

大数据无处不在，且应用于各个领域，包括金融、医疗、交通、土地资源、汽车、餐饮、电信、能源、体能和娱乐等。

1.4.1　大数据在金融领域中的应用

金融领域作为大数据应用的前沿和领航者，根据业务驱动应用场景大致可分为精准营销、风险控制、改善经营、服务创新和产品创新。

（1）精准营销。互联网时代的银行在互联网的冲击下，迫切地需要掌握更多客户信息，继而构建客户 360 度立体画像，从而对细分的客户进行精准营销、实时营销等个性化智慧营销。

（2）风险控制。应用大数据可以统一管理金融企业内部多源异构数据与外部征信数据，更好地完善风控体系。内部可保障数据的完整性与安全性，外部可控制客户风险。

（3）改善经营。通过大数据分析改善经营决策，为管理层提供可靠的数据支撑，使经营决策更加高效、敏捷，精确性更高。

（4）服务创新。通过对大数据的应用，改善企业与客户之间的交互、增加客户黏性，为个人与政府提供增值服务，不断提高企业业务核心竞争力。

（5）产品创新。通过高端数据分析和综合化数据分享，有效对接银行、保险、信托、基金等各类金融产品，使金融企业能够从其他领域借鉴并创造出新的金融产品。

此外，金融领域大数据的应用案例包括客户全景画像、客户服务优化、交易欺诈侦测等。

1.4.2　大数据在医疗领域中的应用

大数据在医疗领域的技术层面、业务层面都有十分重要的应用价值。在技术层面，大数据可以应用于非结构化数据的分析、挖掘，实时监测数据分析等，为医疗卫生管理系统、综合信息平台等建设提供技术支持；在业务层面，大数据可以向医生提供临床辅助决策和科研支持，向管理者提供管理辅助决策、行业监管、绩效考核支持，向居民提供健康监测支持，向医药研发者提供统计学分析、就诊行为分析支持。大数据在医疗领域主要包括以下方面的应用。

（1）大数据在医疗卫生管理系统、综合信息平台建设中的应用。可以通过大数据建立海量医疗数据库、网络信息共享、数据实时监测等，为国家基本公共卫生服务项目管理平台、电子健康档案资源库等提供基本数据源，并提供数据源的存储、更新、挖掘分析、管理等功能。通过这些系统及平台，医疗机构之间能够实现同级检查结果互认，从而节省医疗资源、减轻患者负担；患者可以实现网络预约、异地就诊、医疗保险信息即时结算。

（2）大数据在临床辅助决策中的应用。在临床辅助决策中，可以将患者的影像数据、病历数据、检验检查结果、诊疗费用等通过大数据将其录入大数据系统，通过机器学习和挖掘分析方法，即可获得类似症状患者的疾病机理、病因及治疗方案，这对于医生更好地把握疾病的诊断和治疗十分重要。

（3）大数据在医疗科研中的应用。在医疗科研领域中，利用大数据对各种数据进行筛选、分析。并且大数据可以为医疗科研工作提供强有力的数据分析支持。例如，在健康危险因素分析的科研中，利用大数据可以系统全面地收集健康危险因素（包括环境因素、生物因素、经济社会因素、个人行为、心理因素、医疗卫生服务因素及人类生物遗传因素等）数据。在这些因素的基础上，对健康危险因素数据进行比对关联分析，针对不同区域、家族进行评估和遴选，研究某些疾病发病的家族性、地区区域分布性等特性。

（4）大数据在健康监测中的应用。在居民的健康监测方面，可利用大数据查看居民的健康档案，包括全部诊疗信息、体检信息。这些信息有助于医生为患病居民制订更有针对性的治疗方案。对于健康居民，可利用大数据集成整合其相关信息，通过挖掘数据对居民健康进行智能化监测，并通过移动设备定位数据对居民健康影响因素进行分析，为居民提供个性化健康事务管理服务。

（5）大数据在医药研发、医药副作用研究中的应用。在医药研发方面，医药公司能够通过大数据分析来自互联网上的公众疾病药品需求趋势，确定更有效率的投入产出比，合理配置有限研发资源。此外，医药公司能够通过使用大数据优化物流信息平台及管理，使用数据分析预测提早将新药推向市场。在医药副作用研究方面，医药公司通过使用大数据可以避免临床试验法、药物副作用报告分析法等传统方法存在的样本数小、采样分布有限等问题，由此从千百万患者的数据中挖掘到与某种药物相关的不良反应，样本数大，采样分布广，获得的结果更具有说服力。

1.4.3　大数据在交通领域中的应用

智能交通是现代 IT 技术与传统交通技术结合的产物。随着高清摄像、车辆传感器技术的应用，交通大数据出现了爆发性的增长，视频、图片数据大量出现。大数据技术能够对各种类型的交通大数据进行有效整合，挖掘数据之间的联系，从而为用户提供更及时的路况信息。在交通领域，大数据应用主要包括以下方面。

（1）拥堵监测。通过分析数据，可以实时获得用户的连贯位置信息。通过对信息长时间的统计，分析常驻用户和人车合并条件，挖掘道路中真正运行的用户。经过道路匹配、用户匹配、车向判断、车速计算、交通信息提取、道路交通状态判断等步骤，判断道路是否拥堵。

（2）实时服务（如预警信息发布、路况信息发布、定制提醒信息）。预警信息发布是指对于交通拥堵、重大交通事件等信息，可通过大数据对其进行影响范围及影响时间长度预测，实时发布交通诱导信息。路况信息发布是指将实时交通路况信息面向公众发布，用户根据交通路况合理选择出行路径及出行方式，提高公共服务能力。定制提醒信息是指用户可选择区域、时段等定制交通路况信息。系统可通过用户注册的账号，分析用户的常用出行路径，自动向该用户推送其常用出行路径的交通路况信息。

（3）预警管理。当道路达到拥堵状态时，由于运营商可以实时监控到拥堵路段的人群，也可以监控到即将进入此路段的人群，因此运营商可以根据需求向选定人群发送预警信息。

1.4.4 大数据在土地资源领域中的应用

目前，在中国快速城镇化的进程中，土地供需矛盾日益突出，不但大量优质耕地被占用，而且土地利用效率不高，用地结构严重失衡。土地利用优化配置是实现土地资源合理利用和区域可持续发展的重要途径，它能充分发挥土地利用潜力，提高土地聚集效应，保持土地生态系统平衡，实现土地的可持续利用。

大数据技术作为当前分析决策的科学手段，整合了来自互联网、物联网、全球定位、移动设备等渠道的反映土地资源数量及空间结构，土地利用动态、模式与效率的数据，使得土地空间优化利用工作能够同时满足政府、企业、个体的多样需求。

大数据对土地资源管理带来的机遇包括以下方面。

（1）大数据丰富了土地空间优化的数据源。各种 App 应用、社交网络、手机位置、传感器等提供的信息均反映了土地利用实体和个体行为的时空信息。这些信息互动性高、实时性强。用户通过这些信息能够更好地了解土地利用现状、个体行为和意愿，促进土地空间优化从经验判断走向数据支撑，实现"以形定流"走向"以流定形"。

（2）大数据提高了分析和解决土地利用优化配置问题的能力。大数据有助于解决土地空间优化的应用难题，其中包含时空动态、位置、公众参与等信息，有助于解决协调人口、用地数量、结构分布、产业效率、生态环境等方面的配置关系，降低经济社会运行成本，提高正确决策效率，创新社会公共服务。

（3）大数据带来了土地规划的新理念。大数据使得土地规划从传统的空间规划向动态的时空规划转变，可对规划实施效果进行长期的实时评估和快速优化。因此，土地资源大数据对于实施土地规划具有重大意义。本书后续内容将重点针对土地资源大数据进行介绍。

1.4.5 大数据的其他应用

社会各行各业的发展都离不开大数据，大数据对人们生活的影响也无处不在，除了上述提到的金融、医疗、交通、土地资源领域，大数据在其他领域的典型应用如下。

（1）公共领域。在公共领域，利用大数据可以实现网络安全监测、合理性监管分析，甚至在环保方面实施对工业废水、碳排放和生活垃圾处理的管理与监控。

（2）欺诈监测。大数据在欺诈监测领域的应用为可以预测某一特定交易或账户遇到欺诈的可能性，如日常生活中识别诈骗电话的技术。典型的欺诈类型包括信用卡和借记卡欺诈、存款账户欺诈、医疗保险欺诈、财产和灾害保险欺诈等。针对以上欺诈类型，可以建立相应的数据库，经过分析管理做出预测分析。

（3）能源。以电能为例，可以利用传感器对每个电网内的电压、电流、频率等重要指标进行记录，这样可以有效预防安全事故，还可以利用传感器分析发电、电能供应、电力需求等的关系，减少电能浪费。

（4）零售业。运用大数据可以帮助商家在其产品上架之前对影响购买者购买能力的重要因素进行预测，如使用关联性分析来达到更好的销售效果。

（5）政府部门。以政府治理雾霾为例，可以先将雾霾检测历史数据、集成气象记录、汽车废气排放清单等形成一个数据库，然后利用大数据对数据库进行分析，得出规律以便实现雾霾预警技术或制订有效的雾霾缓解策略。

1.5 大数据面临的挑战

随着近年来大数据热潮的不断升温，人们认识到"大数据"并非是指"大规模的数据"，能代表其本质的含义为思维、商业和管理领域前所未有的大变革。在这次变革中，大数据的出现，对产业界、学术界和教育界产生了巨大影响。随着科学家们对大数据研究的不断深入，人们越来越意识到对数据的利用在为生产、生活带来巨大便利的同时，也带来了很多挑战。

1.5.1 数据隐私和安全

由于物联网技术和互联网技术的飞速发展，因此与人们的工作、生活相关的行为随时暴露在"第三只眼"下，即人们上网、打电话及其行为都随时被监控分析。对用户行为的深入分析和建模，可以更好地服务用户，实施精准服务，然而如果用户信息泄露或被滥用，那么会直接侵犯到用户的隐私，给用户带来恶劣的影响，甚至会为其带来生命财产的损失。2018 年 7 月，有安全研究人员发现加拿大汽车供应商 Level One 多达 157GB 的数据被泄露，其中甚至包含员工驾驶证和护照扫描件等隐私信息；2021 年 6 月，大众汽车方面表示，约有 330 万大众、奥迪汽车的车主和潜在客户的个人信息遭到泄露，具体信息包括姓名、地址、手机号码、邮件及部分驾照号码、车牌号码、贷款号码等。因此，在数据的隐私和安全方面，大数据面临着很大的挑战。同时，用户也要培养安全和隐私意识，保护隐私信息不被滥用。

1.5.2 数据存储和处理

由于大数据存在格式多变、数据量巨大的特点，因此它也带来了很多挑战。针对结构化数据，关系数据库管理系统经过几十年的发展，已经形成了一套完善的存储、访问、安全与备份机制。由于大数据的数据量巨大，集中式的数据存储和处理也在转向分布式并行处理。大数据更多的是非结构化数据，因此也衍生了许多分布式文件存储系统、分布式 NoSQL 等对这类数据进行处理。然而这些新兴系统，在用户管理、数据访问权限、备份机制、安全控制等方面还需进一步完善。

此外，除了分布式并行处理方式，云存储也是一种处理非结构化数据的方式，但是它并不能从根本上解决将数据量巨大的数据上传到云端的问题。因为云存储也不可避免地存在一些问题。一方面，将数据量巨大的数据上传到云端需要大量的时间，但这些数据变化速度很快，这使得上传的数据在一定程度上缺少了实时性。另一方面，云存储的分布式特点对数据分析性能也造成了一定的影响。

1.5.3 数据共享机制

在企业信息化建设过程中，普遍存在条块分割和信息孤岛的现象。不同行业之间的系统与数据几乎没有交集。同一行业也是按照领域进行划分的，跨领域的信息交互和协同非常困难。例如，在医院的信息系统的子系统中，病历管理、病床信息、药品管理等部分子系统都是分开建设的，它们之间没有实现信息互通和数据共享。而我国"十二五"信息化建设的重点是智慧城市，智慧城市的根本是实现信息互通和数据共享，基于数据融合实现智能化的电子政务、社会化管理和民生改善。因此，信息化建设应该在实现数字化的基础上，还需要实现互联化，打通各行各业的数据接口，实现信息互通和数据共享。

为了实现跨行业的数据整合，需要制订统一的数据标准、交换接口及共享协议，使得不同行业、不同部门、不同格式的数据能基于一个统一的基础进行访问、交换和共享，对于数据访问，还需要制订细致的访问权限，规定用户权限。在大数据和云计算时代，由于不同行业的数据可能存放在统一的平台和数据中心上，因此需要对一些敏感数据进行保护，尤其是涉及商业机密和交易信息等的数据，以满足不同对象对于不同数据的共享需求。

1.5.4　价值挖掘问题

大数据的数据量巨大，同时又在不断增长。因此，单位数据的价值密度在不断降低，但同时大数据的整体价值在不断提高。大数据被类比为石油和黄金，可以从中发掘巨大的商业价值。要从海量数据中找到潜藏的价值，需要对其进行深度的数据挖掘和分析。大数据挖掘与传统的数据挖掘存在较大的区别：传统的数据挖掘一般数据量较小、算法相对复杂、收敛速度慢。由于大数据的数据量巨大，在对数据的存储、清洗、抽取、转换、加载方面都需要能够满足大数据量的需求，因此在处理数据时需要采用分布式并行处理的方式。例如，Google、微软的搜索引擎在对用户的搜索日志进行归档存储时，就需要多达几百台甚至上千台服务器同步工作，同时，在对数据进行挖掘时，也需要改造传统数据挖掘算法及底层处理架构，采用分布式并行处理的方式对海量数据进行快速计算分析。Apache 的 Mahout 项目就提供了一系列数据挖掘算法的并行实现。在很多数据挖掘的应用场景中，需要将数据挖掘的结果实时反馈回来，这对运行数据挖掘算法的系统提出了很大的挑战，因为数据挖掘算法的运行通常需要较长的时间，尤其是在大数据量的情况下，此时可能需要结合大批量的离线处理和实时计算才能满足数据挖掘需求。

数据挖掘的实际增效也是用户在进行大数据价值挖掘之前需要仔细评估的问题，并不见得所有的数据挖掘都能得到理想的结果。为了使数据挖掘得到比较好的结果，用户应做到以下几点。首先，需要保障数据本身的真实性和全面性，如果所采集的数据存在很多噪声数据，或者一些关键性的数据没有被包含进来，那么它所挖掘出来的价值规律也就大打折扣。然后，也要考虑数据挖掘的成本和收益，如果对挖掘项目投入的人力、物力、硬件、软件平台耗资巨大，项目周期也较长，而挖掘出来的信息对于企业生产决策、成本效益等方面的贡献不大，那么片面地相信和依赖数据挖掘，也是不切实际和得不偿失的。

1.5.5　其他挑战

大数据面临的其他挑战可以概括为以下几点。

（1）多源异构数据。非结构化数据是原始、无组织的数据，而结构化数据是被组织成高度可管理化的数据。将所有的非结构化数据转换为结构化数据是不可能的。结构化数据可以较容易地被存储和处理，而非结构化数据的处理和挖掘具有一定的复杂性。

（2）可扩展性。现阶段实现任务（Task）处理的方式主要是将具有不同性能目标的多项工作负载分布于巨大的集群操作系统中，但实现这个要求需要高水平的资源共享机制和高昂的成本。因此，对于技术方面的可扩展性，大数据还面临着很多挑战。例如：如何执行计算资源分配任务来满足每项工作负载的计算资源需求；在集群操作系统中，系统频繁发生故障时，应该如何有效处理故障等。大数据计算平台也应该具有一定的可扩展性，以适应大数据环境下的复杂机器学习任务的调度等数据处理问题。

（3）容错机制。现阶段对大部分系统的要求是：当系统发生故障时，故障对数据处理任务的影响程度应该在用户可以接受的范围内，并不一定要重新开始任务。但现有的容错机制往往并不能满足数据处理任务的要求。容错机制涉及很多复杂的算法，并且绝对可靠的容错机制是不存在的。因此，应该尽量将数据处理任务失败的概率降到用户可以接受的水平。

（4）数据质量。很多中型及大型企业，每时每刻都在产生大量的数据，但很多企业并不重视数据的预处理阶段，导致数据处理很不规范。数据预处理阶段需要抽取数据以将其转换为方便处理的数据类型，对数据进行清洗和去噪，以提取有效的数据。甚至很多企业在数据的上报阶段就出现很多不规范、不合理的情况。以上种种原因，导致企业的数据可用性差、质量差、不准确。而大数据的意义不仅仅是要收集规模庞大的数据信息，还要对收集到的数据进行很好的预处理，才有可能让数据分析人员和数据挖掘人员从可用性高的大数据中提取有价值的信息。Sybase 的数据表明，高质量数据的应用可以显著提升企业的商业表现，数据可用性显著提高。因此，大数据更关注高质量数据的存储，以得出更好的结果和结论。但这也带来了各种各样的问题，如在存储过程中如何保证数据的相关性、在已经存储的数据中多少数据足以做出决策、存储的数据是否正确及是否能从数据中获得正确结论等。

1.6　大数据的发展趋势

目前，随着移动互联网、智能硬件和物联网的快速普及，全球数据总量呈现指数的增长的态势，与此同时，机器学习等先进的数据分析技术也逐渐涌现，使得大数据隐含的价值得以更大程度地显现，一个更加注重数据价值的新时代正悄然来临。因为大数据技术能够通过数据的价值化来赋能传统行业，所以它作为产业互联网的关键技术将在未来产业互联网阶段获得巨大的发展空间。现阶段大数据的发展趋势大致体现在以下几方面。

（1）边缘计算。边缘计算是一种分布式计算，它将数据资料的处理、应用的运行甚至一些功能服务的实现，由网络中心下放到网络边缘的节点上。在大数据时代，几乎所有的电子设备都可以连接到互联网和物联网中，连接的设备数量逐步增加。此外，终端设备从之前扮演消费者（Consumer）的角色逐渐转变为具有生产数据能力的设备。因此，网络边缘会产生庞大的数据量，如果这些数据都由核心管理平台来处理，那么数据在敏捷性、实时性、安全性和隐私性等方面都会出现问题。采用边缘计算可以就近处理海量数据，大量设备可以实现高效协同工作，具有低成本、低时延、大带宽、高效率等优势，可以降低发生单点故障的概率，并拥有应用于诸多领域和发挥巨大作用的潜力。

（2）数字汇流。数字汇流包括数字化与整合两大概念，它是由网络通信技术的快速演变而来的，让许多各自独立的领域开始产生互动，彼此界线逐渐模糊、产生整合。数字汇流之所以受到各领域的关注，是因为它是结合不同领域的进步汇集成的一股"爆发力"。而且，数字汇流不能忽略建立不同领域的共通标准。数字汇流的发生，代表着原先不同领域的数字内容和不同平台设备之间要开始沟通。

（3）机器学习。机器学习是实现人工智能的一种途径，它和数据挖掘有一定的相似性，也是一门多领域交叉学科技术，涉及概率论、统计学、逼近论、凸分析、计算复杂性理论等多门学科，它更加注重算法的设计，让计算机能够自动地从数据中"学习"规律，并利用规律对未知数据进行预测。通过使用机器学习，人们能够从现有数据集中获得有价值的知识。如何有效地把系统和机器学习相结合来处理海量数据，将是未来机器学习和计算机科学发展的关键。

（4）人工智能。人工智能是计算机科学的一个分支，它试图了解智能的实质，并生产出一种新的能以与人类智能相似的方式做出反应的智能机器，与其相关的研究包括机器人、语言识别、图像识别、自然语言处理（Natural Language Processing，NLP）和专家系统等。它的主要目标是使机器能够胜任一些通常需要人类智能才能完成的复杂工作。人工智能的发展对大数据技术有着较强的依赖性。大数据技术作为人工智能的核心技术之一，在人工智能中有着较为广泛的应用，如水下搜救机器人、高层建筑灭火救援、智能化的农业种植中心、智能教学评估分析系统等。人工智能的发展阶段为计算智能、感知智能和认知智能。目前，人工智能还处于感知智能阶段，随着计算处理能力的突破、互联网大数据的爆发及深度学习算法在数据训练上取得的进展，人工智能在感知智能阶段正实现巨大突破。

（5）增强现实（Augmented Reality，AR）与虚拟现实（Virtual Reality，VR）。AR 是一种实时地计算摄影机影像位置及角度并加上相应图像、视频、3D 模型的技术。这种技术的目标为在屏幕上把虚拟世界套在现实世界并进行互动。而 VR 是一种可以创建和体验虚拟世界的计算机仿真系统，它利用计算机生成一种模拟环境，是一种多源信息融合的、交互式的三维动态视景和实体行为的系统仿真，使用户沉浸到该环境中。如今，大数据完全改变了 AR 和 VR 的运作方式。AR、VR 与数据之间的关系更像是一种共生关系，它们都可以从彼此合作中受益。AR 和 VR 可以帮助人们了解大数据的巨大复杂性。而大数据可视化具有能将获得的大量信息压缩成易于理解的图形或图表的能力，这些图形或图表可以利用 AR 直接投射到人们面前。随着时间的推移，数据更易于理解将会越来越成为一种市场共识，人们可以通过 AR 和 VR 获得更好的数据。

（6）区块链。区块链是一个分布式数据库系统，作为一种"开放式分类账"来存储和管理数据交易。数据库中的每条记录都称为一个块，并包含诸如事务时间戳及上一个块的链接等详细信息。此外，由于相同的事务记录在多个分布式数据库系统上，因此该区块链通过设计之后是安全的。在大数据的生态系统中，通过区块链脱敏的数据交易流通，结合大数据存储技术和高效灵活的分析技术，极大地提升了区块链数据的价值及扩大了其使用空间。区块链是大数据安全、脱敏、合法、正确的保证。随着数字经济时代的发展，通过把区块链与大数据相连接，大数据将会在"反应-预测"模式的基础上更进一步，能够通过智能合约和未来的 DAO（Decentralized Autonomous Organization，分散式自治组织）、DAC（Distributed

Autonomous Corporation，分布式自治公司）自动运行大量任务，解放人类生产力，那个时候将会迎来又一次科技爆炸的时代。

思考题

1. 什么是大数据？大数据的定义是什么？
2. 大数据技术包括哪几方面的内容？请简要回答。
3. 请举一个大数据在生活中应用的例子，并简要回答大数据技术是如何应用的。
4. 试述大数据的基本特征。
5. 大数据处理的数据类型有哪些？
6. 简要回答大数据的出现为人们生活带来了哪些重要改变。
7. 大数据、云计算和物联网三者之间有什么联系？又有哪些不同？
8. 对大数据未来的发展趋势，简要说说自己的看法。

第2章

大数据采集

课程思政

数据采集是计算机与外部世界之间联系的桥梁，是获取信息的重要途径。传统数据采集提供了从信息到数字信号的处理过程，且这一过程数据量小、数据结构简单、数据存储和处理简单。然而随着信息技术的飞速发展，一个大规模生产、分享和引用数据的大数据时代正在开启，如何从大数据中采集出有用的信息已经是大数据发展的关键问题之一。大数据采集是在确定用户范围的基础上，针对该范围内海量数据的智能化识别、跟踪及采集过程。在实际应用中，大数据可能是企业内部的经营交易信息，如联机交易数据和联机分析数据；也可能是源于各种网络和社交媒体的半结构化数据和非结构化数据；还有可能是源于各类传感器的海量数据。面对如此复杂、海量的数据，制订适合大数据的采集策略或者方法是值得人们深究的。

2.1 大数据采集的基础

2.1.1 传统数据采集

数据采集是指将获取的信息通过传感器转换为模拟信号，并经过对模拟信号的调整、采样、量化、编码和传输等步骤，将其送到计算机系统中进行处理、分析、存储和显示。相应的系统称为数据采集系统。

具体地说，数据采集系统的任务就是先采集传感器输出的模拟信号并将其转换为计算机能识别的数字信号，然后将数字信号送入计算机进行相应的计算和处理，以得到用户所需的数据。与此同时，将得到的数据进行存储、显示或打印，以便实现对某些物理量的监视，其中一部分数据还将被数据采集过程中的计算机系统用来控制某些物理量。

数据采集系统性能的好坏，主要取决于它的精度和速度。在保证精度的条件下，应该尽可能提高数据采集系统的采样速度，以满足实时采集、实时处理和实时控制等对速度的要求。

传统数据采集系统都具有以下特点。

（1）数据采集系统一般都包含计算机系统，这使得数据采集的质量和效率在大幅提高的同时节省了硬件投资。

（2）软件在数据采集系统中的作用越来越大，增加了系统设计的灵活性。

（3）数据采集与数据处理相互结合日益紧密，形成了数据采集与数据处理相互融合的系统，可实现从数据采集、处理到控制的全部工作。

（4）采样速度快，数据采集过程一般都具有"实时"特性。

（5）随着微电子技术的发展，电路集成度的提高，数据采集系统的体积越来越小，可靠性越来越高。

（6）出现了很多先进的采集技术，如总线采集技术、分布式采集技术等。

传统数据采集存在的不足为，传统的数据采集来源单一，且存储、管理和分析数据量也相对较小，大多采用关系型数据库和并行数据库即可处理。对依靠并行计算提高数据处理速度而言，传统的并行数据库追求高度一致性和容错性，根据 CAP 理论，难以保证其可用性和可扩展性。

2.1.2　大数据采集的概述

在大数据时代，人们希望能够将隐藏于海量数据中的信息和知识挖掘出来，为人类的社会经济活动提供依据，但是大数据来源广泛、数据类型复杂，如何从大量的数据中采集到人们需要的数据是大数据技术面临的第一个挑战。

随着互联网技术的发展，人们产生数据的形式发生了翻天覆地的变化，数据类型变得越来越多样化，数据量也呈现爆炸式增长。数据的产生已经完全不受时间、地点的限制。从开始被动产生数据（采用数据库管理数据）到用户主动产生数据，再到物联网技术崛起，大量传感器自动产生大量复杂的数据。这些被动、主动和自动产生的数据共同构成了大数据的数据来源。虽然数据是广泛可用的，但是人们缺乏的是从中提取知识的能力。数据采集的根本目的是根据需求从数据中提取有用的知识，并将其应用到具体的领域之中。

1. 大数据的分类

为了便于研究，大数据可以按产生数据的主体、数据来源的形式和数据存储的类型进行划分。

1）按产生数据的主体划分

（1）少量企业应用产生的数据：如关系型数据库中的数据和数据仓库中的数据等。

（2）大量由人产生的数据：社会网络（Facebook、微信、QQ、电子商务在线交易日志等）产生的数据。

（3）大型服务器产生的数据：如服务器服务日志、各类传感器产生的数据，图像和视频监控数据，二维码和条形码扫描数据等。

2）按数据来源的形式划分

（1）传感器数据：主要源于各类传感器，如摄像头、可穿戴设备、智能家电、工业设备等。传感器数据包括多种环境信息，如人体运动记录、操作记录等。随着传感器技术的发展，这部分数据规模将更加庞大。

（2）互联网数据：主要源于各种网络和社交媒体的半结构化数据和非结构化数据，包括 Web 文本、单击流数据、GPS 和地理定位映射数据，通过管理文件传输协议传送的海量图像文件、评价数据、科学信息、电子邮件等。常用的数据采集分为 App 端数据采集和 Web 端数据采集。

（3）业务数据：指记录在结构化或非结构化数据库中的由业务活动产生的数据。主要源于政府机关、企业生产销售等相关业务。

3）按数据存储的类型划分

大数据不仅数据量巨大，其数据类型还很复杂。在目前存在的大数据中，仅有 20%左右的数据为结构化数据，约 80%的数据为广泛存在于社交网络、物联网、电子商务等领域的非结构化数据。

（1）结构化数据就是数据库系统存储的数据，如企业 ERP、财务系统、医疗 HIS 数据库等信息系统。

（2）非结构化数据包括所有格式化的办公文档、文本、图片、XML、HTML、各类报表、图像和音频、视频信息等数据。

2. 数据采集面临的挑战和困难

数据的价值不在于存储数据本身，而在于如何挖掘数据。只有具有足够的数据源，才可挖掘出数据背后的价值。因此，数据采集是非常重要的基础。针对如此庞大的数据量，在数据采集过程中，主要面临以下挑战和困难。

（1）数据的分布性。文档数据分布在数以百万计的服务器上，没有预先定义的拓扑结构相连。

（2）数据的不稳定性。系统会定期或不定期地添加数据和删除数据。

（3）数据的无结构和冗余性。很多网络数据没有统一的结构，并存在大量重复数据。

（4）数据的错误性。数据可能是错误或无效的。错误来源有录入错误、语法错误、OCR错误等。

（5）数据类型复杂。既有存储在关系型数据库中的结构化数据，也有文档、系统日志、图形图像、语音、视频等非结构化数据。

过去，通常使用传统的关系型数据库 MySQL 和 Oracle 等来存储每一条事务数据，因此，可以利用数据库进行数据采集。在大数据时代，海量数据导致传统的关系型数据库的存储效果和并发访问等存在诸多问题。传统的数据采集技术已经无法满足大数据的需求。如何在采集端部署大量的数据库对数据进行分布式采集，并保证数据库之间的负载均衡是值得人们思考的问题。

2.2　大数据采集的架构

目前，越来越多的企业通过架设日志采集系统来保存数据，希望通过数据获取其中的商业或社会价值，如 Facebook 的 Scribe、Hadoop 的 Chukwa、Kafka 及 Flume 等大数据采集框架。这些框架大多采用分布式架构以满足大规模日志采集的需求。Scribe 是 Facebook 开源的日志采集系统，在 Facebook 内部已经得到大量的应用。Chukwa 是一个开源的用于监控大型分布式系统的数据采集系统，这是构建在 Hadoop 的 HDFS 和 Map/Reduce 框架之上的，继承了 Hadoop 的可伸缩性和鲁棒性。Kafka 是由 Apache 开发的一个开源消息系统项目。它是一个分布式的、分区的、多副本的日志提交方服务。Flume 目前是由 Apache 提供的一个高可用的、高可靠的、分布式的海量日志采集、聚合和传输系统。Flume 支持在日志采集系统中定制各种数据发送方，用于采集数据；同时它提供对数据进行简单处理，并写到各种数据接收方（可定制）的能力。

表 2.1 所示为 Scribe、Chukwa、Kafka、Flume 大数据采集框架的比较。

表 2.1　Scribe、Chukwa、Kafka、Flume 大数据采集框架的比较

比较项目	Scribe	Chukwa	Kafka	Flume
实现语言	C/C++	Java	Scala	Java
框架	Push/Push	Push/Push	Push/Pull	Push/Push
容错机制	Collector 和 Store 之间有容错机制，Agent 和 Collector 之间的容错机制由用户自己定义	Agent 定期记录已发送给 Collector 的数据偏移量。一旦出错，根据记录的偏移量继续获取数据	Agent 通过 Collector 自动识别并获取可用的 Collector。Store 保存已经获取的数据偏移量，一旦 Collector 出现故障，根据记录的偏移量继续获取数据	Agent 和 Collector、Collector 和 Store 之间均有容错机制，且提供 3 种级别的可靠保证
负载均衡机制	无	无	使用 ZooKeeper	使用 ZooKeeper
Agent	Thrift Client	获取 Hadoop Logs 的 Agent	需要根据 Kafka 提供 Low-Level 和 High-Level API（自己定义）	提供丰富的 Agent
Collector	Thrift Server	系统提供 Collector	使用 Sendfile、Zerocopy 等	系统提供 Collector
Store	直接支持 HDFS	直接支持 HDFS	直接支持 HDFS	直接支持 HDFS

通过表 2.1 可以看出，Scribe 设计简单，易于使用，但是其容错机制和负载均衡机制不够完善。Chukwa 属于 Hadoop 系列产品，直接支持 Hadoop，版本升级很快。Kafka 的框架（Push/Pull）新颖，适合集群架构。Flume 的框架、容错机制及负载均衡机制等均很完善。

2.2.1　Scribe

Scribe 是 Facebook 开源的日志采集系统，能够从各种日志源上采集日志，存储到存储系统（如 NFS、分布式文件系统等）以便于进行集中统计分析处理。它为日志的"分布式采集，统一处理"提供了一种可扩展的、高容错的方案。当后端的存储系统宕机时，Scribe 会将数据写到本地磁盘上，当存储系统恢复正常后，Scribe 将日志重新加载到存储系统中。Scribe 的架构如图 2.1 所示。

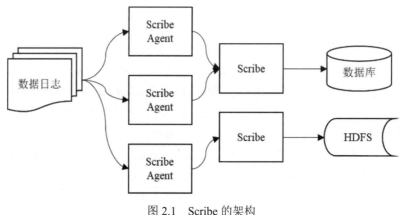

图 2.1　Scribe 的架构

Scribe 的架构比较简单，主要包括 Scribe Agent、Scribe 和存储系统（数据库、HDFS）。

（1）Scribe Agent：Scribe Agent 实际上是一个 Thrift Client。向 Scribe 发送数据的唯一方法是使用 Scribe Agent，Scribe 内部定义了一个 Thrift 接口，用户可使用该接口将数据发送给服务器。

（2）Scribe：Scribe 接收到 Scribe Agent 发送过来的数据，根据配置文件，将不同主题的数据发送给不同的对象。Scribe 提供了各种各样的 Store，如 File（文件）、HDFS 等，Scribe 可将数据加载到这些 Store 中。

（3）存储系统：存储系统实际上就是 Scribe 中的 Store。当前 Scribe 支持非常多的 Store，包括 File、Buffer（双层存储，一个主存储、一个副存储）、Network（另一个 Scribe 服务器）、Bucket（包含多个 Store，通过 Hash 将数据存到不同 Store 中）、Null（忽略数据）、Thriftfile（写到一个 Thrift Tfile Transport 文件中）和 Multi（把数据同时存放到不同 Store 中）。

2.2.2　Chukwa

Chukwa 是一个开源的用于监控大型分布式系统的数据采集系统，它构建在 HDFS 和 Map/Reduce 框架之上，并继承了 Hadoop 的可伸缩性和鲁棒性。在数据分析方面，Chukwa 拥有一套灵活、强大的工具，可用于监控和分析采集的数据，并提供了很多模块以支持 Hadoop 集群日志分析。

Chukwa 旨在为分布式数据采集和大数据处理提供一个灵活、强大的平台，这个平台不但现时可用，而且能够与时俱进地利用更新的存储系统（如 HDFS、HBase 等）。为了保持这种灵活性，Chukwa 被设计成采集和处理层级的管道线，在各个层级之间有非常明确和狭窄的边界。Chukwa 的架构如图 2.2 所示。

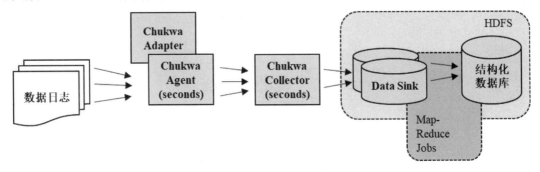

图 2.2　Chukwa 的架构

Chukwa 的架构主要包括以下几部分。

（1）Chukwa Adapter：可封装其他数据源，如 File、UNIX 命令行工具等。目前可用的数据源有 Hadoop Logs、应用度量数据、系统参数数据（如 Linux CPU 使用流率）。

（2）HDFS：Chukwa 采用了 HDFS 作为存储系统。HDFS 的特点是支持小并发、高速写和大文件存储的应用场景，而日志采集系统的特点恰好与之相反，它支持高并发、低速写和大量小文件的存储。需要注意的是，直接写到 HDFS 上的小文件是不可见的，另外，HDFS 不支持文件重新打开。

（3）Chukwa Agent：为 Chukwa Adapter 提供各种服务，包括启动和关闭 Chukwa Adapter，

将数据通过 HTTP（HyperText Transfer Protocal，超文本传送协议）传递给 Chukwa Collector；定期记录 Chukwa Adapter 状态，以便 Chukwa Agent 宕机后恢复。

（4）Chukwa Collector：先将多个数据源发过来的数据进行合并，然后加载到 HDFS 中；隐藏 HDFS 实现的细节，如 HDFS 版本更换后，只需修改 Chukwa Collector 即可。

（5）MapReduce Jobs：定时启动，负责把集群中的数据分类、排序、去重和合并。

2.2.3　Kafka

Kafka 是一个分布式消息队列，具有高性能、持久化、多副本、横向扩展的特点。Producer（生产者）向队列中写消息，Consumer 从队列中获取消息后执行业务逻辑。一般它在架构设计中起解耦、削峰、异步处理的作用。Kafka 的主要功能包括以下几点。

（1）消息队列功能：在系统或应用之间构建可靠的、用于传输实时数据的管道。

（2）数据处理功能：构建实时的流数据处理应用来变换或处理流数据。

Kafka 共有四种核心 API，如图 2.3 所示。

（1）Producer：允许一个应用发布一串流数据到一个或多个 Kafka Topic。

（2）Consumer：允许一个应用订阅一个或多个 Topic，并且对发布给它们的流数据进行处理。

（3）Stream：允许一个应用作为一个流处理器，消费一个或多个 Topic 产生的输入流，并生产一个输出流到一个或多个 Topic 中，在输入流、输出流中进行有效转换。

（4）Connector：允许构建并运行可重用的 Producer 或者 Consumer，将 Kafka Topic 连接到已存在的应用或数据系统中，如连接到一个关系型数据库，捕捉其中的所有变更内容。

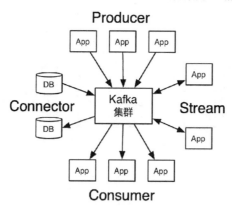

图 2.3　核心 API

图 2.4 所示为 Kafka 的整体流数据架构。从图 2.4 中可以看出 Kafka 包括 Consumer、Broker、Producer 三层架构。Consumer 可以订阅一个或多个 Topic，接收 Broker 发送的数据；Broker 即服务代理，组成 Kafka 集群，并保存已发布的消息；Producer 能够发布消息到 Topic 进程；Topic 是指消息的分类名称。Kafka 整体流数据架构的基本流程就是 Producer 将消息发送给 Broker，并以 Topic 名称分类；Broker 又服务于 Consumer，将指定 Topic 分类的消息传递给 Consumer。

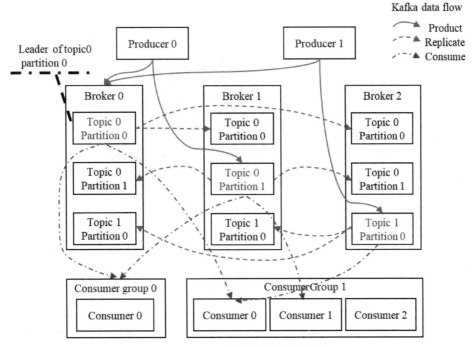

图 2.4　Kafka 的整体流数据架构

1. Topic 和日志

Topic 就是数据主题，是数据记录发布的地方，可以用来区分业务系统。Kafka 中的 Topic 总是多订阅者模式，一个 Topic 可以拥有一个或者多个 Consumer 来订阅它的数据。对于每个 Topic，Kafka 集群都会维持一个分区（Partition）日志。Topic 与 Partition 日志如图 2.5 所示。

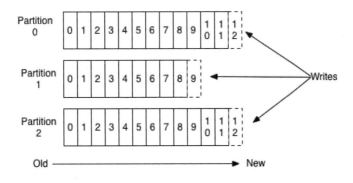

图 2.5　Topic 与 Partition 日志

每个 Partition 都是有序且顺序不可变的记录集，并且不断地追加到结构化的 Commit Log 文件。Partition 中的每条记录都会分配一个 ID 来表示顺序，称为 Offset（偏移量），Offset 用来唯一标识 Partition 中的每一条记录，其示意图如图 2.6 所示。Kafka 集群保留了所有发布的消息（无论是否被消费），并通过一个可配置参数——保留期限来控制消息何时过期。

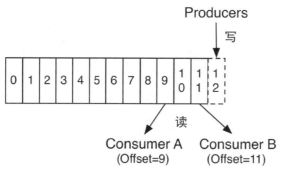

图 2.6　Offset 示意图

日志中的 Partition 主要有以下用途。

（1）当日志大小超过了单台服务器的限制时，允许日志进行扩展。每个单独的 Partition 都必须受限于主机的文件限制，但一个 Topic 可以有多个 Partition，因此可以处理无限量的数据。

（2）日志的 Partition 分布在 Kafka 集群的服务器上。每个服务器在处理数据和请求时，共享这些 Partition。

每个 Partition 都会在已配置的服务器上进行备份，确保容错性。每个 Partition 都有一台服务器作为 Leader 服务器用于处理所有对 Partition 的读写请求，同时 Kafka 集群为每个 Partition 分配零台或者多台服务器充当 Follwer 服务器，Follwer 服务器只对 Leader 服务器中的 Partition 进行同步备份。一旦 Leader 服务器宕机，其他的某个 Follower 服务器会自动成为新的 Leader 服务器。每台服务器都会成为某些 Partition 的 Leader 服务器和某些 Partition 的 Follower 服务器，因此 Kafka 集群的负载是平衡的。

在图 2.6 中每个 Consumer 中唯一保存的元数据是 Offset，即 Consumer 在日志中的位置。通常在读取记录后，Consumer 会以线性的方式增加 Offset，但是实际上，由于 Offset 由 Consumer 控制，因此 Consumer 可以采用任何顺序来消费记录。例如，一个 Consumer 可以重置到一个旧的 Offset，从而重新处理过去的数据；也可以跳过最近的记录，从"现在"开始消费。

2．Producer

Producer 可以将数据发布到所选择的 Topic 中。Producer 负责将记录分配到 Topic 的某个 Partition 中。可以使用循环的方式或通过任何其他的语义 Partition 函数来简单地实现负载均衡。Producer 直接发送消息到 Broker 上的 Leader Partition，不需要经过任何中介（一系列的路由）转发。为了实现这个特性，Kafka 集群中的每个 Broker 都可以响应 Producer 的请求，并返回 Topic 的一些消息。

Producer Client（客户端）控制消息被推送到哪些 Partition，实现的方式可以是随机分配、实现一类随机负载均衡算法或者指定一些 Partition 算法。Kafka 集群提供接口供用户实现自定义的 Partition，用户可以为每个消息指定一个 Partition Key，通过这个 Key 来实现一些 Hash Partition 算法。例如，把 Userid 作为 Partition Key 的话，相同 Userid 的消息将会被推送到同一个 Partition。

以 Batch 的方式推送数据可以极大地提高数据处理效率，Kafka 集群中的 Producer 可以将消息在内存中累计到一定数量后作为一个 Batch 发送请求。Batch 的数量大小可以通过 Producer 的参数控制，参数值可以设置为累计消息的数量（如 500 条）、累计的时间间隔（如

100ms）或者累计的数据大小（64KB）。通过增加 Batch 的数量大小，可以减少网络请求和磁盘 I/O 的读写次数。具体参数设置需要用户根据效率的实效性做出权衡。

Producer 可以异步、并行地向 Kafka 发送消息，但是它在发送完消息之后会得到一个响应，返回的是 Offset 值或者发送过程中遇到的错误。这其中有个非常重要的参数"Acks"，这个参数决定了 Producer 要求 Leader Partition 确认收到的副本个数。如果 Acks 设置为 0，那么表示 Producer 不会等待 Broker 的响应，所以，Producer 无法知道消息是否发送成功，这样有可能会导致数据丢失，但同时，Acks 设置为 0 会得到最大的系统吞吐量。如果 Acks 设置为 1，那么表示 Producer 会在 Leader Partition 收到消息时得到 Broker 的确认，这样会有更好的可靠性，因为客户端会等待直到 Broker 确认收到消息。如果 Acks 设置为 -1，那么表示 Producer 会在所有副本的 Partition 收到消息时得到 Broker 的确认，这个设置可以得到最高的可靠性保证。

3. Consumer

Consumer 使用一个 Consumer Group 名称来进行标识，发布到 Topic 中的每条记录被分配给订阅 Consumer Group 中的一个 Consumer 实例，Consumer 实例可以分布在多个进程中或者多个机器上。如果所有的 Consumer 实例在同一 Consumer Group 中，那么消息记录会负载平衡到每个 Consumer 实例。如果所有的 Consumer 实例在不同的 Consumer Group 中，那么每条消息记录会广播到所有的 Consumer 进程。

组形式的 Consumer 工作原理如图 2.7 所示。这个 Kafka 集群有 2 台服务器、4 个 Partition（P0～P3）和 2 个 Consumer Group。Consumer Group A 有 2 个 Consumer，Consumer Group B 有 4 个 Consumer。通常情况下，每个 Topic 都会有多个 Consumer Group，一个 Consumer Group 对应一个"订阅者"，并由许多 Consumer 实例组成，便于扩展和容错，这就是发布和订阅的概念，只不过订阅者是一组 Consumer 而不是单个的进程。在 Kafka 集群中实现消费的方式是将日志中的 Partition 划分到每个 Consumer 实例上，以便在任何时间，每个实例都是 Partition 唯一的 Consumer。Consumer Group 中的消费关系由 Kafka 集群协议动态处理。如果新的实例加入 Consumer Group，那么它将从组中其他实例中接管一些 Partition；如果一个实例消失，那么它拥有的 Partition 将被分发给剩余的实例。Kafka 集群只保证 Partition 内的消息记录是有序的，而不保证 Topic 中不同 Partition 的顺序。每个 Partition 按照 Key 排序足以满足大多数应用的需求。但如果需要总记录在所有消息记录的上面，那么可使用仅有一个 Partition 的 Topic 来实现，这意味着每个 Consumer Group 只有一个 Consumer 进程。

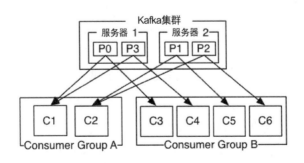

图 2.7　组形式的 Consumer 工作原理

4．Push/Pull

在 Kafka 发布和订阅消息的过程中，Producer 到 Broker 的过程是 Push，也就是有消息就传送到 Broker；而 Consumer 到 Broker 的过程是 Pull，这个过程是 Consumer 主动获取消息，而不是 Broker 把消息主动传送给 Consumer 的。Push/Pull 消息传送机制如图 2.8 所示。通过这种机制，Broker 决定了消息传送的速率，而 Consumer 可以自主决定是否批量地从 Broker 获取消息。

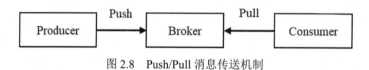

图 2.8　Push/Pull 消息传送机制

5．ZooKeeper

ZooKeeper 是一种分布式协调服务，用于管理大型主机。在分布式环境中协调和管理服务是一个复杂的过程。ZooKeeper 通过其简单的架构和 API 解决了这个问题。ZooKeeper 允许开发人员专注于核心应用逻辑，而不必担心应用的分布式特性。最初的 ZooKeeper 框架是雅虎构建的，用于以简单而稳健的方式访问其应用。后来，ZooKeeper 成为 Hadoop、HBase 和其他分布式框架使用的有组织服务的标准。例如，Kafka 使用 ZooKeeper 用于管理、协调代理。每个 Kafka 代理通过 ZooKeeper 协调其他 Kafka 代理。

图 2.9 所示为 ZooKeeper 工作示意图，多个 Broker 协同合作，Producer 和 Consumer 部署在各个业务逻辑中被频繁地调用都是通过 ZooKeeper 管理协调请求和转发的。通过 ZooKeeper 管理实现了高性能的分布式消息发布订阅系统。

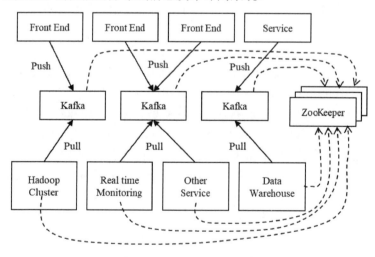

图 2.9　ZooKeeper 工作示意图

6．消息传送机制

在 Kafka 中，消息传送机制有以下几种。

（1）at Most Once：最多一次，这个和 JMS（Java Messaging Service，Java 消息传递服务）中的"非持久化"消息类似。消息只传送一次，无论成败，将不会重发。

（2）at Least Once：消息至少传送一次，如果消息未能接收成功，那么可能会重发，直到接收成功。

（3）Exactly Once：消息只会传送一次。

at Most Once：Consumer 先读取消息，然后保存 Offset，最后处理消息；当客户端保存 Offset 之后，如果在消息处理过程中出现了异常，导致部分消息未能继续处理，那么此后"未处理"的消息将不能被读取到。

at Least Once：Consumer 先读取消息，然后处理消息，最后保存 Offset。如果消息处理成功，但是在保存 Offset 阶段 ZooKeeper 异常导致保存操作未能执行成功，这就导致再次读取消息时可能获得上次已经处理过的消息，原因是 Offset 没有被及时地提交给 ZooKeeper，ZooKeeper 恢复正常时 Offset 还是之前的状态。

Exactly Once：Kafka 中并没有严格地去实现该机制（基于阶段提交事务），用户认为这种机制在 Kafka 中是没有必要的。通常情况下"at Least Once"是用户首选（相比"at Most Once"而言，重复接收数据总比丢失数据要好）。

7. 复制副本

Kafka 将每个 Partition 数据复制到多个服务器上，任何一个 Partition 都有一个 Leader 服务器和多个 Follower 服务器（可以没有）；副本的个数可以通过 Broker 配置文件来设定。Leader 服务器处理所有的读写请求，Follower 服务器需要和 Leader 服务器保持同步。Follower 服务器和 Consumer 一样，消费消息并保存在本地日志中；Leader 服务器负责跟踪所有的 Follower 服务器状态，如果 Follower 服务器"落后"太多或者失效，Leader 服务器将会把它从 Replicas 同步列表中删除。当所有的 Follower 服务器都将一条消息保存成功，此消息才被认为是可接受的，那么此时 Consumer 才能消费它。即使只有一个 Replicas 实例存活，仍然可以保证消息的正常传送和接收，只要 ZooKeeper 集群存活即可（如 HBase 不同于其他分布式存储，需要"多数派"存活才行）。

当 Leader 服务器失效时，需在 Follower 服务器中选取出新的 Leader 服务器，可能此时 Follower 服务器落后于 Leader 服务器，因此需要选择一个最新的 Follower 服务器。选择 Follower 服务器时需要兼顾一个问题，新 Leader 服务器上能承载的 Leader Partition 的个数，如果一个服务器上有过多的 Leader Partition，那么这意味着此服务器将承受更多的 I/O 压力。在选举新 Leader 服务器时，需要考虑到"负载均衡"。

2.2.4　Flume

Flume 作为 Cloudera 开发的实时日志采集系统，得到了业界的认可与广泛应用。Flume 初始的发行版本目前被统称为 Flume OG（Original Generation），属于 Cloudera。但随着 Flume 功能的扩展，Flume OG 暴露出代码工程臃肿、核心组件设计不合理、核心配置不标准等问题，尤其是在 Flume OG 的最后一个发行版本 0.9.4.0 中，日志传输不稳定的问题尤为严重。为了解决这些问题，2011 年 10 月 22 日，Cloudera 完成了 Flume-728，对 Flume 进行了里程碑式的改动：重构核心组件、核心配置及代码架构，重构后的版本统称为 Flume NG（Next Generation）；改动的另一原因是 Flume 被纳入 Apache 旗下，Cloudera Flume 改名为 Apache Flume。

Flume 的流数据由事件（Event）贯穿始终。事件是 Flume 的基本数据单位，它携带有头信息的日志数据（字节数组形式），这些事件由 Agent 外部的 Source 生成，当 Source 捕获事件后会进行特定的格式化，并且它会把事件推入单个或多个 Channel 中。Channel 可以视为一个数据缓冲区，它将保存事件直到 Sink 处理完该事件。Sink 负责持久化日志或者把事件推向另一个 Source。

Flume 具有以下特点。

（1）可靠性。当节点出现故障时，日志能够被传送到其他节点上而不会丢失。Flume 提供了三种级别的可靠性保障，从强到弱依次分别为 End-to-End（收到数据后，Agent 首先将事件写到磁盘上，当数据发送成功后，再删除；如果数据发送失败，那么可以重新发送），Store on Failure（这也是 Scribe 采用的策略，当数据接收方宕机时，将数据写到本地，待数据接收方恢复后，继续发送），Besteffort（数据发送到接收方后，不会进行确认）。

（2）可恢复性。主要通过 Channel 来实现，推荐使用 FileChannel，但事件会持久化在本地文件系统中（性能较差）。

1. Flume 的架构

Flume 实际上是一种分布式的管道架构，可以视为在数据源和目的地之间有一个 Agent 的网络，并支持数据路由。Flume 运行的核心是 Agent。Flume 以 Agent 为最小的独立运行单位，它是一个完整的数据采集工具，含有的核心组件分别是 Source、Channel、Sink。通过这些组件，事件可以从一个地方流向另一个地方。Flume 的架构如图 2.10 所示。

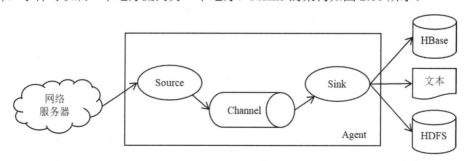

图 2.10　Flume 的架构

Source 是数据的采集端，先对捕获的数据进行特殊的格式化并将其封装到事件中，然后将事件推入 Channel 中。Flume 提供了很多内置的 Source，支持 Avro、Log4j、Syslog 和 HTTP Post，可以让应用同已有的 Source 直接交接，如 Avrosource、Syslogtcpsource 等。如果内置的 Source 无法满足需要，那么 Flume 还支持自定义 Source。

Channel 是连接 Source 和 Sink 的组件，用户可以将它视为一个数据缓冲区（数据队列），它可以将事件暂存到内存中，也可以将其持久化到本地磁盘上，直到 Sink 处理完该事件。

Sink 从 Channel 中取出事件，并将数据发送到别处，可以向文件系统、数据库、Hadoop 存储数据。在日志数据较少时，可以将数据存储在文件系统中，并且设定一定的时间间隔存储数据。

2. Flume 的拦截器

当需要对数据进行过滤时，除了在 Source、Channel 和 Sink 组件中对数据进行过滤，Flume 也提供了拦截器对数据进行过滤。拦截器的位置在 Source 和 Channel 之间，当为 Source 指定拦截器后，可在拦截器中得到事件，人们可根据需求决定对事件进行保留还是抛弃，抛弃事件的数据不会进入 Channel 中。Flume 的拦截器如图 2.11 所示。

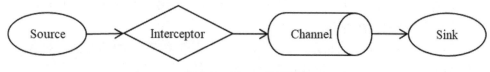

图 2.11　Flume 的拦截器

3．Flume 的流数据

Flume 主要是把数据从数据源中采集过来，并将其发送到目的地。为了保证数据发送一定成功，在数据发送到目的地之前，会先缓存数据，等到数据到达目的地后，再删除缓存的数据。Flume 发送数据的基本单位是事件，如果发送的数据是文本文件，通常是一行记录，这也是事件的基本单位。事件先从 Source 流向 Channel，再流向 Sink。事件代表一个流数据的最小完整单元，从外部数据源来，向外部的目的地去。

4．Flume 的运行机制

Flume 的核心是 Agent。Agent 对外有两个进行交互的地方，一个是数据的输入 Source，另一个是数据的输出 Sink。Source 接收到数据之后，将数据发送给 Channel，Channel 作为一个数据缓冲区会临时存放这些数据，随后 Sink 会将 Channel 中的数据发送到指定的地方，如 HDFS 等。只有在 Sink 将 Channel 中的数据成功发送出去之后，Channel 才会删除缓存数据，这种机制保证了数据发送的可靠性和安全性。

此外，Flume 可以支持多级 Flume 的 Agent。例如，Sink 可以将数据写到下一个 Agent 的 Source 中，这样可将 Agent 连成 Agent 串。Flume 还支持扇入、扇出。扇入是指 Source 可以接受多个输入，扇出是指 Sink 可以将数据发送到多个目的地。多级 Flume 的架构如图 2.12 所示。

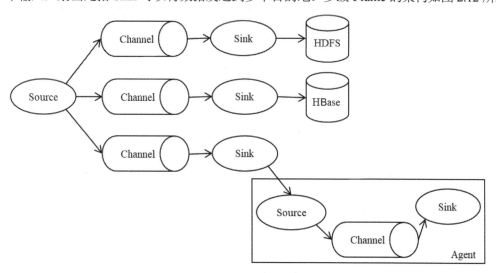

图 2.12　多级 Flume 的架构

2.3　互联网数据抓取与处理技术

随着 Web 2.0 的出现，互联网上每个用户的身份由单纯的"读者"进化为作者及共同建设人员，由被动地接收互联网信息向主动创造互联网信息转变。Web 2.0 伴随着博客、百科全书及社交网络等多种应用技术的发展，大量的网络搜索与交流促使海量数据形成，给人们的日常生活方式带来极大的变革。

互联网数据中沉淀着大量能反映用户偏好倾向、事件趋势等的相关信息。更重要的是，互联网数据均是以共享和开放的形式存放于互联网中的，这意味着进行互联网数据采集的成本往往较低。因此，进行互联网数据的采集和整合几乎成为大数据项目建设的必然选择。常用的数据采集方式为 App 端数据采集和 Web 端数据采集（网络爬虫）。

2.3.1 App 端数据采集

随着流量红利逐渐消失，移动互联网时代正式进入了一个新的阶段，这个阶段的要求是对有限的流量进行精细化运营、深度挖掘加工，从而使流量进行有效转换和不断增长。完备的前端监控系统是精细化运营的主要手段，可以通过大数据来指导运营策略、改善用户体验，也可以通过对数据的半自动或者自动分析，快速定位前端监控系统。App 端数据采集是指针对 App 端的互联网数据采集过程，其基本流程如图 2.13 所示。

图 2.13　App 端数据采集的基本流程

（1）数据抓取。抓取 App 运行数据，如用户点击事件、性能数据、运行异常崩溃等，也叫数据采集，但是为了将其跟 App 端数据采集区分开，本文中统称其为数据抓取。根据采集数据方法的不同，用户可通过不同构造的数据采集器来具体实现抓取数据的类。数据抓取技术大概分为以下两类。

① 侵入式抓取也叫代码中埋点，它是指在写业务代码时，开发人员人为地加上用于抓取业务流程、性能数据等信息的代码。

② 非侵入式抓取也叫无痕埋点，它主要通过监听各种 App 页面的点击事件，来获取相应数据，如 AspectJ。AspectJ 就是在编译时把埋点的代码写入特定的位置，相当于编译器辅助进行代码埋点，因此，只需人为设置编译器的代码埋点处即可。

（2）数据缓存。根据数据抓取时 App 的运行环境，进行不同策略的本地缓存。不同策略是指缓存方式不同、缓存时间不同、触发上报时机不同。例如：当对抓取的数据进行缓存时，可以选择文件缓存、数据库缓存、内存缓存等；对于不同级别的监控，可以选择立即上报、每天上报、每小时上报等；当把用户浏览页面的情况（浏览了哪些 App 页面）存储于本地数据库时，等用户处于 Wi-Fi 环境时，把数据上传到后台服务器。

（3）数据上报。在特定时机把抓取到的数据和缓存数据上传到后台服务器。

通常情况下，为了方便使用 App 软件开发工具包（Software Development Kit，SDK），一般会把数据采集部分做成一个单独的模块，以 Lib 的形式提供给主 App 使用。一个好的 SDK 要满足如下条件。

① 简洁易用：易学习（让开发人员尽量花比较少的时间来学习）、少侵入（SDK 接入时

用户尽可能少地修改主 App 代码)、少升级(SDK 接入后不会频繁要求升级)。

② 稳定:稳定的 API(对外提供稳定的 API,一旦确定,如无非常严重情况不可更改)、稳定的业务(在提供稳定的 API 后,要有稳定的业务来支撑,业务逻辑也不可随意更改)、稳定的运行(SDK 运行错误较少)。

③ 高效:内存占用少、流量费用低、电量消耗少、时间响应快。

2.3.2 网络爬虫

尽管目前移动端的应用较为广泛,但由于涉及用户隐私、企业知识产权等相关问题,App 端数据采集通常是企业内部对用户行为进行分析时采用的常规方式。而在学术领域,传统 Web 端数据采集应用更加广泛。而针对 Web 端的数据采集在一定程度上又可以称为网络爬虫。

2.3.2.1 网络爬虫的概述

大数据时代来临,网络爬虫在互联网中的地位越来越重要。互联网中的数据是海量的,如何自动、高效地在这些海量数据中获取用户感兴趣的信息是互联网数据抓取面临的一个重要问题,而网络爬虫就是为了解决这个问题产生的。

网络爬虫(又称为网页蜘蛛、网络机器人,在 FOAF 社区中,经常被称为网页追逐者)是一种按照一定的规则,自动抓取 Web 信息的应用或者脚本。它被广泛应用于互联网搜索引擎、资讯采集、舆情监测等,以获取或更新某些网站的内容和检索方式。同时,它也可以自动采集所有能够访问到的网页内容,以供搜索引擎做进一步处理,使用户能更快地检索到他们需要的信息。

网络爬虫一般分为数据采集、处理、储存三部分。它一般从一个或者多个初始 URL(Uniform Resource Locator,统一资源定位系统)开始下载网页内容,并通过搜索或是内容匹配手段获取网页中用户感兴趣的内容。同时不断从当前网页提取新的 URL,根据网络爬虫策略,将新的 URL 按一定的顺序放入待抓取 URL 队列中。整个过程循环执行,直到满足系统相应的停止条件,对被抓取的数据进行清洗、整理,并建立索引,存入数据库或文件中。根据查询需要,从数据库或文件中提取相应的数据,以文本或图表的方式显示出来。

网络爬虫应用广泛,常见的应用包括以下几方面。

(1)服务于搜索引擎。网络爬虫采集互联网上尚未索引的数据,索引到搜索引擎,方便用户搜索。

(2)采集网络数据,用于数据分析。数据分析的数据来源,一部分来自于互联网。在对数据进行分析之前,需要使用网络爬虫。采集数据以后,需先对数据进行清洗、结构化,才能对其进行分析。

(3)舆情监测。整合互联网信息采集技术及信息智能处理技术,通过对互联网海量信息自动爬取、自动分类聚类、主题检测、专题聚焦,实现用户的网络舆情监测和新闻专题追踪等信息需求,形成简报、报告、图表等分析结果,为用户全面掌握群众思想动态,做出正确舆论引导,提供分析依据。

(4)产品基础服务。根据产品的具体要求,通过网络爬虫,对互联网中的信息进行爬取，为产品进行基础服务支持。

（5）聚合应用。通过网络爬虫，先采集与某行业相关网站上的内容，对内容经过整理后将其进行展示。

网络爬虫帮助搜索引擎从互联网上下载网页，并沿着网页的相关链接在 Web 中采集资源，它的处理能力往往决定了整个搜索引擎的性能及扩展能力，如百度搜索引擎的爬虫称为百度蜘蛛（Baidu Spider）。百度蜘蛛每天会在海量的互联网信息中爬取大量信息并对其进行收录，当用户在百度搜索引擎上检索对应关键词时，百度将对关键词进行分析处理，从收录的网页中找出相关网页，按照一定的规则对网页进行排序并将结果展现给用户。此外，不同的搜索引擎公司都有自己搜索引擎的爬虫技术，如 Google 的 GoogleBot、雅虎的 Slurp、360 的 360Spider、搜狗的 SogouSpider 及必应的 BingBot 等。

大数据时代，在对数据进行分析或者挖掘时，数据源可以从某些提供数据统计的网站获得，也可以从某些文献或内部资料中获得。但是这些获得数据源的方式，有时很难满足用户对数据的需求，同时，手动从互联网中去寻找这些数据，耗费的精力过大。用户利用网络爬虫，自动地从互联网中爬取感兴趣的数据内容，并将这些数据作为自身的数据源，进而进行更深层次的数据分析，获得隐含的数据价值信息。

2.3.2.2 工作流程

网络爬虫的基本工作流程如图 2.14 所示。首先，选取一部分精心挑选的种子 URL。其次，将这些 URL 放入待抓取 URL 队列。再次，从待抓取 URL 队列中取出 URL，进行 DNS 解析，得到主机的 IP 地址，并将 URL 对应的网页下载下来，存储进已下载网页库中。此外，将这些 URL 放进已抓取 URL 队列。最后，分析已抓取 URL 队列中的 URL，并且将 URL 放入待抓取 URL 队列，从而进入下一个循环。

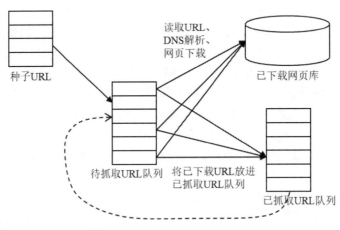

图 2.14　网络爬虫的基本工作流程

2.3.2.3 抓取策略

在网络爬虫中，待抓取 URL 队列是很重要的一部分。同时待抓取 URL 队列中的 URL 排序也是一个很重要的问题。网络爬虫的抓取策略是指在爬虫系统中决定 URL 在待抓取 URL 队列中排序的方法。不同的网络爬虫抓取策略将对应不同的网页抓取过程。常见的抓取策略有以下几种。

（1）深度优先策略是指按照深度由低到高的顺序依次访问下一级网页链接，直到不能再深入为止。网络爬虫在完成一个爬行分支后返回上一级网页链接节点进一步搜索其他网页链接。当所有网页链接遍历完后，爬行任务结束。图 2.15 所示为网页链接关系示意图。使用深度优先策略遍历图 2.15 所示的网页链接，爬虫的顺序为 A→B→D→E→I→C→F→G→H。深度优先策略比较适合垂直搜索或站内搜索，但爬行网页内容层次较深的站点时会造成资源的巨大浪费。

（2）广度优先策略是指按照广度优先的搜索思想，逐层抓取待抓取 URL 队列中的每个 URL 的内容，并将每一层的 URL 纳入已抓取 URL 队列中。使用广度优先策略遍历图 2.15 所示的网页链接，爬虫的顺序为 A→B→C→D→E→F→G→H→I。由此可见，这种策略属于盲目搜索，它并不考虑结果可能存在的位置，会搜索所有网页链接，因此效率较低。但是，如果要尽可能地覆盖较多的网页，广度优先策略是较好的选择。这种策略多用在主题爬虫上，因为越是与初始 URL 距离近的网页，其具有的主题相关性越大。

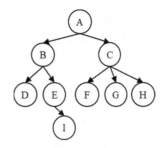

图 2.15　网页链接关系示意图

（3）局部 PageRank 策略是指借鉴 PageRank 的思想，按照一定的网页分析算法，预测候选 URL 与目标网页的相似度或与主题的相关性，并选取评价最好的一个或几个 URL 进行抓取，即对已经下载的网页，连同待抓取 URL 队列中的 URL 形成网页集合，计算每个网页的 PageRank 值，计算完之后，将待抓取 URL 队列中的 URL 按照 PageRank 值的大小排序，并按照该顺序抓取网页。但是，使用这种策略抓取网页时，会因为网络中广告链接、作弊链接的存在，导致 PageRank 的值不能完全刻画其重要程度，从而导致抓取的数据无效。

（4）OPIC 策略是指对网页进行一个重要性打分。初始时，给所有网页一个相同的初始现金。当下载了某个网页 P 之后，将网页 P 的现金分摊给所有从网页 P 中分析出的链接，并将网页 P 的现金清空。对于待抓取 URL 队列中的所有网页都须按照现金数进行排序。由于用户每次使用局部 PageRank 策略都需要进行迭代计算，而使用 OPIC 策略不需要进行迭代计算。因此，OPIC 策略的计算速度明显快于局部 PageRank 策略的计算速度，这是一种较好的重要性衡量策略，适合实时计算场景。

（5）大站优先策略是指对于待抓取 URL 队列中的所有网页，根据所属的网站进行分类。对于待下载网页量大的网站，优先下载。这种策略的本质思想倾向于优先下载大型网站中的网页，因为大型网站往往包含最多的网页，而且大型网站的网页质量一般较高。大量实际应用表明用户使用这种策略优先于使用深度优先策略。

（6）反向链接数策略是指一个网页被其他网页链接指向的数量。反向链接数表示一个网页的内容受到其他人推荐的程度。因此，很多时候搜索引擎的抓取系统会使用反向链接数来评价网页的重要程度，从而决定不同网页的抓取顺序。

（7）最佳优先搜索策略是指通过计算 URL 描述文本与目标网页的相似度或者与主题的相关性，根据所设定的阈值选出有效 URL 进行抓取。

在实际应用中，通常结合几种策略抓取网络信息，如百度蜘蛛的抓取策略是以广度优先策略为主、局部 PageRank 策略为辅的方式。

2.3.2.4 更新策略

互联网中的网页经常更新，而网络爬虫须在网页更新后，对这些网页进行重新爬取。然而，互联网中的网页更新频率并不一致，如果网页更新频率过慢，而网络爬虫的爬虫频率过快，那么必然会增加爬虫服务器的压力；如果网页更新频率过快，但是网络爬虫的爬虫频率过慢，那么爬取的内容并不能真实反映网页的信息。由此可见，网页的更新频率与网络爬虫的爬虫频率越接近，爬虫的效果越好。当然，爬虫服务器资源有限时，爬虫也需要根据相应的策略让不同的网页具有不同的更新频率。更新频率快的网页将获得较快的爬虫频率。

常见的网页更新策略包括用户体验策略、历史数据策略及聚类分析策略。

（1）用户体验策略。在搜索引擎查询某个关键词时，通常会搜索大量的网页，并且这些网页会按照一定的规则进行排序，但是，大部分用户都只会关注排序靠前的网页，所以，在爬虫服务器资源有限的情况下，爬虫会优先更新排名结果靠前的网页，这种更新策略为用户体验策略。在用户体验策略中，爬虫服务器中会保留对应网页的多个历史版本，并对其进行分析，依据这多个历史版本的内容更新、搜索质量影响、用户体验等信息，来确定对这些网页的爬取周期。

（2）历史数据策略。依据某一个网页的历史数据，通过泊松分布进行建模等手段，预测该网页下一次更新的时间，从而确定下一次对该网页的爬取时间，这种更新策略为历史数据策略。

以上两种策略，都需要历史数据作为依据。但是，若一个网页为新网页，则其不会有对应的历史数据，爬虫服务器需要采取新的更新策略。比较常见的策略是聚类分析策略。

（3）聚类分析策略。该策略是将聚类算法运用于爬虫对网页更新的一种策略，其基本原理是先将海量网页进行聚类分析（按照相似性进行分类），一般来说，相似网页的更新频率类似。聚类之后，这些海量网页会被分为多个簇，每个簇中的网页具有类似的属性，即每个簇中的网页具有类似的更新频率。然后，对聚类结果的每个簇中的网页进行抽样，并计算出抽样网页的平均更新频率，从而确定每个聚类网页的爬虫频率。聚类分析策略的爬虫频率如图 2.16 所示。

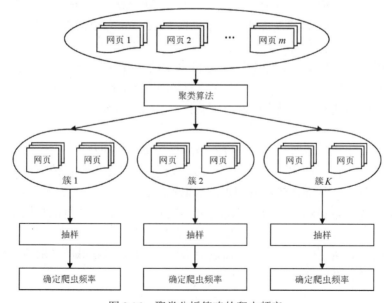

图 2.16　聚类分析策略的爬虫频率

　　在图 2.16 中，首先，利用某种聚类算法将海量网页分为 K 个簇（K 由聚类算法确定），在 K 个簇中，每个簇中的网页具有类似的更新频率。然后，对每个簇进行抽样，抽取部分网页并计算其平均更新频率。最后，将抽样网页的平均更新频率确定为这个簇内所有网页的爬虫频率。根据网页的更新策略可以让爬虫频率更快，并且执行逻辑更合理。

2.3.3　常用的网络爬虫方法

　　为了解决网络搜索和互联网数据采集问题，学者们经过不断地研究与实践，已经总结出了多种网络爬虫方法。为了便于研究，这些方法可以按网络爬虫功能、网络爬虫结构及实现技术进行划分。网络爬虫方法按网络爬虫功能可以分为批量型爬虫、增量型爬虫和垂直型爬虫；按网络爬虫结构及实现技术可以分为通用网络爬虫、聚焦网络爬虫、深层网络爬虫、分布式网络爬虫。

2.3.3.1　按网络爬虫功能划分

1. 批量型爬虫

　　批量型爬虫是根据用户配置进行网络数据的抓取，用户通常需要配置的信息包括 URL 或待抓取 URL 队列、爬虫累计工作时间和爬虫累计获取的数据量等。也就是说，批量型爬虫有比较明确的抓取范围和目标，当爬虫达到这个设定的目标后，即停止抓取过程。这种方法适用于互联网数据抓取的任何场景，通常用于评估算法的可行性及审计目标 URL 数据的可用性。批量型爬虫实际上是增量型爬虫和垂直型爬虫的基础。

2. 增量型爬虫

　　增量型爬虫是根据用户配置持续进行网络数据的抓取，用户通常需要配置的信息包括待抓取 URL 队列、单个 URL 数据抓取频率和网页更新策略等。因此，增量型爬虫是持续不断地抓取，对于抓取到的网页要定期更新，并且增量型爬虫需要及时反映这种变化。这种方法可以实时抓取互联网数据，通用的商业搜索引擎基本采用这种爬虫方法。

3. 垂直型爬虫

　　垂直型爬虫是根据用户配置持续进行指定网络数据的抓取，用户通常需要配置的信息包括 URL 或待抓取 URL 队列、敏感热词和网页更新策略等。垂直型爬虫的关键是如何识别网页内容是否属于指定行业或者主题。从节省系统资源的角度来说，往往需要爬虫在抓取阶段就能够动态识别某个网页是否与主题相关，并尽量不去抓取无关网页，以达到节省资源的目的。这种方法可以实时抓取互联网中指定内容的相关数据，垂直搜索网站或者垂直行业网站通常采用这种爬虫方法。

2.3.3.2　按网络爬虫结构及实现技术划分

1. 通用网络爬虫

　　通用网络爬虫又称全网爬虫，它是根据预先设定的一个或若干初始 URL 为开始，以此获得初始网页上的 URL 列表，在爬行过程中不断从待抓取 URL 队列中获取一个一个 URL，进而访问并下载该网页。网页下载后，网页解析器去掉网页上的 HTML 标记以得到网页内容，将摘要、URL 等信息保存到 Web 数据库中，同时抽取当前网页中新的 URL，保存到已抓取 URL 队列中，直到满足系统相应的停止条件。

通用网络爬虫主要由初始 URL、页面爬行模块、页面分析模块、页面数据库、链接过滤模块等构成。通用网络爬虫在爬行时会采取一定的抓取策略，主要有深度优先策略和广度优先策略，其工作过程如图 2.17 所示。

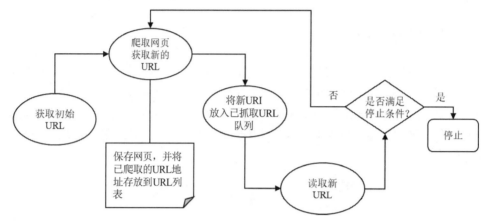

图 2.17　通用网络爬虫工作过程

从图 2.17 中可以看出，通用网络爬虫先获取初始 URL，初始 URL 地址可以人为地指定，也可以由用户指定某个或某几个初始爬取网页；然后，根据初始 URL 爬取网页并获得新的 URL，同时需要将网页存储到原始数据库中，并将已爬取的 URL 地址存放到 URL 列表中；最后，将新的 URL 放到已抓取 URL 队列中，重复上述的工作过程直到满足系统相应的停止条件。

通用网络爬虫主要为门户站点、搜索引擎和大型 Web 服务提供商采集数据。由于商业原因，通用网络爬虫的细节很少公布出来。通常，这种网络爬虫方法的爬行范围和数量巨大，对于爬虫频率和存储空间要求较高，对于爬行网页的顺序要求相对较低，同时由于待刷新的网页太多，通常采用并行工作方式，但需要较长时间才能刷新一次网页。通用网络爬虫主要存在以下几方面的局限性。

（1）由于抓取目标是尽可能大的覆盖网络，所以爬行的结果中包含大量用户不需要的网页。

（2）不能很好地搜索和获取信息含量密集且具有一定结构的数据。

（3）通用搜索引擎大多是基于关键字检索的，难以实现支持语义信息的查询和搜索引擎智能化的要求。

由此可见，通用网络爬虫既要保证网页的质量和数量，又要保证网页的时效性是很难实现的。因此，通用网络爬虫适用于为搜索引擎搜索广泛的主题，且具有较强的应用价值。

2. 聚焦网络爬虫

聚焦网络爬虫也叫主题网络爬虫，顾名思义，聚焦网络爬虫是按照预先定义好的主题有选择地进行网页爬虫的一种爬虫方法。聚焦网络爬虫不像通用网络爬虫一样将目标资源定位在全互联网中，而是将爬取的目标网页定位在与主题相关的网页中，这样可以大大节省爬虫时所需的带宽资源和服务器资源。

由于聚焦网络爬虫是有目的地爬取信息，因此，相对于通用网络爬虫，它必须增加对目标的定义和过滤机制，其工作过程如图 2.18 所示。

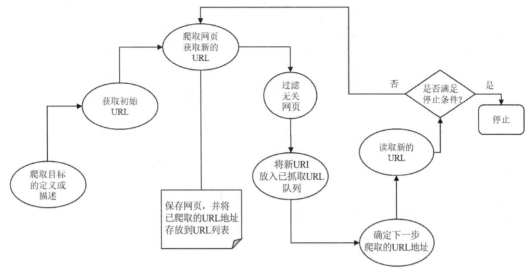

图 2.18 聚焦网络爬虫工作过程

从图 2.18 可以看出，聚焦网络爬虫要依据爬取需求来定义爬虫目标的定义或描述；获取初始 URL，并根据初始 URL，获得新的 URL；从新的 URL 中过滤掉与爬取目标无关的网页，同时，也需要将已爬取的 URL 地址存放到 URL 列表中；将过滤后的网页放到已抓取 URL 队列中，根据搜索算法，确定已抓取 URL 队列中 URL 的优先级，并确定下一步要爬取的 URL 地址；读取新的 URL，依据新的 URL 地址爬取网页，并重复上述工作过程，直至满足系统相应的停止条件。

在聚焦网络爬虫工作的过程中，需要一个控制中心对整个爬虫系统进行管理和监控，主要包括控制用户交互、初始化爬行器、确定主题、协调各模块之间的工作、控制爬行过程等方面。控制中心协调的模块主要包括页面采集模块、页面分析模块、页面相关度计算模块、页面过滤模块、链接排序模块和内容评价模块等。

（1）页面采集模块：主要是根据待抓取 URL 队列进行页面下载，再交给页面分析模型处理以抽取页面主题向量空间模型。该模块是任何爬虫系统都必不可少的模块。

（2）页面分析模块：该模块的功能是对采集到的页面进行分析，主要用于连接链接排序模块和页面相关度计算模块。

（3）页面相关度计算模块：该模块是整个爬虫系统的核心模块，主要用于评估页面与主题的相关度，并提供相关的抓取策略用以指导爬虫的爬行过程。URL 的链接评价得分越高，爬行的优先级就越高。其主要思想是：在系统爬行之前，页面相关度计算模块根据用户输入的关键字和初始文本信息进行学习，以训练一个页面相关度评价模型。当一个被认为是与主题相关的页面被爬取下来之后，该页面就被送入页面相关度评价器计算其主题相关度值，若该值大于或等于给定的某阈值，则该页面就被存入页面库，否则丢弃。

（4）页面过滤模块：过滤掉与主题无关的链接，同时将该 URL 及其所有隐含的子链接一并去除。通过过滤，爬虫就无须遍历与主题不相关的页面，从而保证了爬行效率。

（5）链接排序模块：将过滤后的页面按照优先级加入已抓取 URL 队列中。

（6）内容评价模块：评价内容的重要性，根据内容的重要性，可以确定优先访问哪些页面。

3. 深层网络爬虫

1994 年，迈克尔·伯格曼提出了深层页面的概念，深层页面是指普通搜索引擎难以发现的信息内容 Web 页面。深层页面中的信息量比普通页面中的信息量多，而且质量更高。但是普通搜索引擎由于技术限制搜集不到高质量、高权威的信息，这些信息通常隐藏在深层页面的大型动态数据库中，涉及数据集成、中文语义识别等诸多领域。如果没有合理高效的方法去获取庞大的信息资源，那么对信息获取是巨大的损失。因此，对于深层网络爬虫的研究具有极为重大的现实意义和理论价值。

常规的网络爬虫在爬行中无法发现隐藏在普通页面中的信息和规律，缺乏一定的主动性和智能性，如需要输入用户名和密码或者包含页码导航的页面均无法爬行。深层网络爬虫比只爬行于表层页面的网络爬虫更复杂些，它在访问并解析出 URL 后，还需要继续分析该页面是否包含深层页面入口的表单。若包含，则还要模拟人的行为对该表单进行分析、填充并提交，并从返回页面中提取所需要的内容，将其加入搜索引擎中参与索引以供用户查找。深层网络爬虫的工作过程如图 2.19 所示。

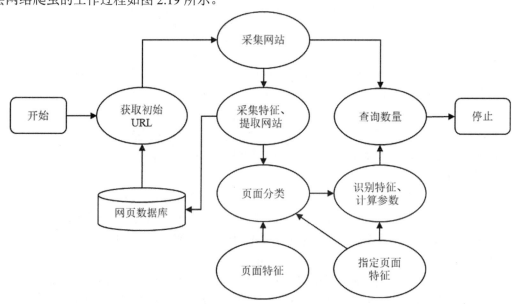

图 2.19 深层网络爬虫的工作过程

深层网络爬虫与常规网络爬虫的不同之处在于，深层网络爬虫在页面下载完成之后并没有立即遍历其中的所有链接，而是使用一定的算法将其进行分类，对于不同的类别采取不同的方法计算参数，并将参数提交到服务器。如果提交的参数正确，那么将会得到隐藏的页面和链接。

4. 分布式网络爬虫

分布式网络爬虫包含多个爬虫，每个爬虫需要完成的任务和单个的爬行器类似，它们从互联网上下载网页，并把网页保存在本地的磁盘上，从中抽取 URL 并沿着这些 URL 的指向继续爬行。分布式网络爬虫结构如图 2.20 所示。

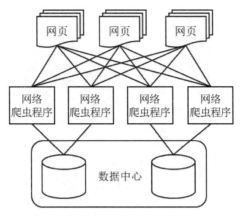

图 2.20　分布式网络爬虫结构

从图 2.20 可以看出，分布式网络爬虫是一种三层结构，最上层为互联网的网页；中间层为网络爬虫程序，或者说单个爬行器；最底层是分布在不同地理位置的数据中心，每个数据中心有若干台抓取服务器，而每台抓取服务器上可能部署了若干个网络爬虫程序。

分布式网络爬虫的重点在于爬虫如何进行通信。目前分布式网络爬虫按通信方式不同可以分为主从式分布式网络爬虫和对等式分布式网络爬虫。

对于主从式分布式网络爬虫而言，有一台专门的 Master（主服务器）来维护待抓取 URL队列，它负责将 URL 分发到不同的 Slave（从服务器），而 Slave 则负责实际的网页下载工作。Master 除维护待抓取 URL 队列及分发 URL 之外，还负责调解各个 Slave 的负载情况，而各个 Slave 之间不必相互通信，所以，这种方式实现简单、利于管理。主从式分布式网络爬虫的结构如图 2.21 所示。

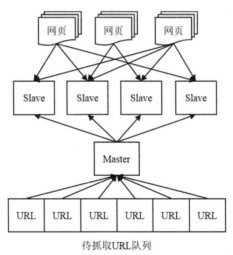

图 2.21　主从式分布式网络爬虫的结构

对于对等式分布式网络爬虫而言，所有的抓取服务器在分工上没有不同。每一台抓取服务器都可以从待抓取 URL 队列中获取 URL。为了使抓取服务器合理分工，通常利用 Hash 算法将待抓取的 URL 分配给不同的抓取服务器，即计算 $H \bmod M$，其中 H 为该 URL 主域名的 Hash 值，M 为抓取服务器的数量，计算得到的数就是处理该 URL 的主机编号。对等式分布式网络爬虫的结构如图 2.22 所示。

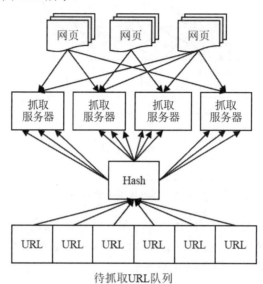

图 2.22　对等式分布式网络爬虫的结构

在图 2.22 中，如果抓取某网站信息，可以将 Hash 值设为 $H=7$，抓取服务器的数量设为 $M=3$，那么 $H \bmod M=1$，因此由编号为 1 的抓取服务器对该网站信息的进行抓取。分布式网络爬虫是一种大规模并发采集方法，这种方法可以在尽可能短的时间内搜集尽可能多的网页，是一种高效的爬虫方法。

2.3.4　文本数据处理

2.3.4.1　文本分词的概述

文本分词是将字符串文本划分为有意义的基本单位的过程，如词语、句子或主题。由计算机实现的文本分词结果应该符合人类思维，即阅读文本时的处理模式。在现实中，以英文为代表的拉丁语系语言是以空格作为自然分界符的，在分词上具有巨大的便利性；而中文是以字为单位的，句子中所有的字连起来才能描述一个意思。例如，英文句子"I am a teacher"，用中文表示为"我是一名教师"。计算机可以通过空格知道英文句子中的"teacher"是一个单词，但它不能轻易明白中文的"教""师"两个字需要组合才表示一个词。

中文分词是将中文文本分割成若干个独立、有意义的基本单位的过程。中文分词对于搜索引擎的影响是巨大的，因为对于搜索引擎来说，最重要的并不是找到中文分词的所有结果，而是在上百亿的网页中找到与其最相关的结果，这也称为相关度排序。中文分词的准确度会直接影响搜索结果的相关度排序。为了提高搜索引擎结果的相关度和准确度，不同的搜索引擎都有自己的中文分词技术。

现实生活中，人类可以通过已有的知识来判断一句话中哪些是词、哪些是短语及其相关含义。而让计算机也能像人类思维一样分割文本信息的过程就是分词算法的任务。分词算法的基本原理是对待分词文本进行分词处理、过滤处理，并输出分词后的结果，包括英文单词、中文单词及数字串等一系列切分好的字符串，如图 2.23 所示。

图 2.23 分词算法的基本原理

分词算法大都是基于统计的算法，而统计的样本内容来自一些标准的语料库。例如，句子"大数据将带来什么"，用户希望语料库统计后的分词结果是"大数据/将/带来/什么"而不是"大/数据将带/来什么"，从统计的角度看，用户希望出现"大数据/将/带来/什么"分词的概率要比出现"大/数据将带/来什么"分词的概率大。用数学语言描述为，如果有一个句子 S，它有 m 种分词结果，具体如下。

$$
\begin{array}{cccc}
A_{11} & A_{12} & \cdots & A_{1n_1} \\
A_{21} & A_{22} & \cdots & A_{2n_2} \\
\cdots & \cdots & \cdots & \cdots \\
A_{m1} & A_{m2} & \cdots & A_{mn_m}
\end{array}
\tag{2.1}
$$

式中，n_i 为第 i 种分词的词个数。如果从中选择了最优的第 r 种分词算法，那么这种分词算法对应的统计分布概率应该最大，即 $r = \arg\max P(A_{i1}, A_{i2}, \cdots, A_{in_i})$。但是分词的联合分布概率 $P(A_{i1}, A_{i2}, \cdots, A_{in_i})$ 并不容易计算，因为涉及 n_i 个分析的联合分布。为了简化计算，通常采用马尔可夫假设，即每个分词出现的概率仅和前一个分词相关，即 $P(A_{i1}|A_{i1}, A_{i2}, \cdots, A_{ij-1}) = P(A_{ij}|A_{ij-1})$，那么分析的联合分布概率为

$$
P(A_{i1}, A_{i2}, \cdots, A_{in_i}) = P(A_{i1})P(A_{i2} \mid A_{i1})P(A_{i3} \mid A_{i2}) \cdots P(A_{in_i} \mid A_{i(n_i-1)})
\tag{2.2}
$$

用户可根据标准的语料库，近似地计算出所有分词之间的二元条件概率。例如，任意两个分词 x 和 y 的条件概率分布可以近似表示为

$$
P(x \mid y) = \frac{P(x, y)}{P(y)} \approx \frac{\text{freq}(x, y)}{\text{freq}(y)}
\tag{2.3}
$$

$$
P(y \mid x) = \frac{P(x, y)}{P(y)} \approx \frac{\text{freq}(x, y)}{\text{freq}(y)}
\tag{2.4}
$$

式中，$\text{freq}(x, y)$ 为 x 和 y 在语料库中相邻时同时出现的次数；$\text{freq}(x)$ 和 $\text{freq}(y)$ 分别为 x 和 y 在语料库中出现的次数。因此，对于一个新的句子，可以通过计算各种分词算法对应的统计分布概率，找到最大概率对应的分词算法，即最优分词算法。此外，还可以通过 N 元文法模型和维特比算法等寻找最优分词算法。N 元文法模型考虑分词依赖于前 N 个分词的情况，计算较复杂。由于维特比算法考虑分词仅与前一个分词相关，因此可采用动态规划算法来解决最优分词问题。

2.3.4.2　中文分词算法

现有的中文分词算法可分为基于字符串匹配的分词算法、基于理解的分词算法和基于统计的分词算法。

1.　基于字符串匹配的分词算法

基于字符串匹配的分词算法又称机械分词算法，它是按照一定的策略将待分词文本与一个"充分大的"机器词典中的词条进行匹配，若在机器词典中找到某个字符串，则匹配成功

（识别出一个分词）。

　　基于字符串匹配的分词算法按照扫描方向的不同可以分为正向匹配和逆向匹配；按照不同长度优先匹配的不同可以分为最大（最长）匹配和最小（最短）匹配；按照是否与词性标注过程相结合可以分为单纯分词算法和分词与词性标注相结合的一体化算法。常用的基于字符串匹配的分词算法包括正向最大匹配法（由左到右的方向）、逆向最大匹配法（由右到左的方向）、最少切分法（使每一句中切出的词数最小）和双向最大匹配法（结合正向最大匹配法与逆向最大匹配法）等。

　　正向最大匹配法是指由从左到右的方向将待分词文本中的几个连续字符串与机器词典中的词条进行匹配，如果字符串与词条能匹配上，那么切分出一个词；如果字符串与词条不能匹配上，那么缩短字符串长度继续匹配，直到匹配成功或成为单字。逆向最大匹配法是指对待分词文本由从右到左的方向进行最大匹配。最少切分法是指根据最少切分原则，从几种分词算法切分结果中取切分词数最小的一种。例如，对待分词文本分别使用正向最大匹配法和逆向最大匹配法，从两者中选择词数较小的算法，当词数相同时，采取某种策略，选择其中一个。双向最大匹配法是指将正向最大匹配法得到的分词结果和逆向最大匹配法得到的分词结果进行比较，从而选择合适的分词算法。由于在中文中单字也可以成词，因此，一般很少使用正向最小匹配法和逆向最小匹配法。一般说来，逆向匹配的切分准确度略高于正向匹配，遇到的歧义现象也较少。实际使用的分词系统都是把机械分词作为一种初分手段，还需利用其他的语言信息来进一步提高切分的准确度。

　　2. 基于理解的分词算法

　　基于理解的分词算法即人工智能算法。该算法是通过让计算机模拟人对句子的理解达到分词效果的。其基本思想是在分词的同时进行句法、语义分析，利用句法信息和语义信息来处理歧义现象。它通常包括分词子系统、句法语义子系统、总控部分。在总控部分的协调下，分词子系统可以获得有关词、句子等的句法和语义信息来对歧义现象进行判断，即它模拟了人对句子的理解过程。这种分词算法需要使用大量的语言知识和信息。由于中文知识的笼统性、复杂性，故难以将各种语言信息组织成计算机可直接读取的形式。因此，目前基于理解的分词系统难以实现。

　　3. 基于统计的分词算法

　　基于统计的分词算法是在给定大量已经分词文本的前提下，利用统计原理、机器学习模型来学习文本切分的规律（称为训练），从而实现对未知文本的切分，如最大概率分词算法和最大熵分词算法等。随着大规模语料库的建立、机器学习算法的研究和发展，基于统计的分词算法渐渐成为了主流算法。目前主要的统计模型包括 N 元模型（N-Gram Model）、隐马尔可夫模型（Hidden Markov Model，HMM）、最大熵模型（Maximum Entropy Model，MEM）和条件随机场（Conditional Random Fields，CRF）模型等。

　　在实际的应用中，基于统计的分词系统都需要使用分词词典来进行字符串匹配分词，同时使用统计算法识别一些新词，即将字符串频率统计和字符串匹配结合起来，既发挥了匹配分词切分速度快、效率高的特点，又利用了无词典分词结合上下文识别生词、自动消除歧义的优点。

　　衡量分词算法的主要指标包括准确度和分词速度等，但是每种算法都有各自的优缺点。表 2.2 所示为各种分词算法的比较。表 2.2 从准确度、分词速度、新词识别、歧义识别、语料库、规则库和算法复杂度方面比较了基于字符串匹配的分词算法、基于理解的分词算法和基于统计的分词算法。从表中可以看出，基于字符串匹配的分词算法比较容易实现，分词速度快，但是准确度一般，新词识别和歧义识别比较差；基于理解的分词算法准确度高，新词识别和歧义识别强，但是算法复杂，实现比较困难；基于统计的分词算法的准确度、分词速度、算法复杂度介于前两种算法之间。

表 2.2　各种分词算法的比较

分词方法	基于字符串匹配的分词算法	基于理解的分词算法	基于统计的分词算法
准确度	一般	准确度高	比较准确
分词速度	快	慢	一般
新词识别	差	强	强
歧义识别	差	强	强
语料库	不需要	不需要	需要
规则库	不需要	需要	不需要
算法复杂度	容易	困难	一般

此外，表 2.2 中的新词识别和歧义识别也是中文分词的两大难题。歧义识别是指同样的一句话，可能有两种或者更多的分词结果。例如，"表面的"这个短语，其中"表面"和"面的"都是词，因此，这个短语就可以切分为"表|面的"和"表面|的"，这就是一种歧义。由于计算机不能像人一样去理解知识，因此其也无法判断哪种分词结果是正确的。新词识别是指词典中都没有收录过，但又确实能称为词的那些词，如人名、机构名、地名、产品名、商标名和简称等。对于搜索引擎来说，分词系统中的新词识别十分重要。目前新词识别准确率已经成为评价一个分词系统好坏的重要标志之一。

2.3.4.3　MMSEG 分词算法

中文分词与以英文为代表的拉丁语系语言最大的差别在于常规的中文文本没有单词的边界，因此，使用中文分词算法时首先确定文本的基本单位（单词）显得尤为重要。为了解决中文分词的问题，Chih-Hao Tsai 提出了 MMSEG 分词算法，该算法是一种简单、高效、实用的中文分词算法。

MMSEG 分词算法是一种基于字符串匹配的分词算法。其基本思想是通过匹配算法和词典进行匹配，并根据消歧规则将最终的分词结果输出，如图 2.24 所示。从图 2.24 中可以看出，MMSEG 分词算法是从一个完整的句子中，按照从左向右的顺序，通过匹配算法识别出多种不同的备选词组合，并根据消歧规则，确定最佳的备选词组合。

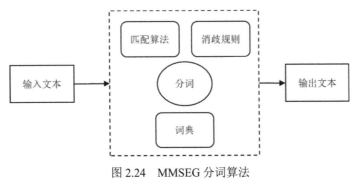

图 2.24　MMSEG 分词算法

1. 词典

MMSEG 分词算法中有 3 种词典，即 chars.dic（汉字字典）、units.dic（中文单位词语）和 words.dic（自定义词典）。words.dic 主要用于存储自定义词条，作为对新名词、专有词的判断。

2. 匹配算法

MMSEG 分词算法中的匹配算法采用简单最大匹配算法和复杂最大匹配算法。

简单最大匹配算法是指从待分词文本的左边开始，列出所有可能的分词结果。例如，使用简单最大匹配算法对"国际化大都市"的分词结果为国、国际、国际化、国际化大、……。

复杂最大匹配算法是指从某一给定的字为起始位置，得到所有可能的"以 3 个词为一组"的分词结果，这也是该算法的核心思想。例如，使用复杂最大匹配算法对"研究大数据"的分词结果为研|究|大、研|究|大数、研究|大|数、研究|大|数据、研究|大数|据、研究大|数|据。

3. 消歧规则

MMSEG 分词算法根据汉语语言的基本成词习惯提出了 4 种规则对待分词文本进行消歧，直到只有一种分词结果或者 4 种规则使用完毕。这 4 种消歧规则如下。

规则 1：备选词组合的最大匹配规则。

规则 2：备选词组合的平均词长最大规则。

规则 3：备选词组合的词长变化最小规则。

规则 4：备选词组合中，单字词的出现频率统计值最高（或者取单字词频的自然对数，并将得到的值相加，取总和最大的词）。

其中，规则 1 应用于简单最大匹配算法，即选择长度最长的词。该规则还应用于复杂最大匹配算法，即选择"词组长度最长"的词组，并将该词组作为切分出的第 1 个词。经过规则 1 消歧后，如果剩余的词组超过 1 个，那么使用规则 2。平均词长的计算公式为平均词长=词组总字数/词语数量。规则 3 中的词长变化可以利用标准差（Standard Deviation）作为计算依据。规则 4 中单字词的出现频率统计值可以利用单字词频的自然对数进行计算，即 log（Frequency），通常直接利用 ln（Frequency）进行计算。

如果使用简单最大匹配算法对待分词文本进行消歧，那么只能使用规则 1；如果使用复杂最大匹配算法对待分词文本进行消歧，那么 4 种规则都可以使用。实际使用中，一般都是使用复杂最大匹配算法+4 种消歧规则对待分词文本进行消歧。

下面以"研究大数据"的分词为例，分析利用复杂最大匹配算法和 4 种消歧规则对其进行分词的过程。MMSEG 分词算法中的复杂最大匹配算法如表 2.3 所示。

表 2.3　MMSEG 分词算法中的复杂最大匹配算法

编号	分词结果	词组长度
1	研|究|大	3
2	研|究|大数	4
3	研究|大|数	4
4	研究|大|数据	5
5	研究|大数|据	5
6	研究大|数|据	5

首先，计算词组长度，具体如表 2.3 所示。

选取根据规则 1 对待分词文本进行消歧的分词结果，即选取编号为 4、5 和 6 的分词结果，命名为 C4、C5 和 C6。计算 C4、C5 和 C6 的平均词长，结果如下。

Average Word Length（C4）= Average Word Length（研究|大|数据）=5/3

Average Word Length（C5）= Average Word Length（研究|大数|据）=5/3

Average Word Length（C6）= Average Word Length（研究大|数|据）=5/3

选取根据规则 2 对待分词文本进行消歧的分词结果。由于 C4、C5 和 C6 的平均词长相等，因此，选择 C4、C5 和 C6。利用标准差计算词长的变化，结果如下。

$$\text{Standard Deviation(C4)} = \text{Standard Deviation(研究|大|数据)}$$

$$= \sqrt{\frac{(2-5/3)^2+(1-5/3)^2+(2-5/3)^2}{3}} = \sqrt{\frac{2}{9}}$$

$$\text{Standard Deviation(C5)} = \text{Standard Deviation(研究|大数|据)}$$

$$= \sqrt{\frac{(2-5/3)^2+(2-5/3)^2+(1-5/3)^2}{3}} = \sqrt{\frac{2}{9}}$$

$$\text{Standard Deviation(C6)} = \text{Standard Deviation(研究大|数|据)}$$

$$= \sqrt{\frac{(3-5/3)^2+(1-5/3)^2+(2-5/3)^2}{3}} = \sqrt{\frac{8}{9}}$$

选取根据规则 3 对待分词文本进行消歧的分词结果，即选取 C4 和 C5。计算备选词组合中，单字词的出现频率统计值。显然，C4 和 C5 都包含 2 个双字词和 1 个单字词，但是在日常生活中，"大"字的出现频率要高于"据"字，因此，词典最终会选择 C4，即"研究|大|数据"作为分词结果。

2.3.4.4 常用中文分词工具

目前已经有很多开源的中文分词工具，包括 Jieba 分词工具、斯坦福 NLTK 分词工具、THULAC、NLPIR 分词系统、SnowNLP，这些工具可以实现不同需求的中文分词。

1. Jieba 分词工具

Jieba 分词工具是国内使用人数最多的中文分词工具，它支持精确模式、全模式和搜索引擎模式。精确模式是试图将句子最精确地切开，适合文本分析；全模式是把句子中所有可以成词的词语都扫描出来；搜索引擎模式是在精确模式的基础上，对长词再次切分，提高召回率，适合用于搜索引擎分词。

Jieba 分词工具自带了一个称为 dict.txt 的词典，里面有 2 万多条词，包含了词条出现的次数（这个次数是基于人民日报语料等资源训练得出的）和词性。

Jieba 分词工具的基本流程是先用正则表达式将中文段落粗略地分成一个个句子，然后将每个句子构造成有向无环图（Directed Acyclic Graph，DAG），并寻找最佳切分方案，最后对于连续的单字，采用 HMM 将其再次切分。

2. 斯坦福 NLTK 分词工具

斯坦福大学著名的自然语言处理小组提供了包括分词器、命名实体识别工具、词性标注工具及句法分析器在内的一系列开源文本分词工具，为了更好地支持中文文本的分词处理，斯坦福自然语言处理小组还提供了相应的中文模型。

斯坦福 NLTK 分词工具依赖于一种线性 CRF 模型，该模型将分词过程视为一个二元决策任务，使用字符标识 N-Gram、形态和字符重叠特征。虽然使用 CRF 模型实现的分词准确度很高，但是处理速度比较慢，因为训练 CRF 模型非常耗时。

CRF 是一种经常应用于模式识别和机器学习领域的统计建模方法，其目的是用于结构化预测。它在自然语言处理中主要用于中文分词和词性标注等词法分析工作，也就是说，CRF 分词的原理就是把分词当成另一种形式的命名实体识别，利用特征建立概率图模型后，用相关算法求最短路径的过程。

3. THULAC

THULAC（THU Lexical Analyzer for Chinese）是由清华大学自然语言处理与社会人文计算实验室研制推出的一套中文词法分析工具包，具有中文分词和词性标注功能。THULAC 具有如下几个特点。

（1）能力强。利用集成世界上规模最大的人工分词和词性标注中文语料库（约含 5800 万字）训练而成，模型标注能力强大。

（2）准确度高。该工具包在标准数据集 Chinese Treebank（CTB5）上分词的 F1 值可达 97.3%，词性标注的 F1 值可达 92.9%，与该数据集上最好分词方法效果相当。

（3）速度较快。同时进行分词和词性标注速度为 300KB/s，每秒可处理约 15 万字；只进行分词的速度可达到 1.3MB/s。

目前，THULAC 已经有 Java、Python 和 C++等版本。

4. NLPIR 分词系统

NLPIR 分词系统（前身为 2000 年发布的 ICTCLAS 词法分析系统）是由北京理工大学张华平博士研发的中文分词系统。经过十余年的不断完善，该系统拥有了丰富的功能和强大的性能。NLPIR 分词系统是一整套对原始文本集进行处理和加工的软件，提供了中间件处理效果的可视化展示，也可以作为小规模数据的处理加工工具。它的主要功能包括中文分词、词性标注、命名实体识别、用户词典、新词发现与关键词提取等。

5. SnowNLP

SnowNLP 是一个 Python 的类库，可以处理中文文本分词。SnowNLP 可以实现中文分词、词性标注的文本分析，还可以实现情感分析、文本分类、转换成拼音、繁简转换、文本关键词和文本摘要提取、文本相似度计算、计算文档词频和逆向文档频率等功能。

除以上几种典型的中文分词工具外，还有新加坡科技设计大学开发的 Zpar 中文分词器、Coreseek.com 为 Sphinx 全文搜索引擎设计的 LibMMSeg 中文分词软件包等。

2.3.4.5 网页分析算法

网络爬虫在爬取相应的网页后，会将网页存储到服务器的原始数据库中。网络爬虫程序尤其是搜索引擎将会对这些网页进行分析并确定各网页的重要性，从而确定网页的优先级和用户检索结果的网页排名。

常用的网页分析算法包括基于用户行为的网页分析算法、基于网络拓扑的网页分析算法及基于网页内容的网页分析算法。

基于用户行为的网页分析算法会依据用户对这些网页的访问行为，对这些网页进行评价。用户的访问行为包括用户对网页的访问频率、用户对网页的访问时长、用户的点击率等信息。

基于网络拓扑的网页分析算法是根据网页的链接关系、结构关系、已知网页或数据等对网页进行分析的一种算法。常见的基于网络拓扑的网页分析算法包括基于网页粒度的分析算法、基于网站粒度的分析算法和基于网页块粒度的分析算法。

PageRank 算法和 HITS 算法是最常见的基于网页粒度的分析算法。PageRank 算法是 Google 搜索引擎的核心算法，它是根据网页之间的链接关系对网页的权重进行计算的，并根据这些计算出来的权重，对网页进行排序。PageRank 算法的关键是计算网页的 PR 值，假如网页 A 被另一个网页 P_i 引用，可以看成网页 P_i 推荐网页 A，网页 P_i 将 PR 值平均分配给它所引用的所有网页。因此，引用网页 A 的网页越多，则网页 A 获得的 PR(A) 值越高，根据相关文献，网页 A 的 PR 值的计算公式为

$$\mathrm{PR}(A) = (1-d) + d\sum_{i=1}^{n} \frac{\mathrm{PR}(P_i)}{C(P_i)} \tag{2.5}$$

式中，$\mathrm{PR}(P_i)$ 为网页 P_i 的 PR 值；d 为阻尼系数，由于某些网页没有入链接或者出链接，无法计算其 PR 值，为避免这个问题而设定阻尼系数，通常将其指定为 0.85；$C(P_i)$ 为网页 P_i 链出的链接数量。

HITS 算法认为绝大多数用户访问网页时带有目的性，即网页和链接与查询主题的相关性。针对这个问题，HITS 算法提出利用内容权威度和链接权威度对每个网页进行网页质量评估。内容权威度与网页提供内容信息的质量相关，被越多网页所引用的网页，其内容权威度越高；链接权威度与网页提供的链接网页的质量相关，引用越多高质量页面的网页，其链接权威度越高。因此，HITS 算法的基本思想是根据一个网页的入度（指向此网页的链接）和出度（从此网页指向别的网页）来衡量网页的重要性。在限定范围之后根据网页的出度和入度建立矩阵，通过矩阵的迭代运算和定义收敛的阈值不断对内容权威度和链接权威度进行更新直至收敛。大量的实验数据表明，HITS 算法的网页排序准确度要比 PageRank 算法的网页排序准确度高。由于 HITS 算法的设计符合网络用户评价网络资源质量的普遍标准，因此它能够为用户更好地利用网络信息检索工具访问互联网资源带来便利。

基于网站粒度的分析算法的关键在于网站的划分和网站等级的计算。网站等级的计算公式与 RP 值的计算公式类似，但是需要对网站之间的链接进行一定程度的抽象，并在一定的模型下计算链接的权重。网站粒度的资源发现和管理策略比网页粒度更简单有效，但是基于网站粒度的分析算法的精确度不如基于网页粒度的分析算法的精确度。

基于网页块粒度的分析算法也是根据网页间链接关系进行计算的，但计算规则与基于网页粒度的分析算法有所不同。在一个网页中，往往含有多个指向其他网页的链接，这些链接中只有一部分是指向主题相关网页的，或者说，这些链接对该网页的重要程度是不一样的。但是，在 PageRank 算法和 HITS 算法中，没有对这些链接进行区分，因此常常给网页分析带来广告等链接的干扰。而基于网页块粒度的分析算法会对一个网页中的这些链接进行分析并划分层次，不同层次的链接对于该网页来说，其重要程度不同。这种算法的分析效率和准确度会比传统的算法好一些。

基于网页内容的网页分析算法是指利用网页内容（文本、数据等资源）特征对网页进行评价。最常用的算法是基于词频统计或词位置加权的网页分析算法，这两种算法是早期搜索

引擎的重要排序算法。其基本思想是关键词在网页中词频越高、出现的位置越重要，就被认为和检索词的相关性越好。TF/IDF（Term Frequency/Inverse Document Frequency）算法是经典的基于词频统计的网页分析算法，该算法通过统计单文本词汇频率和逆文本频率指数来进行网页排序。

随着互联网技术的飞速发展，多媒体数据、Web Service 等网络资源形式也日益丰富。因此，基于网页内容的网页分析算法也从原来较为简单的文本检索算法，发展为涵盖网页数据抽取、机器学习、数据挖掘、语义理解等多种算法的综合应用。目前基于网页内容的网页分析算法包括针对以文本和链接为主的无结构或结构很简单的网页分析算法和针对从结构化的数据源（如 RDBMS）动态生成网页的网页分析算法。

思考题

1. 大数据与传统数据主要有哪些区别？
2. 互联网的数据来源有哪些？主要特点是什么？
3. 简述 Kafka 数据采集架构。
4. 主题可以分很多区，这些区有什么作用？
5. 在 Kafka 架构中，ZooKeeper 如何实现数据管理？
6. 什么是网络爬虫？常用网络爬虫的抓取策略、更新策略及分析算法有哪些？
7. 什么是聚焦网络爬虫？
8. 中文分词算法包括哪些？
9. 使用聚焦网络爬虫爬取北上广等地近两年的空气质量数据。
10. 采用 MMSEG 分词算法对"本科毕业设计模板"进行分词处理。

第 3 章

大数据预处理

课程思政

3.1 数据基础的概述

3.1.1 数据对象与属性类型

数据集由数据对象组成，一个数据对象代表一个实体。数据对象又称样本、实例、数据点或对象。数据对象以数据元组的形式存放在数据库中。数据库的行对应于数据对象，列对应于属性。属性是一个数据字段，表示数据对象的特征。在相关文献中，属性、维度、特征、变量可以互换使用。维度一般用在数据仓库中；特征一般用在机器学习中；变量一般用在统计学中。

属性类型由该属性可能具有的值的集合决定。属性可以是标称属性、二元属性、序数属性和数值属性。

1. 标称属性

标称属性的值是一些符号或事物名称。每个值代表某种类别、编码、状态，因此标称属性又被视为分类的属性。在计算机科学中，这些值也被视为枚举的。例如，个人信息数据中的属性：头发颜色的可能值为黑色、棕色、淡黄色、红色、赤褐色、灰色和白色。

尽管标称属性的值是一些符号或事物名称，但也可以用数表示这些符号或事物名称，如头发颜色，可以用 0 表示黑色，1 表示棕色等。标称属性的值不是具有意义的序，而且不是定量的。也就是说，给定一个对象集，找出该对象集的均值没有意义。标称属性中最常出现的值称为众数（Mode），是一种中心趋势度量，寻找标称属性的中心趋势度量是有意义的。

2. 二元属性

二元属性属于标称属性，只有两种状态：0 或 1，其中 0 通常表示该属性不出现，1 表示该属性出现。二元属性又称布尔属性，此时两种状态对应的是 True 和 False。

如果两种状态具有同等价值，并且携带相同权重，即关于两种状态的结果应该用 0 或 1 编码并无偏好，那么称二元属性是对称的，如表示性别，可用 0 和 1 分别表示男性或女性。

当两种状态的结果不是同等重要的，则称二元属性是非对称的。例如，HIV 患者和非 HIV 患者，为了方便计算，通常用 1 对最重要的结果（通常是稀有的）编码（如 HIV 患者），而另一种结果用 0 编码。

3．序数属性

属性对应的可能值之间具有有意义的序或秩评定，但是相继值之间的差是未知的。例如，drink_size 表示饮料杯的大小，具有小、中、大等序数属性，这些值是有意义的先后次序。

序数属性可以通过把数值量的值域划分成有限个有序类别（如 0 表示很不满意、1 表示不满意、2 表示中性、3 表示满意、4 表示很满意），利用数值属性离散化得到。序数属性的中心趋势度量可以用众数和中位数（有序序列的中间值）表示，但不能定义均值。

标称属性、二元属性和序数属性都是定性的，即它们描述对象的特征，而没有给出实际大小或数值。

4．数值属性

数值属性是定量的，是一种可度量的量，用整数或实数表示。数值属性可以是区间标度或比率标度的。

区间标度属性是指用相等的单位尺度度量。区间标度属性的值有序，可以为正、零、负。除值的秩评定外，该属性允许比较与定量评估值之间的差。例如，温度属性是一种区间标度属性，一般表示：10℃～15℃。此外，区间标度属性是数值的，中心趋势度量可以计算均值、中位数和众数。

比率标度属性是指具有固有零点的数值属性。也就是说，该属性中会有固有的为 0 的值。同时，因为度量是比率标度的，所以该属性中一个值是另一个值的倍数（或比率）。比率标度属性可以计算值之间的差、均值、中位数和众数，如重量度量属性和货币量属性（如 100 元是 1 元的 100 倍）。

机器学习中的分类算法通常把属性分为离散属性和连续属性。离散属性具有有限个或无限个可数个值，可以用或不用整数表示。例如：hair_color、smoker、drink_size 都有有限个值，因此是离散的。如果一个属性可能的值集合是无限的，但是可以建立一个与自然数一一对应的关系，那么该属性是无限可数的，如 customer_ID 是无限可数的。

如果属性不是离散的，那么它是连续的。文献中，数值属性和连续属性可以互换使用。实践中，数值属性用有限位数数字表示，连续属性一般用浮点变量表示。

3.1.2 数据的统计描述

洞察数据的全貌对于数据预处理而言是至关重要的。数据的统计描述可以用来识别数据的性质，了解数据的分布。通常可以利用均值、中位数、众数和中列数来度量数据分布的中部或中心位置；利用数据的极差、分位数、方差和标准差来度量数据的分布情况。还可以利用图形来可视化地审视数据。

1．中心趋势度量：均值、中位数、众数和中列数

一个数据集的大部分值落在何处，反映了数据的中心趋势思想，中心趋势度量包括均值、中位数、众数和中列数。数据集"中心"最常用、最有效的数值度量是（算术）均值。假设数据集为 X，令 x_1、x_2、…、x_N 为数据集 X 的 N 个观测值，则其均值为

$$E(X) = \bar{X} = \frac{\sum_{i=1}^{N} x_i}{N} = \frac{x_1 + x_2 + \cdots + x_N}{N} \tag{3.1}$$

在实际应用中，对于 $i=1,2,\cdots,N$，每个值 x_i 可以与一个权重 w_i 相关联。权重反映了它们所依附的对应值的意义、重要性或出现的频率，其加权算术均值或加权平均为

$$\bar{X} = \frac{\sum_{i=1}^{N} w_i x_i}{\sum_{i=1}^{N} w_i} = \frac{w_1 x_1 + w_2 x_2 + \cdots + w_N x_N}{w_1 + w_2 + \cdots + w_N} \tag{3.2}$$

均值是描述数据的最有用的数据统计描述，但它并非总是度量数据中心的最佳方法。例如，一个班的考试平均成绩可能被少数很低的成绩拉低一些，故为了抵消少数极端值的影响，可以使用截尾均值。截尾均值是指丢弃高、低极端值后的均值。

对于倾斜（非对称）数据，数据中心的更好度量是中位数。中位数是有序数据的中间值。它是可以把数据较高的一半与较低的一半分开的值。

在概率论与统计学中，中位数一般用于数值数据，可以把这一概念推广到序数数据。给定某属性 X 的 N 个值，按递增序排序。如果 N 是奇数，那么中位数是该属性的中间值；如果 N 是偶数，那么中位数不唯一，它是最中间的两个值和它们之间的任意值。在 X 是数值属性的情况下，根据规定，中位数取最中间两个值的平均值。

当数据集中的观测数量很大时，中位数的计算量很大。然而，对于数值属性，可以利用插值计算整个数据集中位数的近似值。假定数据根据它们的 N 值划分成区间，并且已知每个区间的频率（数据集中观测数量），令包含中位数的区间为中位数区间。可以使用如下公式计算整个数据集中位数的近似值。

$$\text{median} = L_1 + \left[\frac{\frac{N}{2} + (\sum \text{freq})_l}{\text{freq}_{\text{median}}} \right] \text{width} \tag{3.3}$$

式中，L_1 为中位数区间的下界；N 为整个数据集中的观测数量；$(\sum \text{freq})_l$ 为低于中位数区间的所有区间的频率和；freq 为中位数区间的频率；width 为中位数区间的宽度。

众数是另一种数据的中心趋势度量。数据集的众数是集合中出现最频繁的值。因此，可以对定性和定量属性确定众数。最高频率可能对应多个不同值，导致产生多个众数。具有一个、两个、三个众数的数据集合分别称为单峰（unimodal）数据集、双峰（bimodal）数据集和三峰（trimodal）数据集。一般地，具有两个或更多众数的数据集是多峰（multimodal）数据集。在极端情况下，如果在一个数据集中每个观测值仅出现一次，那么它没有众数。

对于适度倾斜（非对称）的单峰数值数据，存在以下的经验关系。

$$\text{mean} - \text{mode} \approx 3 \times (\text{mean} - \text{median}) \tag{3.4}$$

式（3.4）表明，如果均值和中位数已知，那么适度倾斜的单峰频率曲线的众数可以近似计算。

中列数（Midrange）也可以用来评估数值数据的中心趋势。中列数是数据集的最大值和最小值的平均值。在具有完全对称的数据分布的单峰频率曲线中，均值、中位数和众数都是相同的中心值。在大部分实际应用中，数据都是不对称的，它们可能是正倾斜的，众数的值小于中位数的值，或者是负倾斜的，众数的值大于中位数的值。对称、倾斜数据的中位数、均值和众数如图 3.1 所示。

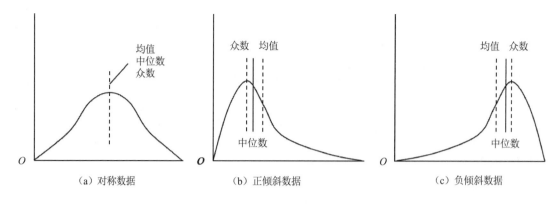

图 3.1 对称、倾斜数据的中位数、均值和众数

2. 度量数据散布：极差、分位数、方差和标准差

对于一个数据集，可以利用极差、分位数、方差和标准差考察评估数值类型数据散布或发散的程度。设 $\{x_1, x_2, \cdots, x_N\}$ 是某数值属性 X 上的观测集合。该集合的极差是最大值与最小值之差。

分位数是取自数据分布的每隔一定间隔上的点，把数据划分成基本上大小相等的连贯集合。2 分位数是 1 个数据点，它把数据分布划分成高低两半，2 分位数对应于中位数。4 分位数是 3 个数据点，它们把数据分布划分成 4 个相等的部分，使得每部分表示数据分布的 1/4，通常称它们为四分位数。100 分位数通常称为百分位数，它们把数据分布划分成 100 个大小相等的连贯集。中位数、四分位数和百分位数是使用最广泛的分位数。

方差和标准差是数据散布的度量方法，它们指出了数据分布的散布程度。低标准差意味着数据观测趋向于靠近均值，而高标准差表示数据散布在一个大的值域中。拥有 N 个观测值 x_1、x_2、$\cdots$、x_N 的数值属性 X 的方差为

$$\sigma^2 = \frac{1}{N}\sum_{i=1}^{N}(x_i - \overline{x})^2 = \frac{1}{N}\sum_{i=1}^{N}x_i^2 - \overline{x}^2 \tag{3.5}$$

式中，$\overline{x}$ 为观测的均值；观测值的标准差 σ 为方差 σ^2 的平方根。

作为数据发散性的度量，标准差 σ 关于均值的发散，仅当选择均值作为中心趋势度量时使用。仅当数据不存在发散时，即当所有的观测值都具有相同值时，$\sigma=0$；否则，$\sigma>0$。

3. 数据的图形描述

数据基本统计的图形描述，包括分位数图、直方图和散点图。分位数图、直方图显示一元分布（涉及一个属性），而散点图显示二元分布（涉及两个属性）。

分位数图是一种观察单变量数据分布的简单、有效方法。表 3.1 给出了某部门的销售数据，将此数据按照单价进行四分位数处理，则得单价数据的分位数图，如图 3.2 所示。

表 3.1 某部门的销售数据

单价/美元	40	43	47	…	74	75	78	…	115	117	120
销售数量/个	275	300	250	…	360	515	540	…	320	270	350

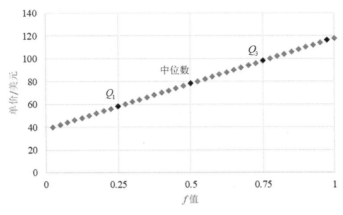

图 3.2　单价数据的分位数图

在图 3.2 中，百分比 0.25 对应于四分位数 Q_1，百分比 0.5 对应于中位数，而百分比 0.75 对应于 Q_3。图中单价数据以相同的步长递增。

直方图或频率直方图是广泛使用的数据图形的统计描述。直方图是一种概括给定属性分布的图形方法。数据的直方图如图 3.3 所示。

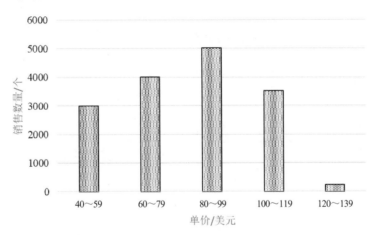

图 3.3　数据的直方图

如果数据集是数值的，那么将数据集的值域划分成不相交的连续子域。子域称作桶或箱，是数据集数据分布的不相交子集。桶的范围称作宽度，通常桶是等宽的。例如，可将表 3.1 的单价属性划分成子域 40～59、60～79、80～99 等。对于每个子域，画一个柱形条，其高度表示在该子域观测到的商品计数，如图 3.3 所示。尽管直方图被广泛使用，但是对于单变量观测组，它可能不如其他的图形表示方法有效。

散点图是确定两个数值变量之间是否存在联系的最有效的图形表示方法之一。为构造散点图，每个数值对视为一个代数坐标对，并作为一个点画在平面上。散点图是一种观察双变量数据的方法，用于观察点簇和孤立点，或考察相关联系的可能性。例如，将表 3.1 中数据集的单价作为横坐标，销售数量作为纵坐标，则其散点图如图 3.4 所示。

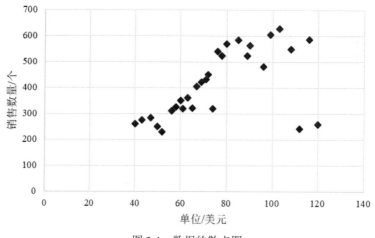

图 3.4　数据的散点图

综上所述，基本数据描述（如中心趋势度量和散布度量）和图形统计显示（如直方图和散点图）提供了数据总体情况的有价值的洞察。由于数据的统计描述有助于识别噪声和孤立点，所以它对于数据清洗特别有用。

3.1.3　数据相似性和相异性的度量方法

在聚类、孤立点分析和分类等数据挖掘应用中，需要评估数据对象之间的相似性和相异性。例如，聚类中，簇是数据对象的集合，同一个簇中的对象是相似的，而与其他簇中的对象相异。数据对象的相似性可以用于最近邻分类，对给定的对象基于它与模型中其他对象的相似性赋予一个类标号（如根据患者的病理数据诊断结论）。

相似性和相异性都称邻近性。它们是有关联的。典型地，如果两个对象 x_i 和 x_j 不相似，那么它们的相似性度量将返回 0。相似性值越高，对象之间的相似性越大。相异性度量正好相反，如果对象相同，那么它返回 0。相异性值越高，对象之间的相异性越大。本节将给出不同属性类型数据的相似性和相异性的度量方法。

上节中讨论了某属性 X 观测值的中心趋势度量和散布度量，这实际上是数据单个属性的刻画。现实世界的数据一般都是多维的，即 n 个数据对象被 p 个属性刻画。对于多维数据一般采用数据矩阵的形式表示，如下式所示。

$$\begin{bmatrix} x_{11} & \cdots & x_{1f} & \cdots & x_{1p} \\ \cdots & \cdots & \cdots & \cdots & \cdots \\ x_{i1} & \cdots & x_{if} & \cdots & x_{ip} \\ \cdots & \cdots & \cdots & \cdots & \cdots \\ x_{n1} & \cdots & x_{nf} & \cdots & x_{np} \end{bmatrix} \tag{3.6}$$

式（3.6）用关系表的形式或 $n \times p$（n 个对象，p 个属性）矩阵存放 n 个数据对象，这称为数据矩阵或对象-属性结构。其中每行对应于一个对象，每列对应于对象的某一个属性。根据式（3.6），n 个对象两两之间的相异性矩阵（或称对象-对象结构）为

$$
\begin{matrix}
0 \\
d(2,1) & 0 \\
d(3,1) & d(3,2) & 0 \\
\vdots & \vdots & \vdots & \vdots \\
d(n,1) & d(n,2) & \cdots & \cdots & 0
\end{matrix}
\qquad (3.7)
$$

其中，$d(i,j)$ 是对象 i 和对象 j 之间的相异性或差别的度量。一般而言，$d(i,j)$ 是一个非负的数值，对象 i 和对象 j 彼此高度相似或接近时，$d(i,j)$ 接近于 0；而对象 i 和对象 j 越不同，$d(i,j)$ 值越大。注意，一个对象与自己的差别为 0，即 $d(i,i)=0$。此外，$d(i,j)=d(j,i)$，表示该矩阵为相异性矩阵式对称矩阵。

数据矩阵由行（代表对象）和列（代表属性）组成，因此，数据矩阵经常称为二模矩阵。相异性矩阵只包含一类实体，因此称为单模矩阵。许多聚类算法和最近邻算法都在相异性矩阵上运行，因此，在使用这些算法之前，可以把数据矩阵转化为相异性矩阵。

1. 标称属性相似性和相异性的度量

标称属性可以取两种或多种状态。假设某一个标称属性的状态数目是 M，则对象 i 和对象 j 之间的相异性可以根据不匹配率来计算，即

$$
d(i,j)=\frac{p-m}{p} \qquad (3.8)
$$

式中，m 为匹配的数目（对象 i 和对象 j 取值相同状态的属性数）；p 为对象的属性总数。根据式（3.8），对象 i 和对象 j 之间的相似性计算公式为

$$
\mathrm{sim}(i,j)=1-d(i,j)=\frac{m}{p} \qquad (3.9)
$$

2. 二元属性相似性和相异性的度量

二元属性只有两种状态：0 或 1，其中 0 表示该属性不出现，1 表示该属性出现。采用数值数据的方法来处理二元属性会产生错误。因此，要采用特定的方法来计算二元属性的相异性。如果所有的二元都被看成具有相同的权重，那么可以得到一个两行两列的列联表，如表 3.2 所示。在表 3.2 中，q 是对象 i 和对象 j 都取 1 的属性数，r 是对象 i 取 1、对象 j 取 0 的属性数，s 是对象 i 取 0、对象 j 取 1 的属性数，而 t 是对象 i 和对象 j 都取 0 的属性数。属性的总数是 p，$p=q+r+s+t$。

表 3.2　二元属性的列联表

项目	对象 j 取 1	对象 j 取 0	总和
对象 i 取 1	q	r	$q+r$
对象 i 取 0	s	t	$s+t$
总和	$q+s$	$r+t$	p

根据式（3.8），所有的二元都被看成具有相同权重的二元属性（又称对称二元属性），则对象 i 和对象 j 的相异性公式为

$$
d(i,j)=\frac{r+s}{q+r+s+t} \qquad (3.10)
$$

对于非对称的二元属性，即两种状态不具有相同的权重，如病理化验的阳性（1）和阴

性（0）结果。给定两个非对称的二元属性，认为两个都取值 1 的情况（正匹配）比两个都取值 0 的情况（负匹配）更有意义。因此，这样的二元属性经常被认为是"一元的"（只有一种状态）。基于该类属性的相异性称为非对称的二元相异性，其中负匹配数 t 被认为是不重要的，在计算时被忽略，具体计算公式为

$$d(i, j) = \frac{r+s}{q+r+s} \tag{3.11}$$

由此可以得出，非对称的二元属性数据的相似性计算公式为

$$\text{sim}(i, j) = \frac{q}{q+r+s} = 1 - d(i, j) \tag{3.12}$$

式（3.12）称为 Jaccard 系数，这是一种被广泛使用的相似性计算方法。

3. 数值属性相似性和相异性的度量

数值属性相似性和相异性的度量包括欧几里得距离、曼哈顿距离和闵可夫斯基距离方法。

最常用的数值属性相似性和相异性度量方法是欧几里得距离。令数值属性对象 $i = (x_{i1}, x_{i2}, \cdots, x_{ip})$ 和数值属性对象 $j = (x_{j1}, x_{j2}, \cdots, x_{jp})$ 具有 p 个数值属性的刻画，则对象 i 和对象 j 之间的欧几里得距离为

$$d(i, j) = \sqrt{(x_{i1} - x_{j1})^2 + (x_{i2} - x_{j2})^2 + \cdots + (x_{ip} - x_{jp})^2} \tag{3.13}$$

对象 i 和对象 j 之间的曼哈顿距离为

$$d(i, j) = |x_{i1} - x_{j1}| + |x_{i2} - x_{j2}| + \cdots + |x_{ip} - x_{jp}| \tag{3.14}$$

对象 i 和对象 j 之间的闵可夫斯基距离为

$$d(i, j) = \sqrt[h]{(x_{i1} - x_{j1})^h + (x_{i2} - x_{j2})^h + \cdots + (x_{ip} - x_{jp})^h} \tag{3.15}$$

式中，h 是实数，$h \geqslant 1$。这种距离又称 L_p 范数，p 等同式（3.15）中的 h。当 $p = 1$ 时，它表示曼哈顿距离（又称为 L_1 范数）；当 $p = 2$ 时，它表示欧几里得距离（又称为 L_2 范数）。

4. 混合类型属性相似性和相异性的度量

在现实的数据库中，对象通常是由混合类型属性描述的，也就是说，数据对象可能包含标称属性、二元属性、数值属性等多种类型甚至所有类型属性。对于混合类型属性相似性和相异性的度量，一种有效的方法是将不同的属性组合在单个相异性矩阵中，把所有有意义的属性转换到共同的区间[0,1]上。

假设数据集包含 p 个混合类型属性，混合数据对象 i 和对象 j 之间相异性的计算公式为

$$d(i, j) = \frac{\sum_{f=1}^{p} \delta_{ij}^{(f)} d_{ij}^{(f)}}{\sum_{f=1}^{p} \delta_{ij}^{(f)}} \tag{3.16}$$

其中，如果 x_{if} 或 x_{jf} 缺失（对象 i 和对象 j 没有属性 f 的度量值），或者 $x_{if} = x_{jf} = 0$，并且属性 f 是非对称的二元属性，则 $\delta_{ij}^{(f)} = 0$；否则 $\delta_{ij}^{(f)} = 1$。属性 f 对对象 i 和对象 j 之间相异性的贡献 $d_{ij}^{(f)}$ 根据属性类型计算，方法如下。

（1）如果 f 为数值属性，那么 $d_{ij}^{(f)} = |x_{if} - x_{jf}| / (\max_h x_{hf} - \min_h x_{hf})$，其中 h 遍历属性 f 的所有非缺失对象。

（2）如果 f 为对称或二元属性，如 $x_{if} = x_{jf}$，那么 $d_{ij}^{(f)} = 0$；否则 $d_{ij}^{(f)} = 1$。

这种计算方法与各种单一属性类型的处理方法类似。唯一的不同是对于数值属性的处理，即将变量规范化映射到区间[0,1]中。这样，即便描述对象的属性具有不同类型，对象之间的相异性也能够进行计算。

5. 文档相似性和相异性的度量

文档用数以千计的属性表示，每个属性表示记录文档中一个特定词（如关键词）或短语的频度。这样，每个文档都被一个所谓的词频向量表示。词频向量文档如表 3.3 所示。

表 3.3 词频向量文档

文档	Team	Coach	Hockey	Baseball	Soccer	Score	Win	Loss	Season
1	5	0	3	0	2	0	2	0	0
2	3	0	2	0	1	0	1	0	1
3	0	7	0	2	1	0	3	0	0

从表 3.3 可以看出，词频向量通常很长，并且是稀疏的（表中很多项的值为 0）。在实际应用中，信息检索、文本文档聚类、生物学分类和基因特征映射常使用这种数据结构。对于这类稀疏的数值数据，传统的距离度量效果并不好。例如，两个词频向量可能有很多公共的 0 值，意味着对应的文档许多词是不共有的，而这使得它们不相似。因此，需要一种关注两个文档共有的词，以及这种词出现频率的度量方法。也就是说，需要关注"0"匹配的度量方法。

余弦相似性可以用来比较文档，或针对给定的查询词向量对文档排序。令 X 和 Y 是两个向量，余弦相似性度量公式为

$$\text{sim}(X,Y) = \frac{X \cdot Y}{\|X\|\|Y\|} \tag{3.17}$$

式中，$\|X\|$ 为向量 $X = (x_1, x_2, \cdots, x_p)$ 的欧几里得距离，从概念上讲，它就是向量的长度；$\text{sim}(X,Y)$ 计算的是向量 X 和 Y 的夹角余弦。余弦值为 0 意味两个向量呈 90° 夹角（正交），没有匹配。余弦值越接近于 1，夹角越小，向量之间越匹配。

根据表 3.3，可以计算出文档 1 和文档 2 的余弦相似性。其中 $X \cdot Y = 5 \times 3 + 0 \times 0 + \cdots + 0 \times 1 = 25$，文档 1 的长度为 $\|X\| \approx 6.48$，文档 2 的长度为 $\|Y\| = 4$，因此，$\text{sim}(X,Y) \approx 0.96$。

总之，数据集由数据对象组成，数据对象用属性描述，属性可以是标称属性、二元属性或数值属性。对象相似性和相异性度量广泛应用于聚类、孤立点分析、最近邻分类等数据挖掘应用中。

3.2 数据预处理

现实世界的数据库极易受噪声、缺失值和不一致数据的侵扰。低质量的数据将导致低质量的挖掘结果。数据预处理是指在对数据进行挖掘之前，需要先对原始数据进行清理、集成、转换及规约等一系列处理工作，以达到使用数据挖掘算法进行知识获取所要求的最低规范和标准。

数据预处理中的数据清洗可以用来清除数据中的噪声、纠正不一致数据。数据集成将数

据由多个数据源合并成一个一致的数据存储，如数据仓库。数据规约可以通过如聚集、删除冗余特征或聚类等方式来降低数据的规模。数据转换（如规范化）可以用来将数据压缩到较小的区间，如 0～1，从而提高涉及距离度量的挖掘算法的准确率和效率。这些技术不是相互排斥的，而是可以一起使用的。例如，数据清洗可能涉及纠正错误数据的转换，如通过把一个数据字段的所有项都转换成公共格式进行数据清洗。

上节主要阐述了不同的数据类型及如何使用基本统计描述来研究数据的特征。这些有助于识别不正确的值和孤立点，在数据清洗和数据集成阶段是有用的。在数据挖掘之前使用这些数据预处理技术，可以显著提高数据挖掘模式的总体质量，缩短实际挖掘所需要的时间。

3.2.1　数据质量

为满足数据的规范和标准，必须提高数据质量。数据质量依赖于数据的应用需求。对于给定的数据，两个不同的用户可能有完全不同的评估。评估数据质量的参数指标包括准确性、完整性、一致性、时效性、可信性和可解释性。然而，在当今的大数据时代，含噪声的、缺失值的和不一致的数据是现实世界大数据的共同特点。

导致数据不正确（具有不正确的属性值）的可能原因有很多。例如：收集数据的设备出现故障；人或计算机的错误导致数据输入时出错；当用户不希望提交个人信息时，故意向强制输入字段处输入不正确的值，这些称为被掩盖的缺失数据。不正确的数据可能在其传输时出现，而出现这些错误的原因可能是传输技术本身的缺陷，如用于数据迁移的缓存区大小的限制。不正确的数据也可能是由命名约定或所用的数据代码不一致，或输入字段的格式不一致导致的。

导致不完整数据出现的原因也有很多。例如：有些用户感兴趣的属性数据，并非总是可以得到；有些数据没有包含在内，可能只是输入时被认为是不重要的数据；相关数据没有记录可能是由于用户理解错误或者因为设备故障；与其他记录不一致的数据可能已经被删除。此外，历史数据或者修改过的数据容易被忽略。缺失的数据，特别是某些属性的缺失值元组，可能需要推导或者相关算法填补。

时效性也是评估数据质量的一个重要参数。例如，某大型汽车销售企业的月销量数据统计分析，由于某些销售子公司未能在月底及时提交其月销售数据，因此在下个月初的一段时间内，存放在数据库中的数据就是不完整的。然而，一旦所有数据都被接受，数据就是正确的。

影响数据质量的另外两个因素是可信性和可解释性。可信性是指数据是否被用户信赖；可解释性是指数据是否容易被用户理解。例如，上面提到的月销售数据，月底的数据是不值得信赖的，月初更新的数据才是准确的数据。另外，很多会计部门的数据编码，其他部门并不知道如何解释它们。所以即使数据是正确的、完整的、一致的、及时的，但因很差的可信性和可解释性，用户仍然可能认为数据质量较低。

3.2.2　主要任务

数据预处理的主要任务是使残缺的数据完整，并将错误的数据纠正、多余的数据去除，进而将所需的数据挑选出来，为数据挖掘算法提供干净、准确且更有针对性的数据，从而减少挖掘的数据处理量，提高挖掘效率，并提高知识发现的起点和知识的准确度。

数据预处理的主要任务包括数据清洗、数据集成、数据转换与数据规约。

数据清洗的过程一般包括填补存在遗漏的数据值、平滑有噪声的数据、识别和除去异常值，并且解决数据不一致等问题。如果用户认为数据是脏的，那么用户可能不会相信由这些数据得到的挖掘结果。此外，脏数据可能使挖掘过程陷入混乱，导致不可靠的输出。尽管大部分挖掘例程都有一些过程用来处理不完整或有噪声的数据，但是它们并非总是鲁棒的。相反，它们更致力于避免被建模的函数过分拟合数据。因此，一个有用的预处理步骤旨在使用数据清洗例程处理数据。

数据集成是指将多个不同数据源的数据合并在一起，形成一致的数据存储。例如，将不同数据库中的数据集成到一个数据库中进行存储。在数据集成时，由于属性在不同的数据库中可能具有不同的名字，因此可能会导致数据出现不一致性和冗余问题。例如，同一个人的名字可能在第一个数据库中登记为"Bill"，在第二个数据库中登记为"William"，而在第三个数据库中登记为"B"。此外，有些属性可能是由其他属性导出的（如年收入可以从月收入导出）。包含大量冗余数据可能降低知识发现过程的性能或使之陷入混乱。因此，除数据清洗之外，必须采取措施避免数据集成时产生的冗余问题。通常，在为数据仓库准备数据时，数据清洗和数据集成将作为预处理步骤进行。

数据规约是指在尽可能保持数据原貌的前提下，最大限度地精简数据量，并保证数据规约前后的数据挖掘结果相同或几乎相同。数据规约策略包括维规约和数值归约。在维规约中，使用数据编码方法得到原始数据的简化或压缩表示，包括数据压缩、属性子集选择和属性构造等方法。在数值归约中，使用参数或非参数模型，利用较小的数据表示取代原始数据。

数据转换是指将数据库转换成适合挖掘的方式，通常包括平滑处理、聚集处理、数据泛化处理、规范化、属性构造等方式。例如，顾客数据包含年龄属性和年薪属性，年薪属性的取值范围可能比年龄属性大得多，如果属性未规范化，那么距离度量在年薪属性上所取的权重一般要超过距离度量在年龄属性上所取的权重。

总之，数据预处理可以改进数据的质量，从而有助于提高后期挖掘过程的准确率和效率。由于高质量的决策必然依赖于高质量的数据，因此数据预处理是知识发现过程的重要步骤。

3.3　数据清洗

数据清洗是进行数据预处理的首要任务。通过填充缺失值、光滑噪声数据、识别和删除离群点、纠正数据不一致等方法，达到纠正错误、标准化数据格式、清除异常和重复数据的目的。

3.3.1　缺失值处理

数据缺失值是现实世界数据常见的问题。对缺失值的处理通常包括以下几种方法。

（1）忽略元组。当缺少类标号时，通过采用忽略元组的方法处理数据，但是当元组中有多个属性缺失值时，该方法不是很有效。而当某个属性缺失值的百分比变化差异很大时，该方法也不能很好地处理缺失值问题。因此，在采用忽略元组的方法时，用户将不能使用该元组剩余属性值，因为使用后可能会影响后续的数据挖掘任务。

（2）人工填写缺失值，即用户自己填写缺失的数据。因为用户本身最了解其相关的数据，所以这个方法的数据偏离最小。但该方法很费时，尤其是当数据集很大、存在很多缺失值时，人工填写缺失值的方法不具备实际的可行性。

（3）使用一个全局常量填充缺失值。通常可将缺失属性值用一个常量（如"unknown"或数字"0"）替换。如果大量缺失值都采用同一属性值，那么挖掘程序可能会误认为它们属性相同，从而得出有偏差甚至错误的结论，因此该方法并不十分可靠。

（4）使用属性的中心度量（如均值或中位数）填充缺失值。根据数据分布的特点，如果数据分布是对称的，那么可以使用属性均值来填充缺失值；如果数据分布是倾斜的，那么可以使用属性中位数来填充缺失值。这种方法的本质是利用已存数据的信息来推测缺失值，并用推测值来实现填充。

（5）使用同类样本的属性均值或者中位数填充缺失值。例如，先将潜在用户按收入水平分类，由具有相同收入水平用户的平均收入或者中位数替换未知用户收入水平的缺失值。

（6）使用最可能的值填充缺失值。利用机器学习方法，如回归、贝叶斯推理和决策树归纳等方法确定填充的缺失值。例如，利用数据集中其他用户的属性构建决策树来预测未知用户收入水平的缺失值。

其中，方法（3）～（6）可能会产生数据偏差，从而导致填充的缺失值不正确。然而，方法（6）是最常用的，同其他方法相比，它使用已有数据的大部分信息来预测缺失值。在预测用户收入水平的缺失值时，通过考察其他属性的值，可有更大的可能性保持用户收入水平和其他属性的关联度。

然而，在某些情况下，缺失值并不意味着数据出现了错误。例如，申请人在申请信用卡时，可能要求申请人提供驾驶执照号。没有驾驶执照号的申请人必然会使该字段为空。表格应当允许填表人使用诸如"不适用"等值。软件例程也可以用来发现其他空值（如不知道、不确定、?和无）。理想情况下，每个属性都应当有一个或多个关于空置条件的规则。这些规则可以说明是否允许空值，或这样的空值应当如何处理或变换。如果在后续的业务处理中提供这些值，字段也可能故意留下空白。因此在获取数据后，尽管用户会尽可能地清理数据，但友好的数据库和数据输入的设计将有助于最少化初始缺失值和错误的数量。

3.3.2　光滑噪声数据处理

噪声是被测量变量的随机误差和方差。利用数据盒图、散点图或者数据可视化技术可以识别可能的噪声。

在给定一个数值属性的前提下，光滑数据和去掉噪声常用的方法如下。

（1）分箱。分箱方法是通过考察数据的"近邻"值，即周围的值，以光滑有序数据值。这些有序数据值将分布到一些桶和箱中。由于分箱方法考察的是数据的近邻值，因此该方法只能进行局部光滑。图 3.5 所示为光滑数据的分箱方法。

按某商品价格数据（排序后）：4，8，15，21，21，24，25，28，34		
等频划分箱：	用箱均值光滑：	用箱边界光滑：
箱1：4，8，15	箱1：9，9，9	箱1：4，8，15
箱2：21，21，24	箱2：22，22，22	箱2：21，21，24
箱3：25，28，34	箱3：29，29，29	箱3：25，28，34

图 3.5　光滑数据的分箱方法

图 3.5 中给出了某商品价格数据的分箱方法。首先将商品价格数据排序，可采用等频划分箱方法将其划分到大小为 3 的等频箱中（每个箱包含 3 个数值）。

用箱均值光滑方法是指使箱中数据的均值替代箱中每个真实的数据。例如，在等频划分箱方法中，箱 1 中数据的均值为 9，因此在用箱均值光滑方法中箱 1 的每个数据都被替换为 9，此外，还可以采用用箱中位数光滑方法，也就是说用箱中数据的中位数替代箱中每个真实的数据。中位数是指有序数据值中的中间值。

用箱边界光滑方法是将给定箱中数据的最大和最小值都视为箱边界，将箱中的每个数据替换为最近的边界值。

除了上述的等频划分箱方法，还有等宽和用户自定义区间等分箱方法。等频划分箱方法是将数据集按元组个数分箱，每箱具有相同的元组数，每箱元组数称为箱子的深度。等宽分箱方法是使数据集在整个属性值的区间上平均分布，即每个箱的区间范围是一个常量，称为箱子的宽度。用户自定义区间分箱方法是指用户可以根据需要自定义区间，当用户明确希望在某些区间范围内观察数据分布时，可以使用这种方法帮助用户达到目的。

一般而言，宽度越大光滑效果越好。通常分箱还可以作为一种离散化技术被使用。

（2）回归。光滑数据可以利用数学中的拟合函数得到，数学中称为回归。线性回归就是通过找出拟合两个属性的"最佳"直线，使得其中一个属性可以预测出另一个属性。而多元线性回归是线性回归的扩展，其设计的属性多于两个，并且将数据拟合到一个多维曲面中。

（3）孤立点分析。孤立点可通过聚类进行检测。聚类是将相似的值组织成群或簇，落在簇集合外的值称为孤立点（或离群点）。人工数据集数据散点图聚类结果如图 3.6 所示。从图 3.6 中可以看出数据分为 3 个簇，但有 8 个落在簇外的数据点，这些数据点就是孤立点。

许多数据光滑的方法也适用于数据离散化和数据规约。例如，分箱方法可以减少每个属性不同值的数量；基于逻辑的数据挖掘方法（如决策树归纳）可以反复地对排序后的数据进行比较，这实际上就是一种数据规约的形式。而数据离散化形式是概念分层，它也可以

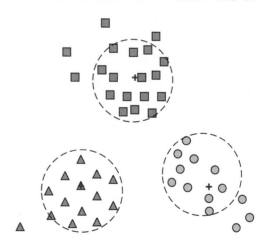

图 3.6　人工数据集数据散点图聚类结果

用于数据光滑。例如，用户收入水平的概念分层可以把实际的收入水平值映射到高、中和低 3 个层次，从而减少挖掘过程需要处理的值的数量。

3.3.3 检测偏差与纠正偏差

数据清洗是一项对数据进行检测偏差与纠正偏差的繁重过程。导致数据出现偏差的原因有很多，包括设计不完善的多选项字段的表单输入、人为的数据输入错误、有意的输入错误及已经失效的数据。偏差也可能源于数据表示不一致或数据编码不一致。硬件设备故障或者系统错误也可能产生数据偏差。在数据集成时，不同数据库使用不同的名词也可能产生数据偏差。

（1）检测偏差。这是数据清洗的第一步。通常，可以根据已知的与数据性质相关的知识（如数据类型和定义域等）发现噪声、孤立点和需要考察的不寻常的值。这种知识或关于数据的数据称为元数据。考察每个属性的定义域、数据类型、可接受的值及值的长度范围；考察是否所有的值都落在期望的值域内，属性之间是否存在已知的依赖；找出均值、中位数和众数，把握数据趋势和识别异常。例如，远离给定属性均值和超过两个标准差的值可能标记为潜在的孤立点。

一类数据偏差是由数据编码不一致和数据表示不一致导致的（如日期字段表示方法不一致"2018/04/10"和"10/04/2018"）。而字段过载可导致数据出现另一类偏差，这类偏差通常是开发人员在已经定义的属性中将未使用的位加入了新的属性定义。

考察数据还应当遵循唯一性规则、连续性规则和空值规则。唯一性规则是指给定属性的每个值都必须不同于该属性的其他值。连续性规则是指属性的最高值和最低值之间没有缺失值。空值规则是指空白、问号、特殊符号、指示空值条件的字符串及如何记录空值条件。

目前有很多商业工具可以实现数据偏差的检测。例如，数据清洗工具利用已知的领域知识检查并纠正数据中的错误；数据审计工具通过数据分析发现数据的关联规则，并检测违反这些规则的偏差数据。还有一些数据不一致可以通过其他外部材料人工加以更正。例如，数据输入时的错误可以使用纸面的记录加以更正，但是，大部分错误需要数据交换进行更正。

（2）纠正偏差。一旦发现数据偏差，通常需要使用一系列转换来纠正。例如，利用数据迁移工具实现字符串的替换。但是，这些工具通常只能实现有限的转换。因此常常需要为纠正偏差编写定制的程序。

由以上分析可以看出，检测偏差与纠正偏差是迭代执行的。这个过程烦琐、费时且容易出错。有些转换还有可能导致更多的数据偏差，这些叠加的偏差可能在其他偏差解决之后才会被检测出来。为了提高数据清洗效率，新的数据清洗方法应该加强交互性。用户可在一个类似于电子表格的界面上，通过编辑和调试每个变换，逐步构造一个数据转换序列。系统可以通过图形界面直观展示这些变换序列，每一次数据变化结果也可以实时显示。用户可以方便、快捷地进行数据转换，从而提高数据清洗效率。另外，还可以通过定义 SQL 的数据变化操作，使得用户可以有效实现数据清洗的算法。随着对数据的深入了解，以及不断更新的元数据，这将有助于加快对相同数据存储的数据清洗速度。

3.4 数据集成

对数据进行挖掘时经常需要数据集成，即将多个数据源中的数据合并，并将其存放在一个一致的数据存储中，如数据仓库。这些数据源可能是多个数据库、数据立方体或一般的数据文件。好的数据集成方法可以减少结果数据集的冗余和不一致，这将有助于提高数据挖掘的准确性和速度。

在数据集成过程中，模式识别、对象匹配、冗余问题、元组重复及数据值冲突的检测与处理都是需要重点考虑的问题。

3.4.1　模式识别和对象匹配

在集成数据时，需要匹配来自多个数据源的现实世界的等价实体，这其中的关键问题是实体识别问题。例如，如何判断一个数据库中的 customer_id 字段与另一个数据库中的 customer_number 字段是相同属性。实际上，每个属性的元数据包含名字、含义、数据类型、属性的允许取值范围及空值规则，这样的元数据可以用来帮助避免模式集成的错误。在集成数据时，当一个数据库的属性与另一个数据库的属性匹配时，必须注意其数据结构，这可以保证系统中函数依赖、参数约束与目标系统匹配。

3.4.2　冗余问题

冗余问题是数据集成中另一个需要考虑的重要问题。如果一个属性（如年收入）能由另一个或者几个属性"导出"，那么这个属性就是冗余的。属性名称的不一致可能会导致数据集成时产生冗余。

冗余问题可以通过相关性分析检测得到。对于标称数据，可以使用 χ^2（卡方）检验检测属性之间的相关性；对于数值数据，可以利用相关系数（Correlation Coefficient）和协方差（Covariance）等方法来评估一个属性的值如何随着另一个属性的值变化。

1. 标称数据的 χ^2 检验

例如，标称数据的两个属性 A 和 B。假设 A 有 c 个不同值 a_1、a_2、$\cdots$、a_c，B 有 r 个不同值 b_1、b_2、$\cdots$、b_r。用 A 和 B 描述的数据元组可以用一个相依表显示，其中 A 的 c 个值构成列，B 的 r 个值构成行。令 (a_i, b_j) 表示属性 A 取值 a_i 和属性 B 取值 b_j 的联合事件，即 $A = a_i$，$B = b_j$，则其 χ^2 值（又称 Pearson χ^2 统计量）的计算公式为

$$\chi^2 = \sum_{i=1}^{c} \sum_{j=1}^{r} \frac{(o_{ij} - e_{ij})^2}{e_{ij}} \tag{3.18}$$

式中，o_{ij} 为联合事件 (a_i, b_j) 的观测频度（实际计数）；e_{ij} 为 (a_i, b_j) 的期望频度，其计算公式为

$$e_{ij} = \frac{\text{count}(A = a_i) \times \text{count}(B = b_j)}{n} \tag{3.19}$$

式中，n 为数据元组的个数；$\text{count}(A = a_i)$ 为 A 中具有值 a_i 的元组个数；$\text{count}(B = b_j)$ 为 B 中具有值 b_j 的元组个数。χ^2 检验是假设 A 和 B 是独立的，该检验基于显著水平，它的自由度为 $(r-1) \times (c-1)$。对于此自由度，在某种置信水平下，如果拒绝该假设，那么称 A 和 B 是统计相关的。

例 3.1　χ^2 检验。假如，调查了 3000 个人，记录了每个人的性别。每个人对他们喜爱

的读物是否为小说进行投票。这样得到属性 Gender（性别）和属性 Preferred_Reading（喜爱的读物）。每种可能的联合事件观测频率（或计数）的相依表如表 3.4 所示。其中括号中的数是期望频率。期望频率根据两个属性的数据分布，用式（3.19）计算。

表 3.4 每种可能的联合事件观测频率（或计数）的相依表

喜爱的读物	男	女	合计
小说	500（180）	400（720）	900
非小说	100（420）	2000（1680）	2100
合计	600	2400	3000

期望频率 $e_{11} = \dfrac{\left[\text{count}(\text{男}) \times \text{count}(\text{小说})\right]}{n} = \dfrac{(600 \times 900)}{3000} = 180$，以此类推：$e_{12} = 720$，$e_{21} = 420$，$e_{22} = 1680$。注意，在任意行的期望频率和必须等于该行的总观测频率；任意列的期望频率和也必须等于该列的总观测频率。利用式（3.18）计算得到属性 Gender 和属性 Preferred_Reading 的 χ^2 值，即

$$\chi^2 = \frac{(500-180)^2}{180} + \frac{(400-720)^2}{720} + \frac{(100-420)^2}{420} + \frac{(2000-1680)^2}{1680} \approx 1015.87$$

对于例 3.1 中的独立性检验，其自由度为 $(2-1) \times (2-1) = 1$。在自由度为 1，置信水平为 0.0001 的条件下，根据 χ^2 分布表，拒绝假设的值是 10.828，而 1015.87 > 10.828，因此可以拒绝属性 Gender 和属性 Preferred_Reading 独立的假设，并断言对于给定的人群，这两个属性是（强）相关的。

2. 数值数据的相关系数

对于数值数据，可以通过计算属性的相关系数，又称皮尔逊相关系数（Pearson Correlation Coefficient），估计属性 A 和属性 B 的相关度为

$$r_{A,B} = \frac{\sum_{i=1}^{n}(a_i - \overline{A})(b_i - \overline{B})}{n\sigma_A\sigma_B} = \frac{\sum_{i=1}^{n}(a_i b_i) - n\overline{A}\,\overline{B}}{n\sigma_A\sigma_B} \tag{3.20}$$

式中，n 为元组的个数；a_i 和 b_i 分别为元组 i 在属性 A 和属性 B 的值；$\overline{A}$ 和 $\overline{B}$ 分别为属性 A 和属性 B 的均值（或称为期望值）；σ_A 和 σ_B 为属性 A 和属性 B 的标准差；$\sum_{i=1}^{n}(a_i b_i)$ 为属性 A 和属性 B 的叉积（对于每个元组，属性 A 的值乘以属性 B 的值）。

注意，$-1 \leqslant r_{A,B} \leqslant 1$，如果 $r_{A,B} > 0$，那么属性 A 和属性 B 正相关，也就是说，属性 A 的值随着属性 B 的值的增加而增加。并且 $r_{A,B}$ 该值越大，相关性越强，这意味着 $r_{A,B}$ 值越大，属性 A 或者属性 B 可以作为冗余删除。如果 $r_{A,B} = 0$，那么说明属性 A 和属性 B 相互独立，即它们之间不存在相关性。如果 $r_{A,B} < 0$，那么说明属性 A 和属性 B 负相关，即一个属性的值随着另外一个属性的值的减小而增加，这意味着其中一个属性会阻止另外一个属性的出现。

3. 数值数据的协方差

协方差是一种在统计分析中常用的度量相似性的方法，这种方法也可以用来评估两个属性之间的关系。属性 A 和属性 B 的协方差公式为

$$\text{Cov}(A,B) = E(A - \overline{A})(B - \overline{B}) = \frac{\sum_{i=1}^{n}(a_i - \overline{A})(b_i - \overline{B})}{n} \tag{3.21}$$

式中，$E(A) = \overline{A}$ 为属性 A 的均值。式（3.20）与式（3.21）比较可得

$$r_{A,B} = \frac{\mathrm{Cov}(A,B)}{\sigma_A \sigma_B} \tag{3.22}$$

式中，σ_A 和 σ_B 分别为属性 A 和属性 B 的标准差。还可以通过证明 $\mathrm{Cov}(A,B) = E(A \cdot B) - \overline{A}\overline{B}$，以简化计算。

对于两个趋向一致的属性 A 和属性 B，如果 $A > \overline{A}$，那么对于属性 B 可能有 $B > \overline{B}$。因此，属性 A 和属性 B 的协方差为正，说明属性 A 或者属性 B 可以作为冗余删除；反之，当一个属性小于它的期望值，另一个属性趋向于大于它的期望值，则属性 A 和属性 B 的协方差为负。如果属性 A 和属性 B 是独立的（它们不具有相关性），那么 $E(A \cdot B) = E(A) \cdot E(B)$。因此，协方差为 $\mathrm{Cov}(A,B) = E(A - \overline{A})(B - \overline{B}) = 0$。

例 3.2　数据属性的协方差分析。根据表 3.5 给出了 5 个时间观测点所观测到的股票 A 和股票 B 的价格表，分析这两只股票的相关性。

表 3.5　股票价格表

时间	股票 A	股票 B
t_1	2	4
t_2	3	6
t_3	4	10
t_4	5	15
t_5	6	20

根据式（3.1）和式（3.21），可计算得到以下值。

$$E(A) = \frac{2+3+4+5+6}{5} = 4$$

$$E(B) = \frac{4+6+10+15+20}{5} = 11$$

$$\mathrm{Cov}(A,B) = \frac{2\times4+3\times6+4\times10+5\times15+6\times20}{5} - 4\times11 = 8.2$$

由于 $\mathrm{Cov}(A,B) > 0$，因此可以说股票 A 和股票 B 相关，可同时上涨或下跌。此外，还可以通过欧几里得距离、曼哈顿距离、闵可夫斯基距离、斯皮尔曼秩相关系数、肯德尔秩相关系数及 Jaccard 系数等来分析属性相关性。

3.4.3　元组重复

除属性之间有冗余之外，元组也可能存在冗余，也就是说一组实体数据中存在两个或多个相同的元组。例如，使用去规范化表可能导致数据元组冗余。由于不正确的数据输入，或者更新了数据的部分副本记录，通常会使各种不同的副本之间出现不一致的问题。

3.4.4　数据值冲突的检测与处理

数据集成时，由于不同数据源的表示方式、度量方法或编码的区别，数据值可能存在冲突。例如：重量属性可能在一个系统中以国际单位存放，而在另一个系统中以英制单位存放；

对于连锁旅馆，不同城市的房价不仅可能涉及不同的货币，还可能涉及不同的服务（如免费早餐和免费停车等）和税；对于大学采用的评分标准，一所大学采用 A、B、C、D、F 级评分，另一所大学采用 1～10 分评分，这两所大学之间很难精准地进行课程成绩变换。此外，在一个系统中元组属性的抽象层可能比另一个系统中相同的属性低。例如，student_sum 字段在一个数据库中可能指系的学生总数，在另一个数据库中，可能指一个班级的学生总数。

3.5　数据规约

根据业务需求，从数据仓库中获取了所需要的数据，这个数据集可能非常大，而在海量数据上进行数据分析和数据挖掘成本很高。数据规约可以用来得到数据集的规约表示，使得数据集变小，但同时保持仍然近于原数据的完整性。也就是说，在规约后的数据集上进行挖掘，依然能够得到与使用原数据集相同（或几乎相同）的分析结果。

经典的数据规约包括维规约、数量规约和数据压缩。

维规约用于减少所考虑的随机变量或者属性的个数，常用方法包括离散小波变换和主成分分析方法，这些方法实际上是将原始数据转换或投影到较小的空间。属性子集选择也是一种维规约方法，它将不相关、弱相关或者冗余的属性和维度删除，这实际上就是特征选择和降维的过程。

数量规约用较小的数据集替换原数据集。常用的方法包括参数方法和非参数方法，对于参数方法而言，使用模型估计数据一般只需要存放模型参数，而不是实际数据，如回归和对数线性模型。非参数方法包括利用直方图来近似数据的分布、对数据进行聚类（用聚类的簇代表替换实际数据）、对数据进行抽样及数据立方体聚集等。

数据压缩是指通过数据转换，得到原数据的压缩表示（数据规约）。如果利用压缩后的数据能够对原数据进行重构，而不损失信息，那么称该数据规约为无损的。如果只能得到近似重构的原数据，那么称该数据规约为有损的。维规约和数量规约也可以视为某种形式的数据压缩。

3.5.1　离散小波变换

离散小波变换（Discrete Wavelet Transformation，DWT）是一种线性信号处理技术，可以用于将数据向量 X 变换成不同数值的小波系数向量 X'。

利用这种技术进行数据规约时，可以将元组看成是一个 n 维数据向量，即 $X = (x_1, x_2, \cdots, x_n)$。$x_i$ 对应元组各个属性测量值，通过变换成不同数值的小波系数向量 X'，并按照某种规则截取 X'，也就是说保存一部分最强的小波系数，从而保留近似的压缩数据。例如，设定某个阈值，保留大于此值的所有小波系数，这样数据结果会非常稀疏。如果在此数据上进行计算，由于数据的稀疏性，数据处理速度将大大提高。该技术还可以用于光滑噪声数据和数据清洗。

DWT 与离散傅里叶变换（DFT）有密切的关系。DFT 是一种涉及正弦和余弦的信号处理技术。然而，一般来说，DWT 是一种更好的有损压缩。也就是说，对于给定的数据向量，如果 DWT 和 DFT 保留相同数目的系数，那么 DWT 将提供和原数据更准确的近似。因此，对于相同的近似，DWT 需要的空间比 DFT 小。与 DFT 不同，小波空间的局部性相当好，有助于保留局部细节。

流行的 DWT 包括 Haar_2、Daubechies-4 和 Daubechies-6 等方法。DWT 一般使用层次金字塔算法，这种算法通过迭代将数据减半，从而达到数据规约的目的。首先数据向量 $X = (x_1, x_2, \cdots, x_n)$ 的长度 n 必须是 2 的整数次幂，如果不满足此条件，那么可以通过先在向量后添加 0，然后利用求和或加权平均函数及加权差分函数分别作用于数据向量 X 中的数据点对，即 (x_{2i}, x_{2i+1})，每作用一次就会产生两个长度为 $\frac{n}{2}$ 的数据集，最后，迭代多次得到的值被认定为数据转换的小波系数。

例 3.3　假如 $X = [x_1, x_2, x_3, x_4] = [90, 70, 100, 70]$，为了压缩，可以取 $\frac{x_1 + x_2}{2}$ 和 $\frac{x_1 - x_2}{2}$ 来表示 x_1 和 x_2，即 $[90, 70] \rightarrow [80, 10]$。其中 80 是平均数，10 是小范围波动数。同理，$[100, 70] \rightarrow [85, 15]$。可以看出，80 和 85 是局部平均值，它们反映数据的总体趋势，可以认为是数据的低频部分；而 10 和 15 是数据的局部变换情况，可以认为是数据的高频部分。进一步进行变换 $[80, 85] \rightarrow [82.5, -2.5]$，这样数据 $[90, 70, 100, 70]$ 被压缩为 $[82.5, -2.5, 10, 15]$。

DWT 可以用于多维数据，如数据立方体。此外，DWT 还可用于指纹图像压缩、计算机视觉、时间序列数据分析和数据清洗。

3.5.2　主成分分析

主成分分析（Principal Component Analysis，PCA）是一种数学变换的方法，它通过线性变换将给定的一组相关向量转成另一组不相关的向量。也就是说，给定数据向量 $X = (x_1, x_2, \cdots, x_n)$，通过 PCA 变换得到向量 $Y = (y_1, y_2, \cdots, y_k)$（其中 $k \leqslant n$），并且向量 Y 中的属性互不相关。实际上，这一变换是将原始数据投影到一个更小的数据空间实现维规约。

PCA 的基本原理是计算出 k 个标准正交向量，这些向量称为主成分，且输入数据都可以表示为主成分的线性组合；将主成分按强度降序排列，去掉较弱的成分来规约数据，而较强的主成分应该能够重构或者近似重构原始数据。所以，PCA 常常可以发现数据中隐含的特征，并给出不同寻常的数据解释。

PCA 可以用于有序和无序的属性，并且可以处理稀疏数据和倾斜数据。这种方法多用于二维的数据转换。与 DWT 相比，PCA 能够更好地处理稀疏数据，而 DWT 更适合高维数据。

3.5.3　属性子集选择

现实世界的大数据集通常包含数以百计的属性，而其中大部分属性可能与数据挖掘任务无关或者是冗余的。例如，在分析用户的年收入水平并对用户进行分类的场景下，诸如用户的姓名和联系方式等数据多半是不相关的。尽管领域专家可以利用经验挑选出相关的属性，但是工作量巨大且费时，特别是当数据含义不是十分清楚时。遗漏相关属性或留下不相关的属性可能造成数据挖掘算法无法对数据进行挖掘，甚至出现偏差，并且不相关的属性和冗余的数据增加了数据量，可能会降低数据挖掘速度。

属性子集选择是通过删除不相关或冗余的属性以减少数据量。其目标是寻找最小属性集，使得数据集的概率分布尽可能地接近使用所有属性得到的原分布。缩小的属性集减少了模式发现中的属性数目，使得挖掘结果更易于理解。

对于属性子集选择，常用的算法是使用压缩搜索空间的启发式算法。这种算法是典型的贪心算法，它的策略是做局部最优选择，期望由此产生全局最优解。在实践中，这种贪心属性子集选择的基本启发式算法包括向前选择、向后删除及决策树归纳。属性子集选择启发式算法如图 3.7 所示。

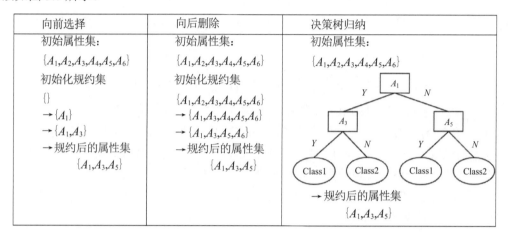

图 3.7　属性子集选择启发式算法

（1）向前选择：这种算法由空属性集作为规约集的开始，确定原属性集中最好的属性，并将它添加到规约集中，在其后的每一次迭代中，将剩下的原属性集中最好的属性添加到该集合中。

（2）向后删除：这种算法由整个属性集开始。在每一步中，删除尚在属性集中最差的属性。此外，还有向前选择和向后删除组合的算法，这种算法将向前选择和向后删除结合在一起，每一步选择一个最好的属性，并在剩余属性中删除一个最差的属性。

（3）决策树归纳：这种算法利用分类中的决策树算法实现属性子集选择。决策树归纳构造了一个类似于流程图的结构，其中每个内部（非树叶）节点表示一个属性上的测试，每个分枝对应于测试的一个结果，每个外部（树叶）节点表示一个类预测。在每个节点上，算法选择最好的属性，并将数据划分到对应类。

利用决策树归纳实现属性子集选择时，由给定的数据构建决策树。未出现在决策树中的所有属性假定是不相关的，出现在决策树中的属性形成规约后的属性子集。在某些情况下，根据已有属性创建一些新属性的过程称为属性构造。在某些情况下，属性构造可以提高准确性和对高维数据结构的理解，如根据高度属性和宽度属性增加面积属性。通过组合属性，属性构造可以发现数据属性间关联的缺失信息，这对知识发现是十分有用的。

3.5.4　回归和对数线性模型

回归和对数线性模型是参数化数据规约方法。回归和对数线性模型可以拟合给定的数据。在（简单）线性回归中，通过数据建模，可以使数据拟合到一条直线上。例如，将随机变量 Y 表示为另一随机变量 X（称为自变量）的线性函数，即

$$Y = \omega X + b \tag{3.23}$$

在数据挖掘中，X 和 Y 是数据的两个属性。ω 和 b 称为回归系数，分别为直线的斜率和纵轴 Y 的截距。回归系数可以用最小二乘法（Least Square Method）求解，其目的为最小化分离数据的实际直线与估计直线之间的误差。多元回归是（简单）线性回归的扩展，允许用两个或多个自变量的线性函数对变量 Y 建模。

对数线性模型近似离散的多维概率分布。给定 n 维元组的数据集，可以把每个元组看成 n 维空间的点。对于离散属性集，可以使用对数线性模型，基于属性子集选择估计多维空间中每个点的概率。这使得高维数据空间可以由较低维空间构造。因此，对数线性模型也可以用于维规约和数据光滑。

回归和对数线性模型都可以用于处理稀疏数据，回归比对数线性模型更适宜处理倾斜数据。当处理高维数据时，回归的计算可能较密集，而对数线性模型具有更好的可伸缩性，并且可以扩展到 10 维左右。

3.5.5　直方图

直方图是一种利用分箱法来近似数据分布的数据规约方法。例如，属性 A 的直方图就是将其数据分布划分为不相交的子集或桶。通常桶表示给定属性的一个连续区间。

例 3.4　直方图。给定某用户年收入情况数据（数据已进行排序）：1，1，5，5，5，5，7，7，10，10，10，10，13，14，14，14，15，15，15，15，15，19，19，19，19，20，20，20，20，21，21，21，21，25，25，25，28，28，28，28，28，30，30，30，30。使用单值桶的直方图如图 3.8 所示。不同区间的直方图如图 3.9 所示。

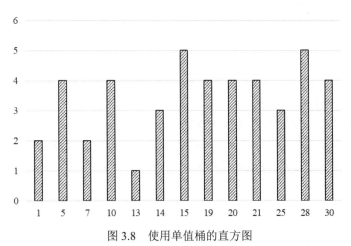

图 3.8　使用单值桶的直方图

图 3.8 使用单值桶显示了这组数据的直方图，即每个桶代表一个值。为进一步压缩数据，通常让一个桶代表给定属性的一个连续区间。图 3.9 给出了每个桶都有相同的宽度（10）的直方图。

在直方图中，确定桶和属性值的划分是最关键的，通常利用等宽原则和等频原则确定。在等宽直方图中，每个桶的宽度区间是一致的，如在图 3.9 中，每个桶的宽度为 10。在等频直方图中，每个桶的频率粗略地设置为常数（每个桶大致包含相同个数的邻近数据样本）。

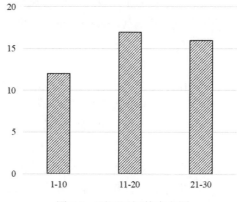

图 3.9　不同区间的直方图

　　直方图是非常有效的数据规约方法，这种方法不仅可处理近似稀疏数据和稠密数据，还可处理高倾斜和均匀的数据。单属性直方图可以推广到多属性，多维直方图可以表现出属性间的依赖关系。

3.5.6　聚类

　　聚类是把数据元组看成数据对象。它将对象划分为群或簇，使得簇内的对象具有较高的相似性，但与其他簇中的对象很不相似。通常，对象在空间中的"接近"程度可以利用基于距离的相似性定义。簇的直径是指簇中两个对象的最大距离，其可以用来衡量簇的质量。形心距离是指簇中每个对象到簇心的平均距离，这也是衡量簇质量的方法。图 3.6 给出了一种数据聚类的结果，在数据规约中，可以用簇心代替整个簇的数据，这实际上也是一种数据压缩。

　　常用的聚类算法包括基于划分的算法、基于层次的算法、基于密度的算法、基于网格的算法及基于模型的算法等。k-means 是经典的聚类算法，它是一种基于划分的聚类算法，根据输入的初始参数 k 将 n 个数据元组划分为 k 个簇。这种算法先从 n 个数据元组中任意选择 k 个作为初始聚类中心，然后对于所有剩余的元组，根据它们与这些聚类中心的相似度（如距离），将它们分配给与其最相似的聚类中心所代表的簇，最后计算每个新聚类的聚类中心，且不断重复这一过程直到满足标准测度函数的要求。

3.5.7　抽样

　　抽样也可以视为一种数据规约方法。抽样方法允许用小的随机样本（子集）表示大型数据集。常用于数据规约的抽样方法包括无放回简单随机抽样、有放回简单随机抽样、簇抽样及分层抽样等。

　　（1）无放回简单随机抽样。假定大型数据集 D 包含 N 个元组，从数据集 D 的 N 个元组中随机抽取 s 个样本（$s<N$），其中数据集 D 中每个元组被抽取的概率均为 $\dfrac{1}{N}$，即所有元组

的抽取是等可能的。这就是无放回简单随机抽样的工作原理。

（2）有放回简单随机抽样。该方法不同于无放回简单随机抽样的是当一个元组从数据集 D 中被抽取后，先记录它，然后将其放回原处。也就是说，一个元组被抽取后，它又被放回数据集 D，以便它可以被再次抽取。

（3）簇抽样。如果将数据集 D 中的元组分组，并放入 M 个互不相交的"簇"，那么可以从其中的 s 个簇中简单随机抽样，其中 $s<M$。例如，数据库中的元组通常一次取一页，这样每页就可以视为一个簇，利用无放回简单随机抽样或有放回简单随机抽样对每页进行抽样，从而实现数据规约。

（4）分层抽样。分层抽样类似于簇抽样，它将数据集 D 划分成互不相交的部分，称作"层"，通过对每一层的数据进行无放回简单随机抽样或有放回简单随机抽样，从而得到数据集 D 的分层抽样。例如，可以得到关于用户年收入数据的一个分层抽样，其中分层对用户的不同年龄段创建。这样，分层抽样中获得的较少数据就能代表所有数据。

与其他的数据规约方法相比，采用抽样方法进行数据规约的空间复杂度和时间复杂度较小。因为，抽样方法得到样本的花费正比例于样本集的大小，而不是数据集的大小，另外，对于固定的样本大小，抽样的复杂度仅随数据的个数线性增加，而直方图的复杂度随数据个数的增加呈指数增长。

利用抽样方法进行数据规约时，可以在指定的误差范围内，估计一个给定的函数所需的样本大小，而样本的大小相对于数据的个数可能非常小。对于归约数据的逐步求精，抽样方法还可以通过简单地增加样本大小，实现数据集的进一步求精。

3.5.8　数据立方体聚集

在对现实世界的数据进行采集时，采集到的往往并不是用户感兴趣的数据，需要对数据进行进一步聚集。例如，关于用户的收入数据，采集到的可能是其每个月的收入，而用户感兴趣的是年收入数据，这时需要对数据进行汇总得到年收入数据。图 3.10 所示为数据聚集的过程。数据聚集可以减小数据量，且不会丢失数据分析中所需的信息。

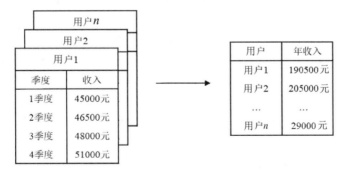

图 3.10　数据聚集的过程

数据立方体是一种多维数据模型，允许用户从多维的角度对数据进行建模和观察。现实世界中关系型数据库的数据都是数据的二维表示，是行和列构成的表格。数据立方体是二维表格的多维扩展，但是数据立方体不局限于 3 个维度。大多数在线分析处理系统能用很多个维度构建数据立方体。例如，微软的 SQL Server 工具允许维度数高达 64 个。图 3.11 所示为用户收入的三维数据立方体。

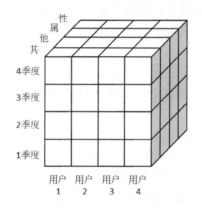

图 3.11　用户收入的三维数据立方体

图 3.11 显示了一个数据立方体，图中每个单元存放一个聚集值，对应于多维空间的一个数据点，每个属性都可能存在概念分层，允许在多个抽象层进行数据分析。数据立方体能够对预计算的汇总数据快速访问，因此适合数据分析和数据挖掘。

3.6　数据转换

数据交换是将数据进行转换或统一成适合数据挖掘的形式。数据转换的常用技术包括光滑数据、数据聚集、属性构造、数据规范化、数据离散化及数据泛化。

（1）光滑数据：去掉数据中的噪声，这类技术包括分箱、回归和聚类。

（2）数据聚集：对数据进行汇总或聚集，如可以聚集日销售数据、计算月销售量和年销售量。数据聚集通常可以用来为多粒度数据的数据分析构造数据立方体。

（3）属性构造（或特征构造）：根据给定的属性构造新的属性并添加到属性集中，以加快挖掘过程。

（4）数据规范化：将数据的属性按比例缩放，使之落入一个特定的小区间，如区间[0,1]。

（5）数据离散化：数值属性数据的原始值用区间或概念标签替换。例如，图 3.9 将用户年收入数据替换成[1,10]、[11,20]及[21,30]区间标签；年龄用少年、中年、老年标签替换，这些标签可以递归地组织成更高层概念，产生数值属性的概念分层。

按照离散过程使用类标签信息，可以将离散化分为监督的离散化方法（使用类标签信息）和非监督的离散化方法（没有使用类标签信息）。此外，如果在离散化过程中先找出一个或几个点来划分整个属性区间，然后在结果区间上递归地重复这一过程，那么这个离散过程称为自顶向下离散化。合并与自底向上离散化正好相反，它先将所有的连续值视为可能的分裂点，通过合并邻域的值形成区间，然后在结果区间递归地重复这一过程。

（6）数据泛化：使用概念分层，用高层概念替换低层或原始数据。例如，分类的属性（如街道）可以泛化为较高层的概念（如城市和国家）。许多属性的概念分层都蕴含在数据库的模式中，可以在模式中自动定义。

实际上，数据预处理的这些技术之间存在许多重叠。例如，光滑数据既可以用于数据清洗，也可以用于数据转换；属性构造和聚集可以用于数据集成和数据规约；数据离散化和概念分层既是数据规约形式又是数据转换形式，原始数据被少数区间或标签取代，简化原数据，提高数据挖掘效率，使得挖掘的结果更容易被理解。

3.6.1　通过规范化变换数据

不用的度量单位可能会影响数据分析。例如，把长度的度量单位从米变成英寸，质量度量单位从千克变成磅，可能导致完全不同的数据分析结果。一般而言，单位较小的属性将导致该属性具有较大的值域，一般这样的属性对数据分析结果影响较大。因此，为了避免数据分析对度量单位选择的依赖性，数据应该规范化或标准化。

规范化数据试图赋予所有属性相等的权重。规范化对于涉及神经网络的分类算法、基于距离度量的分类（如最近邻分类）和聚类特别有用。如果使用神经网络反向传播算法进行分类任务，对训练元组中每个属性的输入值规范化将有助于加快模型学习阶段的速度。对于基于距离度量的方法，规范化可以防止具有较大初始值域的属性（如用户收入）相比具有较小初始值域的属性（如二元属性）权重过大。在没有数据的先验知识时，规范化也是有用的。

常用的数据规范化方法包括最小-最大规范化、z 分数规范化和小数定标规范化。

1. 最小-最大规范化

给定 A 是数值属性，具有 n 个观测值 x_1、x_2、$\cdots$、x_n，假设 $\min_A$ 和 $\max_A$ 分别为属性 A 的最小值和最大值。最小-最大规范化计算公式如下。

$$x_i' = \frac{x_i - \min_A}{\max_A - \min_A}(\text{new}_{\max_A} - \text{new}_{\min_A}) + \text{new}_{\min_A} \tag{3.24}$$

式（3.24）将属性 A 的值 x_i 映射到区间 $[\text{new}_{\max_A}, \text{new}_{\min_A}]$ 中的 x_i'。实际上，最小-最大规范化是对原始数据进行线性变换。因此，最小-最大规范化可以保持原始数据之间的联系。

例 3.5　最小-最大规范化。假设属性收入的最小值与最大值分别为 10000 元和 90000 元。现将收入属性映射到区间[0,1]中。根据最小-最大规范化，收入值 65300 元将变换为

$$\frac{65300 - 10000}{90000 - 10000} \times (1 - 0) + 0 = 0.69125$$

2. z 分数（z-score）规范化

z 分数规范化（又称零均值规范化）是基于属性 A 的均值和标准差的规范化。属性 A 的值 x_i 被规范化为 x_i' 的计算公式如下。

$$x_i' = \frac{x_i - \overline{A}}{\sigma_A} \tag{3.25}$$

式中，$\overline{A}$ 和 σ_A 分别为属性 A 的均值和标准差，$\overline{A} = \frac{x_1 + x_2 + \cdots + x_n}{n}$，$\sigma_A = \frac{\sum_{i=1}^{n}(x_i - \overline{x})}{n}$。z 分数规范化适用于属性 A 的最小值和最大值未知或存在孤立点影响最小-最大规范化的情况。

例 3.6　z 分数规范化。假设属性收入的均值和标准差分别为 50000 元和 15000 元。使用 z 分数规范化，收入 65300 元将变换为

$$\frac{65300-50000}{15000}=1.02$$

式（3.25）中的标准差可以用均值绝对偏差替换。属性 A 的均值绝对偏差 S_A 的定义为

$$S_A = \frac{1}{n}\left(\left|x_1 - \overline{A}\right| + \left|x_2 - \overline{A}\right| + \cdots + \left|x_n - \overline{A}\right|\right) \quad (3.26)$$

易得，z 分数规范化公式如下。

$$x_i' = \frac{x_i - \overline{A}}{S_A} \quad (3.27)$$

对于孤立点，均值绝对偏差比标准差具有更好的鲁棒性。而且，在计算均值绝对偏差时，不采用均值偏差的平方可以降低孤立点对分析结果的影响。

3．小数定标规范化

小数定标规范化是通过移动属性 A 的值的小数点位置进行规范化。小数点的移动位数依赖于属性 A 的最大绝对值。属性 A 的值 x_i 被规范化为 x_i' 的计算公式如下。

$$x_i' = \frac{x_i}{10^j} \quad (3.28)$$

式中，j 为使得 $\max(|x_i'|) < 1$ 的最小整数。

例 3.7 小数定标规范化。假设属性 A 的取值为 $-468 \sim 471$，则属性 A 的最大绝对值为 468。因此，为使用小数定标规范化，可以规定 $j=3$，即用 1000 除以每个值。因此，-468 被规范化为-0.468，而 471 被规范化为 0.471。

从上面的例子可以看出，规范化可能将原来的数据改变很多，特别是使用 z 分数规范化或小数定标规范化时。但是还是有必要保留规范化参数（如均值和标准差），以便将来的数据可以使用一致的方式规范化。

3.6.2　通过离散化变换数据

利用分箱法可以实现数据离散化。例如，首先通过使用等宽或等频划分箱方法，然后用箱均值或中位数替换箱中的每个值，可以将属性值离散化。分箱并不使用类标签信息，因此它是一种非监督的离散化方法。分箱法需要预先制订箱的个数，并且它对箱个数敏感，也容易受孤立点的影响。

直方图分析也是一种非监督的离散化方法。直方图把属性 A 的值划分成不相交的区间，理想情况下，使用等频直方图，每个分区包括相同个数的数据元组。直方图分析可以递归地用于每个分区，自动产生多级概念分层，直到达到一个预先设定的概念层数为止。也可以对每一层使用最小区间长度来控制递归过程。最小区间长度设定每层每个分区的最小宽度，或每层每个分区中值的最少数目。直方图也可以根据数据分布的聚类分析进行划分。

聚类是一种常用的离散化方法。通过将属性 A 的值划分成簇来离散化属性 A。层次聚类算法利用自顶向下的划分策略或自底向上的合并策略来产生属性 A 的概念分层，其中每个簇形成概念分层的一个节点。在自顶向下的划分策略中，每个初始簇或分区可以进一步分解成若干子簇，形成较低的概念分层。在自底向上的合并策略中，通过反复地对邻近簇进行分组，形成较高的概念分层。

分类决策树算法是一种自顶向下的划分策略，也可以用于离散化。由于离散化的决策树算法使用类标签信息，因此它是一种监督的离散化方法。例如，给定患者症状属性数据集，其中每个患者有一个诊断结论类标签信息，可使用类分布信息计算和确定划分点。也就是说，选择划分点使得一个给定的结果分区包含尽可能多的同类元组。

相关性度量也可以用于实现数据离散化。Chimerge 算法是一种基于 χ^2 检验的离散化方法。它采用自底向上的合并策略，递归地找出最邻近的区间，并合并它们，形成较大的区间。对于精确的离散化，相对类频率在一个区间内应当完全一致。如果两个邻近的区间具有非常类似的类分布，那么这两个区间可以合并，否则，它们应当保持分开。

3.6.3　标称数据的概念分层变换

对于标称数据，人工定义其概念分层是一项耗时的任务。实际上，很多标称数据的分层结构信息都隐藏在数据库的模式中，并且可以被自动地定义。例如，关系型数据库中的地址（location）属性集包括街道（street）、城市（city）、省或者州（province/state）及国家（country）。地址属性的概念分层可以自动产生，因为街道是属于某个城市的，城市是属于某个省或者州的，而省或者州是属于某个国家的。

常用的标称数据概念分层方法如下。

（1）在模式级显式地说明属性的部分序。通常标称属性的概念分层涉及一组属性。因此，在模式级用户或专家可以通过说明属性的偏序或全序定义概念分层。例如，上面提到的地址属性，如果数据库存在类似的地址属性，那么可以在模式级说明这些属性的一个全序（如 street < city < province_or_state < country），来定义其概念分层结构。

（2）通过显式数据分组说明概念分层结构的一部分。这实际上是一种人工定义概念分层结构方法。在大型数据库中，通过显式的值枚举定义整个概念分层是不现实的。然而，对于一小部分中间层数据，可以很容易地显式说明分组。例如，在模式级说明了 city 和 province 形成一个分层后，用户可以人工地添加某些中间层，如{Changsha,Zhuzhou,Changde,Xiangtan} $\in$ Hunan。

（3）说明属性集但不说明其偏序。用户可以通过说明一个属性集形成概念分层，但并不显式地说明其偏序。系统试图自动产生属性的序，构造有意义的概念分层。例如，一个较高层概念通常包含若干从属的较低层概念，定义在较高概念层的属性（如 province）与定义在较低概念层的属性（如 street）相比，通常包含较少的不同值。因此，可以根据给定属性集中每个属性不同值的个数，自动产生概念分层。具有最多不同值的属性放在概念分层结构的最底层。一个属性的不同值个数越少，它在产生的概念分层结构中所处的层次越高。在很多情况下，这种启发式规则都非常有用。如果有必要，可以通过人工方式进行局部层次交换或调整。

（4）嵌入数据语义。在定义概念分层时，由于对概念分层结构概念模糊，可能在概念分层结构的说明中只包含了相关属性的一小部分。例如，对于地址属性，系统没有说明其全部属性，只说明了 street 和 city。为了处理这种部分说明的概念分层结构，可以在数据库模式中嵌入数据语义，使得语义密切相关的属性能够捆在一起。从而，一个属性的说明可能触发整个语义密切相关的属性组，形成一个完整的概念分层结构。例如，对于地址的概念，假如数据挖掘任务已经知道需要将属性 street、city、province_or_state 和 country 捆绑在一起，因为它们是语义密切相关的。如果用户在定义地址的概念分层结构时只说明了属性 city，那么系统会自动携带这些语义相关的属性，形成一个概念分层结构。

总之，概念分层可以用来把数据转换到多个粒度层。使用概念分层变换数据可以揭示数据隐含在较高层的知识模式，而且它允许在多个抽象层进行挖掘，从而有利于提高数据挖掘的效果。

思考题

1. 数据清洗的主要任务是什么？常用的数据清洗包括哪些技术？
2. 数据集成需要考虑的问题包括哪些？
3. 数据规约的目的是什么？常用的规约技术包括哪些？
4. 数据转换的主要任务是什么？常用的数据转换包括哪些技术？
5. 简述实现两种数据规范化的算法。
6. 简述实现一种数据缺失值填充的算法。

第 4 章

大数据存储

课程思政

4.1 HDFS

4.1.1 HDFS 的概述

大数据时代必须解决海量数据的高效存储问题，为此，Google 开发了 Google 文件系统（Google File System，GFS），通过网络实现文件在多台机器上的分布式存储，较好地满足了大规模数据存储的需求。HDFS 是针对 GFS 的开源实现，它是 Hadoop 核心组成部分之一，提供了在廉价服务器集群中进行大规模分布式文件存储的能力。HDFS 具有很好的容错功能并可以兼容廉价的硬件设备，因此它可以以较低的成本利用现有机器实现大流量和大数据量的读/写。

本章首先介绍分布式文件系统的基本概念、架构和设计需求，然后详细阐述它的重要概念、体系结构、存储原理和读/写过程，最后介绍 HDFS 在编程实践方面的相关知识。

大数据可以以文本的方式进行存储，通常以字符流的方式进行处理，所以可以将大数据存储于分布式文件系统中。

本节主要介绍如何构建分布式文件系统、如何将大数据存储于分布式文件系统中及如何在分布式文件系统中处理这些数据。本节重点介绍 HDFS 的构建与大数据存储方式。

HDFS 存储大数据非常方便、高效，且它是 Hadoop 项目的子项目，与 Hadoop 结合的非常好。Hadoop 是一个非常好的大数据处理平台，该平台结合 HDFS 后解决了大数据分布式存储问题，建立了属于自己的分布式文件系统。

相对于传统的本地文件系统而言，分布式文件系统（Distributed File System）是一个通过网络实现文件在多台机器上进行分布式存储的文件系统。分布式文件系统的设计一般采用"客户端服务器"模式，客户端以特定的通信协议通过网络与服务器建立连接，提出文件访问请求，客户端和服务器可以通过设置访问权来限制请求方对底层数据存储块的访问。

目前，已得到广泛应用的分布式文件系统主要包括 GFS 和 HDFS 等，后者是针对前者的开源实现。

4.1.1.1 HDFS 的组成

HDFS 作为分布式文件系统需要先建立一个集群，集群节点分为名称节点（NameNode、数据节点（DataNode）、第二名称节点（Secondary NameNode）。

名称节点是一个主控节点，负责存储元数据（Metadata）、在不同的节点上分配和调度数据存储、记录数据存储路径；数据节点是数据具体的存储节点；第二名称节点起到一个备份作用，当名称节点发生故障时可以起到恢复数据的作用。大数据首先被切成块（Block），以文件块的形式存储于数据节点中。文件块的大小通常是 64MB，大数据切成块后便于数据的传输和分配。

4.1.1.2　HDFS 的数据存储方式

HDFS 通过名字空间进行数据存储与文件的管理，形成树形结构。通过名字空间形成文件目录。名字空间文件保存在名字空间镜像及修改日志文件中，其中包括块的信息，如一个文件的块存放在哪些数据节点上。名称节点存放着名字空间文件。用户通过名称节点访问存放自己文件块的数据节点。数据节点通过发送心跳信息等方式周期性地向名称节点传递文件块的存储位置、状态等信息。第二名称节点不断地合并名字空间镜像及修改日志文件。在第二名称节点上备份一份元数据文件，以当名称节点发生故障时，名称节点通过第二名称节点存储的元数据文件进行恢复操作。

用户在数据节点上创建文件之前，先将文件存放在当地的临时文件中，以文件块的形式存储，当名称节点分配好数据节点后，再将文件块传到各个数据节点上。

4.1.1.3　计算机集群的架构

普通文件系统只需要单个计算机节点就可以完成文件的存储和处理。单个计算机节点由处理器、内存、高速缓存和本地磁盘构成。

分布式文件系统把文件分布存储到多个计算机节点上。成千上万的计算机节点构成计算机集群。与之前使用多个处理器和专用高级硬件的并行化处理装置不同的是，目前的分布式文件系统所采用的计算机集群都是由普通硬件构成的，这大大降低了系统在硬件上的开销。

计算机集群的架构如图 4.1 所示。集群中的计算机节点存放在机架上，每个机架可以存放 8～64 个节点，同一机架上的不同节点之间通过网络互连（常采用吉比特以太网），多个不同机架之间采用另一级网络或交换机互连。

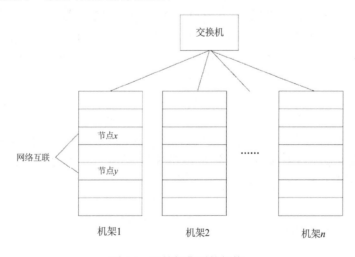

图 4.1　计算机集群的架构

4.1.1.4　分布式文件系统的架构

在人们所熟悉的 Windows、Linux 等操作系统中，文件系统一般会把磁盘空间划分为每512 字节一组，称为"磁盘块"，它是文件系统读/写操作的最小单位。文件系统的块通常是磁盘块的整数倍，即每次读/写的数据量必须是磁盘块大小的整数倍。

与普通文件系统类似，分布式文件系统也采用了块的概念，文件被分成若干个块进行存储。块是数据读/写的基本单元，只不过分布式文件系统中块的大小要比操作系统中块的大小大很多。例如，HDFS 默认的一个块的大小是 64MB。与普通文件不同的是，在分布式文件系统中，如果一个文件的大小小于一个文件块的大小，那么它并不占用整个文件块的存储空间。

分布式文件系统在物理结构上是由计算机集群中的多个节点构成的。大规模文件系统的整体架构如图 4.2 所示。这些节点分为两类：一类被称作"主节点"（Master Node），或者也称为"名称节点"；另一类被称作"从节点"（Slave Node），或者也称为"数据节点"。名称节点负责文件和目录的创建、删除和重命名等，同时管理着数据节点和文件块的映射关系，因此客户端只有访问名称节点才能找到请求的文件块所在的位置，进而到相应位置读取所需文件块。数据节点负责数据的存储和读取，在存储数据时，先由名称节点分配存储位置，然后由客户端把数据直接写入相应数据节点；在读取数据时，客户端从名称节点获得数据节点和文件块的映射关系，就可以到相应位置访问文件。数据节点也要根据名称节点的命令创建、删除文件块和冗余复制。

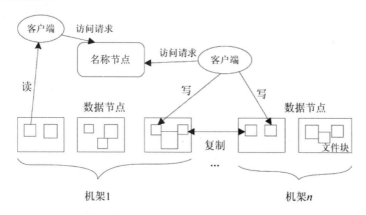

图 4.2　大规模文件系统的整体架构

计算机集群中的节点可能发生故障，因此为了保证数据的完整性，分布式文件系统通常采用多副本存储。文件块会被复制为多个副本，存储在不同的节点上，而且存储同一文件块的不同副本的各个节点会分布在不同的机架上，这样，在单个节点出现故障时，就可以快速调用副本重启单个节点上的计算过程，而不用重启整个计算过程。整个机架出现故障时便不会丢失所有文件块。文件块的大小和副本个数通常由用户指定。

分布式文件系统是针对大规模数据存储而设计的，主要用于处理大规模文件，如 TB 级文件。处理过小的文件不仅无法充分发挥分布式文件系统的优势，还会严重影响其扩展和性能。

4.1.1.5　分布式文件系统的设计需求

分布式文件系统的设计需求主要包括透明性、并发控制、文件复制、硬件和操作系统的异构性、可伸缩性、容错性及安全性。但是，在对分布式文件系统设计需求的具体实现中，不同产品实现的级别和方式都有所不同。表 4.1 所示为分布式文件系统的设计需求及其具体含义。

表 4.1　分布式文件系统的设计需求及其具体含义

设计需求	含义	HDFS 的实现情况
透明性	具备访问透明性、位置透明性、性能透明性和伸缩透明性	只能提供一定程度的访问透明性，完全支持位置透明性、性能透明性和伸缩透明性
并发控制	客户端对于文件的读/写不应该影响其他客户端对同一文件的读/写	机制非常简单，任何时间都只允许一个程序写入某个文件
文件复制	一个文件可以拥有在不同位置的多个副本	HDFS 采用了多副本机制
硬件和操作系统的异构性	可以在不同的操作系统和计算机上实现同样的客户端和服务器端程序	采用 Java 语言开发，具有很好的跨平台能力
可伸缩性	支持节点的动态加入或退出	建立在大规模廉价机器上的分布式文件系统集群，具有很好的可伸缩性
容错性	保证文件服务在客户端或者服务端出现问题时能正常使用	具有多副本机制和故障自动检测、恢复机制
安全性	保障系统的安全性	安全性较弱

4.1.2　HDFS 的相关概念

本节介绍 HDFS 中的相关概念，包括块、名称节点、数据节点和第二名称节点。

4.1.2.1　块

在普通文件系统中，为了提高磁盘读/写效率，一般以文件块为单位，而不是以字节为单位。例如，机械式硬盘包含了磁头和转动部件，在读取数据时有一个寻道过程，首先通过转动部件和磁头的位置，来找到数据在机械式硬盘中的存储位置，然后才能进行读/写。在 I/O 开销中，机械式硬盘的寻址过程是最耗时的，一旦找到第一条记录，剩下的顺序读取效率是非常高的。因此，以块为单位读/写数据，可以把磁盘寻道开销分摊到大量数据中。

HDFS 也同样采用了块的概念，默认一个块的大小是 64MB。在 HDFS 中的文件会被拆分成多个块，每个块作为独立的单元进行存储。人们所熟悉的普通文件系统的块一般只有几千字节，可以看出，HDFS 在块的大小设置上明显要大于普通文件系统。HDFS 寻址开销不仅包括磁盘寻道开销，还包括文件块的定位开销。当客户端需要访问一个文件时，首先从名称节点获得组成这个文件文件块的位置列表，然后根据位置列表获取实际存储各个文件块的数据节点的位置，最后数据节点根据文件块信息在本地 Linux 文件系统中找到对应的文件，并把数据返给客户端。设置比较大的块，可以把寻址开销分摊到大量数据中，降低了单位数据的寻址开销。因此，HDFS 在文件块大小的设置上要远远大于普通文件系统，以使其在处理大规模文件时能够获得更好的性能。当然，块的大小也不宜设置过大，因为，通常 MapReduce 中的 Map 任务一次只处理一个块中的数据，如果启动的任务太少，那么就会降低作业并行处理速度。

HDFS 采用抽象的块概念可以带来以下几个明显的好处。

（1）支持大规模文件存储。文件以块为单位进行存储，一个大规模文件可以被分拆成若干个文件块，不同的文件块可以被分发到不同的节点上。因此，一个文件的大小不会受到单个节点存储容量的限制，可以远远大于网络中任意节点的存储容量。

（2）简化系统设计。大大简化了存储管理，因为文件块的大小是固定的，这样就很容易计算出一个节点可以存储多少文件块；方便了元数据的管理，元数据不需要和文件块一起存储，可以由其他系统负责管理元数据。

（3）适合数据备份。每个文件块都可以冗余存储到多个节点上，大大提高了系统的容错性和可用性。

4.1.2.2　名称节点和数据节点

在 HDFS 中，名称节点负责管理分布式文件系统的命名空间（Naming Space），保存了两个核心的数据结构（见图 4.3），即 FsImage 和 EditLog。FsImage 用于维护文件系统树及其中所有文件和文件夹的元数据，EditLog 用于记录所有针对文件的创建、删除、重命名等操作。名称节点记录了每个文件中各个块所在数据节点的位置信息，但是并不持久化存储这些信息，而是在系统每次启动时扫描所有数据节点重构得到这些信息。

名称节点在启动时，会将 FsImage 的内容加载到内存当中，并执行 EditLog 中的各项操作，使得内存中的元数据保持最新。这个操作完成以后，就会创建一个新的 FsImage 和一个空的 EditLog。名称节点启动成功并进入正常运行状态以后，HDFS 中的更新操作都会被写入 EditLog，而不是直接写入 FsImage，这是因为对于分布式文件系统而言，FsImage 通常都很庞大（一般都在 GB 级以上），如果所有的更新操作都直接写入 FsImage，那么系统运行就会变得非常缓慢。相对而言，EditLog 通常都要远远小于 FsImage，更新操作写入 EditLog 是非常高效的。名称节点在启动过程中处于安全模式，只能对外提供读操作，无法提供写操作。启动过程结束后，名称节点就会退出安全模式，进入正常运行状态，可对外提供读/写操作。

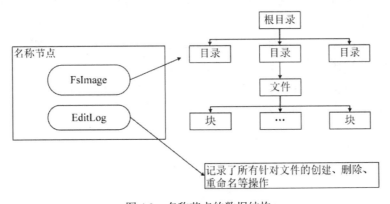

图 4.3　名称节点的数据结构

数据节点是 HDFS 的工作节点，负责数据的存储和读取，它会根据客户端或者名称节点的调度来进行数据的存储和检索，并且向名称节点定期发送自己存储的块列表。每个数据节点中的数据会被保存在各自节点的本地 Linux 文件系统中。

4.1.2.3　第二名称节点

在名称节点运行期间，HDFS 会不断执行更新操作，这些更新操作都是直接被写入 EditLog，因此 EditLog 的大小也会逐渐增大。在名称节点运行期间，大小不断增大的 EditLog 通常对于系统性能不会产生显著影响，但是当名称节点重启时，需要将 FsImage 加载到内存中，并逐条执行 EditLog 中的操作，使得 FsImage 保持最新。可想而知，如果 EditLog 的大小很大，就会导致整个过程变得非常缓慢，使得名称节点在启动过程中长期处于"安全模式"，无法正常对外提供写操作，从而影响用户的使用。

为了有效解决 EditLog 逐渐增大带来的问题，HDFS 在设计中采用了第二名称节点。第二名称节点是 HDFS 架构的一个重要组成部分，具有两方面的功能：可以完成 EditLog 与 FsImage 的合并操作，减小 EditLog 的大小，缩短名称节点重启时间；可以作为名称节点的检查点，保存名称节点中的元数据信息。具体如下。

（1）完成 EditLog 与 FsImage 的合并操作。第二名称节点工作示意图如图 4.4 所示。每隔一段时间，第二名称节点会和名称节点通信，请求其停止使用 EditLog（这里假设这个时刻为 t_1），如图 4.4 所示，暂时将新到达的写操作添加到一个新的 EditLog.new 中。第二名称节点把名称节点中的 FsImage 和 EditLog 拉回到本地，并加载到内存中；对二者执行合并操作，即在内存中逐条执行 EditLog 中的操作，使得 FsImage 保持最新，合并结束后，第二名称节点会把合并后得到的最新的 FsImage 发送到名称节点。名称节点收到后，会用最新的 FsImage 去替换旧的 FsImage，同时用 EditLog.new 去替换 EditLog（这里假设这个时刻为 t_2），从而减小了 EditLog 的大小。

（2）作为名称节点的检查点。从上面的合并操作可知第二名称节点会定期和名称节点通信，从名称节点获取 FsImage 和 EditLog，执行合并操作得到新的 FsImage。从这个角度来讲，第二名称节点相当于为名称节点设置了一个检查点，周期性地备份名称节点中的元数据信息，当名称节点发生故障时，就可以用第二名称节点中记录的元数据信息进行系统恢复。但是，在第二名称节点上执行合并操作得到的最新的 FsImage 是合并操作发生时（t_1 时刻）HDFS 记录的元数据信息，并没有包含 t_1 时刻和 t_2 时刻执行的更新操作，如果名称节点在 t_1 时刻和 t_2 时刻发生故障，那么系统就会丢失部分元数据信息。所以在 HDFS 的设计中，也并不支持把系统直接切换到第二名称节点，因此从这个角度来讲，第二名称节点只起到了名称节点的检查点作用，并不能起到"热备份"作用。即使有了第二名称节点的存在，当名称节点发生故障时，系统还是有可能会丢失部分元数据信息的。

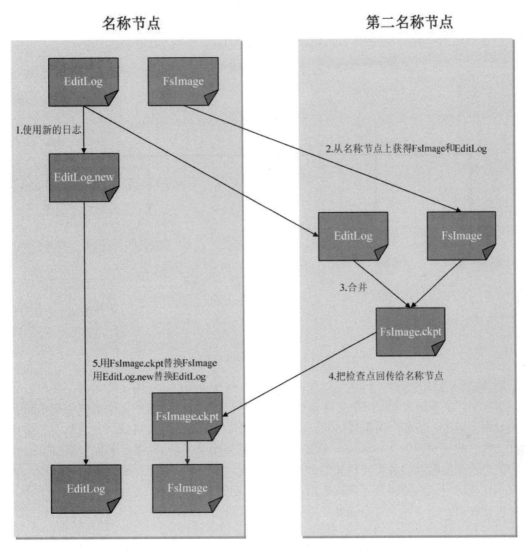

图 4.4 第二名称节点工作过程示意图

4.1.3 HDFS 的体系结构

本节首先简要介绍 HDFS 体系结构的概述,然后介绍 HDFS 的命名空间管理、通信协议、客户端,最后指出 HDFS 体系结构的局限性。

4.1.3.1 HDFS 体系结构的概述

HDFS 采用了主从(Master/Slave)结构模型,一个 HDFS 集群包括一个名称节点和若干个数据节点,其体系结构如图 4.5 所示。名称节点作为中心服务器,负责管理文件系统的命名空间及客户端对文件的访问。在集群中一般是一个数据节点运行一个数据节点进程。数据节点负责处理文件系统客户端的读/写请求,在名称节点的统一调度下执行文件块的创建、删除和复制等操作。每个数据节点的数据实际上是保存在本地 Linux 文件系统中的。每个数据节点会周期性地向名称节点发送心跳信息，报告自己的状态。没有按时发送心跳信息的数据节点会被标记为"宕机"，名称节点就不会再给它分配任何 I/O 请求。

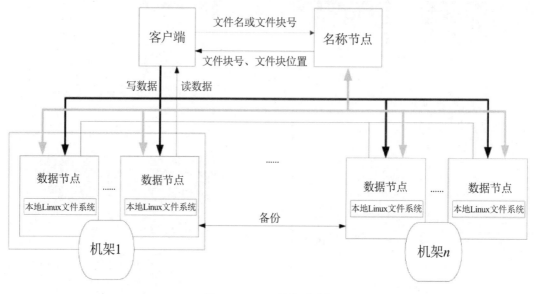

图 4.5　HDFS 的体系结构

用户在使用 HDFS 时，仍然可以像在普通文件系统中那样，使用文件名去存储和访问文件。实际上，在系统内部，一个文件会被切分成若干个文件块，这些文件块被分布存储到若干个数据节点上。当客户端需要访问一个文件时，首先把文件名发送给名称节点，名称节点根据文件名找到对应的文件块（一个文件可能包括多个文件块），然后名称节点根据每个文件块信息找到实际存储各个文件块的数据节点位置，并把数据节点位置发送给客户端，最后客户端直接访问这些数据节点获取数据。在整个访问过程中，名称节点并不参与数据的传输。这种设计使得一个文件的数据能够在不同的数据节点上实现并发访问，大大提高了数据访问速度。

HDFS 采用 Java 语言开发，因此任何支持 JVM（Java Virtual Machine，Java 虚拟机）的机器都可以部署名称节点和数据节点。在实际部署时，通常在集群中选择一台性能较好的机器作为名称节点，其他机器作为数据节点。当然，一台机器可以运行任意多个数据节点。甚至名称节点和数据节点可以放在一台机器上运行，不过，很少在正式部署中采用这种设计。HDFS 集群中只有唯一一个名称节点，该节点负责所有元数据的管理，这种设计大大简化了分布式文件系统的结构，保证数据不会脱离名称节点的控制，同时，用户数据也永远不会经过名称节点，这大大减轻了中心服务器的负担，方便了数据管理。

4.1.3.2　HDFS 的命名空间管理

HDFS 的命名空间包含目录、文件和块。命名空间管理是指命名空间支持对 HDFS 中的目录、文件和块做类似文件系统的创建、修改、删除等基本操作。在当前的 HDFS 体系结构中，整个 HDFS 集群中只有一个命名空间，并且只有唯一一个名称节点，该节点负责对这个命名空间进行管理。

HDFS 使用的是传统的分级文件体系，因此用户可以像使用普通文件系统一样创建、删除目录和文件，在目录间转移文件、重命名文件等。但是，HDFS 还没有实现磁盘配额和文件访问权限等功能，也不支持文件的硬连接和软连接（快捷方式）。

4.1.3.3　通信协议

HDFS 是一个部署在集群上的分布式文件系统，因此很多数据需要通过网络进行传输。所有的 HDFS 通信协议都是构建在 TCP（Transmission Control Protocol，传输控制协议）基础之上的。客户端通过一个可配置的端口向名称节点主动发起 TCP 连接，并使用客户端协议与名称节点进行交互。名称节点和数据节点之间则使用数据节点协议进行交互。客户端与数据节点的交互是通过 RPC（Remote Procedure Call，远程过程调用）来实现的。在设计上，名称节点不会主动发起 RPC，而是响应来自客户端和数据节点的 RPC 请求。

4.1.3.4　客户端

客户端是用户操作 HDFS 最常用的方式，HDFS 在部署时都提供了客户端。不过需要说明的是，严格来说，客户端并不算是 HDFS 的部分。客户端可以支持打开、读取、写入等常见的操作，并且提供了类似 Shell 的命令行方式来访问 HDFS 中的数据。此外，HDFS 也提供了 JavaAPI，作为应用访问文件系统的客户端编程接口。

4.1.3.5　HDFS 体系结构的局限性

HDFS 只设置唯一一个名称节点，这样做虽然大大简化了系统设计，但也带来了一些明显的局限性，具体如下。

（1）命名空间的限制。名称节点是保存在内存中的，因此名称节点能够容纳对象（文件、块）的个数会受到内存空间大小的限制。

（2）性能的瓶颈。整个分布式文件系统的吞吐量受限于单个名称节点的吞吐量。

（3）隔离问题。由于集群中只有一个名称节点，只有一个命名空间，因此无法对不同应用进行隔离。

（4）集群的可用性。一旦这个唯一的名称节点发生故障，会导致整个集群变得不可用。

4.1.4　HDFS 的存储原理

本节介绍 HDFS 的存储原理，包括数据的冗余存储、数据存取策略、数据错误与恢复。

4.1.4.1　数据的冗余存储

作为一个分布式文件系统，为了保证系统的容错性和可用性，HDFS 采用了多副本方式对数据进行冗余存储，通常一个文件块的多个副本会被分布到不同的数据节点上。HDFS 文件块的副本存储如图 4.6 所示，文件块 1 被存放在数据节点 A 和 C 上，文件块 2 被存放在数据节点 A 和 B 上。这种多副本方式具有以下优点。

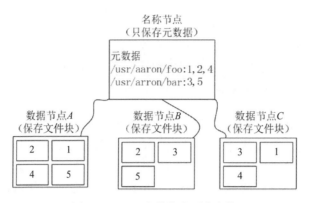

图 4.6   HDFS 文件块多副本存储

（1）加快数据传输速度。当多个客户端需要同时访问同一个文件时，可以让各个客户端分别从不同的文件块副本中读取数据，这就大大加快了数据传输速度。

（2）容易检查数据错误。HDFS 的数据节点之间通过网络传输数据，采用多副本方式存储数据可以很容易判断数据传输是否出错。

（3）保证数据的可靠性。即使某个数据节点出现故障失效，也不会造成数据丢失。

4.1.4.2   数据存取策略

数据存取策略包括数据存放、数据读取和数据复制，它在很大程度上会影响整个分布式文件系统的读/写性能，是分布式文件系统的核心内容。

1. 数据存放

为了提高数据的可靠性与系统的可用性，以及充分利用网络带宽，HDFS 采用了以机架为基础的数据存放策略。一个 HDFS 集群通常包含多个机架。不同机架之间机器的数据通信需要经过交换机或者路由器，同一个机架中不同机器之间的数据通信则不需要经过交换机和路由器，这意味着同一个机架中不同机器之间的数据通信要比不同机架之间机器的数据通信带宽大。

HDFS 默认每个数据节点都是在不同的机架上的，这种方法会存在缺点，即写入数据时不能充分利用同一个机架中不同机器之间的带宽。但是，与该缺点相比，这种方法也带来了更多显著的优点：可以获得很高的数据可靠性，即使一个机架发生故障，位于其他机架上的数据副本仍然是可用的；在读取数据时可以在多个机架上并行读取，大大提高了数据读取速度；可以更容易地实现系统内部负载均衡和错误处理。

HDFS 默认的冗余因子是 3，每个文件块会被同时保存到 3 个地方，其中，有 2 个副本放在同一个机架的不同机器上，第 3 个副本放在不同机架的机器上，这样既可以保证机架发生异常时的数据恢复，也可以提高数据读/写性能。一般而言，HDFS 副本的放置策略（见图 4.7）如下。

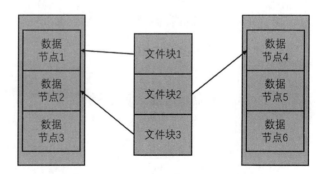

图 4.7   HDFS 副本的放置策略

（1）如果是来自集群内部的写操作请求，那么把第 1 个副本放置在发起写操作请求的数据节点上，实现就近写入数据。如果是来自集群外部的写操作请求，那么从集群内部挑选一台磁盘不太满、CPU 不太忙的数据节点，作为第 1 个副本的存放地。

（2）第 2 个副本会被放置在与第 1 个副本不同机架的数据节点上。

（3）第 3 个副本会被放置在与第 1 个副本相同机架的其他数据节点上。

（4）如果还有更多的副本，那么继续从集群中随机选择数据节点进行存放。

2. 数据读取

HDFS 提供了一个 API 可以确定一个数据节点所属的机架 ID，客户端也可以调用 API 获取自己所属的机架 ID。当客户端读取数据时可从名称节点获得文件块不同副本的存放位置列表，列表中包含了副本所在的数据节点，可以通过调用 API 来确定客户端和这些数据节点所属的机架 ID。当发现某个文件块副本对应的机架 ID 和客户端对应的机架 ID 相同时，就优先选择该副本读取数据，如果没有发现，那么就随机选择一个副本读取数据。

3. 数据复制

HDFS 的数据复制采用了流水线复制的策略，大大提高了数据复制过程的效率。当客户端要在 HDFS 中写入一个文件时，这个文件会先被写入本地，并被切分成若干个块，每个文件块的大小是由 HDFS 的设定值来决定的。每个文件块都向 HDFS 集群中的名称节点发起写请求，名称节点会根据系统中各个数据节点的使用情况，选择一个数据节点列表返给客户端。客户端就把数据先写入列表中的第 1 个数据节点，同时把列表传给第 1 个数据节点，当第 1 个数据节点接收到 4KB 数据时，写入本地，并且向列表中的第 2 个数据节点发起连接请求，把自己已经接收到的 4KB 数据和列表传给第 2 个数据节点，当第 2 个数据节点接收到 4KB 数据时，写入本地，并且向列表中的第 3 个数据节点发起连接请求，以此类推，列表中的多个数据节点形成多条数据复制的流水线。当文件写完时，数据复制同时完成。

4.1.4.3　数据错误与恢复

HDFS 具有较高的容错性，可以兼容廉价的硬件，它把硬件出错看成一种常态，而不是异常，并设计了相应的机制检测数据错误和进行自动恢复，主要包括以下几种情形。

1. 名称节点出错

名称节点保存了所有的元数据信息，其中最核心的两大数据结构是 FsImage 和 EditLog，如果这两种结构发生损坏，那么整个 HDFS 实例将失效。Hadoop 采用两种方式来确保名称节点的安全：把名称节点上的元数据信息同步存储到其他文件系统（如远程挂载的网络文件系统 NFS）中；运行一个第二名称节点，当名称节点宕机后，可以把第二名称节点作为一种弥补措施，利用第二名称节点中的元数据信息进行系统恢复，但是从前面对第二名称节点的介绍中可以看出，这样做仍然会丢失部分数据。因此，一般会把上述两种方式结合使用，当名称节点发生宕机时，首先到远程挂载的网络文件系统中获取备份的元数据信息，并放到第二名称节点上进行恢复，把第二名称节点作为名称节点来使用。

2. 数据节点出错

每个数据节点会定期向名称节点发送心跳信息，向名称节点报告自己的状态。当数据节点发生故障，或者断网时，名称节点就无法收到来自一些数据节点的心跳信息，此时这些数据节点就会被标记为"宕机",节点上面的所有数据都会被标记为"不可读",名称节点不会再给它们发送任何 I/O 请求。这时,有可能出现一种情况,即由于一些数据节点的不可用,会导致一些文件块的副本数量小于冗余因子。名称节点会定期检查这种情况,一旦发现某个文件块的副本数量小于冗余因子,就会启动数据冗余复制,为它生成新的副本。HDFS 与其他分布式文件系统的最大区别就是可以调整冗余数据的位置。

3. 数据出错

网络传输和磁盘错误等因素都会造成数据出错。客户端在读取到数据后,会采用 md5 和 sha1 对文件块进行校验,以确定读取到正确的数据。在文件被创建时,客户端就会对每个文件块进行信息摘录,并把这些信息写入同一个路径的隐藏文件中。当客户端读取文件时,会先读取相应文件块的信息文件,然后利用该信息文件对每个读取的文件块进行校验,如果校验出错,那么客户端就会请求到另外一个数据节点读取该文件块,并且向名称节点报告这个文件块有错误,名称节点会定期检查并且重新复制这个块。

4.1.5　HDFS 的数据读/写过程

在介绍 HDFS 数据读/写过程之前,需要简单介绍一下相关的类。FileSystem 是一个通用文件系统的抽象基类,可以被分布式文件系统继承,所有可能使用 Hadoop 文件系统的代码都要使用到这个类。Hadoop 为 FileSystem 这个抽象基类提供了多种具体的实现,Distributed System 就是 FileSystem 在 HDFS 中的实现。FileSystem.open()返回的是一个输入流 FSDataInputStream,在 HDFS 中具体的输入流就是 DFSInputStream;FileSystem.create()返回的是一个输出流 FSDataOutputStream,在 HDFS 中具体的输出流就是 DFSOutputStream。

4.1.5.1　读数据的过程

客户端连续调用 open()、read()、close()读取数据时,HDFS 读取数据的过程(见图 4.8)如下。

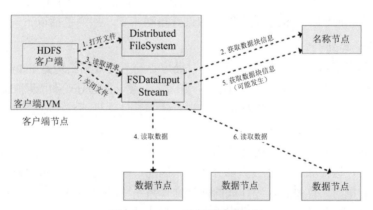

图 4.8　HDFS 读取数据的过程

(1)客户端通过 FileSystem.open()打开文件,相应地,在 HDFS 中 DistributedFileSystem 具体实现了 FileSystem。因此,调用 open()后,DistributedFileSystem 会创建输入流 FSDataInputStream,对于 HDFS 而言,具体的输入流就是 DFSInputstream。

（2）在 DFSInputStream 的构造函数中，输入流通过 ClientProtocal.getBlockLocations()远程调用名称节点，获得文件开始部分文件块的保存位置。对于该文件块，名称节点返回保存该文件块的所有数据节点的地址，同时根据距离客户端的远近对数据节点进行排序；DistributedFileSystem 会利用 DFSInputStream 来实例化 FSDataInputStream，并将其返给客户端，同时返回了文件块的数据节点。

（3）获得输入流 FSDataInputStream 后，客户端调用 read 函数开始读取数据。输入流根据前面的排序结果，选择距离客户端最近的数据节点建立连接并读取数据。

（4）数据从该数据节点读到客户端，当该文件块读取完毕时 FSDataInputStream 关闭和该数据节点的连接。

（5）输入流通过 getBlockLocations()查找下一个文件块（如果客户端缓存中已经包含了该文件块的位置信息，那么就不需要调用该方法）。

（6）找到该文件块的最佳数据节点，读取数据。

（7）当客户端读取完毕数据时，调用 FSDataInputStream 的 close 函数，关闭输入流。需要注意的是，在读取数据的过程中，如果客户端与数据节点通信时出现错误，那么就会尝试连接包含此文件块的下一个数据节点。

4.1.5.2　写数据的过程

客户端向 HDFS 写数据是一个复杂的过程，这里介绍在不发生任何异常的情况下，客户端连续调用 create()、write()和 close()时 HDFS 写数据的过程，如图 4.9 所示。

（1）客户端通过 FileSystem.create()创建文件，相应地，在 HDFS 中的 DistributedFileSystem 具体实现了 FileSystem。因此，调用 create()后，DistributedFileSystem 会创建输出流 FSDataOutputStream，对于 HDFS 而言，具体的输出流就是 DFSOutputStream。

（2）DistributedFileSystem 通过 RPC 远程调用名称节点，在文件系统的命名空间中创建一个新的文件。名称节点会执行一些检查，如文件是否已经存在、客户端是否有权限创建文件等。检查通过后，名称节点会构造一个新文件，并添加文件信息。远程方法调用结束后，DistributedFileSystem 会利用 DFStream 来实例化 FSDataOutputStream，并将其返给客户端，客户端使用这个输出流写入数据。

（3）获得输出流 FSDataOutputStream 以后，客户端调用输出流的 write()向 HDFS 中对应的文件写入数据。

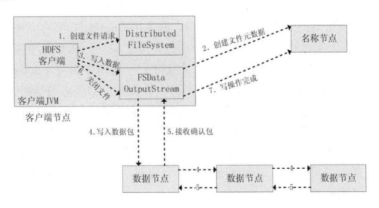

图 4.9　HDFS 写数据的过程

（4）客户端向输出流 FSDataOutputStream 中写入的数据会先被分成一个个的分包，这些分包被放入 DFSOutputStream 对象的内部队列。输出流 FSDataOutputStream 会向名称节点申请保存文件和副本文件块的若干个数据节点，这些数据节点形成一个数据流管道。队列中的分包最后被打包成数据包，发往数据流管道中的第 1 个数据节点，第 1 个数据节点将数据包发送给第 2 个数据节点，第 2 个数据节点将数据包发送给第 3 个数据节点，这样，数据包会流经管道上的各个数据节点（4.1.4.2 节介绍的流水线复制策略）。

（5）因为各个数据节点在不同的机器上，数据需要通过网络传输。因此，为了保证所有数据节点的数据都是准确的，接收到数据的数据节点要向客户端发送"确认包"（ACK Packet）。确认包沿着数据流管道逆流而上，从数据流管道依次经过各个数据节点并最终发往客户端。当客户端收到应答时，它将对应的分包从内部队列移除。不断执行（3）～（5）步，直到数据全部写完。

（6）客户端通过调用 close() 关闭输出流，此时开始，客户端不会再向输出流中写入数据，所以，当 DFSOutputStream 对象内部队列中的分包都收到应答以后，就可以使用 ClientProtocol.complete() 通知名称节点关闭文件，完成一次正常的写数据过程。

4.2　分布式数据库 HBase

HBase 是针对 BigTable 的开源实现，是一个高可靠、高性能、面向列、可伸缩的分布式数据库，主要用来存储非结构化的松散数据和半结构化的松散数据。HBase 可以支持超大规模数据存储，它可以通过水平扩展的方式，利用廉价计算机集群处理由超过 10 亿行数据和数百万列元素组成的数据表。

4.2.1　概述

HBase 是 BigTable 的开源实现，因此，本节首先对 BigTable 做简要介绍，然后对 HBase 做简要介绍，最后对 HBase 与传统关系型数据库的对比分析进行介绍。

4.2.1.1　BigTable 的概述

BigTable 是一个分布式存储系统，利用 Google 提出的 MapReduce 分布式并行计算模型来处理海量数据，使用 GFS 作为底层数据存储，并采用 Chubby 提供协同服务管理，可以扩展到 PB 级的数据和上千台机器，具备广泛应用性、可扩展性、高性能和高可用性等特点。从 2005 年 4 月开始，BigTable 已经在 Google 的实际生产系统中使用，Google 的许多项目都存储在 BigTable 中，包括搜索、地图、财经、打印、社交网站 Orkut、视频共享网站 YouTube 和博客网站 Blogger 等。这些应用无论在数据量方面（从 URL 到网页再到卫星图像），还是在延迟需求方面（从后端批量处理到实时数据服务），都对 BigTable 提出了截然不同的需求。尽管这些应用的需求大不相同，但是 BigTable 依然能够为所有 Google 产品提供一个灵活、高性能的解决方案。当用户的资源需求随着时间变化时，只需要简单地向系统中添加机器，就可以实现服务器集群的扩展。

总的来说，BigTable 具备以下特性：支持大规模海量数据、分布式并发数据处理效率极高、易于扩展且支持动态伸缩、适用廉价设备、适合读操作不适合写操作。

4.2.1.2　HBase 的概述

图 4.10 所示为 Hadoop 生态系统中 HBase 与其他部分的关系。HBase 利用 Hadoop MapReduce 来处理 HBase 中的海量数据，实现高性能计算；利用 ZooKeeper 作为协同服务，实现稳定服务和失败恢复；利用 HDFS 作为高可靠的底层存储，利用廉价集群提供海量数据存储能力。当然，HBase 可以直接使用本地文件系统而不用 HDFS 作为底层数据存储方式，不过，为了提高数据的可靠性和系统的鲁棒性，发挥 HBase 处理大数据量等功能，一般都使用 HDFS 作为 HBase 的底层数据存储方式。此外，为了方便在 HBase 上进行数据处理，Sqoop 为 HBase 提供了高效、便捷的 RDBMS 数据导入功能，Pig 和 Hive 为 HBase 提供了高层语言支持。HBase 和 BigTable 的底层技术对应关系如表 4.2 所示。

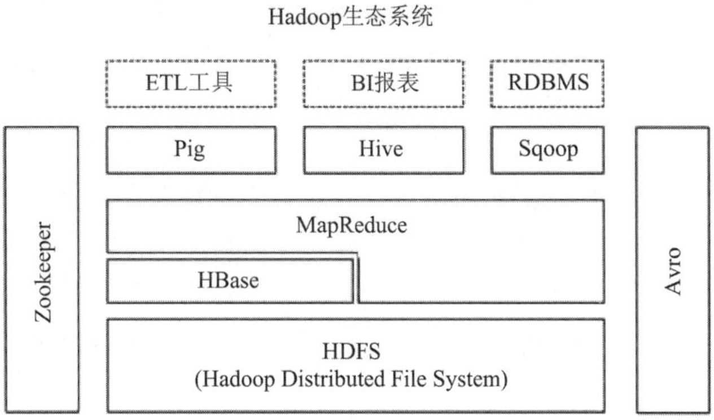

Hadoop生态系统

图 4.10　Hadoop 生态系统中 HBase 与其他部分的关系

表 4.2　HBase 和 BigTable 的底层技术对应关系

项目	BigTable	HBase
文件存储系统	GFS	HDFS
海量数据处理	MapReduce	Hadoop MapReduce
协同服务管理	Chubby	ZooKeeper

4.2.1.3　HBase 与传统关系型数据库的对比分析

关系型数据库从 20 世纪 70 年代发展到今天，已经是一个非常成熟、稳定的数据库管理系统，通常具备的功能包括面向磁盘的存储和索引结构、多线程访问、基于锁的同步访问机制、基于日志记录的恢复机制和事务机制等。

但是，随着 Web 2.0 应用的不断发展，传统关系型数据库已经无法满足 Web 2.0 的需求，无论是在数据高并发方面，还是在高可扩展性和高可用性方面，传统关系型数据库都显得力不从心，关系型数据库的关键特性——完善的事务机制和高效的查询机制，在 Web 2.0 时代也成为"鸡肋"。而包括 HBase 在内的非关系型数据库的出现，有效弥补了传统关系型数据库的缺陷，在 Web 2.0 应用中得到了大量使用。

HBase 与传统关系型数据库的区别主要体现在以下 6 方面。

（1）数据类型。关系型数据库采用关系模型，具有丰富的数据类型和存储方式。HBase

则采用了更加简单的数据模型，它把数据存储为未经解释的字符串，用户可以把不同格式的结构化数据和非结构化数据都序列化成字符串保存到 HBase 中，用户需要自己编写程序把字符串解析成不同的数据类型。

（2）数据操作。关系型数据库中包含了丰富的操作，如插入、删除、更新、查询等，其中会涉及复杂的多表连接，通常是借助于多个表之间的主外键关联来实现的。HBase 操作则不存在复杂的表与表之间的关系，只有简单的插入、查询、删除、清空等，因为 HBase 在设计上避免了复杂的表与表之间的关系，通常只采用单表的主键查询，所以它无法实现像关系型数据库中那样的表与表之间的连接操作。

（3）存储模式。关系型数据库是基于行存储的，元组或行会被连续地存储在磁盘页中。在读取数据时，需要先顺序扫描每个元组，然后从中筛选出查询所需要的属性。如果每个元组只有少量属性的值对于查询是有用的，那么基于行存储就会浪费许多磁盘空间和内存带宽。HBase 是基于列存储的，每个列族（Column Family）都由几个文件保存，不同列族的文件是分离的，它的优点是：可以降低 I/O 开销，支持大量并发用户查询，因为仅需要处理可以回答这些查询的列，而不需要处理与查询无关的大量数据行；同一个列族中的数据会被一起进行压缩，由于同一列族内的数据相似度较高，因此可以获得较高的数据压缩比。

（4）数据索引。关系型数据库通常可以针对不同列构建复杂的多个索引，以提高数据访问性能。与关系型数据库不同的是，HBase 只有一个索引——行键（Row Key），通过巧妙的设计，HBase 中的所有访问方法为通过行键访问或者通过行键扫描，从而使得整个系统不会慢下来。由于 HBase 位于 Hadoop 框架之上，因此可以使用 Hadoop MapReduce 来快速、高效地生成索引表。

（5）数据维护。在关系型数据库中，更新操作会用当前值去替换记录中原来的旧值，旧值被覆盖后就不会存在。而在 HBase 中执行更新操作时，并不会删除数据旧的版本，而是生成一个新的版本，旧的版本仍然保留。

（6）可伸缩性。关系型数据库很难实现横向扩展，纵向扩展的空间也比较有限。相反，HBase 和 BigTable 这些分布式数据库就是为了实现灵活的水平扩展而开发的，因此能够轻易地通过在集群中增加或者减少硬件数量来实现性能的伸缩。

但是，相对于关系型数据库来说，HBase 也有自身的局限性，如 HBase 不支持事务，因此无法实现跨行的原子性。

4.2.2　HBase 访问接口

HBase 提供了 Native Java API、HBase Shell、Thrift Gateway、REST Gateway、Pig、Hive 等多种访问接口。表 4.3 所示为 HBase 访问接口的类型、特点和使用场合。

表 4.3　HBase 访问接口的类型、特点和使用场合

类型	特点	使用场合
Native Java API	最常规和高效的访问方式	适合 Hadoop MapReduce 作业并行批处理 HBase 表数据
HBase Shell	HBase 的命令行工具，最简单的接口	适合于 HBase 管理

续表

类型	特点	使用场合
Thrift Gateway	利用 Thrift 序列化技术，支持 C++、PHP、Python 等多种语言	适合其他异构系统在线访问 HBase 表数据
REST Gateway	解除了语言限制	支持 REST 风格的 HTTP API 访问 HBase
Pig	使用 Pig Latin 流式编程语言来处理 HBase 中的数据	适合做数据统计
Hive	简单	适合当需要以类似 SQL 语言的方式来访问 HBase

4.2.3　HBase 列族数据模型

数据模型是理解一个数据库产品的核心，本节介绍了 HBase 列族数据模型，包括列族、列限定符（Column Qualifier）、单元格、时间戳（Time Stamp）等概念，并阐述了 HBase 的概念视图和物理视图的差别。

4.2.3.1　数据模型的概述

HBase 是一个稀疏、多维度、排序的映射表。用户在表中存储数据，每一行都有一个可排序的行键和任意多的列。表在水平方向由一个或者多个列族组成，一个列族中可以包含任意多个列，同一个列族中的数据存储在一起。列族支持动态扩展，可以很轻松地添加一个列族或列，无须预先定义列的数量及类型，所有列均以字符串形式存储，用户需要自行进行数据类型转换。由于同一张表中的每行数据都可以有截然不同的列。因此，对于整个映射表的每行数据而言，有些列的值就是空的，所以说 HBase 是稀疏的。

在 HBase 中执行更新操作时，会保留数据旧的版本，并生成一个新的版本，HBase 可以对允许保留的版本数量进行设置。客户端可以选择获取距离某个时间最近的版本或者一次获取所有版本。如果在查询时不提供时间戳，那么会返回距离当前时刻最近的版本数据，因为在存储时，数据会按照时间戳排序。HBase 提供了 2 种数据版本回收方式：保存数据的最后 n 个版本、保存最近一段时间内的版本（如最近 7 天）。

4.2.3.2　数据模型的相关概念

下面具体介绍 HBase 数据模型的相关概念。

1. 表

HBase 用表来组织数据，表由行和列组成。

2. 行键

每个 HBase 表都由若干行组成，每个行由行键来标识。访问表中的行只有 3 种方式：通过单个行键访问、通过一个行键的区间访问、全表扫描。行键可以是任意字符串（最大长度是 64KB，实际应用中长度一般为 10～100 字节），在 HBase 内部，行键保存为字符串。由于数据是按照行键的字典序排序存储的，故在设计行键时，要充分考虑这个特性，将经常同时读取的行存储在一起。

3. 列族

一个 HBase 表可被分组成许多"列族"的集合。列族是基本的访问控制单元，它需要在表创建时就定义好，数量不能太多（HBase 的缺陷使得列族数量只限于几十个），而且不要频繁修改。存储在各列族中的所有数据，通常都属于同一种数据类型，这通常意味着它具有更高的压缩率。表中的每个列都归属于某个列族，数据可以被存放到列族的某个列下面，但是在把数据存放到这个列族的某个列下面之前，必须先创建这个列族。在创建完成一个列族之后，就可以使用同一个列族中的列。列名都以列族作为前缀。例如，courses：history 和 courses：math 这 2 个列都属于 courses 这个列族。在 HBase 中，访问控制、磁盘和内存的使用统计都是在列族层面进行的。实际应用中，用户可以借助列族上的控制权限帮助实现特定的目的。例如，用户可以允许一些应用向表中添加新的数据，而另一些应用则只能浏览数据。HBase 列族还可以被配置成支持不同类型的访问模式。例如，一个列族也可以被设置成放入内存当中，以消耗内存为代价，从而换取更好的响应性能。

4. 列限定符

列族中的数据通过列限定符（或列）来定位。列限定符不用事先定义，也不需要在不同行之间保持一致。列限定符没有数据类型，总被视为字节数组。

5. 单元格

在 HBase 表中，通过行、列族和列限定符确定一个"单元格"。单元格中存储的数据没有数据类型，总被视为字节数组。每个单元格中可以保存一个数据的多个版本，每个版本对应一个不同的时间戳。

6. 时间戳

每个单元格都保存着同一个数据的多个版本，这些版本采用时间戳进行索引。每次对一个单元格执行操作（新建、修改、删除）时 HBase 都会隐式地自动生成并存储一个时间戳。时间戳一般是 64 位整型，可以由用户自己赋值（用户生成的唯一时间戳可以避免应用中出现数据版本冲突），也可以由 HBase 在数据写入时自动赋值。单元格的不同版本是根据时间戳降序存储的，这样，最新的版本可以被最先读取。

下面以一个实例说明 HBase 的数据模型。

图 4.11 所示为用来存储学生信息的 HBase 表，学号作为行键来唯一标识每个学生，表中设计了列族 Info 用来保存学生相关信息，列族 Info 中包含的 3 个列限定符 name、major 和 email 分别用来保存学生的姓名、专业和电子邮件信息。学号为"201505003"的学生存在 2 个版本的电子邮件信息，时间戳分别为 ts1=1174184619081 和 ts2=1174184620720，时间戳较大的数据版本是最新的数据。

图 4.11　用来存储学生信息的 HBase 表

4.2.3.3　数据坐标

HBase 使用坐标来定位表中的数据，也就是说，每个值都是通过坐标来访问的。对于关系型数据库而言，数据定位可以理解为采用"二维坐标"对数据进行定义，即根据行和列就可以确定表中一个具体的值。但是，HBase 中需要根据行键、列族、列限定符和时间戳来确定一个单元格，因此单元格可以视为一个四维坐标，即[行键,列族,列限定符,时间戳]。

例如，表 4.4 所示为被视为键值数据库的 HBase，由行键"201505003"、列族"Info"、列限定符"email"和时间戳"1174184619081"（ts1）这 4 个坐标值确定的单元格["201505003","Info","email","1174184619081"]，里面存储的数据是"xie@qq.com"；由行键"201505003"、列族"Info"、列限定符"email"和时间戳"1174184620720"（ts2）这 4 个坐标值确定的单元格["201505003"，"Info"，"email"，"174184620720"]，里面存储的数据是"you@163.com"。

如果把所有坐标看成一个整体，视为"键"，把四维坐标对应的单元格中的数据视为"值"，那么，HBase 也可以看成一个键值数据库。

表 4.4　被视为键值数据库的 HBase

键	值
["201505003","Info","email","1174184619081"]	xie@qq.com
["201505003","Info","email","174184620720"]	you@163.com

4.2.3.4　概念视图

在 HBase 的概念视图中，一个表可以视为一个稀疏、多维的映射关系。表 4.5 所示为 HBase 存储数据的概念视图，它是一个存储网页的 HBase 表的片段。行键是一个反向 URL（com.cnn.www），之所以这样存放，是因为 HBase 是按照行键的字典序来排序存储数据的，所以采用反向 URL 的方式，可以让来自同一个网站的数据内容都保存在相邻的位置，在按照行键的值进行水平分区时，就可以尽量把来自同一网站的数据划分到同一个分区中。列族 contents 用来存储网页内容；列族 anchor 包含了任何引用这个网页的锚链接文本。CNN 的主页被 Sports Illustrated 和 MY-look 主页同时引用，因此，这里的行族包含了名称为"anchor:cnnsi.com"和"anchor:my.look.ca"的列。

可以采用四维坐标来定位单元格中的数据。例如，在表 4.5 中，四维坐标 ["com.cnn.www","anchor","anchor:cnnsi.com",t5]对应的单元格中存储的数据是"CNN"，四维坐标 ["com.cnn.www","anchor","anchor:mylook.ca",t4] 对应的单元格中存储的数据是"CNN.com"，四维坐标["com.cnn.www","contents","html",t3]对应的单元格中存储的数据是网页内容。可以看出，在一个 HBase 表的概念视图中，每个行都包含相同的列族，尽管行不需要在每个列族中存储数据。例如，在表 4.5 的前 2 行数据中，列族 contents 的内容为空，在后 3 行数据中，列族 anchor 的内容为空，从这个角度来说，HBase 中的表是一个稀疏的映射关系，即里面存在很多空的单元格。

表 4.5　HBase 存储数据的概念视图

行键	时间戳	列族 contents	列族 anchor
"com.cnn.www"	t5		achor:cnnsi.com="CNN"
	t4		achor:my.look.ca="CNN.com"
"com.cnn.www"	t3	contents:html="<html>…"	
	t2	contents:html="<html>…"	
	t1	contents:html="<html>…"	

4.2.3.5　物理视图

从概念视图层面，HBase 中的每个表是由许多行组成的，但是在物理存储层面，它采用了基于列的存储方式，而不是像传统关系型数据库那样采用基于行的存储方式，这也是 HBase 和传统关系型数据库的重要区别。概念视图在进行物理存储时，会被存成两个小片段，也就是说，HBase 中的表会按照列族 contents 和列族 anchor 分别存放，属于同一个列族的数据保存在一起，同时，和每个列族一起存放的还包括行键和时间戳。

由表 4.5 的概念视图可知，有些列族是空的，即这些列中不存在数据。在物理视图中，这些空的列族不会被存储成空值，而是根本就不会被存储，当请求这些空白的单元格时，会返回空值。

4.2.3.6　基于列的存储

由前面的论述可知 HBase 是基于列的存储，也就是说，HBase 是一个"列式数据库"。而传统关系型数据库采用的是基于行的存储，称为"行式数据库"。为了加深对这个问题的认识，本节将对基于行的存储（行存储数据库）和基于列的存储（列存储数据库）做一个简单介绍。

简单地说，行存储数据库使用 NSM（N-ary Storage Model，N-ary 存储模型），一个元组（或行）会被连续地存储在磁盘页中。传统行存储数据库和列存储数据库示意图如图 4.12 所示。也就是说，数据是一行一行被存储的，第一行写入磁盘页后，继续写入第二行，以此类推。从磁盘中读取数据时，需要先从磁盘中顺序扫描每个元组的完整内容，然后从每个元组中筛选出查询所需要的属性。如果每个元组只有少量属性的值对查询是有用的，那么 NSM 就会浪费许多磁盘空间和内存带宽。

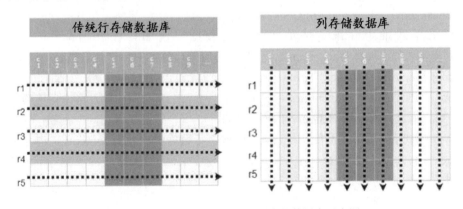

图 4.12　传统行存储数据库和列存储数据库示意图

列存储数据库采用 DSM（Decomposition Storage Model，分解存储模型），目的是最小化无用的 I/O。DSM 采用了不同于 NSM 的思路，对于采用 DSM 的关系型数据库而言，DSM 会对关系进行垂直分解，并为每个属性分配一个子关系。因此，一个具有 n 个属性的关系会被分解成 n 个子关系。每个子关系单独存储，且只有当其相应的属性被请求时才会被访问。也就是说，DSM 是以关系型数据库中的属性或列为单位进行存储的，关系中多个元组的同一属性值（或同一列值）会被存储在一起，而一个元组中不同属性值则通常会被存放于不同的磁盘页中。

图 4.13 所示为行存储结构和列存储结构的实例。从图 4.13 中可以看出两种存储方式的具体差别。

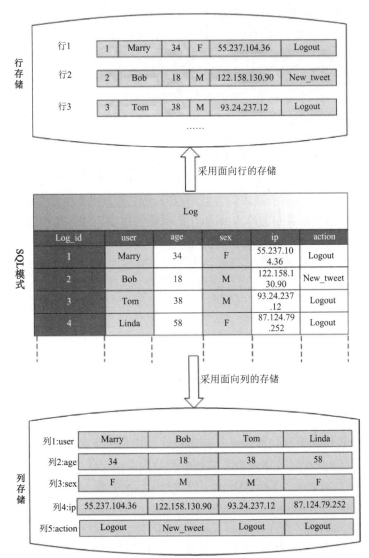

图 4.13　行存储结构和列存储结构的实例

行存储数据库主要适用于小批量的数据处理，如联机事务型数据处理。用户熟悉的 Oracle 和 MySQL 等关系型数据库都属于行存储数据库。列存储数据库主要适用于批量数据处理和即席查询（Ad-Hoc Query），它的优点是可以降低 I/O 开销，支持大量并发用户查询，其数据处理速度比传统方法快 100 倍，因为仅需要处理可以回答这些查询的列，而不是分类整理与特定查询无关的数据行；具有较高的数据压缩比，较传统的行式数据库更加有效。列存储数据库主要用于数据挖掘、决策支持和地理信息等查询密集型系统中，因为一次查询就可以得出结果，而不必每次都要遍历所有的数据库。所以，列存储数据库大多应用在人口统计调查、医疗分析等领域中，因为在这种领域中需要处理大量的数据统计分析，假如采用行式数据库，势必会消耗大量时间。

DSM 的缺陷是执行连接操作时需要昂贵的元组重构代价，因为一个元组的不同属性被分散到不同磁盘页中存储，当需要完整的元组时，就要从多个磁盘页中读取相应字段的值来重新组合得到原来的元组。对于联机事务型数据处理而言，需要频繁对一些元组进行修改（如百货商场售出一件衣服后要立即修改库存数据），如果采用 DSM，就会带来高昂的开销。在过去的很多年里，数据库主要应用于联机事务型数据处理。因此，在很长一段时间里，主流商业数据库大都采用了 NSM 而不是 DSM。但是，随着市场需求的变化，分析型应用开始发挥着越来越重要的作用，企业需要分析各种经营数据帮助企业制订决策。而对于分析型应用而言，一般数据被存储后不会发生修改（如数据仓库），因此不会涉及昂贵的元组重构代价。所以，从近些年开始，DSM 开始受到青睐，并且出现了一些采用 DSM 的商业产品和学术研究原型系统，如 Sybase IQ、ParAccel、Sand/DNA Analytics、Vertica、InfiniDB、INFOBright、MonetDB 和 LucidDB。类似 Sybase IQ 和 Vertica 这些商业化的列式数据库，已经可以很好地满足数据仓库等分析型应用的需求，并且可以获得较高的性能。鉴于 DSM 的许多优良特性，HBase 等非关系型数据库（或称为 NoSQL）也吸收借鉴了这种基于列的存储方式。

可以看出，如果严格从关系型数据库的角度来看，HBase 并不是个列存储数据库，毕竟HBase 是以列族为单位进行分解的（列族当中可以包含多个列），而不是每个列都单独存储，但是 HBase 借鉴和利用了磁盘上的列存储格式，所以，从这个角度来说，HBase 可以被视为列存储数据库。

4.2.4　HBase 的实现

本节介绍 HBase 的功能组件、表和 Region 及 Region 的定位机制。

4.2.4.1　HBase 的功能组件

HBase 的实现包括的主要功能组件：库函数（链接到每个客户端）、一个 Master、许多个 Region 服务器。Region 服务器负责存储和维护分配给自己的 Region，处理来自客户端的读/写请求。Master 负责管理和维护 HBase 中表的 Region 信息。例如，一个表被分成了哪些Region，每个 Region 被存放在哪台 Region 服务器上，同时也负责维护 Region 服务器列表。因此，如果 Master 死机那么整个系统都会失效。Master 会实时监测集群中的 Region 服务器把特定的 Region 分配到可用的 Region 服务器上，并确保整个集群内部不同 Region 服务器之间的负载均衡。当某个 Region 服务器因出现故障而失效时，Master 会把该故障服务器上存储的 Region 重新分配给其他可用的 Region 服务器。除此以外，Master 还处理模式变化，如表和列族的创建。

客户端并不是直接从 Master 上读取数据，而是在获得 Region 的存储位置信息后，直接从 Region 服务器上读取数据。需要指出的是，HBase 客户端并不依赖于 Master 而是借助于 ZooKeeper 来获得 Region 位置信息的，所以大多数客户端从来不和 Master 通信，这种设计方式使 Master 的负载很小。

4.2.4.2 表和 Region

在一个 HBase 中，存储了许多表。对于 HBase 中的每个表而言，表中的行是根据行键值的字典序进行维护的，表中包含的行数量可能非常庞大，无法存储在一台机器上，需要分布存储到多台机器上。因此，需要根据行键值对表中的行进行分区，每个行区间构成一个 Region。Region 包含了位于某个值域区间内的所有数据，它是负载均衡和数据分发的基本单位。这些 Region 会被分发到不同的 Region 服务器上。HBase 中的表被划分成多个 Region，如图 4.14 所示。初始时，每个表只包含一个 Region，随着数据的不断插入 Region 的大小会持续增大，当一个 Region 中包含的行数量达到一个阈值时就会被自动等分成两个新的 Region。随着表中行数量的增加，就会分裂出越来越多的 Region。一个 Region 会分裂成多个新的 Region，如图 4.15 所示。

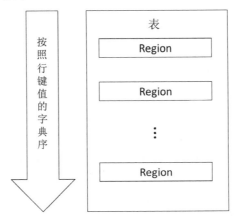

图 4.14　HBase 中的表被划分成多个 Region

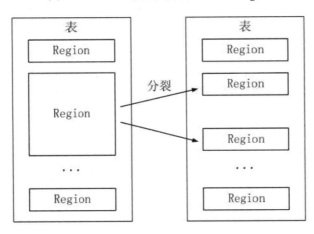

图 4.15　一个 Region 会分裂成多个新的 Region

每个 Region 的默认大小是 100～200MB。Master 会将不同的 Region 分配到不同的 Region 服务器上（见图 4.16），但是同一个 Region 是不会被分配到多个 Region 服务器上的。每个 Region 服务器负责管理一个 Region 集合，通常在每个 Region 服务器上会放置 10～1000 个 Region。

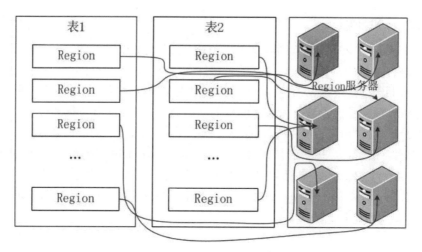

图 4.16　将不同的 Region 分配到不同的 Region 服务器上

4.2.4.3　Region 的定位机制

HBase 中的一个表可能非常庞大，它会被分裂成很多个 Region，这些 Region 被分配到不同的 Region 服务器上。因此，必须设计相应的 Region 定位机制，保证客户端知道到哪里可以找到自己所需的数据。

每个 Region 都有一个 RegionID 来标识它的唯一性。因此，Region 标识符可以表示成"表名+开始主键+RegionID"。

有了 Region 标识符，就可以唯一标识每个 Region。为了定位每个 Region 所在的位置，就可以构建一张映射表。映射表的每个条目（或每行）包含两项内容，一个是 Region 标识符，另一个是 Region 服务器标识，这个条目表示 Region 和 Region 服务器之间的对应关系。从而可以根据条目知道某个 Region 被保存在哪个 Region 服务器中。映射表包含了关于 Region 的元数据（Region 和 Region 服务器之间的对应关系），因此也称为"元数据表"，又名.META.表。

当 HBase 的一个表中的 Region 数量非常庞大时，.META.表的条目就会非常多，一个服务器保存不下，也需要分区存储到不同的服务器上。因此，.META.表也会被分裂成多个 Region，这时，为了定位这些 Region，就需要构建一个新的映射表，记录所有元数据的具体位置，这个新的映射表就是"根数据表"，又名"-ROOT-表"。-ROOT-表是不能被分割的。永远只存在一个用于存放-ROOT-表的 Region，它的名字在程序中是被确定的，Master 永远知道它的位置。

综上所述，HBase 使用类似 B+树的三层结构来保存 Region 的位置信息（见图 4.17），表 4.6 所示为 HBase 三层结构中各层次的名称及其作用。

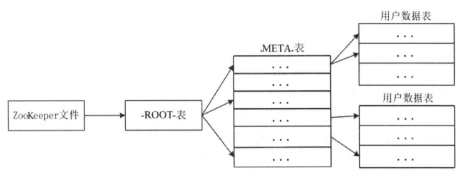

图 4.17　HBase 的三层结构

表 4.6　HBase 三层结构中各层次的名称及其作用

层次	名称	作用
第一层	ZooKeeper 文件	记录了-ROOT-表的位置信息
第二层	-ROOT-表	记录了.META.表中 Region 的位置信息，-ROOT-表只能有一个 Region，通过-ROOT-表就可以访问.META.表中的数据
第三层	.META.表	记录了用户数据表中 Region 的位置信息，.META.表可以有多个 Region，保存了 HBase 中所有用户数据表的 Region 位置信息

为了加快访问速度，.META.表的全部 Region 都会被保存在内存中。假设.META.表的每行（一个映射条目）在内存中大约占用 1KB，并且每个 Region 的大小限制为 128MB，那么，上面的三层结构可以保存的用户数据表的 Region 个数的计算方法是：(每个-ROOT-表可以寻址的.META.表的 Region 个数)*(每个.META.表的 Region 可以寻址的用户数据表的 Region 个数)。一个-ROOT-表最多只能有一个 Region，即该表的大小最多只能有 128MB，按照每行占用 1KB 内存计算，128MB 空间可以容纳 128MB/1KB=2^{17} 行，也就是说，每个-ROOT-表可以寻址的.META.表的 Region 个数为 2^{17}。同理，每个.META.表的 Region 可以寻址的用户数据表的 Region 个数是 128MB/1KB=2^{17}。最终，三层结构可以保存的用户数据表的 Region 个数是(128MB/1KB)×(128MB/1KB)= 2^{34}。可以看出，这种数量已经可以满足实际应用中的用户数据存储需求。

客户端访问用户数据之前，首先需要访问 ZooKeeper，获取-ROOT-表的位置信息并访问-ROOT-表，然后获得.META.表的位置信息并访问.META.表，找到所需的 Region 具体位于哪个 Region 服务器，最后才能到该 Region 服务器读取数据。该过程需要多次网络操作，为了加速寻址过程，一般会在客户端把查询过的位置信息缓存起来，这样以后访问相同的数据时，就可以直接从客户端缓存中获取 Region 的位置信息，而不需要每次都经历一个"三级寻址"过程。需要注意的是，随着 HBase 中表的不断更新，Region 的位置信息可能会发生变化。但是客户端缓存并不会自己检测 Region 的位置信息是否失效，而是在需要访问数据时，从缓存中获取 Region 的位置信息却发现该信息不存在时，才会判断出缓存的 Region 位置信息失效，这时，客户端就需要再次经历上述的"三级寻址"过程，重新获取最新的 Region 位置信息去访问数据，并用最新的 Region 位置信息替换缓存中失效的信息。

当客户端从 ZooKeeper 中获得-ROOT-表的位置信息后，就可以通过"三级寻址"过程找到用户数据表所在的 Region 服务器，并直接访问该 Region 服务器获得用户数据，没有必要连接 Master。因此，Master 的负载相对就小了很多。

4.2.5　HBase 的运行机制

本节介绍 HBase 的系统架构，Region 服务器、Store 和 HLog 的工作原理。

4.2.5.1　HBase 的系统架构

HBase 的系统架构如图 4.18 所示，包括客户端、ZooKeeper、Master、Region 服务器。需要说明的是，HBase 一般采用 HDFS 作为底层数据存储，因此图 4.18 中加入了 HDFS 和 Hadoop。

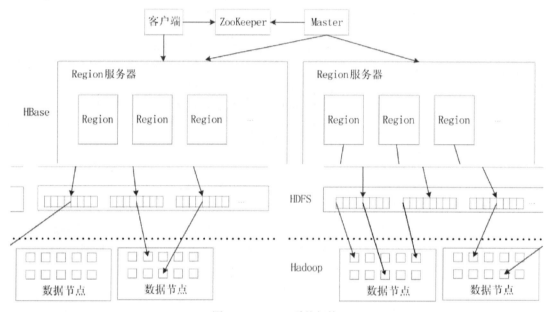

图 4.18　HBase 系统架构

1. **客户端**

客户端包含访问 HBase 的接口，同时在缓存中维护已经访问的 Region 位置信息，用来加快后续数据访问过程。客户端使用 HBase 的 RPC 与 Master、Region 服务器进行通信。其中，对于管理类操作，客户端与 Master 进行 RPC；而对于数据读/写类操作，客户端则会与 Region 服务器进行 RPC。

2. **ZooKeeper**

ZooKeeper 并非一台单一的机器，它可能是由多台服务器构成的集群来提供稳定可靠的协同服务。ZooKeeper 能够很容易地实现集群管理功能，如果有多台服务器组成一个服务器集群，那么必须有"总管"知道当前服务器集群中每台服务器的工作状态。一旦某台服务器不能提供服务，服务器集群中其他服务器必须知道，从而重新分配服务策略。同样，当增加服务器集群的服务能力时，增加一台或多台服务器同样也必须让"总管"知道。

在 HBase 的服务器集群中，包含了一个 Master 和多个 Region 服务器。Master 就是 HBase 的服务器集群的"总管"，它必须知道 Region 服务器的工作状态。ZooKeeper 就可以轻松做到这一点，因为每个 Region 服务器都需要到 ZooKeeper 中进行注册。ZooKeeper 会实时监控每个 Region 服务器的工作状态并将其通知给 Master，这样，Master 就可以通过 ZooKeeper

随时感知各个 Region 服务器的工作状态。

ZooKeeper 不仅能够帮助维护当前服务器集群中服务器的工作状态，还能够帮助选出一个"总管"，让这个"总管"来管理该集群。HBase 中可以启动多个 Master，而 ZooKeeper 可以帮助选出一个 Master 作为服务器集群的"总管"，并保证在任何时刻总有唯一一个 Master 在运行，这就避免了 Master 的"单点失效"问题。

ZooKeeper 中保存了-ROOT-表的位置信息和 Master 的位置信息，客户端可以通过访问 ZooKeeper 获得-ROOT-表的位置信息，并通过"三级寻址"找到所需的数据。ZooKeeper 中还存储了 HBase 的模式，包括有哪些表，每个表有哪些列族。

3．Master

Master 主要负责表和 Region 的管理工作。

（1）管理用户对表的增加、删除、修改、查询等操作。

（2）实现不同 Region 服务器之间的负载均衡。

（3）在 Region 分裂或合并后，负责重新调整 Region 的分布。

（4）对发生故障失效的 Region 服务器中的 Region 进行迁移。

客户端访问 HBase 中数据的过程并不需要 Master 的参与。客户端可以通过访问 ZooKeeper 获取-ROOT-表的位置信息，并到达相应的 Region 服务器进行数据读/写操作。Master 仅仅维护着表和 Region 的元数据信息，因此其负载很低。

任何时刻，一个 Region 只能分配给一个 Region 服务器。Master 维护了当前可用的 Region 服务器列表，并登记当前哪些 Region 分配给了哪些 Region 服务器、哪些 Region 还未被分配。当存在未被分配的 Region，并且有一个 Region 服务器有可用空间时，Master 就给这个 Region 服务器发送一个请求，把该 Region 分配给它。Region 服务器接受请求并完成数据加载后，就开始负责管理该 Region，并对外提供服务。

4．Region 服务器

Region 服务器是 HBase 中最核心的模块，负责维护分配给自己的 Region，并响应用户的读/写请求。HBase 一般采用 HDFS 作为底层存储文件系统。因此，Region 服务器需要向 HDFS 中读/写数据。采用 HDFS 作为底层存储，可以为 HBase 提供可靠稳定的数据存储，HBase 自身并不具备数据复制和维护数据副本的功能，而 HDFS 可以为 HBase 提供这些支持。当然，HBase 也可以不使用 HDFS，而使用其他任何支持 Hadoop 接口的文件系统作为底层存储，如本地文件系统或云计算环境中的 Amazon S3（Simple Storage Service）。

4.2.5.2　Region 服务器的工作原理

图 4.19 所示为 Region 服务器集群原理，从图中可以看出 Region 服务器内部管理了一系列 Region 和一个 HLog 文件，其中 HLog 是磁盘中的记录文件，它记录着所有的更新操作。每个 Region 又是由多个 Store 组成的，每个 Store 对应了表中列族的存储。每个 Store 又包含了一个 MemStore 和若干个 StoreFile，其中，MemStore 是在内存中的缓存，保存最近更新的数据；StoreFile 是磁盘中的文件，这些文件都是 B 树结构的，方便快速读取。StoreFile 在底层的实现方式是 HDFS 的 HFile，HFile 的文件块通常采用压缩方式存储，压缩之后可以大大减少网络 I/O 和磁盘 I/O。

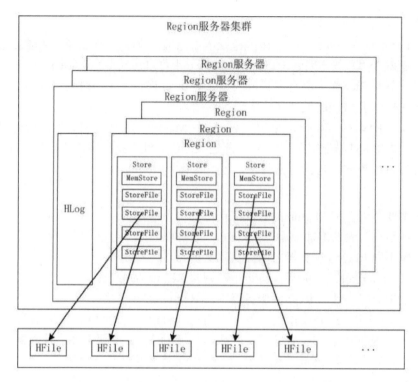

图 4.19　Region 服务器集群原理

1．用户读/写数据的过程

当用户写入数据时，会被分配到相应的 Region 服务器去执行操作。用户数据首先被写入 MemStore 和 HLog 中，当数据写入 HLog 之后，commit()调用才会将其返给客户端。

当用户读取数据时，Region 服务器会首先访问 MemStore 缓存，如果数据不在缓存中，才会到磁盘的 StoreFile 中去寻找。

2．缓存的刷新

MemStore 缓存的容量有限，系统会周期性地调用 Region.fiushcache()把 MemStore 缓存的内容写入磁盘的 StoreFile 中，清空缓存，并在 HLog 中写入一个标记，用来表示缓存中的内容已经被写入 StoreFile 中。

每个 Region 服务器都有一个自己的 HLog，在启动时，每个 Region 服务器都会检查自己的 HLog，确认最近一次执行缓存刷新操作之后是否发生新的写入操作。如果 Region 服务器发现没有更新，那么说明所有数据已经被永久保存到磁盘的 StoreFile 中；如果 Region 服务器发现更新，那么就先把这些更新写入 MemStore，然后刷新缓存，写入磁盘的 StoreFile 中，最后删除旧的 HLog，并开始为用户提供数据访问服务。

3．StoreFile 的合并

每次 MemStore 缓存的刷新操作都会在磁盘中生成一个新的 StoreFile，这样，系统中的每个 Store 就会存在多个 StoreFile，当需要访问某个 Store 中的某个值时，就必须查找所有的 StoreFile，非常耗费时间。因此，为了缩短查找时间，系统一般会调用 Store.compact()把多个 StoreFile 合并成一个大文件。由于合并操作比较耗费资源，因此只有在 StoreFile 的数量达到某个阈值时才会触发合并操作。

4.2.5.3　Store 的工作原理

MemStore 是排序的内存缓冲区，当用户写入数据时，系统首先把数据放入 MemStore 中缓存。当放入的数据达到 MemStore 缓存容量时，系统会将数据刷新到磁盘中的一个 StoreFile 中。随着 StoreFile 数量的不断增加，当其达到事先设定的某个阈值时，就会触发合并操作，多个 StoreFile 会被合并成一个大的 StoreFile。当多个 StoreFile 合并后，会逐步形成越来越大的 StoreFile，当单个 StoreFile 大小超过一定阈值时，就会触发分裂操作。同时，当前的一个父 Region 会被分裂成两个子 Region，父 Region 会下线，新分裂出的两个子 Region 会被 Master 分配到相应的 Region 服务器中。StoreFile 的合并和分裂过程如图 4.20 所示。

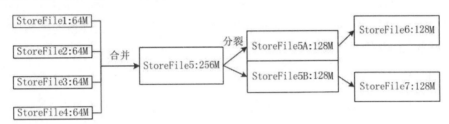

图 4.20　StoreFile 的合并和分裂过程

4.2.5.4　HLog 的工作原理

在分布式环境下，必须要考虑系统发生故障的情形。例如，当 Region 服务器发生故障时，MemStore 缓存中的数据（还没有被写入文件）会全部丢失。因此，HBase 采用 HLog 来保证在系统发生故障时能够使其恢复到正常的状态。

HBase 为每个 Region 服务器配置了一个 HLog，它是一种预写式日志，即用户更新数据必须先被记入日志后才能写入 MemStore 缓存，并且直到 MemStore 缓存内容对应的日志已经被写入磁盘后，该缓存内容才会被刷新到磁盘。

ZooKeeper 会实时监测每个 Region 服务器的工作状态，当某个 Region 服务器发生故障时，ZooKeeper 会通知 Master。Master 会先处理该故障 Region 服务器上面遗留的 HLog。由于一个 Region 服务器中可能会维护着多个 Region，这些 Region 共用一个 HLog，因此这个遗留的 HLog 中包含了来自多个 Region 的日志记录。系统会根据每条日志记录所属的 Region 对 HLog 进行拆分，分别放到相应 Region 的目录下，将失效的 Region 重新分配到可用的 Region 服务器中，并把与该 Region 相关的 HLog 日志记录也发送给相应的 Region 服务器。Region 服务器领取到分配给自己的 Region 及与之相关的 HLog 日志记录后，会重新执行一遍日志记录中的各种操作，把日志记录中的数据写入 MemStore 缓存，并将其刷新到磁盘的 StoreFile 中，完成数据恢复。

需要特别指出的是，在 HBase 中，每个 Region 服务器只需要维护一个 HLog，所有 Region 共用一个 HLog，而不是每个 Region 使用一个 HLog。在这种 Region 共用一个 HLog 的方式中，多个 Region 的更新操作所发生的日志修改，只需要不断把日志记录追加到单个日志文件中，而不需要同时打开、写入多个日志文件中，因此可以减少磁盘寻址次数，提高对表的写操作性能。这种方式的缺点是，如果一个 Region 服务器发生故障，为了恢复其上的 Region，需要将 Region 服务器中的 HLog 按照其所属的 Region 进行拆分，并分发到其他 Region 服务器上执行恢复操作。

4.3　NoSQL

NoSQL 泛指非关系型数据库。相对于传统的关系型数据库，NoSQL 有着更复杂的分类：键值数据库、列存储数据库、图数据库及文档数据库等。这些类型的数据库能够更好地适应复杂类型的海量数据存储。本章介绍了 NoSQL 的相关概念、应用现状及数据一致性理论等内容，并对键值数据库、列存储数据库、图数据库、文档数据库做了详细的介绍。

4.3.1　NoSQL 的概述

本节对 NoSQL 概念、应用现状等内容进行了详细介绍，并结合传统的关系型数据库，分析了 NoSQL 的特点。

4.3.1.1　NoSQL 简介

1998 年，Carlo Strozzi 提出 NoSQL 的概念，用来指代他所开发的没有提供 SQL 功能的轻量级关系型数据库。

2009 年初，Johan Oskarsson 发起了一场关于开源分布式数据库的讨论，Eric Evans 在这次讨论中再次提出了 NoSQL 的概念。此时 NoSQL 主要指代那些非关系型的、分布式的且可不遵循 ACID 原则的数据存储系统。这里的 ACID 是指 Atomicity（原子性）、Consistency（一致性）、Isolation（隔离性）和 Durability（持久性）。

同年，在亚特兰大举行的 no：sql（east）讨论会，无疑又推进了 NoSQL 的发展。此时，它的含义已经不仅仅是 NoSQL 这么简单，而演变成了"不仅仅是 SQL"。因此，SQL 具有了新的意义：NoSQL 既可以是关系型数据库，也可以是非关系型数据库，它可以根据需要选择更加适用的数据存储类型。

NoSQL 的整体框架如图 4.21 所示。

图 4.21　NoSQL 的整体框架

典型的 NoSQL 主要分为键值数据库、列存储数据库、图数据库和文档数据库，如图 4.22 所示。

图 4.22　典型的 NoSQL

1. 键值数据库

键值存储是最常见的 NoSQL 存储形式。键值数据库存储的优势是处理速度非常快，它的缺点是只能通过键的完全一致查询来获取数据。根据数据的存储方式，可分为临时性、永久性和两者兼具。

临时性键值存储是在内存中存储数据，可以对数据进行非常快速地存储和读取处理，数据有可能丢失，如 memcached。永久性键值存储是在硬盘中存储数据，可以对数据进行非常快速地存储和读取处理，虽然无法与 memcached 相比，但数据不会丢失，如 Tokyo Tyrant、ROMA 等。两者兼具的键值存储可以同时在内存和硬盘中存储数据，对数据进行非常快速地存储和读取处理，并且存储在硬盘中的数据不会消失，即使消失也可以恢复，适于处理数组类型的数据，如 Redis。

2. 列存储数据库

普通的关系型数据库都是以行为单位来存储数据的。因此，该类数据库擅长以行为单位读取数据。而 NoSQL 的列存储数据库是以列为单位来存储数据的。因此该类数据库擅长以列为单位读取数据。行存储数据库可以对少量行进行读取和更新，而列存储数据库可以对大量行少量列进行读取，同时对所有行的特定列进行更新。列存储数据库具有高可扩展性，即使增加数据也不会降低相应的处理速度，主要产品有 BigTable、Apache Cassandra 等。

3. 图数据库

图数据库主要是指将数据以图的方式存储。实体可看作顶点，实体之间的关系则可看作边。例如，有三个实体，Steve Jobs、Apple 和 Next，会有两个被创建为 "Founded_by" 的边，将 Apple 和 Next 连接到 Steve Jobs。图数据库主要适用于关系较强的数据，但适用范围很小，因为很少有操作涉及整个图，主要产品如 Neo4j、GraphDB、OrientDB 等。

4. 文档数据库

文档数据库是用来管理文档的数据库，它与传统数据库的本质区别在于，其信息处理基本单位是文档，可长、可短、甚至可以无结构。在传统数据库中，信息是可以被分割的离散数据段。文档数据库与文件系统的主要区别在于文档数据库可以共享相同的数据，而文件系统不能，同时，文件系统的数据比文档数据库冗余复杂，会占用更多的存储空间，更难于管理维护。文档数据库与关系型数据库的主要区别在于，文档数据库允许建立不同类型的非结构化或者任意格式的字段，并且不提供完整性支持。但是它与关系型数据库并不是相互排斥的，它们之间可以相互补充、扩展。文档数据库的两个典型代表是 CouchDB 和 MongoDB。

4.3.1.2 关系型数据库

1969 年，Edgar Frank Codd 发表了一篇跨时代的论文，首次提出了关系数据模型的概念。但由于论文"IBM Research Report"只是刊登在 IBM 公司的内部刊物上，故反响平平。1970 年，他发表了题为"A Relational Model of Data for Large Shared Data Banks"的论文并刊登在 *Communication of the ACM* 上，才使关系数据模型引起了大家的关注。

现如今关系型数据库的基础就是采用由 Edgar Frank Codd 提出的关系数据模型。由于当时的硬件性能低劣、处理速度过慢，关系型数据库迟迟没有得到实际应用。随着硬件性能的提高，加之关系型数据库具有使用简单、性能优越等优点，它才得到了广泛应用。

关系型数据库是建立在关系数据模型基础上的数据库，借助于几何代数等数学概念和方法来处理数据库中的数据，即把所有的数据都通过行和列的二元表现形式表示出来，使人更容易理解。现实世界中的各种实体及实体之间的各种关系均可表示为关系数据模型。

经过数十年的发展，关系型数据库已经变得比较成熟。目前市场上主流的数据库都为关系型数据库，比较知名的有 Sybase、Oracle Informix、SQL Server 和 DB2 等。

4.3.1.3 关系型数据库与 NoSQL 的比较

关系型数据库和 NoSQL 各有特点，本节从优势、存在的问题方面分析了两种数据库的特点。

1. 关系型数据库的优势

关系型数据库相比于其他模型的数据库，有以下几点优势。

（1）容易理解。相对于网状、层次等其他模型来说，关系模型中的二维表结构非常贴近逻辑世界，更容易理解。

（2）便于维护。由于关系型数据库内容丰富的完整性，使数据冗余和数据不一致的概率大大降低。

（3）使用方便。操作关系型数据库时，只需使用 SQL 语言在逻辑层面进行操作即可。

2. 关系型数据库存在的问题

传统的关系型数据库具有高稳定性、操作简单、功能强大、性能良好的特点，同时也积累了大量成功的应用案例。20 世纪 90 年代的互联网领域网站的访问量用单个数据库就已经足够，而且当时静态网站占绝大多数，纯动态网站相对较少。

随着互联网中 Web 2.0 网站的快速发展，微博、论坛、微信等逐渐成为引领 Web 领域的潮流主角。在应对这些超大规模和高并发的纯动态网站时，传统的关系型数据库就遇到了很多难以克服的问题。同时，根据用户个性化信息，高并发的纯动态网站一般可以实时生成动态页面和提供动态信息。鉴于这种数据库高并发读/写的特点，它基本上无法使用动态页面的静态化技术。因此，数据库并发负载往往会非常高，一般会达到每秒上万次的读/写请求。然而关系型数据库只能应付上万次 SQL 查询，面对上万次的 SQL 写数据请求，硬盘的输入、输出端就显得无能为力了。

此外，在以下两方面，关系型数据库也存在问题。海量数据的高效率存储及访问：对于关系型数据库来说，Web 2.0 网站的用户每天都会产生海量的动态信息，因此在一个有数以亿计条记录的表中进行 SQL 查询，效率是极其低下的。数据库的高可用性和高可扩展性：由于 Web 架构的限制，数据库无法再添加硬件和服务节点来扩展性能和负载能力，尤其对需要提供 24 小时不间断服务的网站来说，数据库系统的升级和扩展只能通过停机来实现，这样的举措将会带来巨大的损失。

3. NoSQL 的优势

虽然 NoSQL 只应用在一些特定的领域中，但它足以弥补关系型数据库的缺陷。NoSQL的优势主要有以下几点。

（1）NoSQL 比关系型数据库更容易扩散。虽然 NoSQL 种类繁多，但由于它能够去掉关系型数据库的关系特性，从而使得数据之间无关系，这样就非常容易扩展，进而为架构层面带来了可扩展性。

（2）NoSQL 比一般数据库具有更大的数据量，而且性能更高。这主要得益于它的无关系性，数据库的结构简单。例如，在针对 Web 2.0 的交互频繁应用时，由于 MySQL 的 Cache是大粒度的，性能不高，故 MySQL 使用 Cache 时，每次更新表 Cache 就会失效，然而 NoSQL中的 Cache 是记录级的，是一种细粒度的 Cache，所以就这个层面来说，NoSQL 的性能就高很多了。

（3）NoSQL 具有灵活的数据模型。NoSQL 不需要事先为要存储的数据建立字段，它可以随时存储自定义的数据格式。而在关系型数据库中，增删字段却是一件非常麻烦的事情。这一点在 Web2.0 大数据时代更为明显。

（4）NoSQL 的高可用性。在不太影响其他性能的情况下 NoSQL 可以轻松地实现高可用的架构。例如，Cassandra 模型和 HBase 模型就可以通过复制模型来实现高可用性。

4. NoSQL 存在的问题

（1）缺乏强有力的商业支持。目前 NoSQL 绝大多数是开源项目，没有权威的数据库厂商提供完整的服务。因此，用户在使用 NoSQL 产品时，如果产品出现故障，就只能依靠自己解决。

（2）成熟度不高。NoSQL 在现实当中的实际应用较少，NoSQL 的产品在企业中也并未得到广泛的应用。

（3）NoSQL 难以体现实际情况。由于 NoSQL 不存在与关系型数据库中的关系数据模型类似的模型，因此对数据库的设计难以体现业务的实际情况，这也就增加了数据库设计与维护的难度。

5. NoSQL 的应用现状

NoSQL 存在了十多年，有很多成功的应用案例，且其受欢迎程度更是在不断增加，原因主要有以下方面。

（1）随着社会化网络和云计算的发展，以前只在高端组织才会遇到的一些问题，现在已经普遍存在了。

（2）现有的方法随着需求一起扩展，并且很多组织不得不考虑成本的增加，这就要求他们去寻找性价比更高的方案。

6. 关系型数据库与 NoSQL 结合

分布式存储系统更适合用 NoSQL，但是 NoSQL 存在的问题又让用户难以放心使用。这使很多开发人员考虑将关系型数据库与 NoSQL 相结合，在强一致性和高可用性场景下，采用 ACID 模型；而在高可用性和扩展性场景下，采用 BASE 模型。虽然 NoSQL 可以对关系型数据库在性能和扩展性上进行弥补，但目前 NoSQL 还难以取代关系型数据库，所以才需要把关系型数据库和 NoSQL 结合起来使用，各取所长。

图 4.23 所示为数据库的系统分类，用户可根据该分类更好地了解各数据库之间的关系。

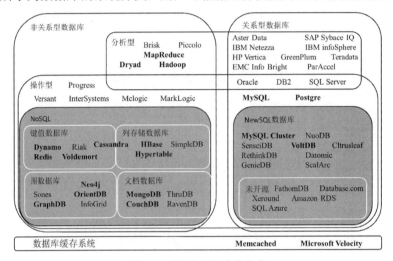

图 4.23　数据库的系统分类

4.3.2　NoSQL 的三大基石

根据上节内容可知，NoSQL 的优势主要得益于它在海量数据管理方面的高性能。而海量数据管理所涉及的存储放置策略、一致性策略、计算方法、索引技术等都是建立在数据一致性理论的基础之上的。数据一致性理论又包括 CAP 理论、BASE 和最终一致性，这是 NoSQL 的三大基石。本节会对数据一致性理论进行详细的介绍。

4.3.2.1　CAP 理论

2000 年，Eric Brewer 在 ACM PODC 会议中提出了 CAP 理论，该理论又称为 Brewer 理论。"C""A""P"分别代表一致性（Consistency）、可用性（Availability）、分区容忍性（Partition Tolerance）。CAP 理论如图 4.24 所示。

1. 一致性

在分布式存储系统中，在执行过某项操作之后，所有节点仍具有相同的数据，这样的系统被认为具有一致性。

图 4.24　CAP 理论

2．可用性

在执行每个操作后，无论操作成功或者失败都会在一定时间内返回相应结果。下面将对一定时间内和返回结果进行详细解释。

一定时间内是指系统操作之后的结果应该在给定的时间内反馈。如果超时那么该操作被认为不可用，或者操作失败。例如，用户在进入系统时进行账号登录，在输入相应的登录密码之后，如果等待时间过长，如 3min，系统还没有反馈登录结果，用户将会一直处于等待状态，无法进行其他操作。

返回结果也是很重要的因素。假如用户在登录系统之后，结果是出现"java.lang.error…."之类的错误信息，这对于用户来说相当于没有返回结果。他无法判断自己登录的状态，是成功还是失败，或者需要重新操作。

3．分区容忍性

分区容忍性可以理解为在网络由于某种原因被分隔成若干个孤立的区域，且区域之间互不相同时，仍然可以接受请求。当然也有一些人将其理解为系统中任意信息的丢失或失败都不会影响系统的继续运行。

CAP 理论指出，在分布式环境下设计和部署系统中，只能满足上面 3 个特性中的 2 个，而不能满足全部特性。所以，设计者必须在 3 个特性之间做出选择。

然而，分布式系统为什么不能同时满足 CAP 理论的 3 个特性呢?理由如下。

在正常情况下，系统的操作步骤如下。

（1）A 将 V 更新为数据 V_1。

（2）G_1 将消息 m 发送给 G_2，G_1 中的数据 V_0 更新为 V_1。

（3）B 读取到 G_2 中的数据 V_1。

系统的操作步骤如图 4.25 所示。

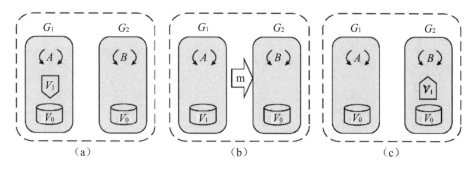

图 4.25　系统的操作步骤

假设 G_1 和 G_2 分别代表系统中的 2 个节点，V 是 2 个节点上存储的同一数据的不同副本，A 和 B 分别是 G_1 和 G_2 中与数据交互的应用。

如果步骤（2）发生错误，即 G_1 的消息不能发送给 G_2，此时 B 读取到的就不是更新的数据，这样就无法满足一致性。如果采用某些技术，如阻塞、加锁、集中控制等来保证数据的一致性，那么必然会影响到可用性和分区容忍性。即使对步骤（2）加上一个同步消息，可保证 B 能够读取到更新的数据，但这个同步操作必定消耗一定的时间，尤其在节点规模很大时，不一定能保证可用性。也就是说，在同步的情况下，只能满足一致性和分区容忍性，而不能保证可用性一定满足。

　　分区容忍性和可用性的选择如图 4.26 所示。在图 4.26 的例子中如果有一个事务组 a，不妨将其假设为围绕着阻塞数据项的工作单元，a_1 为写操作，a_2 为读操作。在某个非分布式系统中，可以利用数据库中的简单锁机制隔离 a_2 中的读操作，直到 a_1 的写操作成功完成。然而，在分布式的系统中，需要考虑到 G_1 节点和 G_2 节点及中间消息的同步是否可以完成。除非能够控制 a_2 的发生时间，否则永远无法保证 a_2 可以读到 a 写入的数据。所有加入阻塞、隔离、中央化的管理等控制方法，使影响分区容忍性、a_1（A）和 a_2（B）的可用性无法并存。

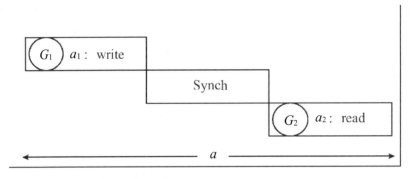

图 4.26　分区容忍性与可用性的选择

　　总之，CAP 理论是为了探索适合不同应用的一致性与可用性之间的平衡。在没有发生分区时，可以满足完整的一致性与可用性，以及完整的 ACID 事务支持。也可以通过牺牲一定的一致性，来获得更好的性能与扩展性。在有分区发生时，选择可用性，集中关注分区的恢复，需要分区前、中、后期的处理策略及合适的补偿处理机制。

　　CAP 理论问题的不同选择如表 4.7 所示。

表 4.7　CAP 理论问题的不同选择

序号	选择	特点	例子
1	一致性、可用性	两阶段提交、缓存验证协议	传统数据库、集群数据库、LDAP、GFS 文件系统
2	一致性、分区容忍性	悲观加锁	分布式数据库、分布式加锁
3	可用性、分区容忍性	冲突处理、乐观	DNS、Coda

4.3.2.2　BASE

　　BASE 的含义是指 NoSQL 可以通过牺牲一定的数据一致性与分区容忍性来换取高可用性的保持甚至是提高，因为可用性是所有 NoSQL 都普遍追求的特性，所以不能牺牲可用性。BASE 的说明如下。

　　基本可用性（Basically Available）：系统能够基本运行、一直提供服务。

　　软状态（Soft State）：系统不要求一直保持强一致状态。

　　最终一致性（Eventual Consistency）：系统需要在某一时刻后达到一致性要求。

　　因此，BASE 可以定义为 CAP 理论中 AP 的衍生。在单机环境中，ACID 是数据的属性，而在分布式环境中，BASE 是数据的属性。BASE 主要强调基本可用性，即如果需要高可用性，也就是纯粹的高性能，那么就要牺牲一致性或分区容忍性。BASE 在性能方面还是有潜力可挖的。同时，BASE 的主要实现有：按功能划分数据库和 sharding 碎片。

而且 BASE 的中文解释为碱，ACID 的中文解释为酸，所以 BASE 与 ACID 是完全对立的两个模型。

ACID 所代表的含义如下。

原子性（A）：事务中所有操作全部完成或者全部不完成。

一致性（C）：事务开始或者结束时，数据库应该处于一致状态。

隔离性（I）：假定只有事务自己在操作数据库，且彼此之间并不知晓。

持久性（D）：一旦事务完成，就不能返回。

随着大数据时代的到来，系统数据（如社会计算数据、网络服务数据等）不断增长。对于数据不断增长的系统，它们对可用性及分区容忍性的要求高于强一致性，并且很难满足事务所要求的 ACID 特性。而保证 ACID 特性是传统的关系型数据库中事务管理的重要任务，也是恢复和并发控制的基本单位。

ACID 与 BASE 的区别如表 4.8 所示。

表 4.8　ACID 与 BASE 的区别

区别	ACID	BASE
一致性	强一致性	弱一致性
特性	隔离性	可用性优先
采用方法	采用悲观、保守方法	采用乐观方法
变化形式	难以变化	适应变化、更简单、更快

4.3.2.3　最终一致性

讨论一致性时，需要从服务端和客户端角度来考虑。从服务端来看，一致性是指更新如何复制分布到整个系统，以保证数据最终一致。从客户端来看，一致性是指在高并发的数据访问操作下，后续的访问操作是否能够读取到更新后的数据。关系型数据库通常可实现强一致性，也就是一旦一个更新完成，后续的访问操作能够立即读取到更新后的数据。而对于弱一致性而言，则无法保证后续的访问操作都能够读取到更新后的数据。

最终一致性的要求更低，只要经过一段时间后能够访问到更新后的数据即可。也就是说，如果一个操作 OP 向分布式存储系统中写入了一个值，遵循最终一致性的系统可以保证，如果后续访问操作发生之前没有其他写操作去更新这个值的话，那么，最终所有后续的访问操作都可以读取到操作 OP 写入的最新值。从操作 OP 完成到后续的访问操作可以最终读取到操作 OP 写入的最新值，这之间的时间间隔称为"不一致性窗口"。如果没有发生系统失败的话，这个窗口的大小依赖于交互延迟、系统负载和副本个数等因素。

最终一致性根据更新数据后各进程访问到数据的时间和方式的不同，又可以进行如下区分。

因果一致性。如果进程 A 通知进程 B 它已更新了一个数据项，那么进程 B 的后续访问操作将读取到进程 A 写入的最新值。而与进程 A 无因果关系的进程 C 的访问，仍然遵守一般的最终一致性规则。

　　"读己之所写"一致性。可以视为因果一致性的一个特例。当进程 A 执行一个更新操作之后，它总是可以访问到更新过的值，绝不会看到旧值。

　　会话一致性。它把访问分布式存储系统的进程放到会话 Session 的上下文中，只要会话还存在，系统就保证"读己之所写"一致性。如果由于某些失败情形令会话终止，那么要建立新的会话。如果进程已经看到过数据对象的某个值，那么任何后续访问操作都不会返回在那个值之前的值。

　　单调写一致性。系统保证来自同一个进程的写操作顺序执行。系统必须保证这种程度的一致性，否则非常难以编程。

思考题

1. 试述分布式文件系统设计的需求。
2. 试述 HDFS 中的块和普通文件系统中的块的区别。
3. 试述 HDFS 的冗余数据保存策略。
4. 请阐述 HBase 和传统关系型数据库的区别。
5. 请阐述 HBase 的数据分区机制。
6. 关系型数据库与 NoSQL 之间的区别与联系是什么？
7. CAP 理论的特性是什么？

第 5 章

大数据计算

课程思政

大数据的实际应用问题可能是在海量的数据中搜索有用的信息；也可能是在全球几十亿的移动互联网设备中找到特定的设备群，使得使用这些设备的用户具有类似的行为属性；还可能是从几万个监控传感器的实时数据中找到对设备进行改进的方法。

本书讨论的是，在这些实际应用问题的解决过程中，使用大数据算法遇到的共性问题研究，我们可以称其为计算模型。这类似于图灵机之于现代计算机的概念，任何可以划分成步骤的算法都可以在图灵机上实现；更类似于冯·诺依曼体系结构之于现代计算机的设计，可以说，现代计算机和具体应用都是基于冯·诺依曼架构模型的。同样，目前应用的具体大数据算法也是基于上述讨论中的计算模型的。

MapReduce 是被大家所熟悉的大数据处理技术。当提到大数据时人们就会很自然地想到MapReduce，可见其影响力之广。实际上，大数据处理的问题复杂多样，单一的计算模式是无法满足不同类型计算需求的。MapReduce 只是某种大数据计算模式中针对大规模数据的批处理技术。除此以外，大数据还有流计算、图计算、查询分析计算等多种计算模式，在第 1章的表 1.4 中，已经给出了大数据计算模式及其代表产品。

5.1 批处理计算

批处理计算主要解决针对大规模数据的批量处理，也是人们日常数据分析工作中非常常见的一种数据处理计算模式。MapReduce 是最具有代表性和影响力的大数据批处理技术，它可以并行执行大规模数据处理任务，用于大规模数据集（大于 1TB）的并行计算。MapReduce极大地方便了分布式编程工作，使得开发人员在不会分布式并行编程的情况下，也可以很容易地将自己的应用运行在分布式文件系统上，完成海量数据集的计算。

批处理计算的实例中较为著名的有 Spark。Spark 是一个针对超大数据集的低延迟的集群分布式计算系统。Spark 启用了内存分布数据集，除能够提供交互式查询外，还可以优化迭代工作负载。在 MapReduce 中流数据从一个稳定的来源进行一系列加工处理后，流到一个稳定的文件系统（如 HDFS）。而对于 Spark 而言，它可使用内存替代 HDFS 或本地磁盘来存储中间结果，因此 Spark 要比 MapReduce 的速度快许多。

作为批处理计算的实例，本节主要介绍 MapReduce。

5.1.1　MapReduce 的概述

Google 在 2003 年到 2006 年间连续发表了 3 篇很有影响力的文章，分别阐述了 GFS、MapReduce 和 BigTable 的核心思想。其中，MapReduce 是 Google 的核心计算模型。MapReduce 将复杂的、运行于大规模集群上的并行计算过程高度地抽象到 2 个函数：Map 和 Reduce，这 2 个函数及其核心思想都源自函数式编程语言。

在 MapReduce 中，一个存储在分布式文件系统中的大规模数据集会被切分成许多独立的小文件块，这些小文件块可以被多个 Map 任务并行处理。MapReduce 会为每个 Map 任务

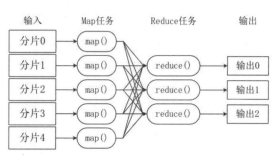

图 5.1　MapReduce 的工作流程

输入数据，Map 任务生成的结果会继续作为 Reduce 任务的输入，最终由 Reduce 任务输出最后结果，并写入分布式文件系统。MapReduce 的工作流程如图 5.1 所示。特别需要注意的是，适合用 MapReduce 来处理的数据集需要满足一个前提条件：待处理的数据集可以分解成许多小的数据集，而且每个小数据集都可以完全并行地进行处理。

MapReduce 设计的一个理念就是"计算向数据靠拢"，而不是"数据向计算靠拢"，因为移动数据需要大量的网络传输开销，尤其是在大规模数据环境下，这种开销尤为惊人，所以，移动计算要比移动数据更加经济。本着这个理念，在一个集群中，只要有可能 MapReduce 就会将 Map 任务就近地在 HDFS 数据所在的节点上运行，即将计算节点和存储节点放在一起运行，从而降低节点间的数据移动开销。

需要指出的是，不同的 Map 任务之间不会进行通信，不同的 Reduce 任务之间也不会进行通信；用户不能显式地从一台机器向另一台机器发送信息，所有的信息交换都是通过 MapReduce 实现的。在 MapReduce 的整个工作流程中，输入 Map 任务的数据、Reduce 任务输出的最后结果都是保存在分布式文件系统文件块中的，而 Map 任务处理得到的中间结果则保存在本地存储中（如磁盘）。另外，只有当所有 Map 任务处理结束后，Reduce 任务才能开始执行；只有 Map 任务需要考虑数据局部性，实现"计算向数据靠拢"，而 Reduce 任务则无须考虑数据局部性。

大数据的发展可以说是伴随着 2003 年 Google 的 MapReduce 而来的，因此 MapReduce 也成为大数据计算最基础的模型。Hadoop 是基于 MapReduce 计算模型设计开发的，虽然后来出现了很多不适合用 MapReduce 直接映射的算法和技术，但很多计算仍旧属于 MapReduce 类。Hadoop 框架是用 Java 实现的，但是 MapReduce 应用则不一定要用 Java 来写。

5.1.2　Map 和 Reduce

MapReduce 的核心是 Map 函数和 Reduce 函数，二者都是由应用开发人员负责具体实现的。MapReduce 编程之所以比较容易，是因为开发人员只需要关注如何实现 Map 函数和 Reduce 函数，而不需要处理并行编程中的其他复杂问题，如分布式存储、工作调度、负载均

衡、容错处理、网络通信等，这些问题都由 MapReduce 负责处理。

Map 函数和 Reduce 函数如表 5.1 所示。

表 5.1　Map 函数和 Reduce 函数

函数	输入	输出	说明
Map	$<k_1, v_1>$	$List(<k_2, v_2>)$	将小数据集进一步解析成<key,value>（键值对），输入 Map 函数中进行处理；每个输入的$<k_1, v_1>$会输出一批$\ll k_2, v_2>$，$<k_2, v_2>$是计算的中间结果
Reduce	$<k_2, List(v_2)>$	$<k_3, v_3>$	输入的 $List(v_2)$ 表示属于同一个 k_2 的 value

Map 函数将输入的元素转换成<key,value>形式，key 和 value 的类型也是任意的，其中 key 不同于一般的标志属性，即 key 没有唯一性，不能作为输出的身份标识，即使是同一输入元素，也可通过一个 Map 任务生成具有相同 key 的多个<key,value>。

Reduce 函数的任务就是将输入的一系列具有相同 key 的<key,value>以某种方式组合起来，输出处理后的<key,value>，输出结果会合并成一个文件。用户可以指定 Reduce 任务的个数（如 n 个）。主控进程通常会选择一个哈希函数，Map 任务输出的每个 key 都经过哈希函数计算，并根据哈希结果将<key,value>输入相应的 Reduce 任务来处理。对于处理 key 为 k 的 Reduce 任务的输入形式为$<k,<v_1,v_2,\cdots,v_n>>$，输出为$<k,V>$。

5.1.3　MapReduce 的工作流程

MapReduce 的工作流程中的各个执行阶段如图 5.2 所示。

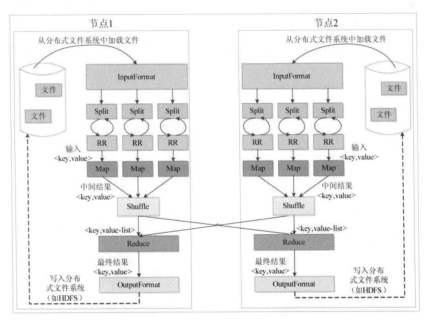

图 5.2　MapReduce 工作流程中的各个执行阶段

（1）MapReduce 使用 InputFormat 做 Map 任务前的预处理，如验证输入的格式是否符合输入定义；将输入文件切分为逻辑上的多个 Split，Split 是 MapReduce 对文件进行处理和运算的输入单位，只是一个逻辑概念，每个 Split 并没有对文件进行实际切割，只是记录了要处理数据的位置和长度。

（2）因为 Split 是逻辑切分而非物理切分，所以还需要通过 RR（RecordReader）根据 Split 中的信息来处理 Split 中的具体记录，加载数据并转换为适合 Map 任务读取的<key,value>，并输入给 Map 任务。

（3）Map 任务会根据用户自定义的映射规则，输出一系列的<key,value>作为中间结果。

（4）为了让 Reduce 任务可以并行处理 Map 任务的输出结果，需要对 Map 任务的输出结果进行一定的分区、排序（Sort）、合并（Combine）、归并（Merge）等操作，得到<key,value-list>形式的中间结果，并交给对应的 Reduce 任务进行处理，这个过程称为 Shuffle（洗牌）。从无序的<key,value>到有序的<key,value-list>，这个过程用 Shuffle 表示是非常形象的。

（5）Reduce 任务以一系列的<key,value-list>中间结果作为输入，执行用户定义的逻辑，输出结果给 OutputFormat。

（6）OutputFormat 会验证输出目录是否已经存在及输出结果类型是否符合配置文件中的配置类型，如果都满足，那么就输出 Reduce 任务的结果到分布式文件系统。

Shuffle 过程是 MapReduce 整个工作流程的核心环节，理解 Shuffle 过程的基本原理，对于理解 MapReduce 工作流程至关重要。Shuffle 过程是指对 Map 任务输出结果进行分区、排序、合并等操作并交给 Reduce 任务的过程。Shuffle 过程可分为 Map 端的 Shuffle 过程和 Reduce 端的 Shuffle 过程。

1. 在 Map 端的 Shuffle 过程

Map 任务的输出结果先写入缓存，当缓存满时，就启动溢写操作，把缓存中的数据写入磁盘文件，并清空缓存。当启动溢写操作时，首先需要把缓存中的数据进行分区，然后对每个分区的数据进行排序和合并，最后将其写入磁盘文件。每次溢写操作会生成一个新的磁盘文件。随着 Map 任务的执行，磁盘中就会生成多个溢写文件。在 Map 任务全部结束之前，这些溢写文件会被归并成一个大的磁盘文件，并通知相应的 Reduce 任务来领取属于自己处理的数据。Map 端的 Shuffle 过程如图 5.3 所示。

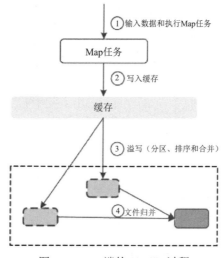

图 5.3　Map 端的 Shuffle 过程

1）输入数据和执行 Map 任务

输入 Map 任务的数据一般保存在分布式文件系统（如 GFS 或 HDFS）的文件块中，这些文件块的格式是任意的，可以是文档，也可以是二进制格式。文件块是一系列元素的集合，这些元素也是任意类型的，同一个元素不能跨文件块保存。Map 任务接受<key,value>作为输入后，按一定的映射规则转换成另一批<key,value>进行输出。

2）写入缓存

每个 Map 任务都会被分配一个缓存，Map 任务的输出结果不是立即写入磁盘，而是先写入缓存，即先在缓存中积累一定数量的 Map 任务的输出结果后，再一次性批量写入磁盘，这样可以大大减少对磁盘 I/O 的影响。因为，磁盘包含机械部件，它是通过磁头移动和盘片的转动来寻址定位数据的，每次寻址的开销很大，如果每个 Map 任务的输出结果都直接写入磁盘，会引入很多次寻址开销，而一次性批量写入，就只需要一次寻址、连续写入，大大降低了寻址开销。需要注意的是，数据在写入缓存之前 key 与 value 都会被序列化成字节数组。

3）溢写（分区、排序和合并）

提供给 MapReduce 的缓存容量是有限的，默认大小是 100MB。随着 Map 任务的执行，缓存中 Map 任务的输出结果数量会不断增加，很快就会占满整个缓存。这时，就必须启动溢写操作，把缓存中的内容一次性写入磁盘，并清空缓存。溢写操作通常是由另外一个单独的后台线程完成的，不会影响 Map 任务的输出结果往缓存写入。但是为了保证 Map 任务的输出结果能够不停地持续写入缓存，不受溢写操作的影响，就必须让缓存中一直有可用的空间，不能等到缓存全部占满才启动溢写操作，所以一般会设置一个溢写比例，如 0.8，也就是说，当 100MB 的缓存被填满 80MB 数据时，就启动溢写操作，把已经写入的 80MB 数据写入磁盘，剩余 20MB 空间供 Map 任务的输出结果继续写入。

但是，在数据溢写到磁盘之前，缓存中的数据首先会被分区。缓存中的数据是<key,value>形式，这些<key,value>最终需要交给不同的 Reduce 任务进行并行处理。MapReduce 通过 Partitioner 接口对这些<key,value>进行分区，默认采用的分区方式先采用哈希函数对 key 进行哈希后再用 Reduce 任务的数量进行取模，可以表示成 hash（key）mod R，其中 R 表示 Reduce 任务的数量，这样，就可以把 Map 任务的输出结果均匀地分配给这 R 个 Reduce 任务去并行处理了。当然，MapReduce 也允许用户通过重载 Partitioner 接口来自定义分区方式。对于每个分区内的所有<key,value>，后台线程会根据 key 对它们进行内存排序，排序是 MapReduce 的默认操作。排序结束后，还包含一个可选的合并操作。如果用户事先没有定义 Combiner 函数，那么就不用执行合并操作了。如果用户事先定义了 Combiner 函数，那么这个时候会执行合并操作，从而减少需要溢写到磁盘的数据量。

合并是指将那些具有相同 key 的<key,value>的 value 加起来。例如，有<"xmu" 1>和<"xmu"1>，经过合并操作以后就可以得到<"xmu" 2>，减少了<key,value>的数量。

这里需要注意，Map 端的合并操作，和 Reduce 的功能相似，但是由于这个操作发生在 Map 端，所以只能称其为合并，从而有别于 Reduce。不过，并非所有场合都可以使用 Combiner 函数，因为 Combiner 函数的输出是 Reduce 任务的输入，Combiner 函数绝不能改变 Reduce 任务最终的计算结果，一般而言，累加、最大值等场景可以使用合并操作。

经过分区、排序及可能发生的合并操作之后，这些缓存中的<key,value>就可以被写入磁盘，并清空缓存。

4）文件归并

由于每次溢写操作都会在磁盘中生成一个新的溢写文件，故随着 MapReduce 工作流程的进行，磁盘中的溢写文件数量会越来越多。当然，如果 Map 任务的输出结果很少，那么磁盘上只会存在一个溢写文件，但是通常都会存在多个溢写文件。最终，在 Map 任务全部结束之前，系统会对所有溢写文件中的数据进行归并，生成一个大的溢写文件。这个大的溢写文件中的所有<key,value>也是经过分区和排序的。

归并是指对于具有相同 key 的<key,value>会被归并成一个新的<key,value>。具体而言，对于若干个具有相同 key 的$<k_1,v_1>,<k_1,v_2>,\cdots,<k_1,v_n>$会被归并成一个新的$<k_1,<v_1,v_2,\cdots,v_n>>$。

另外，进行文件归并时，如果磁盘中已经生成的溢写文件数量超过参数 min.num.spills.for.combine 的值时（默认值是 3，用户可以修改这个值），那么，就可以再次运行 Combiner 函数，对数据执行合并操作，从而减少写入磁盘的数据量。但是，如果磁盘中只有一两个溢写文件时，执行合并操作就会得不偿失，因为执行合并操作本身也需要代价，因此不会运行 Combiner 函数。

经过上述步骤以后，Map 端的 Shuffle 过程全部完成，最终生成的一个大文件会被存放在本地磁盘中。这个大文件中的数据是分区的，不同的分区会被发送到不同的 Reduce 任务进行并行处理。JobTracker 会一直监测 Map 任务的执行，当监测到一个 Map 任务完成后，就会立即通知相应的 Reduce 任务来领取数据，以开始 Reduce 端的 Shuffle 过程。

2. 在 Reduce 端的 Shuffle 过程

Reduce 任务从 Map 端的不同 Map 机器领取属于自己处理的那部分数据，并对数据进行归并及处理。

相对于 Map 端而言，Reduce 端的 Shuffle 过程非常简单，只需要先从 Map 端读取 Map 任务的输出结果，然后执行归并操作，最后输送给 Reduce 任务进行处理。具体而言，Reduce 端的 Shuffle 过程包括 3 个步骤，如图 5.4 所示。

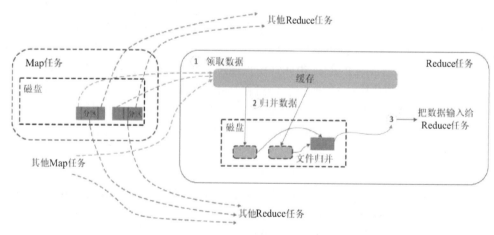

图 5.4 Reduce 端的 Shuffle 过程

1）领取数据

Map 端的 Shuffle 过程结束后，所有 Map 任务的输出结果都保存在 Map 机器的本地磁盘中，Reduce 任务需要把这些数据领取回来并存放到自己所在机器的缓存中。因此，在每个

Reduce 任务真正开始之前，它大部分时间都在从 Map 端把属于自己处理的那些分区数据领取过来。每个 Reduce 任务会不断地通过 RPC 向 JobTracker 询问 Map 任务是否已经完成。JobTracker 监测到一个 Map 任务完成后，就会通知相应的 Reduce 任务来领取数据。一旦一个 Reduce 任务收到 JobTracker 的通知，它就会到该 Map 机器上把属于自己处理的分区数据领取到本地磁盘中。一般系统中会存在多个 Map 机器。因此，Reduce 任务会使用多个线程同时从多个 Map 机器中领取数据。

2）归并数据

从 Map 端领取的数据会先被存放在 Reduce 机器的缓存中，如果缓存被占满，那么数据就会像 Map 端一样被溢写到磁盘中。由于在 Shuffle 过程中 Reduce 任务还没有真正开始执行，因此，这时可以把内存的大部分空间分配给 Shuffle 过程作为缓存。需要注意的是，系统中一般存在多个 Map 机器，Reduce 任务会从多个 Map 机器中领取属于自己处理的分区数据，因此缓存中的数据是来自不同 Map 机器的，一般会存在很多可以合并的<key,value>。当启动溢写操作时，具有相同 key 的<key,value>会被归并，如果用户定义了 Combiner 函数，那么归并后的数据还可以执行合并操作，减少写入磁盘的数据量。每个溢写操作结束后，都会在磁盘中生成一个溢写文件，因此磁盘上会存在多个溢写文件。最终，当所有 Map 端的数据都已经被领回时，多个溢写文件会被归并成一个大文件。归并时还会对<key,value>进行排序，从而使得最终大文件中的<key,value>都是有序的。当然，在数据很少的情形下，缓存可以保存所有数据，就不需要把数据溢写到磁盘，而是直接在缓存中执行归并操作，并将结果直接输出给 Reduce 任务。需要说明的是，把磁盘中的多个溢写文件归并成一个大文件可能需要执行多次归并操作。每次归并操作可以归并的文件数量是由参数 io.sort.factor 的值来控制的（默认值是 10，用户可以修改这个值）。假设磁盘中生成了 50 个溢写文件，每次可以归并 10 个溢写文件，则需要经过 5 次归并，得到 5 个归并后的大文件。

3）把数据输入给 Reduce 任务

磁盘中经过多轮归并后得到的若干个大文件，不会继续归并成一个新的大文件，而是直接输入给 Reduce 任务，这样可以降低磁盘读写开销。由此，整个 Shuffle 过程顺利结束。Reduce 任务会执行 Reduce 函数中定义的各种映射，输出最终结果，并将结果保存到分布式文件系统中（如 GFS 或 HDFS）。

5.1.4　MapReduce 实例

MapReduce 模型在日常生活中处处可见，它也是解决复杂问题的一种直觉型手段。例如，在有上千人就餐的食堂，要求就餐者在餐后把餐具分拣放到不同的位置，即筷子放在一起、勺子放在一起、碗放在一起、盘子放在一起，这就是一个非常典型的 Map 过程。在 Reduce 过程中，同类的餐具可以用统一的洗涤设备统一处理清洗。所以 Map 过程本质上是大量数据的分拣过程。在食堂餐具分拣的例子中，餐具的分拣可以要求就餐者自行进行，这就把这个过程分布到了不同就餐者的多个处理系统中，而且就餐者之间是无关联的，可以独立进行分拣操作，从而提高了效率。类似地，邮件或者快递处理也是使用相同的机制，在不同的分拣中心对需要传递的邮包和物品进行分布式处理，使投递到同一区域的邮件会被统一的物流传送过去，这就是 Reduce 过程；铁路编组站则是对车皮和运载货物的 MapReduce 计算中心，去往同一目的地的车皮被挂载到一起（属于 Map 操作），由车头运送到目的地（属于 Reduce 操作）。

上文说了很多 MapReduce 在日常生活中的例子。那么，在大数据计算环境中，真实的大数据计算模型是如何应用的呢？这里以最常见的搜索中的词频统计为例，做基本的说明。

在对大量文件进行搜索之前，先对这些文件进行词频统计，然后建立索引表。词频统计的输入信息是原始文件，输出是某个特定词汇在某个文件上的出现次数。

首先，用户需要检查这个任务是否可以采用 MapReduce 完成。在这个任务中，不同词汇之间的出现次数不存在相关性，彼此独立，可以把不同的词汇分发给不同的机器进行并行处理，因此可以采用 MapReduce 来实现词频统计任务。

然后，确定 MapReduce 的设计思路，即把文件内容解析成多个词汇，并把所有相同的词汇聚集到一起，计算出每个词汇的出现次数以进行输出。

最后，确定 MapReduce 的执行过程。把一个大文件切分成许多个分片，每个分片输入给不同机器上的 Map 任务，并行执行完成"从文件中解析出所有词汇"的任务。Map 任务的输入采用 Hadoop 默认的<key,value>输入方式，即文件的行号作为 key，文件的一行作为 value；Map 任务的输出以词汇作为 key，1 作为 value，即<词汇,1>表示该词汇出现了 1 次。Map 过程完成后，会输出一系列<词汇,1>形式的中间结果。Shuffle 过程会对这些中间结果进行排序、分区得到<key,value-list>的形式，如<Hadoop,<1,1,1,1,1>>，分发给不同的 Reduce 任务。Reduce 任务接收到所有分配给自己的中间结果以后，就开始执行汇总计算工作，计算得到每个词汇的出现次数并把结果输出到分布式文件系统。词频统计的 MapReduce 计算模型示意图如图 5.5 所示。

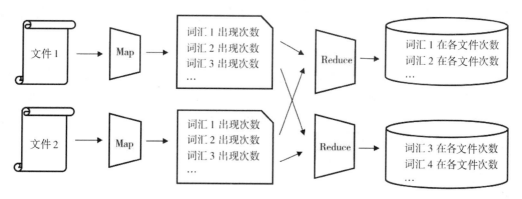

图 5.5　词频统计的 MapReduce 计算模型示意图

从图 5.5 中可以看出，在 Map 过程中，可以按照不同的文件进行负载均衡，不同的处理节点处理不同的文件；在 Reduce 过程中，可以按照不同的词汇进行负载均衡，包括最后处理结果的存储也可以按不同的词汇分担。而且不同的 Map 任务和不同的 Reduce 任务之间是互不干扰的，也不需要通信。

对于词频统计任务，整个 MapReduce 的工作流程实际的执行顺序如下。

（1）执行用户程序（采用 MapReduce 编写）会被系统分发部署到集群中的多台机器上，

其中一个机器作为 Master[①]，负责协调调度作业的执行，其余机器作为 Worker（工作节点），可以执行 Map 或 Reduce 任务。

（2）系统分配一部分 Worker 执行 Map 任务，一部分 Worker 执行 Reduce 任务；MapReduce 将输入文件切分成 M 个分片，Master 将 M 个分片分给处于空闲状态的 M 个 Worker 来处理。

（3）执行 Map 任务的 Worker 读取输入数据，执行 Map 操作，生成一系列<key,value>形式的中间结果，并将中间结果保存在内存的缓冲区中。

（4）缓冲区中的中间结果会被定期刷写到本地磁盘中，并被划分为 R 个分区，这 R 个分区会被分发给 R 个执行 Reduce 任务的 Worker 进行处理；Master 会记录这 R 个分区在磁盘中的存储位置，并通知 R 个执行 Reduce 任务的 Worker 来领取属于自己处理的分区数据。

（5）执行 Reduce 任务的 Worker 收到 Master 的通知后，就到相应的 Map 机器上领回属于自己处理的分区数据。需要注意的是，正如之前在 Shuffle 过程阐述的那样，可能会有多个 Map 机器通知某个 Reduce 机器来领取数据。因此，一个执行 Reduce 任务的 Worker，可能会从多个 Map 机器上领取数据。当位于所有 Map 机器上的、属于自己处理的数据都已经被领取回来以后，执行 Reduce 任务的 Worker 会对领取到的数据进行排序（如果缓冲区中放不下需要用到外部排序），使得具有相同 key 的<key,value>聚集在一起，就可以开始执行具体的 Reduce 操作了。

（6）执行 Reduce 任务的 Worker 遍历中间数据，对每个唯一 key 执行 Reduce 函数，并将结果写入输出文件中；执行完毕后，唤醒用户程序，返回结果。执行 Reduce 任务的 Worker 遍历中间数据示意图如图 5.6 所示。

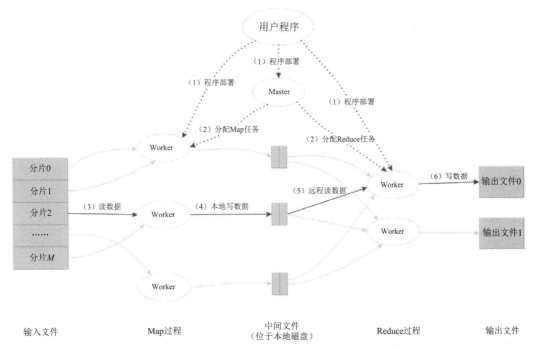

图 5.6　执行 Reduce 任务的 Worker 遍历中间数据示意图

---

① 此处的 Master 是指主节点，与第 2、4 章的 Master 表示不同。

例如，有图 5.7 所示的样例文档。

DocId : 1, Content : "A bosom friend afar brings a distant land near"

DocId : 2, Content : "A man's best friends are his ten fingers"

DocId : 3, Content : "Sow nothing, reap nothing"

图 5.7　样例文档

Map 结果如图 5.8 所示。

DocId : 1
a : 2
bosom : 1
friend : 1
afar : 1
bring : 1
distant : 1
land : 1
near : 1

DocId : 2
a : 1
man : 1
best : 1
friend : 1
are : 1
his : 1
ten : 1
finger : 1

DocId : 3
sow : 1
nothing : 2
reap : 1

图 5.8　Map 结果

Reduce 结果如表 5.2 所示。

表 5.2　Reduce 结果

类别	DocId:1	DocId:2	DocId:3
a	2	1	0
afar	1	0	0
are	0	1	0
best	0	1	0
bosom	1	0	0
bring	1	0	0
distant	1	0	0
finger	0	1	0
friend	1	1	0
his	0	1	0
land	1	0	0
man	0	1	0
near	1	0	0
nothing	0	0	2

续表

类别	DocId:1	DocId:2	DocId:3
reap	0	0	1
sow	0	0	1
ten	0	1	0

有了 Map 结果和 Reduce 结果，用户就可以采用不同的搜索算法做搜索信息和文件信息的关联分析。

从以上举例可以看出，实际上在 Map 过程和 Reduce 过程之间可以增加一个合并过程。因为整个计数过程是独立的，在统计中会记录类似图 5.8 所示的中间结果。在这个结果中的 nothing 被分别记录了两次。这样的好处是在统计时并不需要回溯检查某个词汇是否已经出现过了，从而可以一边做 Map 任务，一边把结果发送给 Reduce 任务的处理节点。在合并过程中寻找重复的词汇并将之消除。这个消除动作可以利用其他的计算节点进行，或者在 Reduce 过程开始前统一由接收模块一并处理。当然，这个过程不是必须的，有的计算结果完全不需要合并，有的 Map 任务在编程中就可以自行用散列表的方法完成合并，所以在 MapReduce 中并没有体现合并过程。不需要合并的计算结果如图 5.9 所示。

```
DocId : 3
sow : 1
nothing : 1
reap : 1
nothing : 1
```

图 5.9　不需要合并的计算结果

5.2　流计算

5.2.1　流计算的概述

流计算在计算机领域是一个传统词汇，也称为事件流处理、流数据处理或者响应处理。它表示随着数据的传入，以回调或者响应方式对数据进行加工的处理结构，在大数据领域，它通常是和批处理计算相对应的概念。批处理计算是把所有的数据算一遍以获得答案的计算模式；而流计算中处理的数据是源源不断地、突发地到来的流数据（或数据流）。流数据是指在时间分布和数量上无限的一系列动态数据集合体，它也是大数据分析中的重要数据类型。数据的价值会随着时间的流逝而降低，因此必须采用实时计算的方式给出秒级响应。流计算可以实时处理来自不同数据源、连续到达的流数据，经过实时分析处理，给出有价值的分析结果。

流计算实际上不是和 MapReduce 同等级别概念上的计算模型。由于批处理计算使用的算法经常被称为批量算法，而流计算作为和批处理计算相对应的概念，故其所对应的算法往往是增量算法。流计算常常需要大数据算法的支持。在同一个场景中，不同的算法会使用不同的计算模型。例如，大数据领域最常见的人群标签算法，如果算法需要对所有人群数据都分析一遍，那么其计算模式就选择批处理计算；如果算法可以通过源源不断到来的数据对现有的人群标签模型进行更新，那么其计算模式就选择流计算。而无论采用哪种计算模式，都可以使用 MapReduce 之类的计算模型。

由上述内容可知流计算可以被认为是 MapReduce 等计算模型的前置预处理模型的一种统一形态，因此它也可以带来相应的好处。例如，由于数据相对实时到达，所以可以对其及时处理，从而获得相对实时的效果，特别是在一些需要报警的情况下。如果用批处理计算，那么在大数据情况下是很难在很短时间内完成计算的，而使用流计算就有可能把数据的实时程度提高到分钟级，甚至是秒级。除可能带来的实时性或者准实时性之外，流计算还有几个特点：流数据往往是源源不断的，也就是计算需要持续下去，而没有一个简单的计算终结状态；数据虽然是源源不断到来，但是每次到来的时间不确定，可能一次来一条，也可能一次来一堆，这也要求增量算法能够支持各种增量的更新；新数据往往比老数据的价值高，使得增量算法往往会提高新数据的权重，在实时报警的情况下，甚至可以完全基于新数据进行分析。

如果流计算仅具有上面提到的一些特点，那么它和大数据的关系实际上并不紧密。可是在实际应用过程中，大量的数据不断生成，而且需要及时对其进行分析和计算，这就需要分布计算负载并且调度计算节点。根据这一需要，2011 年人们开发了基于 Hadoop 的 Storm，后来 Storm 被 Twitter 收购并交由 Apache 基金会维护。

在大数据的流计算领域内，经常和 Storm 相提并论的是 Spark。可实际上 Spark 是一个更加广义的分布式处理框架。此框架的下层基于 Hadoop 生态中的 HDFS 和 YARN，但是其上层与 Storm 类似，更多考虑的是数据的格式、通信和传输统一等系统级问题。此框架的底层可以支持 MapReduce 类型的计算，上层也可以用 Spark Streaming 支持流计算需求，由于它提供了相对简便的编程能力，所以得到了广泛的应用。

目前业内已涌现出许多的流计算框架与平台，第 1 类是商业级的流计算平台，包括 IBM InfoSphere Streams 和 IBM StreamBase 等；第 2 类是开源流计算框架，包括 Twitter Storm、Yahoo！S4（Simple Scalable Streaming System）、Spark Streaming 等；第 3 类是公司为支持自身业务开发的流计算框架，如 Facebook 使用 Puma 和 HBase 相结合来处理实时数据、百度开发了通用实时流数据计算系统 DStream、淘宝开发了通用流数据实时计算系统银河流数据处理平台。

5.2.2　Storm

前面已经提到，流计算和 MapReduce 不是同等级别概念上的计算模型，所以与其说 Storm 是基于 Hadoop 的，倒不如说它是一个以 HDFS 为存储基础，利用 ZooKeeper 做资源管理、支持流数据处理的调度框架和开发平台。这里引入几个概念，喷水口是第 1 个需要被引入的概念。根据流计算的特点，数据源源不断地到来，这就需要一个构造来把这些数据引入计算结构中，这个构造就是喷水口。而对接喷水口的为集群总线，如 Kafka、RocketMQ 之类的数据源。虽然也可以直接把喷水口对接到最初的数据源上，但为了便于管理，在大部分大数据实践中，流计算的喷水口还是需要对接到集群总线上的。

当数据被引入计算结构后就需要对其进行计算。在 Storm 上采用的是基于图的管理结构对数据进行计算。Storm 的 Spout、Bolt 流处理模型如图 5.10 所示。

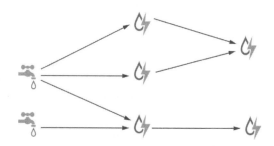

图 5.10　Storm 的 Spout、Bolt 流处理模型

其中水龙头形状的就是喷水口,而闪电形状的就是处理节点。在 Storm 中,处理节点称为闪电。Storm 允许在一个处理节点计算之后,把结果发送到后续处理节点继续计算,每个处理节点都采用流式的处理方式,即收到一批数据就处理一批数据,所以 Storm 就是最直接的负载分配处理结构。

需要注意的是,Storm 会把所有的输入信息都转化为元组。可以发现,这和 SQL 类查询中采用的把数据都用数据格式(Schema)整理到统一结构的方式非常类似。为了便于分析,Storm 可以通过一个 XML 格式定义的分析文件将输入数据进行切分,从而生成元组。和 SQL 类查询相同,这些相似的、可以重复使用的功能,都会在流计算平台上得到统一支持。

另一个需要注意的是任务的分配方式。由于和 MapReduce 不同,在流计算中每个处理节点就是一个计算步骤,所以任务的分配方式和负载均衡策略非常类似,可以用随机分配方式把任务(这里的任务就是各个元组)分配到连通的处理节点上;也可以让所有的处理节点都获得所有的元组;还可以用类似于负载均衡策略中的地址散列,根据元组信息进行分配。这 3 种方式体现了负载均衡策略的基本思想。从概念上来说,负载均衡策略的负载分配方式有负载切分,也就是每个处理节点处理一部分负载;处理规则切分,也就是所有的处理节点都能够看到所有的负载,但是不同的处理节点处理一部分负载。这 2 种负载分配方式分别对应了随机分配方式(负载均衡策略中也常常用发牌方式)和所有处理节点都获得所有元组的方式。而按照上述任务的分配方式则可以保障相同上下文的负载被同一个处理节点所处理,从而防止上下文丢失。

图 5.11 所示为使用全部规则处理部分信息。图 5.12 所示为使用部分规则处理全部信息。

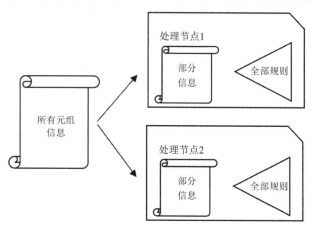

图 5.11　使用全部规则处理部分信息

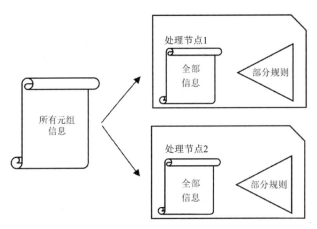

图 5.12　使用部分规则处理全部信息

例如，有如下这些元组：

① （10:27,1,Warning）；

② （10:27,2,Warning）；

③ （10:28,1,Error）；

④ （10:29,2,Error）；

其中假设元组第 1 项是时间，第 2 项是模块号或者感应器探头编号，第 3 项是信息类型。又假设有 2 个处理节点在处理这些信息，那么可以用随机分配方式或发牌方式使得每个处理节点处理 2 个信息，也可以把所有信息都发送给 2 个节点，其中一个处理节点分析 Warning，另一个处理节点分析 Error。还可以指定模块 1 的所有信息都去往一个处理节点，而模块 2 的所有信息去另一个处理节点，以保障所有模块 1 的上下文在同一个处理节点中。

5.2.3　增量算法

因为流计算更多的是一种支持信息不断到达的处理结构，因此它解决的问题也更多的是关于如何统一信息格式、如何分布式处理大量数据。

在流计算领域，体系结构和硬件设计往往都不是核心问题，真正需要解决的难点在于如何实际使用这些体系结构和设备。更进一步要解决的是，如何使用有效的编程语言，自动地实现分布式计算问题。而在这个问题上，至今没有很好的解决方案，并且现有的分布式编程语言也都有各自的缺点。但是，也有支持流计算的增量算法被开发出来，想要解决分布式计算问题。

这里用最简单的求平均数算法来说明。假定有 N 个数，现在又来了 M 个新的数，如果要计算这些数的平均值，那么计算公式为

$$E = \frac{\sum_{i=1}^{N+M} D_i}{N+M}$$

其中，D_i 表示第 i 个数的值。这是很典型的批量算法，需要每次把所有的数都计算一次。如果用户已经记录了历史上的平均数值为 E_N，当时的数据数量是 N，那么新来了 M 个数之

后这些数的平均值计算公式为

$$E = \frac{E_N N + \sum_{i=1}^{M} D_i}{N + M}$$

虽然公式看起来复杂了些，但是需要计算的量大大减少了。不再需要算 $N+M$ 个数，只需要计算新来的 M 个数就可以。如果这个平均值是用于某种预警分析的，如测试水位高于某个报警值，那么计算历史上的总平均值的意义就很小，只需要用最新的若干个值计算平均值即可。这若干个值会形成一个分析窗口，可设窗口宽度为 W，那么系统只需要保存最近的 M 个数据。如果新来的数据数量 M 多于 W，那么选取其中最新的 M 个数进行计算；如果新来的数据数量少于 M，那么从保存的数据中选取最新的 $W\text{-}M$ 个数进行计算，就可以获得所需要的最新窗口内的数据平均值。上述平均数的例子只是很简单的增量算法和批量算法的示意，而且该例考虑了在流计算中新数据更加重要的因素。在此之外，还可以为最新的 M 个数增加计算权重，从而形成类似于时间序列分析的算法。

5.3　图计算

5.3.1　图计算的概述

在流计算中介绍 Storm 时给出了它的流处理模型，不过那不是图计算，它只是流计算中的拓扑部署结构。同理，图像处理和分析也不是图计算。那么什么是图计算呢？在现实生活中存在一大类由顶点（Vertex）、顶点之间的关系即边（Edge）所构成的图，这些图的边往往还有权重。网页之间用超链接构成的 Web 网页就是一个巨图，每个网页就是图的顶点，而超链接关系就是图的边。同理，人和人之间所构成的社交网络也是一张巨大的人际关系图，人就是顶点，人与人的关系就是边，而关系的紧密程度就是权重。这些图的边往往是有方向的。例如，网页超链接构成的图就可以用"谁引用了谁"来构成边的方向。

在大数据时代，许多大数据都是以大规模图或网络的形式呈现的，如社交网络、传染病传播途径、交通事故对路网的影响等。此外，许多非图结构的大数据也常常会先被转换为图计算模型后再进行处理分析。如果这种图的规模有限，那么有很多图的算法可以做分析、遍历和处理。而如果图的规模大到包含一个国家的全部人员，或者是覆盖全球的 Web 网页，那么这种图的顶点数量就会多达数十亿甚至数百亿，边的数量则更多。这使得利用一台处理器对图进行处理变得不再可行，而不得不引入新的计算模式。MapReduce 作为单输入、两阶段、粗粒度数据并行的分布式计算框架，在表达多迭代、稀疏结构和细粒度数据时，往往显得力不从心，不适合用来解决大规模图计算问题。因此，针对大型图的计算，需要采用图计算。

图计算和流计算、MapReduce 等类似，是一种通用分布式计算模式，解决的是在大规模分布式计算环境下的共性问题。但是，它又和流计算不同，图计算是一种真正的计算模式，各种图计算系统也通过提供 API 等形式，允许开发者在一致性的计算模式下，根据自己的需要开发特定的应用。

目前已经出现了很多图计算产品。Pregel 是一个基于 BSP（Bulk Synchronous Parallel）模型实现的并行图处理系统。为了解决大型图的分布式计算问题，Pregel 搭建了一个可扩展的、有容错机制的平台。该平台提供了一套非常灵活的 API，可以描述各种各样的图计算。Pregel 主要用于图遍历、最短路径、PageRank 计算等。其他代表性的图计算产品还包括 Facebook 针对 Pregel 的开源实现 Giraph、Spark 下的 GraphX、图数据处理系统 PowerGraph 等。

5.3.2 Pregel

图计算的开创者也是 Google，概念来自 Google 发表于 2010 年的论文 "Pregel: A System for Large-Scale Graph Processing"。论文中为这种图计算系统起名为 Pregel。这个词来自欧拉解决的 "哥尼斯堡七桥" 问题中所有桥所在的河流名称。

在 Pregel 和后续仿照的图计算系统中，都以 BSP 模型作为基础。BSP 模型是哈佛大学的莱斯利·瓦伦特在 20 世纪 80 年代提出的，这个模型由以下部分构成。

（1）可以进行本地计算的计算单元。

（2）可以在计算单元之间进行信息交换的通信网络。

（3）可以控制部分或者全部计算单元同步的设备。

整个计算过程如下。

（1）并发计算过程——各个计算单元进行计算。

（2）通信过程——各个计算单元进行通信。

（3）阻塞同步过程——各个计算单元到达阻塞同步状态后，需要等待其他需要同步的计算单元。

以上计算过程看起来很复杂，实际上很简单，就是把计算过程切割成一些步骤，这些步骤称为超级步。在同一个步骤之内，计算单元独立计算，并通过通信传递计算结果，实现步骤同步。步骤结束时是阻塞同步的，因此会先强制各个计算单元都完成同一个超级步，再进入下一个超级步。

参与图计算的基本单元是顶点，当然，顶点本身不是计算设备，在这里指逻辑上的计算单元。在超级步的迭代过程中，每个超级步中的顶点都从前一个超级步中获取信息，以对其状态进行更新。如果没有进一步要计算的内容了，顶点将被标识成停止（Halt）状态。当所有顶点的状态都被标识成停止状态时，整个计算过程结束。图计算结束后，其输出仍旧是和输入类似的顶点集合，但是每个顶点的数据已经被更新成所需要的结果。一个被标记成停止状态的顶点，如果接收到新的消息，那么它也可能被重新唤醒，加入计算中。

例如，要计算一个图中的最短路径有很多具体类型的问题，如所有顶点到某个起点的最短路径、给定起止顶点之间的最短路径、所有顶点之间的最短路径等。在论文"Pregel: A System for Large-Scale Graph Processing" 中以所有顶点到某个起点的最短路径为例，说明了图计算的使用方法。在传统的算法中，解决所有顶点到给定起点的最短路径算法的是著名的 Dijkstra 算法。图计算中的计算思想，实际上和 Dijkstra 算法中的计算思想是完全相同的，只是通过图计算模型将图计算可以变成同步的、可并发的计算方式。

最短路径示例初始状态图如图 5.13 所示。

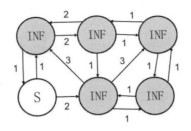

图 5.13　最短路径示例初始状态图

其中 S 是起点，其他顶点在一开始都标注最短路径的值为无穷大。如果利用 Dijkstra 算法，那么就需利用循环不断将顶点压栈、出栈，并修改当前顶点相邻的顶点距离。如果利用图计算模型，那么每个不被标识成停止状态的活跃顶点会向自己相邻的出方向顶点发送消息，修改相邻顶点的最短路径的值。最短路径示例的第 1 个超级步和第 2 个超级步如图 5.14 所示。图 5.14 中上半部分的图代表前一个超级步的状态，下半部分的图代表后一个超级步的状态。

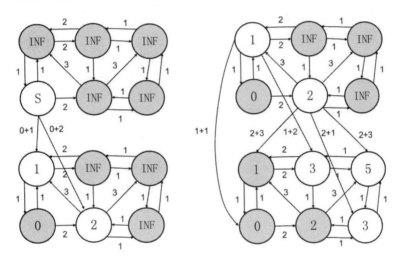

图 5.14　最短路径示例的第 1 个超级步和第 2 个超级步

在第 1 个超级步时，只有起点是活跃的，它向相邻的 2 个顶点发送消息。消息的内容是该超级步的最短路径的值和出边的权重和。在步骤中没有修改过自己最短路径值的顶点会被标识成停止状态。例如，在第 2 个超级步时，起点就被标识成停止状态，而起点的 2 个相邻顶点却是活跃的，会向出边所对应的顶点向外发送消息。最短路径示例的第 3 个超级步和第 4 个超级步如图 5.15 所示。从图 5.15 中可以看出，在第 3 个超级步中有 3 个顶点是活跃的，但是只有一个顶点的最短路径的值被修改过。而到了最后一步，由于没有顶点的最短路径的值被修改，所以所有顶点都被标识成停止状态，故算法结束。从示例中可以看到，对比 Dijkstra 算法，图计算总的计算量并没有减少。但由于其计算方式变成了并发的，而且对相邻顶点的状态修改动作变成了消息，消息被逻辑上的计算单元（顶点）处理，所以示例中有 6 个顶点的图只计算了 4 个超级步就完成了。在每个超级步内部也只需要一层循环，即可访问所有消息和所有相邻顶点。也正是因为这种并发优势，图计算适合处理庞大的数据。

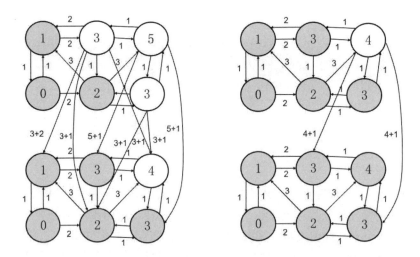

图 5.15 最短路径示例的第 3 个超级步和第 4 个超级步

在 Pregel 论文中没有给出最短路径算法的示例，但是给出了该算法的代码。下面的代码来自原论文。需要注意，原论文代码实际上存在问题，而且和示例中所表示的有些不同。

```
Class ShortestPathVertex: Public Vertex<int, int, int> {
Public:
    virtual void Compute(MessageIterator* msgs) {
        int minDist = IsSource( vertex_id() ) ? 0 : INF;
        for ( ; !msgs->Done(); msgs->Next() )
            minDist = min(minDist, msgs->Value() );
        if (minDist < GetValue() ) {
          *MutableValue() = minDisy;
          OutEdgeIterator iter = GetOutEdgeIterator();
          for (; !iter.Done(); iter.Next() )
            SendMessageTo(iter.target(), minDist + iter.GetValue());
      }
VoteToHalt();
      }
};
```

上述代码中，Compute()是每个超级步中每个顶点都需要计算的基本计算单元。在计算开始时，除了起点，其他顶点都把自己最短路径的值标注为无穷大，并根据消息内的路径值决定自己的路径值。需要注意的是，这和示例略有不同，但是概念是完全一样的。在示例中，使用在每步都标识路径值的方式更直观。如果顶点发现消息中最短路径的值比自己保存的用 GetValue()获得的值小，就先用 MutableValue()修改自己的值，并且对所有出边对应的顶点发送消息。之后，该顶点无条件进入停止状态。这不会影响代码终止，因为所有收到消息的顶点会自动从停止状态回到活跃状态。

另一个需要注意的是，这段代码有一个错误，就是原始的顶点用 GetValue()获得的路径值实际上没有初始化，存在误判的可能。而如果初始化了路径值，那么就不需要在每次计算时初始化了，这样可以略微简化代码。而且，终止的 VoteToHalt()可以放在距离判断的 else 语句下。

在最短路径算法中，拓扑本身并没有变动。而输出也是和输入完全相同的图，只是图上的每个顶点都变成了最短路径的值。在有些算法中需要修改顶点之间的拓扑，这种操作也是图计算所支持的，主要是增删顶点和边。但这种操作会引入冲突，用户可通过定义操作的优先级，并允许程序员编程来解决冲突。图计算模型需要解决的问题是巨型图的存储和任务分配问题。因为顶点数过多，特别是已经多到几十亿甚至几百亿的规模时，为了计算的并行性，需要将图进行切割，这种操作称为图分片。图分片在 Pregel 中采用了简单取模的方式，对顶点按处理节点的个数取模，并交给特定的处理节点处理，也可以采用将顶点分配到处理节点的方式。例如，根据处理节点编号进行散列或者用若干比特的信息进行分配。因此，在 Pregel 中，图分片本质上采用的是顶点分割的方式，即每个顶点只会被一个处理节点处理。但是边则可能被分配到不同的处理节点上，跟随两端不同的顶点被处理。

在任务调度领域，Pregel 采用了唯一的 Master 管理一堆 Worker 的方式，处理节点处理的图分片也是由名称节点分配的。图本身的信息被存放在 GFS 上，超级步中的信息则通过工作节点的输入队列和输出队列加以传递。

各种图计算的拓扑中往往会存在一类连通度特别高的顶点，这些顶点的出度可能是其他顶点的几万倍甚至几百万倍。在通用图计算模型中，如果对所有的出边进行循环处理，那么就会发现存在一个顶点的处理时间可能就相当于其他几万个顶点，从而严重拖慢整体运行速度。为了解决这种高出度顶点带来的运算不平衡问题，有的图计算系统会将这些顶点分配给多个处理器分别处理，或者说这是一种边分割模式的优化策略。具体问题若展开讲解，所需篇幅过大长，感兴趣的读者可以自行查阅资料。

5.4　查询分析计算

针对超大规模数据的存储管理和查询分析，需要提供实时或准实时的响应，才能很好地满足企业经营管理需求。对于大数据而言，很多时候用户希望利用类似于关系型数据库的编程方式对数据进行查询，或者说使用 SQL 直接从海量原始数据中获得自己想要的信息。遗憾的是，大数据应用往往不是用关系型数据库存放的。大数据通常是文本数据甚至是非结构化数据，那么就有一个需要解决的问题：如何使用 SQL 从文本或者非结构化数据中进行查询？这必然存在某些通用的数据处理架构，如图 5.16 所示。

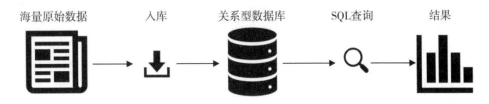

海量原始数据　　入库　　关系型数据库　　SQL查询　　结果

图 5.16　数据处理架构

其中，入库操作可以先把关注的内容整理成结构化数据，并且将其存放到关系型数据库中，然后可以用所有关系型数据库都支持的 SQL 对数据进行查询。这种模式可以工作，但是大数据应用的数据量非常大，会导致数据库插入速度和定期的数据清洗工作变得困难。例如，入库操作经常会制约关系型数据库的处理能力，导致数据库的查询迟缓，或者在采用主从结构时，导致从数据库的同步速度无法追上主数据库的更新速度。为了解决关系型数据库写入较慢的问题，中间的数据库可以改成列存储。下面先介绍不使用列存储方式保存数据的情况下，从文本数据到 SQL 查询之间的计算模型。

既然用结构化查询语言 SQL 进行查询，那么中间的数据存储必须是结构化数据。而来源的数据是文本数据，就需要对文本数据进行切割。按照预先定义好的格式文件对文本文件进行统一分析，以便把文本文件当成结构化数据来处理。又因为数据没有按列式存储方式保存，那么最常用的方式就是把数据按时间分片保存。根据数据量的大小，可以按分钟、按小时保存，也可以按天、按周保存。当数据累计到一定程度需要清洗时，只需要定时把最旧的数据清洗掉即可，这时也很容易按照配置需求保存几天、几周、几月或者几年的数据。例如，现在有一个访问了一些网站的用户的数据格式如下：

```
Date, Time, UserId, Url, Duration, Status
```

其中 Date 是访问的日期，Time 是访问的时间，UserId 是用户的某种标识，Url 是用户访问的 URL 信息，Duration 是用户访问消耗的时间，Status 是用户访问后得到的返回状态码。这就是典型的日志文件存形态。这种格式本身也是一种数据存储的格式。通过该格式也可以对应到相当于数据库表的各个列。如果为这种日志文件起一个名称，那么就可以获得类似于 SQL 的查询语句，即如果将这种日志文件命名为 AccessLog，那么查询有多少用户在某天访问了特定网站的语句就可以写成：

```
SELECT count(*) WHERE Date='2017-08-01' AND Url LIKE '%www.sample.com%'
```

其中的日期和 URL 是为了举例随意填写的，并不强调特定日期和特定的站点。此外，日期的格式在不同类型的日志文件中会不同。例如，可能不用短横线分隔年月日而使用斜线，所以这里的格式也仅仅是为了举例。

现在的问题是，有了查询语句和日志文件，用户怎么把查询语句作用到日志文件中，以获得所需要的结果。首先需要理解的是，根据大数据的存储形态，日志文件很可能不是以单一文件的形式存放在唯一的存储节点上的，虽然其外形是一个文件，但是这个文件被分片存放在了大量不同的存储节点上。这些分片的日志文件往往是按行存放的文本内容，需要把每一行内容翻译成格式定义文件所定义的字段信息，按照关系型数据库的说法，就是把每行内容都变成一个对象记录。

根据上文的例子，整个 SQL 查询就可以被分为几个步骤，如图 5.17 所示。

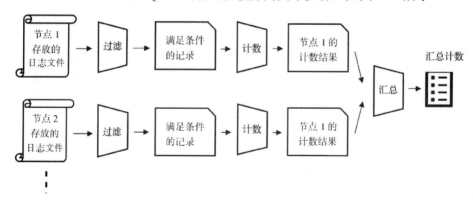

图 5.17　SQL 查询的 MapReduce 计算模型示意图

由图 5.17 可以看到，这个计算模型示意图本质上就是 MapReduce 的计算模型示意图，其中过滤是一个预处理过程，计数过程就相当于执行 Map 操作，只是在图 5.17 中不需要做真正的 Map 操作，只需要计数即可，而最后的汇总过程实际上就是执行 Reduce 操作。不过在图 5.17 中，只有一种需要计数的值，所以这个 Reduce 操作也就仅仅只是把来自各个节点的结果加总的过程而已。

如果不是计数，而是查询操作，也就是把例子中的 count(*)换成字段，例如：

```
SELECT UserId WHERE Date='2017-08-01' AND Url LIKE '%www.sample.com%'
```

则上述字段与图 5.17 进行比较，过滤过程仍旧是一样的，根据 WHERE 字段后面的条件过滤信息，就不再需要按节点计数，而是产生一个 UserId 的列表。在汇总过程中，把各个节点的 UserId 列表合并就好。

现在换一个更复杂的例子。用户不仅仅需要统计上述日期中来自特定站点的访问次数，还需要知道历史上有记录的每一天访问特定站点的次数。这时，查询语句就变成了：

```
SELECT Date, count(*) WHERE Url LIKE '%www.sample.com%' GROUP BY Date
```

在计算模型上，该例本质上还是和图 5.17 相同的结构，只是计数过程需要执行 Map 操作了。根据不同的日期执行 Map 操作，并按每个日期形成日期和该日期在这个节点上的日志个数的计数映射表。汇总过程就使用完整的 Reduce 操作替换，为每个日期做分别的计数汇总。实际上在"搜索"的示例中，在执行 Map 操作之前也需要一个分词的过程。所以说，对于传统日志文件的大数据使用 SQL 查询的计算模型，事实上就是 MapReduce 计算模型。有一些工具直接提供了用 SQL 查询日志文件的能力。例如，基于 Hadoop 的 Pig 项目就提供了通用的日志文件格式定义、分析，并且能够把 SQL 查询翻译成 MapReduce 任务。这种日志式的分析过程需要先对日志文件进行格式定义、数据过滤，然后才对整个数据集合利用 MapReduce 进行处理，从而导致处理速度比较低下，特别是对所有数据进行处理时，至少需要把所有的数据都读取一遍，才能过滤出有用的部分。为了提高效率，有的系统就会试图利用其他存储方式，如列存储，从存储层次上对数据进行优化保存，使查询过程得到改善。

Google 开发的 Dremel 是可扩展的、交互式的实时查询系统，用于只读嵌套数据的分析。通过结合多级树状执行过程和列式数据结构，它能做到几秒内完成对万亿个表的聚合查询。系统可以扩展到成千上万的 CPU 上，满足上万用户操作 PB 级的数据，并且可以在 2～3s 内完成 PB 级数据的查询。此外，Cloudera 参考 Dremel 系统开发了实时查询引擎 Impala，它提供 SQL 语义，能快速查询存储在 Hadoop 的 HDFS 和 HBase 中的 PB 级数据。

此外还有一系列的工具和系统被开发出来，如 Presto、Druid，这些工具和系统大多都借鉴了 Dremel 的相关内容。需要注意，这类大数据查询的工具和系统都需要一个入库过程，也就是把原始的日志信息保存成列存储等适合查询的格式，所以转换格式后的数据也常被称为数据仓库。

5.5　云计算

5.5.1　云计算的概述

云计算实现了通过网络提供可伸缩的、廉价的分布式计算能力，用户可在具备网络接入条件的地方随时随地获得所需的各种资源。云计算代表了以虚拟化技术为核心、以低成本为目标的、动态可扩展的网络应用基础设施，是近年来最有代表性的网络计算技术与模式。

云计算的服务模式与类型如图 5.18 所示。云计算包括的典型的服务模式为基础设施即服务（IaaS）、平台即服务（PaaS）和软件即服务（SaaS）。IaaS 将基础设施（计算资源和存储）作为服务出租，PaaS 将平台作为服务出租，SaaS 将软件作为服务出租。

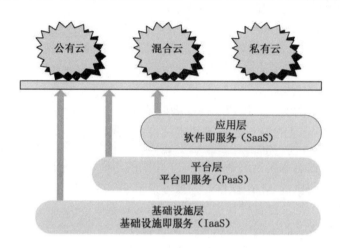

图 5.18　云计算的服务模式与类型

云计算的类型包括公有云、私有云和混合云。公有云是向所有用户提供服务的，只要是注册付费的用户都可以使用，如 Amazon AWS；私有云只为特定用户提供服务，如大型企业出于安全考虑自建的云环境，只为企业内部提供服务；混合云综合了公有云和私有云的特点，因为对于一些企业而言，一方面出于安全考虑需要把数据放在私有云中，另一方面又希望可以获得公有云的计算资源，为了获得最佳的效果，就需要把公有云和私有云进行混合搭配使用。

可以采用云计算管理软件来构建云环境（公有云或私有云），OpenStack 就是一种非常流行的构建云环境的开源软件。OpenStack 管理的资源不是单机的而是一个分布的系统，它把分布的计算、存储、网络、设备、资源组织起来，形成一个完整的云计算系统，帮助服务商和企业内部实现类似于 Amazon EC2 和 S3 的云基础架构服务。

5.5.2　云计算的关键技术

云计算的关键技术主要包括虚拟化技术、分布式存储、分布式计算、多租户技术。

1. 虚拟化技术

虚拟化技术是云计算基础架构的基石，是指将一台计算机虚拟为多台逻辑计算机，在一台计算机上同时运行多台逻辑计算机，每台逻辑计算机可运行不同的操作系统，并且应用可以在相互独立的空间内运行而互不影响，从而显著提高计算机的工作效率。

虚拟化的资源可以是硬件（如服务器、磁盘和网络），也可以是软件。以服务器虚拟化为例，它将服务器物理资源抽象成逻辑资源，让一台服务器变成几台甚至上百台相互隔离的虚拟服务器，不再受限于物理上的界限，而且它可将 CPU、内存、磁盘、I/O 等硬件变成可以动态管理的"资源池"，从而提高资源的利用率、简化系统管理、实现服务器整合、使 IT 对业务的变化更具适应力。

Hyper-V、VMware、KWM、Virtualbox、Xen、Qemu 等都是非常典型的虚拟化技术。Hyper-V 旨在为用户提供成本效益更高的虚拟化基础设施软件，从而为用户降低运作成本、提高硬件利用率、优化基础设施、提高服务器的可用性。

近年来发展起来的容器（Container）技术（如 Docker），是不同于 VMware 等典型虚拟化技术的一种新型轻量级虚拟化技术（也称为"容器型虚拟化技术"）。与 VMware 等典型虚拟化技术相比，容器技术具有启动速度快、资源利用率高、性能开销小等优点，由此受到业界青睐，并得到了越来越广泛的应用。

2. 分布式存储

面对"数据爆炸"的时代，由于集中式存储已经无法满足海量数据的存储需求，因此分布式存储应运而生。GFS 是 Google 推出的一个分布式文件系统，可以满足大型、分布式、对大量数据进行访问的应用需求。GFS 具有很好的硬件容错性，可以把数据存储到成百上千台服务器中，并可以在硬件出错的情况下尽量保证数据的完整性。GFS 还支持 GB 或者 TB 级超大文件的存储，一个大文件会被分成许多块，分散存储在由数百台服务器组成的集群中。HDFS 是对 GFS 的开源实现，它采用了更加简单的"一次写入、多次读取"文件模型。文件一旦创建、写入并关闭了，就只能对它执行读取操作，而不能对其执行任何修改操作。同时，HDFS 是基于 Java 实现的，具有强大的跨平台兼容性，只要是 JDK 支持的平台都可以兼容。

Google 后来又以 GFS 为基础开发了分布式数据管理系统 BigTable。BigTable 是一个稀疏、分布、持续多维度的排序映射数组，适于非结构化数据存储的数据库，具有高可靠性、高性能、可伸缩等特点，可在廉价 PC 服务器上搭建起大规模存储集群。HBase 是针对 BigTable 的开源实现。

3. 分布式计算

面对海量的数据，传统的单指令单数据流顺序执行的方式已经无法满足快速处理数据的需求。同时，用户也不能寄希望于通过硬件性能的不断提高来满足这种需求，因为晶体管电路已经逐渐接近其物理上的性能极限，摩尔定律已经开始慢慢失效，CPU 处理能力再也不会每隔 18 个月翻一番。在这样的大背景下，Google 提出了并行编程模型 MapReduce，它允许开发人员在不具备并行开发经验的前提下也能够开发出分布式的并行程序，并让其同时运行在数百台机器上，在短时间内完成海量数据的计算。MapReduce 将复杂的、运行于大规模集群上的并行计算过程抽象为 Map 函数和 Reduce 函数，并把一个大数据集切分成多个小的数据集，将其分布到不同的机器上进行并行处理，极大地提高了数据处理速度，可以有效满足许多应用对海量数据的批量处理需求。Hadoop 开源实现了分布式并行处理框架 MapReduce，被广泛应用于分布式计算。

4. 多租户技术

多租户技术的目的在于使大量用户能够共享同一堆栈的软硬件资源，每个用户按需使用资源，能够对软件服务进行客户化配置，而不影响其他用户的使用。多租户技术的核心包括数据隔离、客户化配置、架构扩展和性能定制。

5.5.3　云计算与大数据

云计算最初主要包含两类含义：一类是以 Google 的 GFS 和 MapReduce 为代表的大规模

分布式计算；另一类是以亚马逊的虚拟机和对象存储为代表的"按需租用"的商业模式。但是，随着大数据概念的提出，云计算中的分布式计算开始更多地被列入大数据技术，而人们提到云计算时，更多的是指底层基础资源的整合优化以及以服务的方式提供 IT 资源的商业模式（如 IaaS、PaaS、SaaS）。从云计算和大数据概念的诞生到现在，二者之间的关系非常微妙，既密不可分，又千差万别。因此，不能把云计算和大数据割裂开来作为截然不同的两类技术。

（1）云计算和大数据的区别。云计算旨在整合和优化各种 IT 资源，并通过网络以服务的方式廉价地提供给用户；大数据旨在对海量数据的存储、处理与分析，从海量数据中发现价值，服务于社会生产和生活。

（2）云计算和大数据的联系。从整体上看，大数据和云计算是相辅相成的。大数据根植于云计算，大数据分析的很多技术都来自于云计算，云计算的分布式数据存储和管理系统（包括分布式文件系统和分布式数据库系统）提供了海量数据的存储和管理能力，分布式并行处理框架 MapReduce 提供了海量数据分析能力，没有这些云计算作为支撑，大数据分析就无从谈起。反之，大数据为云计算提供了"用武之地"，没有大数据这个"练兵场"，云计算再先进，也不能发挥它的应用价值。可以说，云计算和大数据已经彼此渗透、相互融合，在很多应用场合都可以同时看到两者的身影。在未来，它们会继续相互促进、相互影响，更好地服务于社会生产和生活的各个领域。

5.6 大数据计算平台

5.6.1 Hadoop

Hadoop 作为一种开源的大数据处理架构，在业内得到了广泛的应用，几乎成为大数据技术的代名词。

虽然 Hadoop 在诞生之初，在架构设计和应用性能方面仍然存在一些不尽人意的地方，但是它在后续发展过程中逐渐得到了改进与提升。Hadoop 的改进与提升主要体现在两方面：一方面是 Hadoop 自身两大核心组件 MapReduce 和 HDFS 的架构设计改进；另一方面是 Hadoop 生态系统其他组件的不断丰富。通过这些改进与提升，Hadoop 可以支持更多的应用场景，提供更高的集群可用性，同时也带来了更高的资源利用率。

本节首先介绍 Hadoop 的局限与不足，并从全局视角系统总结对 Hadoop 的改进与提升；然后介绍 Hadoop 在自身核心组件方面的新发展；最后介绍 Hadoop 推出之后陆续涌现的具有代表性的 Hadoop 生态系统新组件，包括 Pig、Tez 和 Kafka 等，这些组件对 Hadoop 的局限进行了有效的改进，进一步丰富和发展了 Hadoop 生态系统。

5.6.1.1 Hadoop 的优化与发展

1. Hadoop 的局限与不足

Hadoop1.0 的核心组件（仅指 MapReduce 和 HDFS，不包括 Hadoop 生态系统内的 Pig、Hive、HBase 等其他组件）主要存在以下不足。

（1）抽象层次低。需要手工编写代码来完成，有时只是为了实现一个简单的功能，也需要编写大量的代码。

（2）表达能力有限。MapReduce 把复杂分布式编程工作高度抽象到 Map 函数和 Reduce 函数中，在降低开发人员程序开发复杂度的同时，也产生了表达能力有限的问题，实际生产环境中的一些应用是无法用简单的 Map 函数和 Reduce 函数来完成的。

（3）开发人员自己管理作业之间的依赖关系。一个作业只包含 Map 过程和 Reduce 过程，通常的实际应用问题需要大量的作业进行协作才能顺利解决，这些作业之间往往存在复杂的依赖关系，但是 MapReduce 本身并没有提供相关的机制对这些依赖关系进行有效管理，只能由开发人员自己管理。

（4）难以看到应用整体逻辑。用户的处理逻辑都隐藏在代码细节中，没有更高层次的抽象机制对应用整体逻辑进行设计，这就给代码理解和后期维护带来了困难。

（5）执行迭代操作效率低。对于一些大型的机器学习、数据挖掘任务，往往需要多轮迭代才能得到结果。采用 MapReduce 实现这些算法时，每次迭代都是一次执行 Map 任务、Reduce 任务的过程，这个过程的数据来自 HDFS，本次迭代的处理结果也被存放到 HDFS 中，继续用于下一次迭代过程。反复读写 HDFS 中的数据，大大降低了迭代操作的效率。

（6）资源浪费。在 MapReduce 框架设计中，Reduce 任务需要等待所有 Map 任务都完成后才可以执行，造成了不必要的资源浪费。

（7）实时性差。只适用于离线批数据处理，无法支持交互式数据处理、实时数据处理。

2. 针对 Hadoop 的改进与提升

针对 Hadoop1.0 存在的局限与不足，在后续发展过程中，Hadoop 对 MapReduce 和 HDFS 的许多方面做了有针对性的改进与提升。Hadoop 框架的改进如表 5.3 所示。

表 5.3　Hadoop 框架的改进

组件	Hadoop1.0 的问题	Hadoop2.0 的改进
HDFS	单一名称节点，存在单点故障问题	设计了 HDFS HA，提供名称节点热备份机制
	单一命名空间，无法实现资源隔离	设计了 HDFS 联邦，管理多个命名空间
MapReduce	资源管理效率低	设计了新的资源管理调度框架 YARN

同时，在 Hadoop 生态系统中也融入了更多的新组件，使得 Hadoop 功能更加完善，比较有代表性的组件包括 Pig、Oozie、Tez、Kafka 等。Hadoop 生态系统如表 5.4 所示。

表 5.4　Hadoop 生态系统

组件	功能	解决的 Hadoop 中存在的问题
Pig	处理大规模数据的脚本语言，用户只需要编写几条简单的语句，系统会自动转换为 Map 任务和 Reduce 任务	抽象层次低，需要手工编写大量代码
Oozie	工作流和协作服务引擎，协调 Hadoop 中运行的不同任务	没有提供作业依赖关系管理机制，需要开发人员自己处理作业之间的依赖关系
Tez	支持 DAG 作业的计算框架，对作业的操作进行重新分解和组合，形成一个大的 DAG 作业，减少不必要的操作	不同的 Map 任务和 Reduce 任务之间存在重复操作，降低了效率
Kafka	分布式发布订阅消息系统，一般作为企业大数据分析平台的数据交换枢纽，不同类型的分布式文件系统可以统一接入 Kafka，实现和 Hadoop 各个组件之间的不同类型数据的高效交换	Hadoop 生态系统中各个组件和其他产品之间缺乏统一的、高效的数据交换中介

5.6.1.2　新一代资源管理调度框架 YARN

本节首先介绍 MapReduce1.0 的缺陷，然后介绍新一代资源管理调度框架 YARN，包括该框架的设计思路、体系结构和工作流程。

1. MapReduce1.0 的缺陷

MapReduce1.0 的体系结构如图 5.19 所示。MapReduce1.0 采用 Master/Slave 结构设计，包括一个 JobTracker 和若干个 TaskTracker，前者负责作业的调度和资源的管理，后者负责执行 JobTracker 指派的具体 Task。这种结构设计具有一些难以消除的缺陷，具体如下。

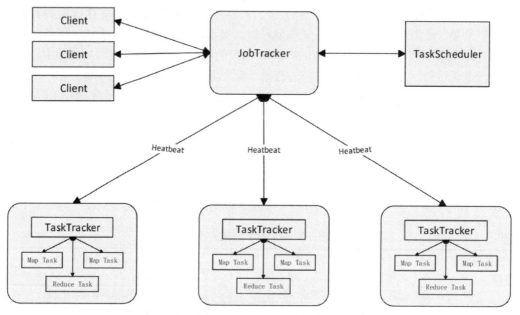

图 5.19　MapReduce1.0 的体系结构

（1）存在单点故障。由 JobTracker 负责所有 Map Task 和 Reduce Task 的调度，而系统中只有一个 JobTracker，因此会存在单点故障问题，即这个唯一的 JobTracker 出现故障就会导致系统不可用。

（2）JobTracker "大包大揽"导致 Task 过重。JobTracker 既要负责作业的调度和失败恢复，又要负责资源管理分配。执行过多的 Task 需要消耗大量的资源。例如，当存在非常多的 Map Task 和 Reduce Task 时，JobTracker 需要巨大的内存开销，这也潜在地增加了 JobTracker 失败的风险。正因如此，业内普遍总结出 MapReduce1.0 支持主机数目的上限为 4000 个。

（3）容易出现内存溢出。在 TaskTracker 端，资源的分配并不考虑 CPU、内存的实际使用情况，而只是根据 Map Task 和 Reduce Task 的数量来分配资源，当两个具有较大内存消耗的 Task 被分配到同一个 TaskTracker 上时，很容易发生内存溢出的情况。

（4）资源划分不合理。资源（CPU、内存）被强制等量划分成多个槽，槽又被进一步划分为 Map 槽和 Reduce 槽，分别供 Map Task 和 Reduce Task 使用，彼此之间不能使用分配给对方的槽，也就是说，当 Map Task 用完 Map 槽时，即使系统中还有大量剩余的 Reduce 槽，也不能拿来执行 Map Task，反之亦然。这就意味着，当系统中只存在单一 Map Task 或 Reduce Task 时，会造成资源的浪费。

2．YARN 的设计思路

为了克服 MapReduce1.0 的缺陷，Hadoop2.0 以后的版本对其核心子项目 MapReduce1.0 的体系结构进行了重新设计，生成了 MapReduce2.0 和 YARN。YARN 的设计思路如图 5.20 所示，其基本思路就是"放权"，即不让 JobTracker 承担过多的功能，把原 JobTracker 的功能（资源管理、任务调度和任务监控）进行拆分，分别交给不同的新组件去处理。重新设计后得到的 YARN 包括 ResourceManager、ApplicationMaster 和 NodeManager。其中，ResourceManager 负责资源管理，ApplicationMaster 负责任务调度和任务监控，NodeManager 负责执行原 TaskTracker 的 Task。通过这种"放权"设计，大大降低了 JobTracker 的负担，提高了系统运行的效率和稳定性。

在 Hadoop1.0 中，其核心子项目 MapReduce1.0 既是一个计算框架，也是一个资源管理调度框架。到了 Hadoop2.0 以后，MapReduce1.0 中的资源管理调度功能被单独分离出来形成了 YARN。YARN 是一个纯粹的资源管理调度框架，而不是一个计算框架。而被剥离了资源管理调度功能的 MapReduce1.0 就变成了 MapReduce2.0。MpaReduce2.0 是运行在 YARN 之上的一个纯粹的计算框架，不再自己负责资源管理调度服务，而是由 YARN 为其提供资源管理调度服务。

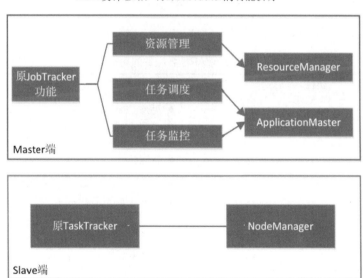

图 5.20　YARN 的设计思路

3．YARN 的体系结构

YARN 的体系结构如图 5.21 所示。YARN 包含的组件为 ResourceManager、ApplicationMaster 和 NodeManager。

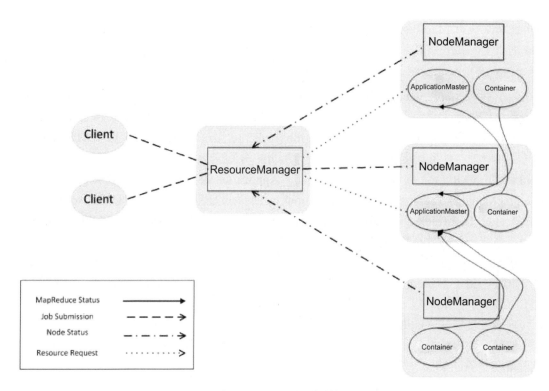

图 5.21　YARN 体系结构

表 5.5 所示为 YARN 各组件的功能。

表 5.5　YARN 各组件的功能

组件	功能
ResourceManager	● 处理 Client 的请求 ● 启动/监控 ApplicationMaster ● 监控 NodeManager ● 资源分配与调度
ApplicationMaster	● 为应用申请资源，并分配给内部任务 ● 任务调度、监控与容错
NodeManager	● 单个节点上的资源管理 ● 处理来自 ResourceManager 的命令 ● 处理来自 ApplicationMaster 的命令

　　ResourceManager 是一个全局的资源管理器，负责整个系统的资源管理和分配，主要包括调度器（Scheduler）和应用程序管理器（ApplicationManager）。Scheduler 主要负责资源管理和分配，不再负责跟踪和监控应用的执行状态，也不负责在任务失败时执行失败恢复，因为这些任务都已经交给 ApplicationMaster 来负责。Scheduler 接收来自 ApplicationMaster 的应用资源请求，并根据容量队列等限制条件（如每个队列分配一定的资源，最多执行一定数量的作业等），把集群中的资源以"Container"的形式分配给提出申请的应用，Container 的选择通常会考虑应用所要处理的数据位置，就近选择，从而实现"计算向数据靠拢"。在

MapReduce1.0 中，资源分配的单位是"槽"，而在 YARN 中是以 Container 作为动态资源分配单位，每个 Container 中都封装了一定数量的 CPU、内存、磁盘等资源，从而限定每个应用可以使用的资源量。同时，在 YARN 中 Scheduler 被设计成一个可插拔的组件。YARN 不仅自身提供了许多种直接可用的 Scheduler，也允许用户根据自己的需求重新设计 Scheduler。ApplicationManager 负责系统中所有应用的管理工作，主要包括应用提交、与 Scheduler 协商资源以启动 ApplicationMaster、监控 ApplicationMaster 运行状态并在失败时重新启动等。

在 Hadoop 平台上，用户的应用是以作业的形式提交的，一个作业会被分解成多个任务（包括 Map 任务和 Reduce 任务）进行分布式执行。ResourceManager 接收用户提交的作业，按照作业的上下文信息及从 NodeManager 收集的 Container 状态信息，启动调度过程，为用户作业启动一个 ApplicationMaster。ApplicationMaster 的主要功能如下。

（1）当用户提交作业时，ApplicationMaster 与 ResourceManager 协商获取资源，ResourceManager 会以 Container 的形式为 ApplicationMaster 分配资源。

（2）把获得的资源进一步分配给内部的各个任务（Map 或 Reduce 任务），实现资源的"二次分配"。

（3）与 NodeManager 保持交互通信进行应用的启动、运行、监控和停止，监控申请到的资源使用情况，对所有任务的执行进度和状态进行监控，并在任务失败时执行失败恢复（重新申请资源重启任务）。

（4）定时向 ResourceManager 发送心跳消息，报告资源的使用情况和应用的进度信息。

（5）当作业完成时，ApplicationMaster 向 ResourceManager 注销 Container，执行周期完成。

NodeManager 是驻留在 YARN 中的每个节点上的代理，主要负责 Container 生命周期管理，监控每个 Container 的资源（CPU、内存等）使用情况，跟踪节点健康状况，并以"心跳"方式与 ResourceManager 保持通信，向 ResourceManager 汇报作业的资源使用情况和每个 Container 的运行状态，同时，它还要接收来自 ApplicationMaster 的启动、停止 Container 的各种请求。需要说明的是，NodeManager 主要负责管理抽象的 Container，只处理与 Container 相关的事情，而不具体负责每个任务（Map 或 Reduce 任务）自身状态的管理，因为这些管理工作是由 ApplicationMaster 完成的，ApplicationMaster 会通过不断与 NodeManager 通信来掌握各个任务的执行状态。

在集群部署方面，YARN 的各组件是和 Hadoop 集群中其他组件进行统一部署的，如图 5.22 所示，YARN 的 ResourceManager 和 HDFS 的 NameNode 部署在一个节点上，YARN 的 ApplicationMaster 及 NodeManager 是和 HDFS 的 DataNode 部署在一个节点上的。YARN 中的 Container 代表了 CPU、内存等资源，它也是和 HDFS 的 DataNode 部署在一个节点上的。

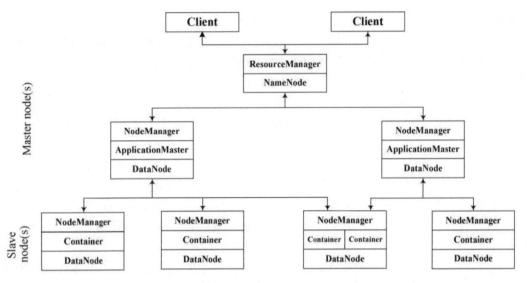

图 5.22　YARN 的各组件和 Hadoop 集群中其他组件的统一部署

4. YARN 的工作流程

YARN 的工作流程如图 5.23 所示。在 YARN 中执行 Map Task 和 Reduce Task 时，从提交到完成需要经历如下步骤。

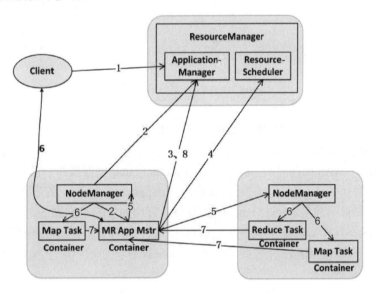

图 5.23　YARN 的工作流程

（1）用户编写 Client 应用，向 YARN 提交应用，提交的内容包括 ApplicationMaster 应用、启动 ApplicationMaster 的命令、用户程序等。

（2）YARN 中的 ResourceManager 负责接收和处理来自 Client 的请求。接到 Client 应用请求后，ResourceManager 中的 Scheduler 会为应用分配一个 Container。同时，ResourceManager 的 ApplicationManager 会与该 Container 所在的 NodeManager 通信，为该应用在该 Container 中启动一个 ApplicationMaster（图 5.23 中的"MR App Mstr"）。

（3）ApplicationMaster 被创建后会先向 ResourceManager 注册，从而使得用户可以通过

ResourceManager 来直接查看应用的运行状态。接下来的步骤（4）到步骤（8）是具体的应用执行步骤。

（4）ApplicationMaster 采用轮询的方式通过 RPC 协议向 ResourceManager 申请资源。

（5）ResourceManager 以 Container 的形式向提出申请的 ApplicationMaster 分配资源。ApplicationMaster 一旦申请到资源就与该 Container 所在的 NodeManager 进行通信，要求它启动 Task。

（6）当 ApplicationMaster 要求 Container 启动 Task 时，它会为 Task 设置好运行环境（包括环境变量、JAR 包、二进制程序等），将 Task 启动命令写到一个脚本中，并通过 Container 运行该脚本来启动 Task。

（7）各个 Task 通过某个 RPC 协议向 ApplicationMaster 汇报自己的状态和进度，让 ApplicationMaster 可以随时掌握各个 Task 的执行状态，从而可以在 Task 失败时重新启动 Task。

（8）应用运行完成后，ApplicationMaster 向 ResourceManager 的 ApplicationManager 注销并关闭自己。若 ApplicationMaster 因故失败，则 ResourceManager 中的 ApplicationManager 会监测到失败的情形并将其重新启动，直到所有的 Task 执行完毕。

5.6.1.3　Hadoop 生态系统中具有代表性的组件

本节将介绍 Hadoop 生态系统中具有代表性的组件，包括 Pig、Tez 和 Kafka。

1. Pig

Pig 是 Hadoop 生态系统的一个组件，提供了类似 SQL 的 Pig Latin 语言（包含 Filter、GroupBy、Join、OrderBy 等操作，同时也支持用户自定义函数），允许用户通过编写简单的脚本来实现复杂的数据分析，而不需要编写复杂的 MapReduce 应用。Pig 会自动把用户编写的脚本转换成 MapReduce 作业在 Hadoop 集群上运行，而且具备对生成的 MapReduce 应用进行自动优化的功能。所以，用户在编写应用时，不需要关心应用的运行效率，这就大大缩短了用户编程时间。因此，通过配合使用 Pig 和 Hadoop，在处理海量数据时就可以实现事半功倍的效果，比使用 Java、C++等语言编写 MapReduce 应用的难度要小很多，并且用更少的代码量实现了相同的数据处理分析功能。

2. Tez

Tez 是 Apache 开源的支持 DAG 作业的计算框架，直接源于 MapReduce 框架，其核心思想是将 Map 操作和 Reduce 操作进一步进行拆分，即 Map 操作被拆分成 Input、Processor、Sort、Merge 和 Output，Reduce 操作被拆分成 Input、Shuffle、Sort、Merge、Processor 和 Output，经过分解后的这些元操作可以进行自由任意组合产生新的操作，经过一些控制程序组装后就可形成一个大的 DAG 作业。

通过 DAG 作业的方式运行 MapReduce 作业，提供了应用运行的整体处理逻辑，就可以去除工作流当中多余的 Map 过程，减少不必要的操作，提高数据处理的性能。Hortonworks 把 Tez 应用到数据仓库 Hive 的优化中，使得 Hive 性能提高了约 100 倍。

3. Kafka

Kafka 是由 LinkedIn 开发的一个高吞吐量的分布式发布订阅消息系统，用户通过 Kafka 可以发布大量的消息，同时也能实时订阅消费消息。Kafka 设计的初衷是构建一个可以处理海量日志、用户行为和网站运营统计等的数据处理框架。为了满足上述应用需求，就需要同时提供实时在线处理的低延迟和批量离线处理的高吞吐量。现有的一些消息队列框架，通常设计了完备的机制来保证消息传输的可靠性，但是由此会带来较大的系统负担，在批量处理海量数据时无法满足高吞吐量的需求；有一些消息队列框架则被设计成实时消息处理系统，虽然可以带来很高的实时处理性能，但是在面对批量离线场合时却无法提供足够的持久性，即可能发生消息丢失。同时，在大数据时代涌现的新的日志采集系统（Flume、Scribe 等）往往更擅长批量离线处理，而不能较好地支持实时在线处理。相对而言 Kafka 可以同时满足在线实时处理和批量离线处理。

最近几年，Kafka 在大数据生态系统中开始发挥着越来越重要的作用，在 Uber、Twitter、Netflix、LinkedIn、Yahoo！、Cisco、Goldman Sachs 等公司得到了大量的应用。目前，在很多公司的大数据平台中，Kafka 通常扮演数据交换枢纽的角色。

5.6.2　Spark

Spark 最初诞生于美国加州大学伯克利分校的 AMP（Algorithms Machines and People）实验室，是个可应用于大规模数据处理的快速、通用引擎，如今是 Apache 软件基金会下的顶级开源项目之一。Spark 最初的设计初衷是使数据分析更快——不仅运行速度快，还能快速、容易地编写应用。为了使应用运行更快，Spark 提供了内存计算，降低了迭代计算时的 I/O 开销；而为了使编写应用更为容易，Spark 使用简练、优雅的 Scala 语言编写，基于 Scala 提供了交互式的编程体验。虽然 Hadoop 已成为大数据的事实标准，但是 MapReduce 仍存在诸多缺陷，而 Spark 不仅具备了 MapReduce 的优点，还解决了 MapReduce 的缺陷。Spark 正以其结构一体化、功能多元化的优势逐渐成为当今大数据领域最热门的大数据计算平台。本节首先简单介绍了 Spark 与 Scala；然后分析了 Spark 与 Hadoop 的区别，认识 MapReduce 的缺点与 Spark 的优点；最后讲解了 Spark 的生态系统和架构设计及其运行基本流程。

5.6.2.1　概述

本节简要介绍大数据处理框架 Spark 和多范式编程语言 Scala，并对 Spark 与 Hadoop 的区别做了介绍。

1．Spark 的简介

Spark 是基于内存计算的大数据并行计算框架，可用于构建大型的、低延迟的数据分析应用。Spark 在诞生之初属于研究性项目，其诸多核心理念均源自学术研究论文。2013 年，Spark 加入 Apache 孵化器项目后开始获得迅猛发展，如今它已成为 Apache 软件基金会最重要的 3 大分布式计算系统开源项目之一（Hadoop、Spark、Storm）。

Spark 作为大数据计算平台的后起之秀，在 2014 年打破了 Hadoop 保持的基准排序纪录，使用 206 个节点在 23min 的时间里完成了 100TB 数据的排序，而 Hadoop 则是使用 2000 个节点在 72min 的时间里才完成同样数据的排序。也就是说，Spark 仅使用了十分之一的计算资源，获得了比 Hadoop 快 3 倍的速度。新纪录的诞生，使得 Spark 得到多方追捧，也表明了 Spark 是一个更加快速、高效的大数据计算平台。

Spark 具有如下主要特点。

（1）运行速度快。Spark 使用先进的 DAG 执行引擎，以支持循环流数据与内存计算，基于内存的执行速度可比 MapReduce 快上百倍,基于磁盘的执行速度也比 MapReduce 快十倍。

（2）容易使用。Spark 支持使用 Scala、Java、Python 和 R 进行编程，简洁的 API 设计有助于用户轻松构建应用，并且可以通过 Spark Shell 进行交互式编程。

（3）通用性。Spark 提供了完整而强大的技术栈，包括 SQL 查询、流计算、机器学习组件，这些组件可以无缝整合在同一个应用中，足以应对复杂的计算。

（4）运行模式多样。Spark 可运行于独立的集群模式或者 Hadoop 中，也可运行于 Amazon EC2 等云环境中，并且可以访问 HDFS、Cassandra、HBase、Hive 等多种数据源。

2．Scala 的简介

Scala 是一种现代的多范式编程语言，平滑地集成了面向对象和函数式语言的特性，旨在以简练、优雅的方式来表达常用编程模式。Scala 语言的名称来自于可扩展的语言，从写小脚本到建立大系统的编程任务均可胜任。Scala 运行于 JVM 上，并兼容现有的 Java 程序。

Spark 的设计目的之一就是使应用编写更快、更容易，这也是 Spark 选择 Scala 的原因所在。总体而言，Scala 具有以下突出的优点。

（1）Scala 具备强大的并发性，支持函数式编程，可以更好地支持分布式计算系统。

（2）Scala 语法简洁，能提供优雅的 API。

（3）Scala 兼容 Java，运行速度快，且能融合到 Hadoop 生态系统中。

实际上，AMP 实验室的大部分核心产品都是使用 Scala 开发的。Scala 近年来也吸引了不少开发人员的眼球，如知名社交网站 Twitter 已将代码从 Ruby 转到了 Scala。

Scala 是 Spark 的主要编程语言，但 Spark 还支持 Java、Python、R 作为编程语言。因此，若仅仅是编写 Spark 应用，则并非一定要用 Scala。Scala 的优势是提供了 REPL（Read Eval Print Loop，交互式解释器），因此在 Spark Shell 中可进行交互式编程（表达式计算完成就会输出结果，而不必等到整个应用运行完毕，因此可即时查看中间结果，并对应用进行修改），这样可以在很大程度上提高了开发效率。

3．Spark 与 Hadoop 的区别

Hadoop 虽然已成为大数据技术的事实标准，但其本身还存在诸多缺陷，最主要的缺陷是其 MapReduce 延迟过高，无法胜任实时、快速计算的需求，因此它只适用于离线批处理的应用场景。

回顾 Hadoop 的工作流程，可以发现 Hadoop 存在以下缺点。

（1）表达能力有限。计算都必须要转化成 Map 函数和 Reduce 函数，但这并不适合所有的情况，难以描述复杂的数据处理过程。

（2）磁盘 I/O 开销大。每次执行任务时都需要从磁盘读取数据，并且在计算完成后需要将中间结果写入磁盘，I/O 开销较大。

（3）延迟高。一次计算可能需要分解成一系列按顺序执行的 Map 任务和 Reduce 任务，任务之间的衔接由于涉及 I/O 开销，会产生较高延迟。而且，在前一个任务执行完成之前，其他任务无法开始，因此难以胜任复杂、多阶段的计算任务。

Spark 在借鉴 MapReduce 优点的同时，很好地解决了 MapReduce 的缺陷。相比于 MapReduce，Spark 主要具有如下优点。

（1）Spark 的计算模式也属于 MapReduce，但不局限于 Map 操作和 Reduce 操作，还提供了多种数据集操作类型，编程模型比 MapReduce 更灵活。

（2）Spark 提供了内存计算，中间结果直接存储在内存中，带来了更高的迭代计算效率。

（3）Spark 基于 DAG 的任务调度执行机制，要优于 MapReduce 的迭代执行机制。

Spark 最大的特点就是将计算数据、中间结果都存储在内存中，大大降低了 I/O 开销。因此，Spark 更适合于迭代计算比较多的数据挖掘与机器学习运算。

使用 Hadoop 进行迭代计算非常耗资源，因为每次迭代都需要从磁盘中写入、读取中间数据，I/O 开销大。而 Spark 将数据载入内存后，之后的迭代计算都可以直接使用内存中的中间结果作运算，避免了从磁盘中频繁读取数据。Hadoop 与 Spark 在执行逻辑回归时所需的时间相差巨大。

在实际进行应用开发时，使用 Hadoop 需要编写不少相对底层的代码，不够高效。相对而言，Spark 提供了多种高层次、简洁的 API。通常情况下，对于实现相同功能的应用，Hadoop 的代码量要比 Spark 多 2～5 倍。更重要的是，Spark 提供了实时交互式编程反馈，可以方便地验证、调整算法。

尽管 Spark 相对于 Hadoop 而言具有较大优势，但 Spark 并不能完全替代 Hadoop，主要用于替代 Hadoop 中的 MapReduce。实际上，Spark 已经很好地融入了 Hadoop 生态系统，并成为其中的重要组件，它可以借助于 YARN 实现资源管理调度，借助于 HDFS 实现分布式存储。此外，Hadoop 可以使用廉价的、异构的机器来做分布式存储与计算，但是 Spark 对硬件的要求稍高一些，对内存与 CPU 也有一定要求。

5.6.2.2　Spark 生态系统

在实际应用中，大数据处理主要包括以下应用场景。

（1）复杂的批量数据处理：时间跨度通常在数十分钟到数小时之间。

（2）基于历史数据的交互式查询：时间跨度通常在数十秒到数分钟之间。

（3）基于实时流数据的数据处理：时间跨度通常在数百毫秒到数秒之间。

目前，已有很多相对成熟的开源软件用于处理以上应用情景。例如，可以利用 MapReduce 来进行复杂的批量数据处理，可以用 Impala 来进行基于历史数据的交互式查询（Impala 与 Hive 相似，但底层引擎不同，提供了实时交互式 SQL 查询），对于流数据处理可以采用开源流计算框架 Storm。一些企业可能只会涉及其中部分应用场景，故其只需部署相应软件即可满足业务需求，但是对于互联网公司而言，通常会同时存在以上应用场景，故其就需要同时部署三种不同的软件，这样做难免会带来以下问题。

（1）不同应用场景之间输入、输出数据无法做到无缝共享，通常需要进行数据格式的转换。

（2）不同的软件需要不同的开发和维护团队，带来了较高的使用成本。

（3）比较难以对同一个集群中的各个系统进行统一的资源协调和分配。

Spark 的设计遵循"一个软件栈满足不同应用场景"的理念，逐渐形成了一套完整的生态系统，既能够提供内存计算框架，也可以支持 SQL 即席查询、实时流计算、机器学习和图计算等。Spark 可以部署在资源管理调度框架 YARN 中，提供一站式的大数据解决方案。因此，Spark 生态系统足以应对上述应用场景，即同时支持复杂的批量数据处理、基于历史数据的交互式查询和基于实时流数据的数据处理。

现在，Spark 生态系统已经成为伯克利数据分析软件栈（Berkeley Data Analytics Stack，

BDAS）的重要组成部分。BDAS 的架构如图 5.24 所示，可以看出，Spark 专注于数据的处理分析，而数据的存储还是要借助于 HDFS、S3 等来实现的。因此，Spark 生态系统可以很好地实现与 Hadoop 生态系统的兼容，使得现有 Hadoop 应用可以非常容易地迁移到 Spark 生态系统中。

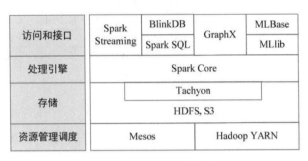

图 5.24　BADS 的架构

Spark 生态系统主要包含了 Spark Core、Spark SQL、Spark Streaming、MLlib 和 GraphX 等组件，部分组件的具体功能如下。

1. Spark Core

Spark Core 包含 Spark 的基本功能，如内存计算、任务调度、部署模式、故障恢复、存储管理等，主要面向批量数据处理。Spark 建立在统一的抽象 RDD（Resilient Distributed DataSet，弹性分布式数据集）之上，使其可以以基本一致的方式应对不同的大数据处理场景。

2. Spark SQL

Spark SQL 允许开发人员直接处理 RDD，同时也可查询 Hive、HBase 等外部数据源。Spark SQL 的一个重要特点是其能够统一处理关系表和 RDD，使得开发人员不需要自己编写 Spark 应用，就可以轻松地使用 SQL 命令进行查询，并进行更复杂的数据分析。

3. Spark Streaming

Spark Streaming 支持高吞吐量、可容错处理的实时流数据处理，其核心思路是将流数据分解成一系列短小的批处理作业。每个短小的批处理作业都可以使用 Spark Core 进行快速处理。Spark Streaming 支持多种数据输入源，如 Kafka、Flume 和 TCP 套接字等。

4. MLlib

MLlib 提供了常用机器学习算法的实现，包括聚类、分类、回归、协同过滤等，降低了机器学习的门槛。开发人员只要具备一定的理论知识就能进行机器学习的工作。

5. GraphX

GraphX 是 Spark 中用于图计算的 API，可认为是 Pregel 在 Spark 上的重写及优化，它的性能良好，拥有丰富的功能和运算符，能在海量数据上自如地运行复杂的图计算。

需要说明的是，无论是 Spark SQL、Spark Streaming、MLlib 还是 GraphX，都可以使用 Spark Core 的 API 处理问题，它们的使用方法几乎是通用的，处理的数据也可以共享，不同应用之间的数据可以无缝集成。

不同应用场景下可选用的 Spark 生态系统中的组件和其他框架如表 5.6 所示。

表 5.6　不同应用场景下可选用的 Spark 生态系统中的组件和其他框架

应用场景	时间跨度	其他框架	Spark 生态系统中的组件
复杂的批量数据处理	数十分钟到数小时级	MapReduce、Hive	Spark Core
基于历史数据的交互式查询	数十秒到数分钟之间	Impala、Dremel、Drill	Spark SQL
基于实时流数据的数据处理	数百毫秒到数秒之间	Storm、S4	Spark Streaming
基于历史数据的数据挖掘	—	Mahout	MLlib
图结构数据的处理	—	Pregel、Hama	GraphX

5.6.2.3　Spark 运行的架构

本节首先介绍 Spark 的基本概念，然后介绍 Spark 运行的架构，最后介绍 Spark 运行的基本流程。

1. Spark 的基本概念

在讲解 Spark 的架构设计之前，需要先了解以下关于 Spark 的基本概念。

（1）RDD：分布式内存的一个抽象概念，提供了一种高度受限的共享内存模型。

（2）DAG：反映 RDD 之间的依赖关系。

（3）Executor：运行在 Worker 上的一个进程，负责运行 Task，并为应用存储数据。

（4）应用：用户编写的 Spark 应用。

（5）任务：运行在 Executor 上的工作单元。

（6）作业：一个作业包含多个 RDD 及作用于相应 RDD 上的各种操作。

（7）阶段：是作业的基本调度单位，一个作业会分为多组 Task，每组 Task 称为"阶段"，或者称为"Taskset（任务集）"。

2. Spark 运行架构

Spark 运行的架构如图 5.25 所示，包括 Cluster Manager（集群资源管理器）、运行作业 Task 的 Worker、每个应用的任务控制节点（Driver Program）和每个 Worker 上负责具体 Task 的 Executor。其中，Cluster Manager 可以是 Spark 自带的资源管理器，也可以是 YARN 或 Mesos 等资源管理框架。

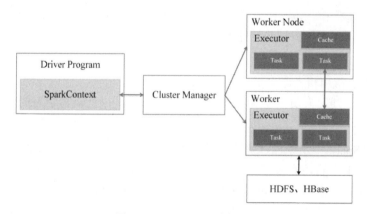

图 5.25　Spark 运行的架构

与 MapReduce 相比，Spark 所采用的 Executor 有以下优点：利用多线程来执行具体的 Task（MapReduce 采用的是进程模型），降低 Task 的启动开销；Task Executor 中有一个 Block Manager 存储模块，会将内存和磁盘作为存储设备，当需要多轮迭代计算时，可以将中间结果存储到这个存储模块中，下次需要时就可以直接读取该存储模块中的数据，而不需要读写到 HDFS 等文件系统中，因此有效降低了开销；或者在交互式查询场景下，预先将表缓存到该存储模块中，从而提高读写 I/O 性能。Spark 中各种概念之间的相互关系如图 5.26 所示。总体而言，在 Spark 中，一个应用由一个 Driver Program 和若干个作业构成，一个作业由多个阶段构成，每个阶段由多个 Task 组成。当执行一个应用时，Driver Program 会先向 Cluster Manager 申请资源，启动 Executor，并向 Executor 发送应用代码和文件，然后在 Executor 上执行 Task，执行结束后执行结果会返给 Driver Program，或者写到 HDFS 或其他数据库中。

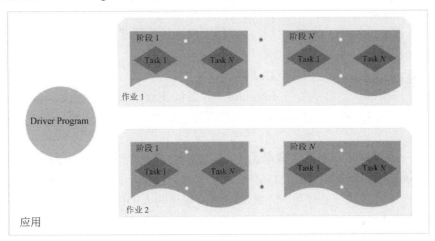

图 5.26　Spark 中各种概念之间的相互关系

3. Spark 运行的基本流程

Spark 运行的基本流程如图 5.27 所示。

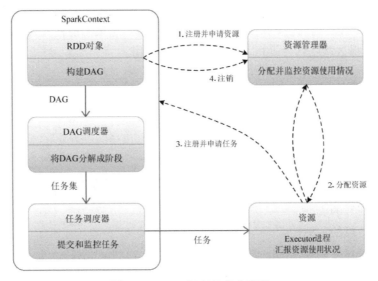

图 5.27　Spark 运行的基本流程

159

（1）当一个 Spark 应用被提交时，首先需要为这个应用构建起基本的运行环境，即由 Driver Program 创建一个 SparkContext，由 SparkContext 负责和资源管理器的通信及进行资源的申请、任务的分配和监控等。SparkContext 会向资源管理器注册并申请运行 Executor 的资源。

（2）资源管理器为 Executor 分配资源，并启动 Executor，Executor 运行情况将随着"心跳"信息发送到资源管理器上。

（3）SparkContext 根据 RDD 的依赖关系构建 DAG，并将 DAG 提交给 DAG 调度器进行解析。DAG 调度器将 DAG 分解成多个阶段（每个阶段都是一个任务集），并且计算出各个阶段之间的依赖关系，把一个一个任务集提交给底层的任务调度器进行处理；Executor 向 SparkContext 申请任务，任务调度器将任务分发给 Executor 执行，同时 SparkContext 将应用代码发放给 Executor。

（4）任务在 Executor 上执行，执行结果被反馈给任务调度器和 DAG 调度器，执行完毕后写入数据并释放所有资源。

总体而言，Spark 运行架构具有以下特点。

（1）每个应用都有自己专属的 Executor，并且该 Executor 在应用运行期间一直驻留。Executor 以多线程的方式执行任务，降低了多进程任务频繁的启动开销，使得任务执行变得非常高效和可靠。

（2）Spark 运行过程与资源管理器无关，只要能够获取 Executor 并与其保持通信即可。

（3）Executor 上有一个 Block Manager 存储模块，类似于键值存储（把内存和磁盘作为存储设备），在处理迭代计算任务时不需要把中间结果写入 HDFS 等文件系统，而是直接存储在这个存储模块中，后续有需要时就可以直接读取；在交互式查询场景下，也可以把表提前缓存到这个存储模块上，提高读写 I/O 性能。

（4）任务采用了数据本地性和推测执行等优化机制。数据本地性是尽量将计算移到数据所在的节点上进行，即计算向数据靠拢，因为移动计算比移动数据所占的网络资源要少得多。而且，Spark 采用了延时调度机制，可以在更大程度上实现执行过程优化。例如，拥有数据的节点当前正被其他的任务占用，那么在这种情况下是否需要将数据移动到其他的空闲节点上呢？答案是不一定。因为，如果经过预测发现当前节点结束当前任务的时间要比移动数据的时间还要少，那么调度就会等待，直到当前节点可用。

思考题

1. 简述 MapReduce 的计算过程。
2. 简述本章列举的大数据计算模式的异同。
3. 简述云计算的服务模式。
4. 简述云计算的类型。
5. 简述云计算的关键技术。
6. 简述云计算与大数据的区别与联系。

7．简述 YARN 各组件的功能。

8．简述 Spark RDD 依赖关系区别。

9．简述 Spark 的运行架构。

10．简述 Hadoop1.0 的改进与提升。

11．使用代码实现一个简单的词频统计 MapReduce 应用。

12．介绍一个本章未详细介绍的大数据计算平台或工具，形成报告。

第6章

大数据挖掘

课程思政

虽然数据采集和数据存储技术的快速进步使得各组织机构可以积累海量数据，但从中提取有用的信息成为了巨大的挑战。通常情况下，处理海量数据无法使用传统的数据分析工具和技术，即使数据集相对较小，也会因为数据本身具有的一些非传统特点而不能使用传统的数据分析技术对其进行处理。此外，处理海量数据所面临的具体问题在一些情况下也可能无法使用现有的数据分析技术来解决。因此，在大数据的背景下，数据挖掘成为人们处理海量数据时必不可少的技术，它将传统的数据分析技术与处理海量数据的复杂算法相结合，帮助人们从海量且杂乱无章的数据中发现潜藏的有用信息，以创造出巨大的经济效益。

本章围绕数据挖掘的原理，主要介绍了数据挖掘的基础、数据挖掘的主要任务、典型的实现算法及数据挖掘的并行算法，由浅入深，使读者对数据挖掘知识有一个更为深入的了解。

6.1 数据挖掘的基础

面对大数据背景下出现的问题，人们可通过数据挖掘的相关知识来解决。因此，人们首先要掌握数据挖掘的基础知识。本节将简单介绍数据挖掘的基础，包括数据挖掘的背景、意义、主要任务、对象和工具。

6.1.1 数据挖掘的概述

6.1.1.1 数据挖掘的背景

1. 海量数据的分析需求

世界知名的数据库专家阿尔夫·金博尔说过，我们花了多年的时间将数据放入数据库，如今是该将它们拿出来的时候了。现在无论是线下的大超市还是线上的商城，每天都会产生TB 级以上的数据量。以往人们得不到想要的数据，是因为数据库中没有数据，而现在仍然无法快捷地得到想要的数据，其原因是数据库中的数据太多了，并且缺少获取数据库中利于决策的有价值数据的有效方法。

据统计，《纽约时报》报纸的版面由 20 世纪 60 年代的 10～20 版扩张到 100～200 版，最高曾达 1572 版；《北京青年报》报纸的版面是 16～40 版；《市场营销报》报纸的版面已达100 版。然而在现实社会中，人均日阅读时间通常为 30～45min，只能浏览一份 24 版的报纸。大量的信息在给人们带来便利的同时也带来了许多问题：信息过量，难以消化；信息真假难以辨识；信息安全难以保证；信息的形式并不总是相同的，很难统一处理。人们开始考虑怎么样才能不被信息的海洋所淹没，并且从大量的信息中发现有价值的知识、提高信息利用率。因此，海量数据的分析需求催生了数据挖掘。

2. "数据爆炸但知识贫乏"的现象

数据库技术的飞速发展和数据库管理系统的广泛应用，导致数据的积累速度变快，数量不断增加。在爆炸性增长的数据中隐藏着许多重要的、有价值的信息，人们希望能够深入分析这些数据，以达到提高数据利用率的目的。数据库管理系统已经实现了高效输入、查询、统计等功能，但是数据中存在的关联关系和规则仍然无法被发现，无法通过分析现有数据来预测未来的发展趋势，缺少挖掘数据背后有用信息的手段，导致"数据爆炸但知识贫乏"现象的出现。因此，人们迫切需要功能强大的工具去挖掘海量数据背后的有用信息，让数据成为真正意义上的知识源泉，于是数据挖掘应运而生。

6.1.1.2　数据挖掘的意义

数据挖掘是一门新兴技术，它的历史比较短，但自从 1995 年提出这个概念以来其发展十分迅猛。由于它是多学科交叉综合的产物，所以还没有一个公认的、完整的定义。

目前，已经提出的数据挖掘的定义有 SAS 研究所给出的定义（1997），数据挖掘是指在大量相关数据基础之上进行数据探索和建立相关模型的先进方法；Bhavani 给出的定义（1999），数据挖掘是指使用模式识别、统计和数学技术，在大量的数据中发现有意义的新关系、模式和趋势的过程；Handetal 给出的定义（2000），数据挖掘是指在大型数据库中寻找有意义、有价值信息的过程。现在人们都比较认可的定义是：数据挖掘是指从大量的、不完全的、有噪声的、模糊的、随机的数据中，提取隐含在其中的、人们事先不知道但又是潜在有用信息的过程。这些信息的表现形式为规则、概念、规律及模式等。

这一定义包括以下多层含义。

（1）数据源必须是真实的、海量的、有噪声的。

（2）发现的是用户感兴趣、新颖的信息。

（3）发现的信息应该可接受、可理解、可运用、有价值。

（4）信息的形式可以是概念、规则、模式、规律等。

此外还存在一些与数据挖掘具有类似含义的术语，如数据库知识发现（Knowledge Discovery in Database，KDD）、数据/模式分析、数据考古和数据捕捞等。许多人把数据挖掘等同于数据库中的 KDD，实际上数据挖掘是数据库中 KDD 不可缺少的一部分，而 KDD 是将未加工的数据转换为有用信息的过程，如图 6.1 所示。该过程包括一系列转换步骤，从数据的预处理到数据挖掘结果的后处理。

输入数据可以以各种形式存储（平展文件、电子数据表或关系表），并且可以驻留在集中的数据库中，或分布在多个站点上。数据预处理的目的是将未加工的输入数据转换成适合分析的形式。数据预处理涉及的步骤包括融合来自多个数据源的数据，清洗数据以消除噪声和重复的观测值，选择与当前数据挖掘相关的记录和特征。由于收集和存储数据的方式多种多样，数据预处理可能是整个 KDD 过程中最费力、最耗时的步骤。

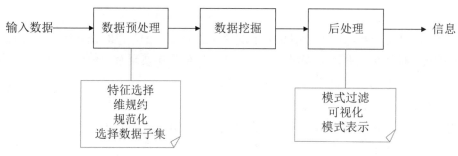

图 6.1　KDD 的过程

6.1.2　数据挖掘的主要任务

通常情况下，数据挖掘任务可以分为以下两大类。

（1）预测类任务。这类任务的目标是根据其他属性的值，预测特定属性的值。被预测的属性一般称为目标变量或因变量，而用来做预测的属性称为说明变量或自变量。

（2）描述类任务。其目标是导出概括数据中潜在联系的模式（相关、趋势、聚类、轨迹和异常）。本质上，描述类任务通常是探查性的，并且常常需要后处理技术验证和解释结果。

图 6.2 所示为数据挖掘的主要任务，具体包括聚类分析（Cluster Analysis）、预测建模（Predictive Modeling）（分类和回归）、关联分析（Association Analysis）、异常检测（Anomaly Detection）。

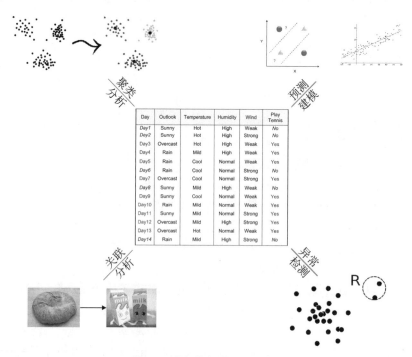

图 6.2　数据挖掘的主要任务

1．聚类分析

聚类是一种查找隐藏在数据之间内在结构的技术，它将所有的样本数据组织成一些相似的组，根据样本数据的特点对其进行分类，使得同一类别中的数据实例具有相似性的特点，不同类别的数据实例相似性应尽可能小。

聚类与分类不同。分类需要先定义类别和训练样本，是一种监督学习；聚类是一种无监督学习，进行聚类分析时并不知道数据能够被分成多少类，在聚类分析中数据类别或者分组信息是未知的。

聚类分析完全基于原始数据，没有任何关于类别的信息可供参考。聚类分析输入的是一组未被标记的数据，根据数据自身的距离或相似性进行划分。划分的原则是保持组内的最大相似性和组间的最小相似性，即尽可能地使不同组的数据相似性小，相同组的数据相似性大。聚类分析可用来对相关的顾客分组、找出显著影响地球气候的海洋区域及压缩数据等。此外，还可以执行异常挖掘，如网络入侵检测或财务风险欺诈检测。

表 6.1 所示为典型的聚类算法。

表 6.1　典型的聚类算法

算法名称	算法描述
k-means 算法	k-means 算法是将平均值作为类"中心"的一种分割聚类算法
PAM 算法	PAM 算法是 k-中心点算法，它是对 k-means 算法的一种改进，大大削弱了离群值的敏感度
CLARA 算法	CLARA 算法随机地抽取多个样本，针对每个样本寻找其代表对象，并对全部的数据对象进行聚类，从中选择质量最好的聚类结果作为最终结果
CLARAN 算法	CLARAN 算法与 CLARA 算法类似，但是该算法寻找代表对象时并不仅局限于样本集而是在整个数据集通过随机抽样进行寻找
DBSCAN 算法	DBSCAN 算法作为一种基于高密度连通区域的聚类算法，它将类簇定义为高密度相连点的最大集合
OPTICS 算法	OPTICS 算法额外存储了每个对象的核心距离和可达距离。基于 OPTICS 产生的排序信息来提取类簇
谱聚类算法	谱聚类算法是一种基于图论的聚类算法，具有能在任意形状的样本空间上聚类且收敛于全局最优解的优点

2．预测建模

预测建模是通过变量函数的方式为因变量建立模型。预测建模任务通常分为两大类：分类任务，用于预测离散的因变量；回归任务，用于预测连续的因变量。例如，预测一位 Web用户是否会在网上书店买书是分类任务，因为该因变量是二值的，而预测某股票的未来价格则是回归任务，因为价格具有连续值属性。两项任务目标都是训练一个模型，使因变量预测值与实际值之间的误差达到最小。

1）分类

分类是指基于一个可以预测的属性把数据分成多个类别。每个类别都有一组属性，该属性与其他任何类别的属性都不相同。由于类别在分析测试数据之前就已经被定义，所以分类是一种监督学习。分类算法要求基于数据属性值来定义类别，并且一般通过给定类别数据的特征来描述类别。

分类分析用于发现隐藏在海量数据中的分类知识，其中分类知识是反映同类事物共同性质的特征型知识和不同事物之间差异性质的特征型知识。分类的目的是构造一个分类函数，并利用这个分类函数，把数据库中的元组映射到给定类中的某一个类。简单来说，分类就是在样本数据中发现一般的分类规则，并根据分类规则对样本外的数据进行分类。由此可见，分类的过程可分为模型的创建和模型的应用。模型的创建是通过学习训练集建立分类模型的。模型的应用是利用分类模型对数据进行分类的。

近年来，海内外的研究人员对分类知识发现的领域做了大量的研究，分类分析已经比较成熟并得到了广泛的应用。在科学实验、医疗诊断、气象预报、商业预测等方面都做出了巨大贡献，引起了各界的广泛关注。

表 6.2 所示为典型的分类算法。

表 6.2　典型的分类算法

算法名称	算法描述
决策树算法	决策树算法在对数据进行处理的过程中，将数据按树状结构分成若干分枝，每个分枝包含数据元组的类别归属共性
ID3 算法	ID3 算法选择具有最大信息增益的决策属性作为当前节点
C4.5 算法	C4.5 算法是 ID3 的一种改进算法，使用的是信息增益率，并且该算法能够处理非离散数据和不完整数据
蒙特卡洛树搜索（MCTS）算法	MCTS 算法实质上是一种增强学习算法，会逐渐地构建立一个不对称的树
支持向量机	支持向量机根据有限的样本信息在模型的复杂性和学习能力之间寻求最佳折中，以期获得最好的推广能力

2）回归

现实生活中，变量之间的关系大致可以分为两类：一类是函数关系，即变量之间存在确定的关系，如正方形边长（用 a 表示）和正方形面积（用 s 表示）之间的关系是 $S=a^2$；另一类是相关关系，如学生的成绩与学生的努力程度之间的关系，这类关系不能用关系式来表达。变量之间的这种非确定性关系称为相关关系，虽然不能找到变量之间精确的关系式，但是通过观察大量的数据，可以发现其存在着一定的统计规律性。

回归分析就是先进行拟合，然后得到一个相应的关系式，拟合时需要参照具有相关关系的变量所具有的变化规律。它研究的是一个变量与其他变量之间的依存关系，并用数学模型进行模拟，目的在于根据已知解释变量的值，预测因变量的总体平均值。回归分析需要遵循以下步骤：首先根据研究问题的要求建立回归模型；然后根据样本观测值对回归模型参数进行估计，进而求得回归方程，对回归方程、参数估计值进行显著性检验，并从影响因变量的自变量中判断哪些显著、哪些不显著；最后利用回归方程进行预测。

回归分析被广泛用于分析市场占有率、销售额、品牌偏好及市场营销效果。把两个或两个以上定距或定比例的数量关系用关系式形式表示出来，就是回归分析要解决的问题。

3. 关联分析

关联分析是用来发现描述数据中强关联特征的模式，它利用关联规则进行数据挖掘，以发现隐藏在大型数据集中令人感兴趣的联系。其中，关联规则是指找出数据背后事物之间的联系,即找到同一事件中不同项目之间的相关关系,如购物过程中购买产品之间的相关关系。

举一个最简单的例子,商场工作人员通过观察顾客在商场里买了什么,就会发现 30% 的顾客会同时购买牛奶和面包,70% 购买面包的顾客会去购买牛奶,这里面就隐藏着一种关联规则:面包、牛奶,这意味着大部分顾客会同时购买牛奶和面包。那么对于商场来说,可以把面包和牛奶放在同一个购物区或者邻近的购物区,这样顾客就可以在购买面包的同时,也能发现牛奶,继而激起他们购买牛奶的兴趣,从而使得商场销售额上升,提高商场经济效益。

一般而言,关联规则的发现要经过以下步骤:首先进行数据准备,即将数据进行数据清洗、集成、转换、聚合等操作,以便得到"干净的数据";其次根据实际情况确定最低支持率和最低可信度;再次使用挖掘工具提供的算法发现关联规则;最后对结果进行可视化显示、解释和评估关联规则。

关联规则的典型算法如表 6.3 所示。

表 6.3　关联规则的典型算法

算法名称	算法描述
Apriori 算法	Apriori 是一种最有影响的挖掘布尔关联规则频繁项集的算法,其核心是基于两阶段频繁项集思想的递推算法
FP 增长算法	FP 增长算法是针对 Apriori 算法的固有缺陷,由 JHan 等提出了不产生候选挖掘频繁项集的算法
USPan 算法	USPan 算法考虑到每一项在每个序列中的效用和数量,由于特殊的字典树结构和剪枝策略,使得 USPan 算法的效率大大提高
HumAr 算法	HumAr 算法使用效用矩阵高效地生成候选项;使用随机映射策略均衡计算资源; 使用基于领域的剪枝策略来防止组合爆炸。在大规模数据集下,取得了较高的并行效率

4. 异常检测

异常检测的任务是识别数据特征显著不同于其他数据的观测值。这样的观测值称为异常点或离群点。异常检测算法的目的是发现真正的离群点,而避免错误地将正常的对象标注为离群点。换言之,一个好的异常检测器必须具有高检测率和低误报率。

异常检测技术具体可分为以下 3 种。

(1)基于模型的技术:许多异常检测技术都需要先建立一个数据模型,然后将数据与模型进行比对。异常对象是指那些同模型不能完美拟合的对象。

(2)基于邻近度的技术:通常可以在对象之间定义邻近度,并且许多移仓检测技术都基于邻近度。异常对象是指那些远离大部分其他对象的对象,这一领域的许多技术都基于距离,称为基于距离的离群点检测技术。

(3)基于密度的技术:对象的密度估计可以相对直接地计算,特别是当对象之间存在邻近度时。低密度区域中的对象相对远离近邻,可能被视为异常对象。

常见的异常检测应用有:欺诈检测,主要通过检测异常行为来检测他人信用卡是否被盗刷;入侵检测,检测入侵计算机系统的行为;医疗领域的相关检测,检测人的健康是否异常。

6.1.3 数据挖掘的对象

数据挖掘可以应用于任何类型的数据库，既包括传统的关系型数据库，也包括非数据库组织的文本源、Web 数据源及复杂的多媒体数据源等。数据挖掘的对象主要是关系型数据库与数据仓库，这些数据库中存储的数据是典型的结构化数据。随着数据挖掘的不断发展、更新，数据挖掘的对象已经扩大到了非结构化数据，如文本数据、图像数据、视频数据及 Web 数据等。

1. 关系型数据库

关系型数据库具有坚实的数据基础、统一的组织结构、完整的规范化理论、一体化的查询语言等优点，因为这些优点，该类型的数据库成为当下数据挖掘最流行、信息最丰富的数据源。

2. 数据仓库

数据仓库是数据库技术发展到高级阶段的产物，它是面向主题的、集成的、内容相对稳定的、随时间变化的数据集合。用户可以利用数据仓库支持管理决策的制订过程。数据仓库可以将各种应用系统、多个数据库集成在一起，为统一的历史数据分析提供坚实的平台。数据挖掘需要有良好的组织形式和"干净"的数据。数据的好坏会直接影响数据挖掘的效率和效果。然而数据仓库的特点正好符合数据挖掘的要求，数据在存入数据仓库之前都是经过清洗、集成、规约、转换等处理的，从而为数据挖掘提供高质量的数据。可以说，数据挖掘为数据仓库提供了有效的分析处理手段，数据仓库为数据挖掘准备了良好的数据源。因此，随着数据仓库与数据挖掘的协调发展，数据仓库必然会成为数据挖掘的最佳环境。

3. 文本数据

文本是以文字字符串的形式表示数据文件的。文本数据所记载的内容均为文字，这些文字并不一定是简单的关键词，有可能是长句子，甚至是段落和全文。文本数据多数为非结构化数据，也有些是半结构化数据，如 HTML、E-mail 等。此外，如果文本数据具有良好的结构，那么可以使用关系型数据库来对该类数据进行存储。

4. 图像数据和视频数据

图像数据和视频数据是典型的多媒体数据。数据以点阵信息及帧形式存储，数据量很大。图像数据和视频数据的数据挖掘包括图像和视频特征提取、基于内容的相似检索、视频镜头的编辑与组织等。

5. Web 数据

随着互联网的发展和普及，网站层出不穷，网络数据量呈指数增长。Web 数据的数据挖掘已经成为一个新课题。Web 数据包含了丰富和动态的超链接信息及 Web 页面的访问和使用信息，这为数据挖掘提供了丰富的资源。Web 数据的数据挖掘就是从 Web 文档和 Web 活动中抽取感兴趣的、潜在的有用模式和隐藏信息。

6.1.4 数据挖掘的工具

在数据挖掘过程中，用户可以借助数据挖掘工具方便快捷地实现一些常用的数据挖掘算法。目前市场上的数据挖掘工具，主要分为商用和开源两大类。商用数据挖掘工具主要由商用开发商提供，并进行市场销售。一些常见的商用数据挖掘工具主要包括 SAS Enterprise Miner、Oracle Data Mining、SPSS Clementine、DBMiner、Intelligent Miner 等。开源数据挖掘工具大多免费，并且适合初学者和研究人员使用。下面将介绍几种比较常用的开源数据挖掘工具，如图 6.3 所示，分别是 RapidMiner、R、Weka 和 KNIME。这些数据挖掘工具具有不同的特点，用户可以根据需要，灵活选用。

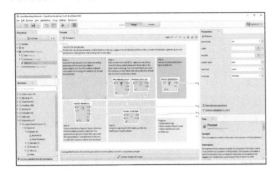

（a）RapidMiner

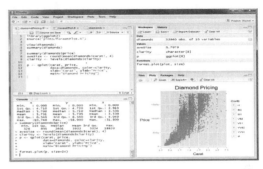

（b）R

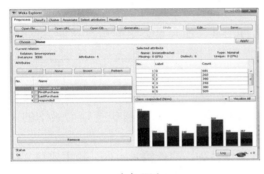

（c）Weka

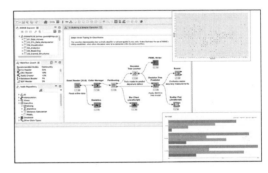

（d）KNIME

图 6.3　比较常用的开源数据挖掘工具

1．RapidMiner

2001 年，RapidMiner 诞生于德国多特蒙德工业大学，始于人工智能部门的 Ingo Mierswa、Ralf Klinkenberg 和 Simon Fischer 共同开发的一个项目，最初称为 YALE（Yet Another Learning Environment）。2007 年，该工具的名称由 YALE 更改为 RapidMiner。

RapidMiner 是用 Java 语言编写的，其中的功能均是通过连接各类算子形成流程来实现的，整个流程可以视为工厂车间的生产线，输入原始数据，输出模型结果。算子可以视为执行某种具体功能的函数，且不同算子有不同的输入、输出特性，该工具最大的好处是，用户无须编写任何代码，只需拖拽所需的算子就可以完成相应的数据挖掘操作。因为其具备图形用户界面（Graphical User Interface，GUI），所以它很适合作为初学者入门学习的数据挖掘工具。RapidMiner 的帮助菜单中还自带多个教程，可以帮助用户进行基本入门操作。

RapidMiner 提供了数据挖掘和机器学习的应用，包括数据加载和转换、数据预处理和可视化、建模、评估和部署。数据挖掘的流程是以 XML 文件加以描述并通过一个 GUI 显示出来的。RapidMiner 还集成了 Weka 的学习器和评估方法，并可以与 R 语言进行协同工作。

RapidMiner 位于 Hadoop 和 Spark 等预测性分析工具的前端，为数据科学家等分析人员对从大数据中提取价值方面提供了简单易用的可视化操作环境。2014 年底，Rapidminer 购买了 RapidMiner，并将其更名为 RapidMiner Radoop。RapidMiner Radoop 作为预测性分析平台的核心组件之一，可以将预测性分析延伸至 Hadoop，通过拖拽自带的算子执行 Hadoop 集群技术特定的操作，避免了 Hadoop 集群技术的复杂性，简化了在 Hadoop 上的分析，使得分析人员能够流畅地使用 Hadoop。

2. R

R 是用于统计分析和图形化的计算机语言及分析工具。为了保证性能，其核心计算模块是用 C、C++和 Fortran 编写的。同时，为了便于使用，它提供了一种脚本语言，即 R 语言。R 语言和贝尔实验室开发的 S 语言类似，它是一种可编程的语言，并且 R 语言语法通俗易懂，很容易学会和掌握。

R 有 UNIX、Linux、MacOS 和 Windows 版本，用户可以在它的网站及其镜像中下载任何相关的安装程序、源代码和文档资料。标准的安装文件自身就带有许多模块和内嵌统计函数，安装后可以直接实现许多常用的统计功能。

R 的功能包括数据存储和处理系统；数组运算工具（如向量、矩阵运算功能）；完整连贯的统计分析工具；优秀的统计制图功能；可操纵数据的输入和输出；可实现分支、循环、用户可自定义功能。R 所有的函数和数据集都保存在程序包中。只有当一个程序包被载入时，它的内容才可以被访问。一些基本且常用的程序包已经被收入标准安装文件中，随着新的统计分析方法的出现，标准安装文件中所包含的程序包也会随着版本的更新而不断变化。

R 具有很强的互动性。除了图形输出是在另外的窗口处，其他输入窗口、输出窗口都是在同一个窗口中的，如果输入语法中出现错误会马上在窗口中得到提示，对以前输入过的命令有记忆功能，可以随时再现、编辑、修改以满足用户的需要。输出的图形可以直接保存为 JPG、BMP、PNG 等图片格式，还可以直接保存为 PDF 文件。另外，R 和其他编程语言与数据库之间有很好的接口。

3. Weka

2005 年 8 月，在第 11 届 ACM SIGKDD 国际会议上，新西兰怀卡托大学的 Weka 小组荣获了数据挖掘和知识探索领域的最高服务奖。Weka 得到了广泛认可，被誉为数据挖掘和机器学习历史上的里程碑，是现今最完备的数据挖掘工具之一。

Weka 是基于 Java 环境下的开源机器学习和数据挖掘工具。它存储数据的格式是 ARFF（Attribute-Relation File Format），这是一种 ASCII 文本文件。而且 Weka 还提供了对 CSV 格式的支持，而这种格式是被很多其他软件所支持的。此外，Weka 还提供了通过 JDBC（Java Database Connectivity，Java 数据库互联）访问数据库的功能。

Weka 作为一个公开的数据挖掘工具，它集合了大量能承担数据挖掘任务的机器学习算法，包括对数据进行预处理、分类、回归、聚类分析、关联分析及在新的交互式界面上的可视化。

Weka 高级用户可以通过 Java 编程和命令行来调用其分析组件。同时，Weka 也为普通用户提供了图形化界面，称为 Weka Knowledge Flow Environment 和 Weka Explorer。和 R 相比，Weka 在统计分析方面较弱，但在机器学习方面要强得多。

4. KNIME

KNIME 是一种对用户友好的，智能的数据集成、数据处理、数据分析和数据勘探工具。KNIME 通过工作流先控制数据的集成、清洗、转换、过滤，再到统计、数据挖掘，最后是数据的可视化。它能够让用户可视化创建流数据，选择性地执行部分或所有分解步骤，并通过数据和模型上的交互式视图研究执行后的结果。

KNIME 由 Java 语言编写，其基于 Eclipse 并通过插件的方式来提供更多的功能。通过插件的文件，用户可以为文件、图片和时间序列加入处理模块，并可以集成到其他各种各样的开源项目中，如 Weka 和 R。

KNIME 被设计成一个模块化的、易于扩展的框架。它的处理单元和数据容器之间没有依赖性，这使得它们更加适应分布式环境及独立开发。另外，对 KNIME 进行扩展也是比较容易的事情。开发人员可以很轻松地扩展 KNIME 的各种类型的节点、视图等。

KNIME 中每个节点都带有交通信号灯，用于指示该节点的状态（未连接、未配置、缺乏输入数据时为红灯；准备执行为黄灯；执行完毕后为绿灯）。KNIME 的特色功能是 HiLite，允许用户在节点结果中标记感兴趣的记录，并进一步展开后续探索。

6.2　聚类分析

聚类分析是一种原理简单、应用广泛的数据挖掘。顾名思义，聚类分析是根据数据中发现的描述对象及与其相关的信息，将若干数据对象按照某种标准归为多个类别，其中相似或相关的数据对象聚为一类，相异或不相关的数据对象聚为不同类。

聚类分析在客户分类、文本分类、基因识别、空间数据处理、卫星图片分析、医疗图像自动检测等领域有着广泛的应用；而且聚类分析本身的研究也是一个蓬勃发展的领域，数据挖掘、统计学、机器学习、空间数据库技术、生物学和市场学也推动了聚类分析研究的进展。聚类分析已成为数据挖掘研究中的一个热点。

6.2.1　聚类分析的概述

本节以研究聚类分析为基础，重点在于熟悉聚类分析的定义并了解一些传统和新型的聚类算法，利用聚类算法寻找数据中潜在的自然分组结构和关系，下面将介绍聚类分析的定义和聚类算法的分类。

6.2.1.1　聚类分析的定义

聚类就是将物理或抽象对象的集合组成由类似的对象聚合为多个类的过程。聚类的簇是由一组数据对象的集合所组成的，这些数据对象与同一簇中的数据对象彼此相似，与其他簇中的数据对象相异，即簇内数据对象具有较高相似性，簇间数据对象具有较高相异性。聚类图示如图 6.4 所示。在许多应用中，可以将一些簇中的数据对象作为一个整体来对待。

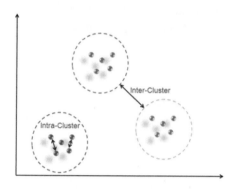

图 6.4　聚类图示

实际上，人类就是通过不断改进意识中的聚类模式来学会如何区分猫和狗、动物和植物的。作为数据挖掘的任务，聚类分析能作为一种独立的工具获得数据分布的情况，观察每个簇的特点，集中对特定的或感兴趣的某些簇做出进一步地分析。此外，聚类分析可以作为其他算法的预处理步骤，使这些算法可以在检测到的簇和选择的属性或特征上进行运算。

聚类分析的目的是利用聚类算法来寻找数据中潜在的自然分组结构和用户所感兴趣的关系。由于簇是数据对象的集合，簇内的数据对象彼此相似，而与其他簇的数据对象相异。因此，数据对象的簇可以视为隐含的类。在这种意义下，聚类有时又称作自动分类，因为聚类可以自动地发现这些分组，这是它的突出优点。在机器学习领域中，分类为监督学习，即分类算法是有监督的，因为它被告知每个训练元组的类隶属关系。而聚类为无监督学习，因为其没有提供类标号信息。由于这个原因，聚类是通过观察学习的，而不是通过示例学习的。

6.2.1.2　聚类算法的分类

近年来出现了很多聚类算法，但没有任何一种聚类算法能揭示各种多维数据集多样性的结构。聚类算法的选择取决于数据的类型、聚类的目的及应用领域。由于各种聚类算法之间彼此交叉，很难对其进行严格意义上的划分。聚类算法可分为两大类：传统的聚类算法和新聚类算法。聚类算法的分类图如图 6.5 所示。其中，传统的聚类算法主要包括基于划分的聚类、基于层次的聚类、基于密度的聚类与基于模型的聚类。新聚类算法主要包括基于样本的归属关系、基于样本的预处理、基于样本的相似度度量、基于样本的更新策略、基于样本的高维性、其他聚类算法。

1. 基于划分的聚类

给定一个有 n 个数据对象的集合，将其划分为 k 个组，使得每个组至少包含一个数据对象，其中每个组表示一个簇，且 $k \leqslant n$。假设数据集 D 包含 n 个数据对象，基于划分的聚类算法把数据集 D 中的数据对象分配到 k 个簇 C_1、C_2、$\cdots$、C_k 中，使得 $1 \leqslant i$，$j \leqslant k$ 且 $C_i \bigcap C_j = \varnothing$。

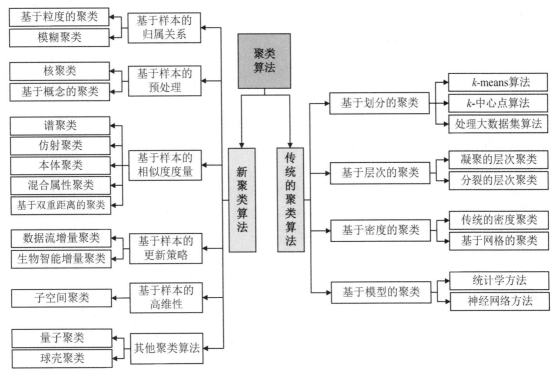

图 6.5　聚类算法的分类图

大部分基于划分的聚类算法都是基于距离的。首先，给定要构建的分区数目，创建一个初始划分。然后，采用一种迭代的重定位技术，通过把数据对象从一个组移动到另一个组来改进分割效果。一个好的划分的通用准则是同一个簇中的数据对象尽可能相似或相关，而不同簇中的数据对象尽可能相异或不相关。

为了达到全局最优，基于划分的聚类算法可能需要穷举所有可能的划分，计算量极大。实际上，大多数应用都采用了启发式算法，如 k-means 和 k-中心点算法，渐近地提高聚类质量，逼近局部最优解。这些启发式算法很适合发现中小规模数据库中的球状簇。6.2.2 节将深入研究和讲解基于划分的聚类算法。

2. 基于层次的聚类

基于层次的聚类是通过数据的连接规则，反复将数据进行分裂或聚合，直到满足某个终止条件，形成一个层次分类树。根据层次分解是自底向上还是自顶向下的方式，基于层次的聚类算法可以分为凝聚的层次聚类算法和分裂的层次聚类算法。

凝聚的层次聚类算法的层次分解使用自底向上的方式。它从每个数据对象作为个体簇开始，每一步合并两个最接近的簇，直到所有数据对象都在一个簇中，或者满足某个终止条件。该层次结构的根是所有的个体簇。

分裂的层次聚类算法的层次分解使用自顶向下的方式。它先将所有数据对象置于一个簇中，然后将这个簇划分成多个较小的簇，最后递归地把这些较小的簇划分为更小的簇，直到最底层的每个簇仅包含一个数据对象，或者簇内的数据对象彼此都充分相似。该层次结构的根是所有数据对象构成的簇。6.2.3 节将深入研究和讲解基于层次的聚类算法。

3. 基于密度的聚类

基于密度的聚类通常用来寻找被低密度区域分离的高密度区域。从直观上看，簇内样本的密度较大，簇间样本的密度较小。基于划分的聚类算法和基于层次的聚类算法虽然可以发现球状簇，但却很难发现任意形状的簇，而基于密度的聚类算法可以发现非球状簇，并且可以过滤噪声和孤立点。

基于密度的聚类算法主要包括传统的密度聚类算法和基于网格的聚类算法。6.2.4 节将深入研究和讲解基于密度的聚类算法。

4. 基于模型的聚类

基于模型的聚类的基本思想是：先为数据对象中可能存在的每个簇构建一个模型，并假设数据对象均独立分布，再去发现符合模型的数据对象，并通过数据对象的真实分布计算模型参数，试图将给定数据与模型达成最佳拟合。6.2.5 节将深入研究和讲解基于模型的聚类算法。

5. 新聚类算法

近年来，随着机器学习、人工智能等新技术、新方法的涌现，聚类算法研究成为数据挖掘领域中的热门方向。为了提高大规模数据处理能力，一些研究学者对聚类进行了更深入的研究，从而出现了一些新聚类算法，主要包括基于样本的归属关系、基于样本的预处理、基于样本的相似度度量、基于样本的更新策略、基于样本的高维性和其他聚类算法。

6.2.2 基于划分的聚类算法

基于划分的聚类算法作为一种基于原型的聚类算法，其本质是先从数据集合中随机地选择几个数据对象作为聚类的原型，然后将其他的数据对象分别分配给与原型最相似的类中，也就是距离最近的类中。

基于划分的聚类算法采用迭代控制策略，即对原型进行不断地调整，从而使整个划分质量得到进一步的优化。此外，还存在许多评判划分质量的准则。

给定一个含有 n 个数据对象的集合，具体划分方法为构建数据的 k 个分区，每个分区表示一个簇，并且 $k \leqslant n$。也就是说，数据被划分为 k 个组，同时满足以下要求。

（1）每个组至少包含一个数据对象。

（2）每个数据对象必须属于一个组。

目前，基于划分的聚类算法发展较为成熟，在许多实际应用中都有良好的表现，本节将介绍 2 种经典的算法（k-means 算法、k-中心点算法）及 2 种处理大数据集的算法（CLARA 算法、CLARANS 算法）。

6.2.2.1 k-means 算法

k-means 算法是一种最经典、最广泛使用的聚类算法，它用质心定义原型，以距离作为相似性的评价标准。质心是一组数据对象的均值，它不考虑是否对应于实际的数据对象，而要求该组中每个数据对象到该组质心的距离都比到数据集中其他组质心的距离近。

距离是相似性的度量，常见的距离定义包括欧氏距离、曼哈顿距离、闵可夫斯基距离。具体地，给定的两个数据对象 $\boldsymbol{x} = \{x_1, x_2, \cdots, x_n\}$ 和 $\boldsymbol{y} = \{y_1, y_2, \cdots, y_n\}$，分别具有 n 个可度量的特征属性，则欧氏距离为

$$d(\boldsymbol{x}, \boldsymbol{y}) = \sqrt{(x_1 - y_1)^2 + (x_2 - y_2)^2 + \cdots + (x_n - y_n)^2}$$

曼哈顿距离为

$$d(\boldsymbol{x}, \boldsymbol{y}) = |x_1 - y_1| + |x_2 - y_2| + \cdots + |x_n - y_n|$$

闵可夫斯基距离为

$$d(\boldsymbol{x}, \boldsymbol{y}) = \sqrt[p]{|x_1 - y_1|^p + |x_2 - y_2|^p + \cdots + |x_n - y_n|^p}$$

下面将具体介绍基本 k-means 算法及其变体（二分 k-means）算法。

1. 基本 k-means 算法

基本 k-means 算法是发现给定数据集中 k 个簇的算法。对于给定的数据集，按照数据对象之间的距离大小，将数据集划分为 k 个簇，使得簇内的数据对象尽量紧密，而簇间的数据对象尽量疏远。如果用关系式描述，假设数据集被划分为 C_1、C_2、$\cdots$、C_k，则最小化误差平方和（Sum of Squared Error，SSE）的计算公式为

$$\text{SSE} = \sum_{i=1}^{k} \sum_{x \in C_i} \| x - \mu_i \|_2^2 \tag{6.1}$$

其中 μ_i 是簇 C_i 的质心（均值），定义为

$$\mu_i = \frac{1}{|C_i|} \sum_{x \in C_i} x \tag{6.2}$$

如果直接求式（6.1）的最小值并不容易，这是一个 NP-hard 问题，因此只能采用启发式算法，其工作流程如下。

基本 k-means 算法的运算步骤参见算法 6.1。

算法 6.1　基本 k-means 算法
1：随机选择 k 个数据对象作为初始质心
2：Repeat
3：将每个数据对象指派到最近的质心，形成 k 个簇
4：重新计算每个簇的质心
5：Until 质心不发生变化

基本 k-means 算法的步骤 3 和步骤 4 试图最小化 SSE。步骤 3 通过将每个数据对象指派到最近的质心形成簇，最小化关于给定质心集的 SSE；而步骤 4 重新计算每个簇的质心，可进一步最小化 SSE。然而，基本 k-means 算法的步骤 3 和步骤 4 只能确保找到关于 SSE 的局部最优，因为它们是对选定的质心和簇优化 SSE，而不是对所有可能的选择来优化 SSE，这与初始质心的选择有很大关系。

1）初始质心的选择

当随机选择初始质心时大多情况下得到簇的质量很差。图 6.6 所示为好的初始质心产生最优聚类。图 6.7 所示为拙劣的初始质心产生次最优聚类。在图 6.6 中，尽管所有的初始质心不都在自然簇中，但是最终找到了最优聚类，即得到最小的 SSE。而在图 6.7 中，尽管初始质心的分布看上去较好，但仅得到一个次最优聚类，具有较高的 SSE。因此，选择适当的初始质心是基本 k-means 算法的关键步骤。

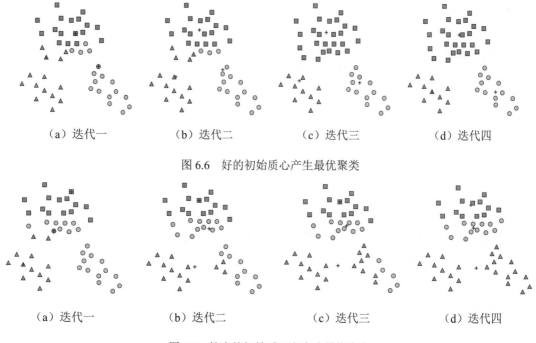

（a）迭代一　　　（b）迭代二　　　（c）迭代三　　　（d）迭代四

图 6.6　好的初始质心产生最优聚类

（a）迭代一　　　（b）迭代二　　　（c）迭代三　　　（d）迭代四

图 6.7　拙劣的初始质心产生次最优聚类

通常，获得最优聚类主要取决于数据集和簇的个数。图 6.8 所示为某数据集中每个簇对有一对初始质心。图 6.9 所示为某数据集中每个簇对的初始质心多于或少于两个。由图 6.8 和图 6.9 可知，两个图中给定数据集由两个簇对（上、下簇）组成，其中每个簇对中的簇更靠近，而另一对中的簇较远。图 6.8 表明，如果每个簇对用两个初始质心，那么即使两个初始质心在一个簇中，质心也会自己重新分布，从而找到"真正的"簇。而图 6.9 表明，如果一个簇对只用一个初始质心，而另一对簇对用三个初始质心，那么两个真正的簇将合并，而一个真正的簇将分裂。

因此，两个初始质心不管落在簇对的任何位置，都能得到最优聚类，因为质心会将自己重新分布。然而，随着簇个数的增加，至少一个簇对只有一个初始质心的可能性也逐步增大。在这种情况下，由于簇对相距较远，基本 k-means 算法不能在簇对之间重新分布质心，这样就只能得到局部最优解。一般而言，每个簇具有一个初始质心对基本 k-means 算法是一个很好的开端。

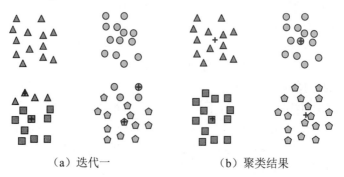

（a）迭代一　　　　　（b）聚类结果

图 6.8　某数据集中每个簇对有一对初始质心

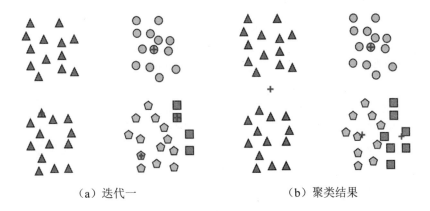

（a）迭代一　　　　　　　　（b）聚类结果

图 6.9　某数据集中每个簇对的初始质心多于或少于两个

处理初始质心问题的常用方法如下。

（1）多次运行，每次使用一组不同的随机初始质心，选取具有最小 SSE 的簇。该方法简单，但是效果可能不好，获得最优聚类主要取决于数据集和簇的个数。

（2）取一个样本，并使用层次聚类技术对它进行聚类。从中提取 k 个簇，并用这些簇的质心作为初始质心。该方法通常很有效，但仅对下列情况有效：样本相对较小，如数百到数千个样本（层次聚类开销较大）；k 相对于样本大小较小。

（3）随机选择第一个数据对象，或取所有数据对象的质心作为第一个数据对象。对于之后的每个初始质心，选择距离已经选取过的初始质心最远的数据对象。最终可以得到随机的、散开的初始质心的集合。这种方法可能选中离群点，而不是稠密区域（簇）中的数据对象。另外，求距离当前初始质心最远的数据对象开销也非常大。

此外，还有两种能产生较高质量（较低 SSE）聚类的算法：使用后处理来"修补"所产生的簇；使用对初始化问题不太敏感的二分 k-means 算法。

2）使用后处理降低 SSE

一种明显降低 SSE 的方法是找出更多簇。然而，在许多情况下，用户希望降低 SSE，但并不想增加簇的个数，这是可能的，因为 k-means 算法常常收敛于局部极小。可以使用多种技术来"修补"所产生的簇，以便产生具有较小 SSE 的聚类。产生具有较小 SSE 的聚类的方法是关注每个簇，因为 SSE 只不过是每个簇的 SSE 之和（为了避免混淆，我们将分别使用总 SSE 表示每个簇的 SSE 之和）。通过在簇上执行诸如分裂和合并等操作，可以降低总 SSE，一种常用的方法是交替地执行分裂和合并操作，即在分裂阶段将簇分开，在合并阶段将簇合并。用这种方法，常常可以避开局部极小，并且仍然能够得到具有期望个数簇的聚类。

通过增加簇个数降低总 SSE 的方法如下。

（1）分裂一个簇：通常选择具有最大 SSE 的簇，但是也可以分裂在特定属性上具有最大标准差的簇。

（2）引进一个新的质心：通常选择距离所有簇质心最远的数据对象。如果用户记录每个点对 SSE 的贡献，那么可以很容易地确定最远的数据对象。另一种方法是从所有的数据对象或者具有最大 SSE 簇的数据对象中随机地选择一个数据对象作为新的质心。

通过减少簇个数降低总 SSE 的方法如下。

（1）拆散一个簇：删除簇的对应质心，并将簇中的数据对象重新指派到其他簇。理想情况下，被拆散的簇应当是使总 SSE 增加最少的簇。

（2）合并两个簇：通常选择质心最接近的两个簇进行合并。这两种方法中拆散一个簇导致总 SSE 增加最少的簇的方法更好，并且这两种方法与基于层次的聚类使用的方法相同，分别称作质心方法和 Ward 方法。

3）计算复杂度

基本 k-means 算法的计算复杂度为 $O(nkt)$，其中 n 为数据对象的个数，k 为簇的个数，t 为迭代的次数。通常情况下，$k \ll n$，$t \ll n$，所以该算法可适用于处理数据量比较大的情况。

2. 二分 k-means 算法

二分 k-means 算法是基本 k-means 算法的扩充，它基于一种简单的思想：为了得到 k 个簇，将簇表初始化，从这些簇中选择一个簇继续分裂，如此下去，直到产生 k 个簇。其中，待分裂的簇有多种选择方法，如选择最大的簇，或者选择具有最大 SSE 的簇，或者同时使用基于大小和 SSE 的标准进行选择。不同的选择导致不同的簇。二分 k-means 算法的运算步骤参见算法 6.2。

算法 6.2　二分 k-means 算法
1：初始化簇表，使之包含所有数据对象组成的簇
2：Repeat
3：从这些簇中选择一个簇
4：for i=1 to 试验次数 do
5：使用基本 k-means 算法，对选择的簇进行二分试验，得到两个簇
6：End for
7：从二分试验中选择总 SSE 最小的两个簇
8：将这两个簇添加到簇表中
9：Until 簇表中包含 k 个簇

用户通常使用二分 k-means 算法结果簇的质心作为使用基本 k-means 算法簇的初始质心。这是必要的，因为尽管使用基本 k-means 算法可以确保找到使 SSE 局部最小的聚类，但是在二分 k-means 算法中，用户"局部地"使用了基本 k-means 算法，即二分个体簇。因此，最终的簇并不代表使 SSE 局部最小的聚类。

为了说明二分 k-means 算法不太受初始化问题的影响，给出的例子如图 6.10 所示。二分 k-means 算法如何找到图 6.8 所示数据集中的四个簇。从图 6.10 中可以看出，迭代一找到了两个簇对，迭代二分裂了最右边的簇对，迭代三分裂了最左边的簇对。故二分 k-means 算法不太受初始化问题的影响，因为它执行了多次二分试验并选取具有总 SSE 最小的试验结果。

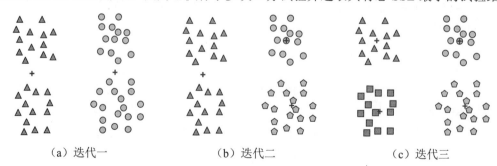

　（a）迭代一　　　　　　　（b）迭代二　　　　　　　（c）迭代三

图 6.10　二分 k-means 算法不太受初始化问题影响的例子

3. *k*-means 算法的优缺点

首先，*k*-means 算法简单，并且相当有效，尽管常常多次运行。然后，*k*-means 算法的某些变体（包括二分 *k*-means 算法）甚至更有效，并且不太受初始化问题的影响。

然而，*k*-means 算法并不适合所有的数据类型。它不能处理非球状簇、不同尺寸和不同密度的簇，因为 *k*-means 算法的目标函数是最小化等尺寸和等密度的球状簇，或者明显分离的簇，尽管指定足够大的簇个数时，它通常可以发现纯子簇。此外，*k*-means 算法对离群点敏感，这不经意间地影响了其他数据对象到簇的分配。在这种情况下，离群点检测对算法大有帮助。另外，该算法要求聚类的数目可以合理估计，即要求预先指定聚类的个数，但在实际应用中往往很难做到这一点。

6.2.2.2 *k*-中心点算法

k-中心点算法是对 *k*-means 算法的一种改进，由于它对噪声不太敏感，故离群点不会使划分的结果偏差过大，少数数据不会对算法造成重大影响。在 *k*-means 算法中，每个簇都用相应簇中数据对象的平均值来表示；而在 *k*-中心点算法中，每个簇都用相应簇中距离簇中心点（代表对象）最近的数据对象来表示。因此，其中心点选用的是具体的某一个样本点，而不是 *k*-means 算法的几何中心。

k-中心点算法的基本原理如下。首先，随机选择 *k* 个实际样本点作为初始的簇中心点，而数据集内剩余的数据对象则依据其与中心点的相似度，将其分配到最相似的中心点所在的簇内。然后，选择新的中心点将原来的中心点替换掉，以此达到提高聚类质量（聚类质量由数据集内的各个样本与所属簇的中心点之间的平均相异度来度量）的目的，如此反复选择，一直到聚类质量不能再提高为止。

1. PAM 算法

PAM 算法是最早提出的 *k*-中心点算法，最初随机选择 *k* 个样本点作为初始的簇中心点，并反复用非中心点（非代表对象）来替换中心点，试图找出更好的中心点，以提高聚类质量。在每次迭代中，估算所有可能的数据对象对（一个是中心点，一个是非中心点）的聚类质量，在一次迭代中产生的最佳数据对象将成为下次迭代的中心点。PAM 算法的运算步骤参见算法 6.3。

算法 6.3 PAM 算法
1：选择 *k* 个样本点作为初始的簇中心点
2：Repeat
3：将剩余数据对象指派到与其最相似的中心点所在的簇内
4：Repeat
5：随机选择一个未被选择的簇中心点 $O_i(i=1,\cdots,k)$
6：Repeat
7：随机选择一个未被选择过的非中心点 O_{random}
8：计算用非中心点 O_{random} 代替中心点 O_i 的总代价，并记录在 S 中；
9：Until 所有的非中心点都被选择过
10：Until 所有的中心点都被选择过
11：If S 中存在的总代价小于 0，Then 找到 S 中总代价最小的一个，并用该 O_{random} 替换 O_i，形成一个新的 *k* 个中心点的集合
12：Until 没有在发生簇的重新分配，即 S 中所有的总代价都大于 0

PAM 算法的计算复杂度为 $O(k(n-k)^2 t)$，其中 n 为数据对象的个数，k 为簇的个数，t 为迭代的次数。由于 PAM 算法的计算成本太高，故其不适用于数据量比较大、分类数目比较多的数据集。

2. k-中心点算法的优缺点

k-中心点算法比 k-means 算法对于噪声和孤立点更鲁棒，因为它最小化相异点对的和，而不是欧氏距离的平方和。一个中心点可以定义为簇中某数据对象的平均相异度在这一簇的所有数据对象中最小。

该算法也有与 k-means 算法同样的缺点。例如：必须事先确定簇的个数和中心点，簇的个数和中心点的选择对结果影响很大；一般在获得一个局部最优解后就停止计算了；只适用于聚类结果为凸形的数据集等。此外，由于按照中心点选择的方式进行计算，k-中心点算法的计算复杂度较高，故其不适用于超大规模的数据集。

6.2.2.3　CLARA 算法和 CLARANS 算法

CLARA 算法和 CLARANS 算法是处理超大规模的数据集的算法，具体介绍如下。

1. CLARA 算法

CLARA 算法是较早时期处理超大规模的数据集的一种算法，它并不从整个数据集中选择每个簇的中心点，而是先从整个数据集中抽取一个样本，然后具体针对样本采用 PAM 算法寻找簇的中心点。理论上，如果抽取的样本分布与整个数据集的分布相似，那么从样本中得到的中心点应该近似于从整个数据集中得到的中心点。这样，既可以减少一定的计算量，又基本不影响聚类质量。

为了尽可能减少使用因抽样方法抽取样本产生的聚类质量下降的情况，CLARA 算法的主要思想为，首先随机抽取多个样本，并针对每个样本寻找其中心点，并对所有的数据对象进行聚类；然后从中选择质量最好的聚类结果作为最终结果。CLARA 算法图示如图 6.11 所示。其中，聚类质量是以所有数据对象与其对应中心点的平均相异度来衡量的，而不是以样本自身的平均相异度来衡量的。

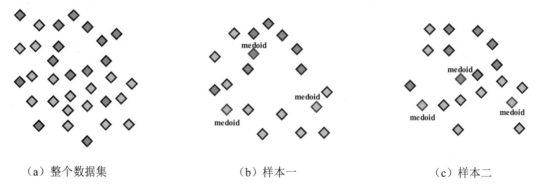

（a）整个数据集　　　　　　（b）样本一　　　　　　（c）样本二

图 6.11　CLARA 算法图示

假设有 n 个数据对象，需要将其分成 k 类，一共选择 m 个样本，其中每个样本的样本点个数为 s，则 CLARA 算法的运算步骤参见算法 6.4。

算法 6.4　CLARA 算法
1：for i=1 to 样本数 m do
2：从整个数据集中随机抽取一个包含 s 个样本点的样本
3：使用 PAM 算法从该样本中寻找 k 个中心点
4：根据最相似性原则，将整个数据集中的数据对象分配到 k 个中心点所代表的簇中
5：计算步骤 4 得到的聚类结果的平均相异度
6：If i=1
7：Then 将其作为最小平均相异度，并将相应的 k 个中心点作为最佳中心点
8：Else if $i \neq 1$ and 新的平均相异度< 最小平均相异度
9：Then 将新的平均相异度作为最小平均相异度，并将新的 k 个中心点作为最佳中心点
10：计算 i=i+1
11：End for

　　算法结果表明选择样本点个数为 40+2k 的五个样本能够获得比较满意的聚类结果。按照这样的样本，CLARA 算法的计算复杂度为 $O((k(40+k)^2 + k(n-k))m)$，其中 $k(40+k)^2$ 是一次迭代中数据对象个数为 40 +2k 的一个样本应用 PAM 算法引起的计算量，$k(n-k)$ 是一次迭代中进行整个数据集中非中心点的分配以计算平均相异度所形成的计算量。从上一节可知，PAM 算法的计算复杂度为 $O(k(n-k)^2)$。因此，在 n 比较大的情况下，CLARA 算法比 PAM 算法更有效。

　　2. CLARANS 算法

　　CLARANS 算法是在 CLARA 算法的基础上提出来的，但是具体改进的算法与 CLARA 算法又有所不同。与 CLARA 算法类似，CLARANS 算法同样采用了抽样的方法来减少数据量，并通过 PAM 算法寻找中心点，但是其具体抽样的内容和寻找中心点的过程与 CLARA 算法有所不同。CLARA 算法通过在固定的样本中寻找中心点进行中心点和非中心点直接的替换；而 CLARANS 算法寻找中心点并不仅仅局限于样本，而是在整个数据集中通过随机抽样寻找中心点。

　　CLARANS 算法的搜索本质是随机重启的局部搜索技术，它尝试在 n 个数据集中找到 k 个数据对象作为簇中心点，每个簇中心点代表一个簇，其他非簇中心点分配给距离它最近的簇中。该算法将所有非簇中心点到各对应簇中心点的最小总代价作为聚类结果的评价标准。最佳的聚类结果是使簇内部距离代价最小而簇间距离代价最大。

　　下面介绍与 CLARANS 算法相关的定义。

　　定义 1：如果给定的数据集中存在两个节点，分别为 $S_1 = \{O_{m1}, O_{m2}, \cdots, O_{mk}\}$ 和 $S_2 = \{O_{w1}, O_{w2}, \cdots, O_{wk}\}$，且它们仅有一个数据对象不同，即 $|S_1 \bigcap S_2| = k-1$，那么称 S_1 和 S_2 互为邻居节点。每个节点都可以表示成 k 个中心点的一种组合形式，每个节点也就代表着一种聚类的解。

　　定义 2：任意两个 p 维数据对象 $x_i = (x_{i1}, x_{i2}, \cdots, x_{ip})$ 和 $x_j = (x_{j1}, x_{j2}, \cdots, x_{jp})$ 间的距离通常使用欧氏距离计算，即

$$d(x_i, x_j) = |x_{i1} - x_{j1}|^2 + |x_{i2} - x_{j2}|^2 + \cdots + |x_{ip} - x_{jp}|^2 \tag{6.3}$$

　　定义 3：给定数据集 D 和结果簇个数 k，相异度之和 E 定义为数据集中所有数据对象与其中心点之间的欧氏距离之和，即

$$E = \sum_{i=1}^{k} \sum_{p \in C_i} |p - O_i| \tag{6.4}$$

式中，O_i 为簇 C_i 的中心；p 为簇 C_i 中的任意数据对象。

给定 n 个数据对象找到 k 个簇中心点的过程在 CLARANS 算法中可以视为在相应图中搜索的过程，图中每个节点均为 CLARANS 算法的一个潜在解。CLARANS 算法在搜索过程中并不检查某个节点的所有邻居节点，而是检查一定数量的邻居节点。一个节点与邻居节点比较的个数被用户定义的参数 maxNeighbor 加以限制。该算法先为每个簇随机产生一个初始中心点作为初始节点，如果寻找到总代价更小的邻居节点，那么将其代替当前初始节点，成为新的初始节点，重新开始搜索。当随机搜索的该初始节点的邻居节点个数达到参数 maxNeighbor 给定的值，即把该初始节点作为局部最优解。如果局部最优解个数小于预先给定参数 numLocals（表示抽样的次数）的值，那么 CLARANS 算法将随机产生一个初始节点，开始寻找新的局部最优解。CLARANS 算法图示如图 6.12 所示。CLARANS 算法的运算步骤参见算法 6.5。

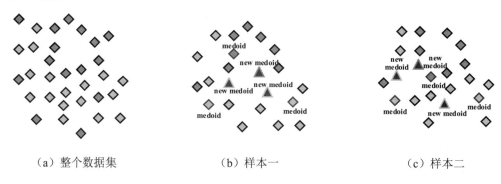

（a）整个数据集	（b）样本一	（c）样本二

图 6.12　CLARANS 算法图示

算法 6.5　CLARANS 算法
1：输入参数 maxNeighbor 和参数 numLocals，分别表示一个节点可以与任意邻居节点比较的个数及抽样的次数
2：令 $i = 1$（i 表示样本的样本点个数），并令 mincost（表示最小总代价）为一个相对较大的数
3：从 n 个数据对象中随机选取 k 个，构成集合 $\{O_1, O_2, \cdots, O_k\}$，并令它们为当前初始节点
4：令 $j = 1$（j 表示已经与当前初始节点进行比较的邻居节点的个数）
5：从步骤 2 中剩下的 $n-k$ 个数据对象中随机选取一个数据对象 O_s，并用 O_s 替换集合 $\{O_1, O_2, \cdots, O_k\}$ 中的某一个数据对象 O_l，其中 $l \in \{1, 2, \cdots, k\}$，得到当前初始节点的一个随机的邻居节点 $S = \{\{O_m, m=1, 2, \cdots, k, m \neq l\} \cup O_s\}$
6：计算当前初始节点与邻居节点 S 的总代价差
7：If S 具有较小的总代价，Then 令当前初始节点为 S，并转到步骤 4
8：Else $j = j + 1$。如果 $j \leqslant$ maxNeighbor，那么转到步骤 5
9：当 $j >$ maxNeighbor 时，当前初始节点为本次样本的最小总代价节点。如果其总代价小于 mincost，那么令 mincost 为当前初始节点的总代价，并令 bestnode 为当前初始节点
10：令 $i = i + 1$。如果 $i >$ numLocals，那么输出 bestnode，算法终止。否则，转到步骤 3

CLARANS 算法的计算复杂度为 $O(n^2)$，其中 n 是数据对象的个数。实验结果表明，CLARANS 算法比 PAM 算法和 CLARA 算法更有效，它基于局部随机搜索，能够处理超大规模的数据集，对脏数据和异常数据不敏感。然而，不同的初始节点会导致不同的聚类结果，且结果往往收敛于局部最优，故 CLARANS 算法对数据对象的输入顺序异常敏感，且只能处理凸形或球形边界聚类。

6.2.3　基于层次的聚类算法

基于层次的聚类算法是一种很重要的聚类算法。与许多聚类算法相比，这种算法相对较为成熟，并且被广泛使用。

基于层次的聚类算法常常使用树状图（Dendrogram）表示，它反映了簇-子簇的联系及簇合并（凝聚）或分裂的次序。对于二维数据对象的集合，基于层次的聚类算法也可以使用嵌套簇图表示。图 6.13 所示为以树状图和嵌套簇图显示的数据集的层次聚类。

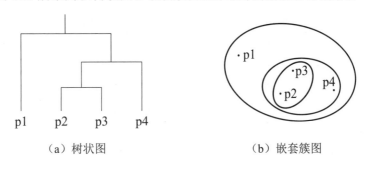

（a）树状图　　　　　　　　　（b）嵌套簇图

图 6.13　以树状图和嵌套簇图显示的数据集的层次聚类

6.2.3.1　凝聚的层次聚类算法

凝聚的层次聚类算法是最常见，也是使用最广泛的层次聚类算法，其主要思想是从每个数据对象作为个体簇开始，每一步合并两个最接近的簇，直到所有数据对象都在一个簇中，或者满足某个终止条件。经典的凝聚的层次聚类算法以 AGNES 算法为代表。该算法的运算步骤参见算法 6.6。

算法 6.6　AGNES 算法
1：计算邻近度矩阵
2：Repeat
3：合并最接近的两个簇
4：更新邻近度矩阵
5：Until 所有数据对象都在一个簇中，或者满足某个终止条件

AGNES 算法的关键操作是计算两个簇之间的邻近度，并且正是簇的邻近度规则区分了各种凝聚的层次技术。最常见的邻近度规则包括单链、全链、组平均和质心法。单链定义簇的邻近度为不同簇的两个最近数据对象之间的邻近度；而全链定义簇的邻近度为不同簇中两个最远数据对象之间的邻近度；组平均定义簇的邻近度为不同簇的所有点对邻近度的平均值；质心法定义簇的邻近度为簇质心之间的邻近度。图 6.14 所示为簇的邻近度规则。

（a）单链　　　　　　　　　　　　　　　　　　（b）全链

图 6.14　簇的邻近度规则

（c）组平均　　　　　　　　　　　　　　（d）质心法

图 6.14　簇的邻近度规则（续）

尽管 AGNES 算法实现简单，但是该算法经常会出现合并数据对象难以选择的问题。如果一旦一组数据对象被合并，那么下一步的处理将在新生成的簇上进行。已经做的处理不能撤销，聚类之间也不能交换数据对象。一步合并错误，可能会导致低质量的聚类结果。

针对 AGNES 算法的出现的问题，凝聚的层次聚类算法做了一些改进，改进的算法如下。

（1）在每层划分中，仔细分析数据对象间的"联接"，如 CURE 算法和 Chameleon 算法。

（2）综合凝聚的层次聚类算法和迭代的重定位：首先用自底向上的层次分解，然后用迭代的重定位来改进聚类结果，如 BIRCH（Balanced Iterative Reducing and Clustering using Hierarchies）算法。

下面将介绍 BIRCH 算法、CURE 算法和 Chameleon 算法，相对于 AGNES 算法，这些算法得到了广泛的应用。

1. BIRCH 算法

BIRCH 算法的核心是将聚类特征（CF）和聚类特征树（CF-Tree）相结合，它解决了 AGNES 算法不可伸缩和不可撤销的问题。此外，它可以在任何给定的内存下运行，适合处理超大规模的数据集。BIRCH 算法的过程就是构建 CF-Tree 的过程，对应生成的结果就是一个簇。

CF-Tree 中三种类型的节点如图 6.15 所示，它包含的节点类型为内部节点（InternalNode）、叶节点（LeafNode）和最小簇（最小簇），而根节点（RootNode）可能是一个内部节点，也可能是一个叶节点。所有的叶节点放入一个双向链表中。每个节点都包含一个 CF 值，CF 是一个三元组 $(N, \mathbf{LS}, \mathbf{SS})$，代表了簇的所有信息，其中 N 是数据对象的个数，$\mathbf{LS}$ 和 $\mathbf{SS}$ 是与数据对象同维度的向量，$\mathbf{LS}$ 是线性和，$\mathbf{SS}$ 是平方和。例如，有一个最小簇中包含三个数据对象 $(1,2,3)$、$(4,5,6)$、$(7,8,9)$，则 $N=3$，$\mathbf{LS} =(1+4+7,2+5+8,3+6+9)=(12,15,18)$，$\mathbf{SS} =(1+16+49,4+25+64,9+36+81)$。

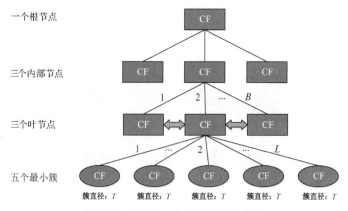

图 6.15　CF-Tree 中三种类型的节点

在对簇进行分析时需要以下信息。

簇中心点的计算公式为

$$x_c = \frac{\sum_{i=1}^{N} x_i}{N}$$

簇半径的计算公式为

$$R = \frac{\sum_{i=1}^{N} \left\| x_i - x_c \right\|}{N}$$

簇直径的计算公式为

$$D = \frac{\sum_{i=1}^{N} \sum_{j=1}^{N} \left\| x_i - x_j \right\|}{N(N-1)}$$

簇间距离的计算公式为

$$D(A,B) = \frac{\sum_{x_i \in A} \sum_{x_j \in B} \left\| x_i - x_j \right\|}{N_A N_B}$$

而当一个簇用 CF 值表示后，以上所有的距离都可以由 CF 值来计算。所谓两簇合并是指两个对应的 CF 值相加，即 $CF_1 + CF_2 = (N_1 + N_2, \mathbf{LS}_1 + \mathbf{LS}_2, \mathbf{SS}_1 + \mathbf{SS}_2)$。一个数据对象加入一个簇后，关于此数据对象的信息就会被丢弃，从而达到对数据压缩的目的。对于 CF-Tree 的每个节点，其 CF 值就是其所有孩子节点 CF 值之和，以每个节点为根节点的子树都可以看成是一个簇。

此外，内部节点、叶节点、最小簇都是有个数限制的，内部节点的孩子节点不能超过 B 个，叶节点最多只能有 L 个最小簇，而一个最小簇的簇直径不能超过 T。

综上，BIRCH 算法是通过使用三元组来表示簇的相关信息，并通过构建满足分枝因子（B、L）和簇直径（T）限制的 CF-Tree 来求聚类。CF-Tree 是具有两个参数（分枝因子和簇直径）的高度平衡树。其中，分枝因子规定了树的每个节点孩子节点的最多个数，而簇直径体现了每个类簇内的距离范围。

CF-Tree 的构建是一个动态过程，它可以随时根据数据对树进行更新操作。CF-Tree 的构建过程（BIRCH 算法的运算步骤）如下。

算法 6.7　BIRCH 算法（CF-Tree 的构建过程）
1：{考虑为 CF-Tree 首次添加数据对象}
2：扫描数据集的第一个数据对象 x，创建一个空的叶节点和最小簇；
3：将 x 的 ID 值放入最小簇，更新最小簇的 CF 值
4：将最小簇作为叶节点的一个孩子节点，更新叶节点的 CF 值
5：{考虑为 CF-Tree 添加新数据对象，可以认为此时的树很大或很小}
6：将这个数据对象封装为一个最小簇（此时它有了一个 CF 值），记为 CF_{new}
7：比较 CF_{new} 与根节点的所有孩子节点的 CF 值，根据簇间距离，选择一个离它最近的孩子节点
8：依次往下搜索孩子节点，直到到达叶节点。检查叶节点下的某个最小簇（记为 ClusterA）是否能够吸收此新节点，判定条件是变化后的最小簇直径有没有超过 T
9：If 该 ClusterA 能够吸收此新节点，Then 更新 ClusterA 节点、叶节点及其所有祖先节点的 CF 值，转至步骤 16
10：Else 该 CF_{new} 要单独作为一个簇，成为 ClusterA 的兄弟节点；之后，判定 ClusterA 所属叶节点的孩子节点个数是否大于 L

11: If ClusterA 所属叶节点的孩子节点个数不大于 L，Then 转至步骤 16

12: Else if ClusterA 所属叶节点的孩子节点个数大于 L，通常是 $L+1$，Then 创建一个新叶节点，作为原叶节点的兄弟节点，并将其插入双向链表中

13: 将原叶节点下的最小簇进行分裂。分裂方法：找出这 $L+1$ 个最小簇中距离最远的两个最小簇，剩余的最小簇将选择与这两个最小簇距离中最近的一个，分好后更新两个叶节点的 CF 值，其祖先节点的 CF 值没有变化，不需要更新。判定原叶节点和新叶节点的父节点的孩子节点个数是否超过了 B

14: If 原叶节点分裂后恰好其父节点的孩子节点个数不大于 B，Then 转至步骤 16

15: Else if 原叶节点分裂后恰好其父节点的孩子节点个数大于 B，Then 递归分裂叶节点的父节点。若根节点发生了分裂，则树的高度需要增加 1

16: 继续扫描数据集中的新节点，转至步骤 6

从上述步骤可以看出，在 BIRCH 算法中，扫描一次数据集就能构建 CF-Tree，且计算量小，因为合并两个簇只需要将两个 CF 值相加，计算簇间距离只需要用到三元组，占用存储空间也小（叶节点放在磁盘分区上，非叶节点仅存储一个 CF 值及指向父节点和孩子节点的指针）。此外，该算法能够识别噪声数据（构建好 CF-Tree 后把包含数据对象少的最小簇当成离群点）。同时由于 CF-Tree 是高度平衡的，所以在 CF-Tree 上执行插入或查找操作是很快的。

不过，BIRCH 算法也具有以下缺点。首先，CF-Tree 的最终结构依赖于数据对象的扫描顺序。本属于同一个簇的数据对象可能由于扫描顺序相差很远而分到不同的簇中，即使同一个数据对象在不同的时刻被插入，也会被分到不同的簇中。其次，BIRCH 算法对非球状的簇和高维数据的聚类结果不好。再次，BIRCH 算法虽然适于处理需要数十上百小时聚类的数据，但在整个过程中算法一旦中断，一切必须从头再来。最后，局部性也导致了 BIRCH 算法的聚类结果欠佳。当一个新数据对象要插入 CF-Tree 时，它只跟很少一部分簇进行了相似性（通过计算簇间距离）比较，高的效率导致低的有效性。

2. CURE 算法

CURE 是一种新颖的凝聚的层次聚类算法，它能够处理超大规模数据集，离群点，具有非球状、非均匀大小的簇数据。CURE 算法不是用单个质心或中心点来表示一个簇，而是使用簇中多个代表点来表示一个簇。理论上，这些代表点捕获了簇的几何形状。一个类簇的代表点通过如下方式产生：选择簇中分散的数据对象作为代表点，一般而言，第一个代表点选择离簇中心点最远的数据对象，而其余的代表点选择离所有已经选取的数据对象最远的数据对象，这样使得代表点相对分散，通常代表点的个数为 10 或更大的值；根据一个收缩因子 α "收缩"或移动这些代表点，这有助于减轻离群点的影响（离群点一般远离中心，因此收缩更多）。例如，当 $\alpha =0.7$ 时，一个到中心距离为 10 个单位的代表点将移动 3 个单位，而到中心距离为 1 个单位的代表点仅移动 0.3 个单位。

CURE 算法在选择代表点时使用了基于质心的层次聚类算法和基于中心点的层次聚类算法的中间策略。如果 $\alpha =0$，那么该算法等价于基于质心的层次聚类算法；如果 $\alpha =1$，那么该算法与基于中心点的层次聚类算法大致相同。

CURE 算法的思想主要体现在以下几方面。

（1）CURE 算法采用的是凝聚的层次聚类。在最开始时，每个数据对象就是一个独立的簇，从最相似的簇开始进行合并。

（2）为了处理超大规模数据集，CURE 算法采用了随机抽样和划分两种方法组合，首先抽取一个随机样本。然后对随机样本进行划分，每个划分又被局部聚类，形成子类。最后针

对子类进行聚类，形成新的类。采用抽样方法可以降低数据量，提高算法的效率。在样本点个数选择合适的情况下，一般能够得到比较好的聚类结果。

（3）传统的算法常常采用一个数据对象来表示一个簇，而 CURE 算法由分散的若干数据对象，在按收缩因子移向其所在簇的中心之后来表示该簇，能够处理非球状簇的分布。

（4）CURE 算法会在聚类过程的两个不同阶段删除离群点。在聚类过程最开始时，每个数据对象就是一个独立的簇，从最相似的簇开始进行合并。由于异常值比与其他簇的距离更大，所以其所在的簇中数据对象个数的增长就会非常缓慢，甚至不增长。第一个阶段的工作，就是将聚类过程中数据对象个数增长非常缓慢的簇作为离群点删除。第二个阶段的工作（聚类过程基本结束的时候）是将数据对象个数明显少的簇作为离群点删除。

CURE 算法的运算步骤参见算法 6.8。注意，k 是期望的簇个数，m 是随机样本的样本点个数，p 是随机样本的划分个数，而 q 是每个划分样本中期望每个簇的样本点个数，即一个划分样本中簇的个数是 $\dfrac{m}{pq}$。因此，簇的总数是 $\dfrac{m}{q}$。

算法 6.8 CURE 算法
1：从数据集中随机抽样，得到一个样本点个数为 m 的随机样本
2：将随机样本划分成大小相等的 p 个样本，每个划分样本的点数为 $\dfrac{m}{p}$
3：对于每个划分样本，利用凝聚的层次聚类算法进行聚类，将每个划分样本中的样本点聚成 $\dfrac{m}{pq}$ 个簇，所有划分样本总共得到 $\dfrac{m}{q}$ 个簇
4：删除离群点，该阶段将增长缓慢的簇删除（当簇的个数低于某一阈值时，将仅含有一两个数据对象的簇删除）
5：使用凝聚的层次聚类算法对 $\dfrac{m}{q}$ 个簇进行聚类，直到只剩下 k 个簇
6：删除数据对象个数明显少的簇，这是删除离群点的第二个阶段
7：将所有剩余的数据对象指派到最近的簇，得到整个数据集的完全聚类

CURE 算法将每个簇用多个代表点来表示，使得 CURE 算法可以适应非球状簇的聚类。此外，收缩因子降低了噪声数据对聚类的影响，有助于控制孤立点的影响。因此，CURE 算法对孤立点的处理更加鲁棒，而且能够识别非球状和大小变化比较大的簇。

3．Chameleon 算法

凝聚的层次聚类通过合并两个最相似的簇来聚类，其中簇的相似性定义依赖于具体的邻近度规则，如组平均、单链等，但仅使用簇的相似性（或接近性）可能导致错误的簇合并。相似性不是适当的合并标准的情况如图 6.16 所示。图 6.16 中显示了四个簇，如果使用簇的相似性（单链）作为合并标准，则可合并两个圆形簇——簇三和簇四（它们几乎接触），而不是合并两个矩形簇——簇一和簇二（它们被一个小间隔分开）。然而，从直观的角度来看，合并方案应当为合并簇一和簇二。

大部分聚类算法都有一个全局（静态）簇模型。例如，k-means 算法假定簇是球状的，而 DBSCAN 算法基于单个密度阈值定义簇。使用这样一种全局簇模型的聚类算法不能处理诸如大小、形状和密度等簇特性在簇间变化很大的情况。簇的局部（动态）建模的重要性例子如图 6.17 所示。如果使用簇的相似性来决定哪一对簇应当合并，如果使用单链作为合并标准，那么将合并簇一和簇二。然而，这种合并方案并未考虑每个个体簇的特性。具体地说，这种合并方案忽略了个体簇的密度。对于簇一和簇二，它们相对稠密，两个簇之间的距离显著大于同一个簇内两个最近邻点之间的距离。对于簇三和簇四，它们相对稀疏。事实上，与合并簇一和簇二相比，合并簇三和簇四所产生的簇看上去与原来的簇更相似。

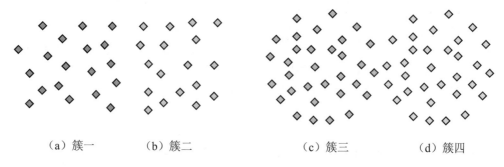

（a）簇一　　　　（b）簇二　　　　　　（c）簇三　　　　（d）簇四

图 6.16　相似性不是适当的合并标准的情况

Chameleon 算法采用动态建模来确定一对簇之间的相似性，它可以解决上述提到的问题。它将数据的初始划分（使用一种有效的多层图划分算法）与一种新颖的基于层次的聚类算法相结合。这种层次聚类使用相似性、互连性概念及簇的动态建模。它的关键思想是仅当合并后产生的簇类似于原来的两个簇时，这两个簇才应当合并。

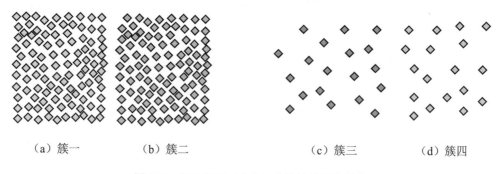

（a）簇一　　　　（b）簇二　　　　　　（c）簇三　　　　（d）簇四

图 6.17　簇的局部（动态）建模的重要性例子

大多数凝聚的层次聚类算法重复地合并两个最相似的簇，具体算法之间的主要区别是簇的邻近度规则。相比之下，由 Chameleon 算法合并后产生的簇，可用相似性和互连性度量。如果两个簇的互连性都很高并且它们又很靠近，那么可将其合并，合并后的簇与原来的两个簇最相似。因为 Chameleon 算法仅依赖于簇对而不依赖于全局簇模型，所以该算法能够处理包含具有各种不同特性簇的数据。

Chameleon 算法的关键步骤为稀疏化、图划分和层次聚类，该算法的运算步骤参见算法6.9。图 6.18 所示为 Chameleon 算法聚类的过程。

算法 6.9　Chameleon 算法
1：构造数据集的 k-最近邻图
2：使用多层图划分算法将 k-最近邻图划分成大量相对较小的子簇
3：Repeat
4：考虑两个簇的互连性和相似性，合并最好保持簇的自相似性的两个簇
5：Until 不再有可以合并的簇

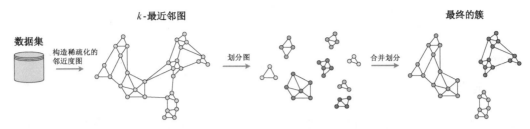

图 6.18 Chameleon 算法聚类的过程

稀疏化：Chameleon 算法的第一步是产生 k-最近邻图。从概念上讲，这样的图由邻近度图导出，并且仅包含数据对象和它的 k 个最近邻之间的边。如前所述，使用稀疏化的邻近度图而不是完全的邻近度图可以显著地降低噪声数据和离群点的影响，提高计算的有效性。

图划分：一旦得到稀疏化的邻近度图，就可以使用有效的多层图划分算法来划分数据集。首先，从一个全包含的图（簇）开始。然后，二分当前最大的子图（簇），直到没有一个簇的数据对象个数多于参数 minsize 设定的值，其中 minsize 是用户指定的参数。

Chameleon 算法是基于两个簇的互连性和相似性或簇的自相似性合并簇的。其中，自相似性是互连性和相似性的组合概念。Chameleon 算法将多次合并两个簇，并且在所有的数据对象都合并到单个簇之前停止。

因此，Chameleon 算法在发现高质量的任意形状的簇方面具有很强的能力，但在高维数据的处理代价较高，对于 n 个数据对象最坏情况下的计算复杂度为 $O(n^2)$。

6.2.3.2 分裂的层次聚类算法

分裂的层次聚类算法一般使用较少，它使用自顶向下的方式进行层次分解，其主要思想是首先将所有数据对象置于一个簇中，然后将这个簇划分成多个较小的簇，最后递归地把这些较小簇划分为更小的簇，直到最底层的每个簇仅包含一个数据对象，或者簇内的数据对象彼此都充分相似。经典的分裂的层次聚类算法为 DIANA 算法。

DIANA 算法的缺点是已做的分裂操作不能撤销，类之间不能交换数据对象。如果在某步没有选择好分裂点，可能会导致低质量的聚类结果。此外，该算法不太适合超大规模数据集。

DIANA 算法的运算步骤参见算法 6.10。

算法 6.10　DIANA 算法

1：将所有数据对象当成一个初始簇

2：for i=1 to i!=k do

3：在所有簇中挑选出具有最大直径的簇 C

4：在簇 C 中找出与其他数据对象平均相异度最大的一个数据对象 P，并把 P 放在 splinter group 中，剩余的数据对象放在 old party 中

5：Repeat

6：在 old party 中找出到 splinter group 中最近数据对象的距离不大于到 old party 中最近数据对象距离的对象，并将该对象加在 splinter group 中

7：Until 没有新的 old party 的点被分配给 splinter group

8：splinter group 和 old party 为被选中的簇分裂成的两个簇与其他簇一起组成新的簇集合

9：End

分裂的层次聚类算法通常作为一种技术应用在一些场景，如二分 k-means 算法。此外，

比较常用的一种分裂的层次聚类算法 MST 从邻近度图的最小生成树开始，可以视为用稀疏化找出簇的应用。

6.2.4 基于密度的聚类算法

由于大部分基于划分的聚类算法都是基于数据对象间的距离进行聚类的，所以该算法只能发现凸形的聚类簇。为了能进一步发现任意形状的聚类簇，特别提出了基于密度的聚类算法。该算法试图通过稀疏区域来划分高密度区域以发现明显的聚类和孤立点，密度高的区域聚类成簇，密度低的区域作为噪声数据和孤立点处理，适用于空间中任意形状的簇，具有很强的抗噪能力。

6.2.4.1 传统的密度聚类算法

传统的密度聚类算法最常见的是基于中心的算法。在基于中心的算法中，数据集中特定数据对象的密度通过对该对象 Eps 半径内的数据对象计数（包括数据对象本身）来估计。该算法实现简单且有效，但是数据对象的密度取决于指定的半径。如果半径足够大，则所有数据对象的密度都等于数据集中的数据对象个数。如果半径太小，所有数据对象的密度都是 1。对于低维数据，一种确定合适半径的方法在讨论 DBSCAN 算法时给出。

根据基于中心的密度，可以将数据对象分为核心点（稠密区域内部的数据对象）、边界点（稠密区域边缘上的数据对象）及噪声点（稀疏区域中的数据对象）。图 6.19 所示为核心点、边界点和噪声点。

（1）核心点。这些数据对象在基于密度的簇内部。数据对象的邻域由距离函数和用户指定的距离参数 Eps 决定。核心点的定义为如果某个数据对象在给定邻域内数据对象的个数超过给定的阈值 MinPts，那么该数据对象为核心点，其中 MinPts 是用户指定的参数。在图 6.19 中，点 A 的 Eps 半径内数据对象的个数（包括 A 本身）为 7，如果 MinPts≤7，那么对于给定的半径，点 A 是核心点。

（2）边界点。边界点不是核心点，但它落在某个核心点的邻域内。在图 6.19 中，点 B 是边界点。边界点可能落在多个核心点的邻域内。

（3）噪声点。噪声点既非核心点也非边界点。在图 6.19 中，点 C 是噪声点。

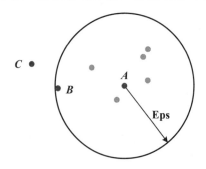

图 6.19　核心点、边界点和噪声点

DBSCAN 算法是传统的密度聚类算法中最经典的一种算法，它将类簇定义为高密度相连点的最大集合。给定核心点、边界点和噪声点的定义，DBSCAN 算法可以非正式地描述如下：任意两个足够靠近（相互之间的距离在 Eps 半径内）的核心点将放在同一个簇中；任何与核心点有关联的边界点也将放到与核心点相同的簇中（如果一个边界点与不同簇的核心点有关联，那么可能需要解决平局问题）；噪声点会被删除。DBSCAN 算法的运算步骤参见算法 6.11。

算法 6.11　DBSCAN 算法
1：标记所有数据对象（核心点、边界点或噪声点）
2：删除噪声点
3：为距离在 Eps 半径内的所有核心点之间赋予一条边
4：每组连通的核心点形成一个簇
5：将每个边界点指派到一个与之关联的核心点的簇中

DBSCAN 算法的时间复杂度和空间复杂度。DBSCAN 算法的时间复杂度是 $O(m \times$ 找出给定邻域内数据对象需要的时间$)$，其中 m 是数据对象的个数。在最坏情况下，时间复杂度是 $O(m^2)$。然而，在低维空间，有一些数据结构，如 kd 树，可以有效地检索特定数据对象给定领域内的所有数据对象，时间复杂度可以降低到 $O(m\log m)$。即便对于高维数据，DBSCAN 算法的空间复杂度也是 $O(m)$，因为对每个数据对象，它只需要维持少量数据，即簇标号和每个数据对象是核心点、边界点还是噪声点。

选择 DBSCAN 算法的参数（Eps 和 MinPts）的基本方法是利用数据对象到它的 k 个最近邻距离（称为 k-距离）数据对象的特性。对于属于某个簇的数据对象，它的 k-距离将比较小。注意，尽管因簇的密度和数据对象的随机分布不同而有一些变化，但是如果簇密度的差异不是很极端的话，那么在平均情况下 k-距离的变化不会太大。然而，对于不在簇中的数据对象（如噪声点），k-距离将相对较大。因此，对于某个 k，计算所有数据对象的 k-距离，以递增次序将它们排序，并绘制排序后的值，此时 k-距离会急剧变化，由此确定合适的参数 Eps 的值。当确定参数 Eps 的值后，取 k 的值为参数 MinPts 的值，那么 k-距离小于参数 Eps 值的数据对象将被标记为核心点，而其他数据对象将被标记为噪声点或边界点。

DBSCAN 算法的优缺点总结如下。因为 DBSCAN 算法使用簇的基于密度的定义，因此它是相对抗噪声的，并且能够处理任意形状和大小的簇。这样，使用 DBSCAN 算法可以发现使用 k-means 算法不能发现的许多簇。然而，DBSCAN 算法不太适于处理簇的密度变化太大或高维数据。当近邻计算需要计算所有的数据对象邻近度时（对于高维数据，常常如此），DBSCAN 算法的开销可能是很大的。

6.2.4.2　基于网格的聚类算法

传统的密度聚类算法（如 DBSCAN 算法）是一种发现基于密度的簇的简单而有效的算法。基于密度的簇是数据对象的稠密区域，它们被低密度的区域所包围。除此之外，另一种基于密度的聚类算法是基于网格的聚类算法，它将数据空间划分成网格单元，由足够稠密的网格单元形成簇。

网格是一种组织数据集的有效方法，至少在低维空间中如此。基于网格的聚类算法的基本思想是将每个属性的可能值分割成许多相邻的区间，创建网格单元的集合（假定属性值是序数的、区间的或连续的）。每个数据对象落入一个网格单元，网格单元对应的属性区间包含该对象的值。扫描一遍数据就可以把数据对象指派到网格单元中，并且还可以收集关于每个网格单元的信息，如网格单元中数据对象的个数。基本的基于网格的聚类算法的运算步骤参见算法 6.12。

算法 6.12　基本的基于网格的聚类算法
1：定义一个网格单元
2：将数据对象指派到合适的单元，并计算每个网格单元的密度
3：删除密度低于指定阈值 τ 的网格单元
4：由邻近的稠密网格单元组形成簇

1．定义网格单元

定义网格单元是整个运算步骤的关键，但是定义也最不严格，因为存在许多方法将每个属性的可能值分割成许多相邻的区间。对于连续属性，一种常用的方法是将值划分成等宽的区间。如果将该方法用于所有的属性，那么网格单元都具有相同的面积（或体积），而网格单元的密度可以方便地定义为网格单元中数据对象的个数。当然也可以使用更复杂的方法。但无论采用哪种方法，网格单元的定义都对聚类结果具有很大影响。

2．网格单元的密度

通常，定义网格单元的密度为该区域中数据对象的个数除以区域的面积（或体积）。需要注意的是，密度是每个网格单位中数据对象的个数，而与空间的维度无关。因此，网格单元的密度通常使用具有相同体积的网格单元。图 6.20 所示为 2 个二维数据对象集合中基于网格的密度，它使用 8 乘 8 的网格划分成 64 个单元。第 1 个集合包含 133 个数据对象，均匀分布在圆心为 (2,3)、半径为 2 的圆上；而第 2 个集合包含 56 个数据对象，均匀分布在圆心为（6,3）、半径为 1 的圆上。网格单元的计数如表 6.4 所示。由于每个网格单元具有相同的面积（或体积），因此可以将这些计数值视为网格单元的密度。

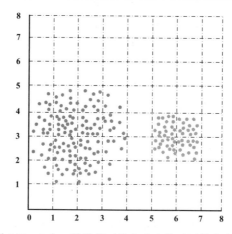

图 6.20　2 个二维数据对象集合中基于网格的密度

3．稠密网格单元形成簇

该步骤相对比较简单（如在图 6.20 中很明显存在 2 个簇）。然而，在此步骤中需要注意一些问题。首先，需对邻接单元进行明确的定义。例如，二维网格单元采用 4 个邻接单元还是 8 个邻接单元？然后，需要有效的技术发现邻接单元，特别是当仅存放被占据的单元时更需要这种技术。

表 6.4　网格单元的计数

区间	[0,1]	[1,2]	[2,3]	[3,4]	[4,5]	[5,6]	[6,7]	[7,8]
[0,1]	0	0	0	0	0	0	0	0
[1,2]	0	0	0	0	0	0	0	0
[2,3]	0	0	0	0	0	0	0	0
[3,4]	5	11	9	3	0	0	0	0
[4,5]	10	17	12	8	0	16	13	0
[5,6]	6	15	10	5	0	14	13	0
[6,7]	2	9	9	2	0	0	0	0
[7,8]	0	0	0	0	0	0	0	0

另外，基本的基于网格的聚类算法存在的一些局限性，将算法改写得稍微复杂一点就可以处理。例如，在簇的边缘会有许多部分为空的网格单元。通常，这些网格单元不是稠密的，即如果某些网格单元不稠密，那么它们将被丢弃，并导致簇的部分数据对象丢失。这种情况可以通过修改聚类过程以避免丢弃这样的网格单元。

基于网格的聚类算法的优缺点如下。

优点：基于网格的聚类算法是非常有效的。给定每个属性的划分，一遍数据扫描就可以确定每个数据对象的网格单元和每个网格单元的计数。此外，尽管潜在的网格单元数量可能很大，但是只需要为非空单元创建网格单元。因此，定义网格单元、将每个数据对象指派到一个网格单元并计算出该单元密度的时间和空间复杂度为 $O(m)$，其中 m 是数据对象的个数。

缺点：像大多数传统的密度聚类算法一样，基于网格的聚类算法非常依赖于密度阈值 τ 的选择。如果 τ 太高，那么簇可能丢失；如果 τ 太低，那么本应分开的 2 个簇可能被合并。此外，如果存在不同密度的簇和噪声数据，那么也许不能找到适用于数据空间所有部分的单个值。

4. CLIQUE 算法

聚类的目标是将整个数据集划分为多个数据簇（聚类），而使得类内相似性最大，类间相似性最小。然而，在高维空间中，适用于普通数据集的聚类算法效率极其低下。由于高维空间的稀疏性及最近邻特性，高维空间中基本不存在数据簇，因此距离度量方法已经失效，使得聚类的概念失去了意义。建立索引结构和采用网格划分的方法是很多超大规模数据集聚类算法提高效率的主要策略，但在高维空间中索引结构的失效和网格个数随维数呈指数级增长的问题也使得这些策略不再有效。

CLIQUE 是一种简单的基于网格的聚类算法，可用于发现子空间中基于密度的簇，并且它既能发现任意形状的簇，又能处理高维数据。通过检查每个子空间寻找簇是不现实的，因为这样的子空间的数量是维度的指数。CLIQUE 算法把每个维度划分成不重叠的区间，从而把数据对象的整个嵌入空间划分成网格单元。另外，它使用一个密度阈值识别稠密网格单元和稀疏网格单元，即如果映射到某个网格单元的数据对象个数超过该密度阈值，那么该网格单元是稠密的。

CLIQUE 算法识别候选搜索空间的主要策略是使用稠密网格单元关于维度的单调性，这是基于频繁模式和关联规则挖掘使用的先验性质。在子空间聚类的背景下，单调性陈述如下。

一个 k 维（$k>1$）网格单元 c 至少有 I 个数据对象，仅当 k 维网格单元 c 的每个 $k-1$ 维投影（$k-1$ 维网格单元）至少有 I 个数据对象。稠密网格单元关于维度的单调性示例如图 6.21

所示，其中数据空间包含的维度：Age、Salary 和 Vacation。例如，子空间 Age 和 Salary 中的一个二维网格单元包含 I 个数据对象表示仅当该网格单元在子空间 Age 和 Salary 上时其投影至少包含 I 个数据对象。

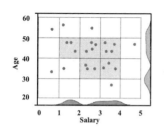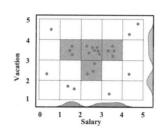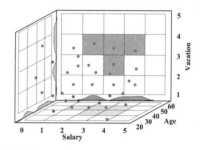

图 6.21　稠密网格单元关于维度的单调性示例

CLIQUE 算法采用自下而上的识别方式，首先确定低维空间的稠密网格单元，当确定了 $k-1$ 维空间中所有的稠密网格单元，k 维空间上的可能稠密网格单元就可以确定。因为，当某一网格单元的数据在 k 维空间中是稠密的，那么数据在任意 $k-1$ 维空间中都是稠密的；如果数据在某 $k-1$ 维空间中不稠密，那么数据在 k 维空间中也不稠密。CLIQUE 算法包含的参数为网格的步长（用来确定空间网格划分）、密度阈值 ς（当网格单元中数据对象个数大于等于该密度阈值时该网格单元为稠密网格单元）。从概念上讲，CLIQUE 算法类似于发现频繁项集（Frequent Itemsets）的 Apriori 算法。CLIQUE 算法的运算步骤参见算法 6.13。

算法 6.13　CLIQUE 算法
1：找出对应于每个属性的一维空间中的所有稠密区域，这是稠密的一维网格单元集合
2：令 $k=2$
3：Repeat
4：由稠密的 $k-1$ 维网格单元产生所有的候选稠密 k 维网格单元
5：删除数据对象个数小于密度阈值 ς 的网格单元
6：令 $k=k+1$
7：Until　不存在候选稠密 k 维网格单元
8：通过取所有邻接的、高密度的网格单元的并集来发现簇
9：使用一小组描述簇中网格单元的属性值域的不等式概括每个簇

CLIQUE 算法的优点与局限性讨论如下。CLIQUE 算法提供了一种搜索子空间发现簇的有效算法。由于这种算法基于源于关联分析的著名先验原理，它的性质能够被很好地理解。CLIQUE 算法具有一小组不等式概括构成一个簇的单元列表的能力。

CLIQUE 算法大多数的局限性与基于网格的聚类算法相同，而该算法的其他局限性类似于 Apriori 算法的局限性。具体地说，正如频繁项集可以共享项一样，CLIQUE 算法发现的簇也可以共享数据对象，但允许簇重叠可能大幅度增加簇的个数，并使得解释更加困难。并且 Apriori 算法和 CLIQUE 算法潜在地具有指数复杂度。

6.2.5　基于模型的聚类算法

基于模型的聚类算法通常包含的潜在假设是，数据集是由一系列的潜在概率分布生成的。基于模型的聚类算法通常有两种尝试思路：统计学方法和神经网络方法，其中统计学方法有 COBWEB 算法、CLASSIT 算法和 AutoClass 算法，神经网络方法有 SOM 算法等。

COBWEB 算法是一种非常有代表性的简单增量概念聚类算法，该算法使用分类属性值对来描述输入对象，采用分类树的形式创建层次聚类。COBWEB 算法的优势是在不需要任何参数下可以自动更改划分中类的个数，这种操作是建立在每个属性上的概率分布相互没有联系的基础上的，但 COBWEB 算法基于的假设条件不一定总是正确的，这在一定程度上会影响聚类结果，且该算法不适合应用于数据量大的数据集。

CLASSIT 算法是在 COBWEB 算法基础上改进的算法，该算法利用一个改进的分类描述方法，允许对连续属性进行增量式聚类操作，聚类过程中为每个节点中的所有属性存储相应的连续正态分布。CLASSIT 算法同样也不适合应用于数据量大的数据集。

在 AutoClass 算法中类的个数由贝叶斯统计分析估算获得。

SOM 算法是效仿人脑处理信号的特点开发出的一种人工神经网络聚类算法，该算法是可视的、高纬的、无监督的，在信息处理领域（如图像处理、语音识别等）应用的比较广。

6.3　分类分析

分类分析就是确定对象属于哪个预定义的目标类。分类问题是一个普遍存在的问题，有许多不同的应用。例如：根据电子邮件的标题和内容检查出垃圾邮件；根据脊椎动物的特征判断它所属的类；根据星系的形状对它们进行分类等。对于数据的属性集，可能是离散属性，也可能是连续属性，而类标号必须是离散属性，因此分类解决的是离散属性的预测建模任务，本节将对分类的相关知识进行详细介绍。另一种预测建模任务——回归，将在 6.4 节中进行讲解，其目标属性是连续的。

6.3.1　分类的基础知识

本节主要介绍分类的定义、分类的评价标准及分类的主要算法。

6.3.1.1　分类的定义

分类是通过学习得到一个目标函数 f 把每个属性集 x 映射到一个预先定义的类标号 y 上，其中目标函数 f 也称分类模型。分类模型可以用于以下两种目的。

（1）描述性建模。分类模型可以作为解释性的工具，用于区分不同类中的对象。例如，对于生物学家或者其他人，一个描述性模型有助于概括表 6.5 中的脊椎动物的数据集，并说明哪些特征决定一种脊椎动物是哺乳类、爬行类、鸟类、鱼类或者两栖类。

表 6.5　脊椎动物的数据集

名称	体温	表皮覆盖	胎生	水生动物	飞行动物	有腿	冬眠	类标号
人类	恒温	毛发	是	否	否	是	否	哺乳类
企鹅	恒温	羽毛	否	半	否	是	否	鸟类
鲸	恒温	毛发	是	是	否	否	否	哺乳类
青蛙	冷血	无	否	半	否	是	是	两栖类
海龟	冷血	鳞片	否	半	否	是	否	爬行类

（2）预测性建模。分类模型还可以用于预测未知记录的类标号。分类模型的预测性建模任务如图 6.22 所示。分类模型可以视为一个黑箱，当给定未知记录的属性集上的值时，它自动地赋予未知记录的类标号。例如，假设有一种称为猫的生物，其特征描述如表 6.6 所示。

图 6.22　分类模型的预测性建模任务

表 6.6　猫的特征描述

名称	体温	表皮覆盖	胎生	水生动物	飞行动物	有腿	冬眠	类标号
猫	恒温	软毛	是	否	否	是	否	？

可以使用根据表 6.5 中的数据集建立的分类模型来确定该生物所属的类。

分类技术非常适合预测或描述二元或标称类型的数据集，对于序数分类（如把人分类为高收入、中等收入或低收入组），分类技术不太有效，因为分类技术不考虑隐含在目标类中的序关系。其他形式的联系，如子类与超类的关系（例如，人类和猿都是灵长类动物，而灵长类是哺乳类的子类）也被忽略。因此，本节讲述的分类技术只考虑二元或标称类型的类标号。

6.3.1.2　分类的评价标准

目前用于分类的算法有很多，使用不同的分类算法，得到的分类结果也存在差异，因此如何对分类算法的优劣进行评价显得至关重要。通常，分类模型的性能根据模型正确和错误预测的检验记录计数进行评估，这些计数存放在称作混淆矩阵（Confusion Matrix）的表格中。表 6.7 所示为二元分类问题的混淆矩阵。表 6.7 中每个表项 f_{ij} 表示实际类标号为 i 但被预测类标号为 j 的记录计数。例如，f_{01} 表示原本属于类 0 但被误分为类 1 的记录计数。按照混淆矩阵中的表项，被分类模型正确预测的样本总数是 $f_{11} + f_{00}$，而被错误预测的样本总数是 $f_{01} + f_{10}$。

表 6.7　二元分类问题的混淆矩阵

实际类标号	预测类标号	
	类 = 1	类 = 0
类 = 1	f_{11}	f_{10}
类 = 0	f_{01}	f_{00}

混淆矩阵可提供衡量分类模型性能的信息，并且用数值来表示这些信息更利于比较不同模型的性能。为实现这一目的，可以使用性能度量，如准确率，其定义如下。

$$准确率 = \frac{正确预测的样本总数}{预测的样本总数} = \frac{f_{11} + f_{00}}{f_{11} + f_{10} + f_{01} + f_{00}} \tag{6.5}$$

同样，分类模型的性能也可以用错误率来度量，其定义如下。

$$错误率 = \frac{错误预测的样本总数}{预测的样本总数} = \frac{f_{10} + f_{01}}{f_{11} + f_{10} + f_{01} + f_{00}} \tag{6.6}$$

大多数分类算法都在寻求这样一些模型，当把它们应用于测试集时，它们具有最高的准确率，或者等价地，具有最低的错误率。

6.3.1.3 分类的主要算法

目前比较常用的分类算法有决策树算法、最近邻算法、贝叶斯法、支持向量机、分类器组合法和人工神经网络算法。

（1）决策树算法：最为经典的分类算法之一，它采用自上而下进行各个击破的递归方式，进行决策树的构造。给定类标号未知的元组，在决策树上进行元组属性值的测试，跟踪一条由根节点到叶节点的路径，元组的类预测存放在叶节点中，但决策树存在过分拟合的问题。

（2）最近邻算法：即 k-最邻近算法，该算法的思路很简单，即如果某个样本，与其在特征空间中最相邻的 k 个样本中的大部分属于同一样本，那么该样本与这些多数样本属于同一类。由于此算法只与极少的相邻样本相关，因此它能够很好地避免样本不平衡的问题，适用于类域重叠或交叉较多的待分样本集，但该算法的计算量较大，当类域的样本容量较小时，容易产生误差。

（3）贝叶斯法：使用该算法的前提是已知先验概率与类条件概率，各个类域中样本的整体决定了分类的效果。此外贝叶斯法还要求表达文本的主题词之间相互独立，实际中，很少有文本满足这样的条件，因此，该算法的分类结果很难达到理论的最佳值。

（4）支持向量机：它是一种建立在统计学理论基础上的机器学习算法，性能指标相对优良。支持向量机可以自动找到对分类区分具有较高能力的支持向量，通过该算法得到的分类器能够将类间的间隔最大化，使得分类器具有良好的适应能力和准确率。

（5）分类器组合法：通过聚集多个分类器的预测来提高分类准确率，它由训练数据构建一组基分类器，并通过对每个基分类器的预测投票进行分类。

（6）人工神经网络算法：一种基于经验风险最小化原则的分类算法，它的重点是阈值逻辑单元的构造。每个阈值逻辑单元对应一个分类对象，并可以输入一组加权系数的值，对这些值进行求和，如果得到的结果大于或等于某个阈值，那么输出一个量。但人工神经网络算法也存在一些缺点，如过学习现象及因神经元个数和层数无法确定而导致陷入局部最小。

6.3.2 决策树分类

决策树是一种基本的分类算法。决策树模型呈树形结构，在分类问题中表示基于特征（或属性）对实例进行分类的过程。该模型的主要优点是模型具有可读性、分类速度快。学习时，利用训练数据，并根据损失函数最小化的原则构建决策树模型。预测时，对新的数据，利用决策树模型进行分类。决策树学习通常包括特征选择、决策树的生成和决策树的剪枝。决策树学习的思想主要来源于由 Quinlan 在 1986 年提出的 ID3 算法和 1993 年提出的 C4.5 算法，以及由 Breiman 等人在 1984 年提出的 CART 算法。

本节首先介绍决策树模型与学习，然后介绍特征选择、决策树的生成及决策树的剪枝。

6.3.2.1 决策树模型与学习

1. 决策树模型

决策树模型是一种描述对实例进行分类的树形结构，它是一种由节点和有向边组成的层次结构，其节点有 3 种类型：根节点、内部节点和叶节点。根节点和内部节点表示一个特征或属性，叶节点表示一个类。

（1）根节点：它没有入边，但有零条或多条出边。

（2）内部节点：恰有一条入边和两条或多条出边。

（3）叶节点：恰有一条入边，但没有出边。

用决策树分类，首先从根节点开始，对实例的某一特征进行测试。然后根据测试结果，将实例分配到其子节点；这时，每个子节点对应着该特征的一个取值，如此递归地对实例进行测试并分配，直至达到叶节点。最后将实例分到叶节点的类中。图 6.23 所示为哺乳动物分类问题的决策树。其中根节点和内部节点用圆形表示，叶节点用方框表示。

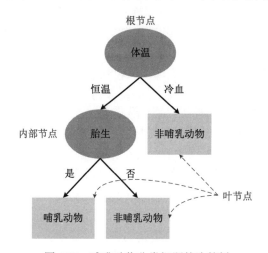

图 6.23　哺乳动物分类问题的决策树

决策树可被认为是 if-then 规则的集合，也可以将其认为是定义在特征空间与类空间上的条件概率分布。

首先，可以将决策树看成一个 if-then 规则的集合。将决策树转换成 if-then 规则的过程为，由决策树的根节点到叶节点的每一条路径构建一条规则，路径上内部节点的特征对应着规则的条件，而叶节点的类对应着规则的结论。决策树的路径或其对应的 if-then 规则集合具有一个重要的性质：互斥并且完备。这就是说，每个实例都被一条路径或一条规则所覆盖，而且只被一条路径或一条规则所覆盖。这里的覆盖是指实例的特征与路径上的特征一致或实例满足规则的条件。

决策树还表示给定特征条件下类的条件概率分布，这一条件概率分布定义在特征空间的一个划分上。将特征空间划分为互不相交的单元或区域，并在每个单元定义一个类的概率分布就构成了条件概率分布，决策树的一条路径对应于划分中的一个单元。决策树所表示的条件概率分布由各个单元给定条件下类的条件概率分布组成，假设 X 表示特征的随机变量，Y 表示类的随机变量，那么条件概率分布可以表示为 $P(Y|X)$。X 取值于给定划分下单元的集合，Y 取值于类的集合，各叶节点（单元）上的条件概率往往偏向某一个类，即属于某一类的概率较大。决策树分类时可将该节点的实例强行分到条件概率大的那一类中。

2．决策树学习

给定训练集 $D = \{(\boldsymbol{x}_1, y_1), (\boldsymbol{x}_2, y_2), \cdots, (\boldsymbol{x}_n, y_n)\}$，其中 $\boldsymbol{x}_i = (x_i^{(1)}, x_i^{(2)}, \cdots, x_i^{(d)})^{\mathrm{T}}$ 为实例的特征

向量，d 为特征数，$y_i \in \{1, 2, \cdots, l\}$ 为类标号，i（$i = 1, 2, \cdots, n$）为样本容量。学习的目标是根据给定的训练集构建一个决策树模型，使它能够对实例进行正确的分类。

决策树学习本质上是从训练集中归纳出一组分类规则。能对训练集进行正确分类的决策树可能有多个，也可能一个也没有，用户需要的是一个与训练集矛盾较小的决策树，同时该决策树应具有很好的泛化能力。从另一个角度看，决策树学习是由训练集估计条件概率模型的，基于特征空间划分类的模型有无穷多个，用户选择的模型应该不仅对训练数据有很好的拟合，还应对未知数据有很好的预测。因此，决策树学习问题就是选择最优决策树的问题。然而，从所有可能的决策树中选取最优决策树是 NP 完全问题。所以，现实中决策树学习算法通常采用启发式算法近似求解这一最优化问题。这样得到的决策树是次最优的。决策树学习的通常是一个递归地选择最优特征，并根据该特征对训练集进行分割，使得对各个子数据集有一个最好的分类过程。这一过程对应着决策树模型的构建。

决策树模型的构建过程如下：构建根节点，将所有训练数据都放在根节点，选择一个最优特征，按照这一特征将训练集划分成多个子训练集，使得各个子训练集在当前条件下有一个最好的分类，如果这些子训练集已经能被正确分类，那么构建叶节点，并将这些子训练集分到所对应的叶节点上；如果还有子训练集不能被正确分类，那么就对这些子训练集选择新的最优特征，继续对其进行划分，构建相应的节点。如此递归地进行下去，直至所有子训练集被正确分类，或者没有合适的特征为止。每个子训练集都被分到叶节点上，即都有了明确的类，这就生成了决策树，决策树模型构建完成。

以上方法生成的决策树可能对训练数据有很好的分类能力，但对未知数据却未必有很好的分类能力，即可能发生过拟合现象。针对这种现象可采取的措施是对决策树自底向上进行剪枝，将决策树变得更简单，从而使决策树具有更好的泛化能力。具体地，就是去掉决策树中过于细分的叶节点，使其回退到父节点，甚至更高的节点，并将父节点或更高的节点改为新的叶节点。

如果特征数量很多，也可在决策树学习开始时，对特征进行选择，只留下对训练数据具有分类能力的特征。

综上，可以看出，决策树算法包含特征选择、决策树的生成与决策树的剪枝。由于决策树表示一种条件概率分布，所以深浅不同的决策树对应着不同复杂度的模型。决策树的生成对应于模型的局部选择，决策树的剪枝对应于模型的全局选择。决策树的生成只考虑局部最优，相对地，决策树的剪枝则考虑全局最优。下面将分别介绍特征选择、决策树的生成和决策树的剪枝。

6.3.2.2　特征选择

特征选择在于选取对训练数据具有分类能力的特征，这样可以提高决策树的学习效率。如果利用一个特征进行分类的结果与随机分类的结果没有很大差别，那么称这个特征是没有分类能力的，经验上丢弃这样的特征对决策树学习的精度影响不大。一般而言，随着划分过程不断进行，决策树的分支节点所包含的样本应尽可能属于同一类，即节点的"纯度"越来越高。通常特征选择的准则是信息增益或增益率（Gain Ratio）。

1. 信息增益

信息熵（Information Entropy）是度量样本集纯度最常用的一种准则。假定当前样本集 D

中第 k 类样本所占的比例为 $p_k(k=1,2,\cdots,l)$，则样本集 D 的信息熵定义为

$$\text{Ent}(D) = -\sum_{k=1}^{l} p_k \log_2 p_k \qquad (6.7)$$

$\text{Ent}(D)$ 的值越小，样本集 D 的纯度越高。

假定属性 a 有 V 个可能的取值 a^1、a^2、$\cdots$、a^V。若使用属性 a 来对样本集 D 进行划分，则会产生 V 个分支节点，其中第 v 个分支节点包含了样本集 D 中所有在属性 a 上取值为 a^v 的样本，记为 D^v，可以根据式（6.7）算出 D^v 的信息熵。由于不同的分支节点所包含的样本个数不同，因此给分支节点赋予权重 $\frac{|D^v|}{|D|}$，即样本个数越多的分支节点的权重影响越大，故可计算出用属性 a 对样本集 D 进行划分所获得的信息增益，即

$$\text{Gain}(D,a) = \text{Ent}(D) - \sum_{v=1}^{V} \frac{|D^v|}{|D|} \text{Ent}(D^v) \qquad (6.8)$$

从另一个角度讲，信息增益表示得知属性 a 的信息而使得类信息的不确定性减少的程度。一般而言，信息增益越大，意味着使用属性 a 对样本集 D 进行划分可使其所获得的"纯度"提升越高。因此，可用信息增益来进行决策树的划分属性选择，即选择属性 $a = \underset{a \in A}{\arg\max}\, \text{Gain}(D,a)$。著名的 ID3（决策树）算法就是以信息增益为准则选择划分属性的。

2. 增益率

信息增益对选择取值较多的属性有所偏好，为了减少这种偏好带来的不利影响，可以使用增益率来进行校正，它是特征选择的另一准则。著名的 C4.5 算法就是使用增益率选择最优划分属性的。

增益率又叫信息增益比，其定义如下。

$$\text{GainRatio}(D,a) = \frac{\text{Gain}(D,a)}{\text{IV}(a)} \qquad (6.9)$$

式中，$\text{IV}(a)$ 为属性 a 的固有值，定义如下。

$$\text{IV}(a) = -\sum_{v=1}^{V} \frac{|D^v|}{|D|} \log_2 \frac{|D^v|}{|D|} \qquad (6.10)$$

通常，属性 a 的可能取值越多（V 越大），则 $\text{IV}(a)$ 的值通常会越大。

需要注意的是，增益率对选择取值较少的属性有所偏好，因此 C4.5 算法并不是直接选择增益率最大的候选划分属性，而是使用了一个启发式算法：先从候选划分属性中找出信息增益高于平均水平的属性，再从中选择增益率最高的属性。

6.3.2.3 决策树的生成

决策树的生成过程遵循简单且直观的"分而治之"策略。决策树生成算法的基本框架参见算法 6.14。该算法输入的是训练集 $D = \{(x_1,y_1),(x_2,y_2),\cdots,(x_n,y_n)\}$ 和属性集 $A = \{a_1,a_2,\cdots,a_m\}$，算法递归地选择最优划分属性来划分训练集（步骤 7），并扩展决策树的叶节点（步骤 11 和步骤 12），直到满足结束条件（步骤 1）。

算法 6.14　决策树生成算法的框架
TreeGenerate(D, A)
1：if stopping_cond(D, A) = true   Then
2： leaf = createNode()

```
3：   leaf.label = classify(leaf)
4：  Return leaf
5：  Else
6：   root = createNode()
7：  从属性集 A 中选择最优划分属性 a*，即 a* =find_best_split(D, A)
8：  root.test_cond = a*
9：  for  a* 的每个值 a*ᵛ  do
10：   令 Dᵥ 表示在 a* 上取值为 a*ᵛ 的样本子集
11：    child = TreeGenerate(Dᵥ, A)
12：  将 child 作为 root 的派生节点添加到决策树中，并将边 (root → child) 标记为 v
13：  End for
14：  End if
15：  Return root
```

决策树生成算法细节如下。

（1）函数 createNode()：为决策树建立新节点。决策树的节点或者是一个测试条件，记作 node.test_cond，或者是一个类标号，记作 node.label。

（2）函数 find_best_split()：确定应当选择哪个属性作为划分训练集的测试条件，即从属性集中选择最优划分属性。测试条件的选择取决于使用的划分属性准则，如信息增益、增益率等。

（3）函数 classify()：为叶节点确定类标号。对于每个叶节点 t，令 $p(i|t)$ 表示该节点上属于类 i 的训练数据所占的比例，在大多数情况下，都将叶节点指派到具有多数训练数据的类中，即 leaf.label = $\arg\max_i p(i|t)$，其中函数 argmax 返回最大化 $p(i|t)$ 的参数值 i。

（4）函数 stopping_cond()：通过检查所有的节点是否都属于同一个类，或者都具有相同的属性值，决定是否终止决策树的增长。终止递归函数的另一种方法是，检查训练数据的个数是否小于某个最小阈值。

决策树的生成有时会造成决策树过大使其容易受过拟合现象的影响。针对这种现象可以通过修剪初始决策树的分支，以减小决策树的规模并提高决策树的泛化能力。

6.3.2.4　决策树的剪枝

剪枝是决策树算法对付"过拟合"的主要手段。在决策树学习中，为了尽可能正确分类训练集，训练集划分过程将不断重复，有时会造成决策树分支过多，这时就可能因训练集学得"太好"了，以至于把训练集自身的一些特点当成所有训练数据都具有的一般性质而导致过拟合。因此，可通过主动修剪决策树的一些分支来降低产生过拟合的风险。

决策树剪枝的基本决策有预剪枝和后剪枝。决策树剪枝的示例如图 6.24 所示。

（1）预剪枝：在决策树生成过程中，对训练集划分到节点前先进行估计，若当前训练集划分不能使决策树的泛化能力提高，则停止划分并将当前节点标记为叶节点。

（2）后剪枝：先从训练集生成一个完整的决策树，然后自底向上地对非叶节点进行考察，若将该节点对应的子树替换为叶节点能使决策树的泛化能力提高，则将该子树替换为叶节点。

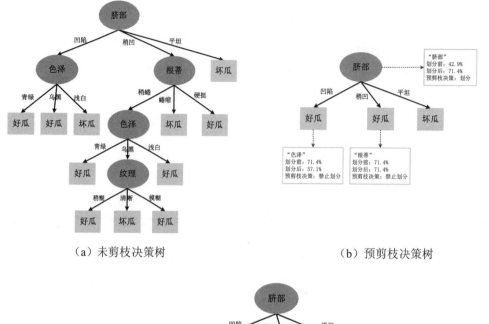

（a）未剪枝决策树　　　　　　　　　　（b）预剪枝决策树

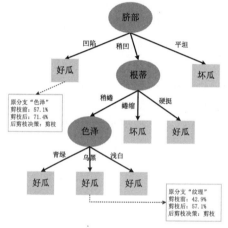

（c）后剪枝决策树

图 6.24　决策树剪枝的示例

对比图 6.24（b）和图 6.24（c）可以看出，后剪枝决策树通常比预剪枝决策树保留了更多的分支。一般情形下，后剪枝决策树的欠拟合风险很小，其泛化能力往往优于预剪枝决策树的泛化能力。但后剪枝过程是在生成完全决策树之后进行的，并且要自底向上地对树中的所有非叶节点进行逐一考察，因此其训练时间开销比未剪枝决策树、预剪枝决策树的训练时间开销都要大得多。

6.3.3　最近邻分类器

最近邻算法是一种常用的监督学习算法，其工作机制非常简单，即给定测试样本，基于某种距离度量找出训练集中与其最靠近的 k 个训练样本，并基于这 k 个"邻居"的信息来进行预测。通常，在分类任务中可使用"投票法"，即选择这 k 个训练样本中出现最多的类别标记作为预测结果；在回归任务中可使用"平均法"，即将这 k 个训练样本的实际输出标记的平均值作为预测结果；还可基于距离远近进行加权平均或加权投票，距离越近的训练样本权重越大。本节主要介绍最近邻算法在分类任务中的实现，即最近邻分类器。

与其他学习算法相比，最近邻算法有一个明显的不同之处：它似乎没有显式的训练过程。事实上，它是"懒惰学习"的著名代表，此类算法在训练过程中仅仅是先把样本保存起来，训练时间开销为零，待收到测试样本后再进行处理，而那些在训练过程中就对样本进行学习处理的方法，称为"急切学习"。

下面通过一个简单的例子说明最近邻分类器的思路。最近邻分类器的结果如图 6.25 所示。其中决定圆形属于哪个类，是三角形还是四方形？当 $k = 3$ 时，由于三角形所占比例为 $\frac{2}{3}$，因此圆形属于三角形那一类，当 $k = 5$ 时，由于四方形所占比例为 $\frac{3}{5}$，因此圆形属于四方形那一类。

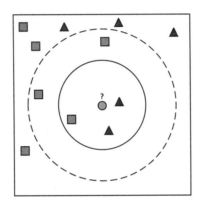

图 6.25　最近邻分类器的结果

由此可以看出最近邻分类器的结果很大程度上取决于 k 的选择。

在最近邻分类器中，通过计算对象间的距离来作为各个对象之间的非相似性指标，避免了对象之间的匹配问题，距离一般使用欧氏距离或曼哈顿距离。最近邻分类器的运算步骤参见算法 6.15。

算法 6.15　最近邻分类器
1：令 k 为训练样本，D 为训练集，z 为测试集
2：for 每个测试数据 $z = (\boldsymbol{x}_z, y_z) \in Z$　do
3：计算 z 和每个训练数据 $(\boldsymbol{x}, y) \in D$ 之间的距离 $d(\boldsymbol{x}_z, \boldsymbol{x})$
4：选择离 z 最近的 k 个训练样本的集合 $D_z \subseteq D$
5：$y_z = \arg\max\limits_{v} \sum_{(\boldsymbol{x}_i, y_i) \in D_z} I(v = y_i)$
6：End for

一旦得到最近邻列表，测试样本就会采样多数表决，即将集合 D_z 中出现频率最高的类作为测试数据 z 的预测分类 y_z，多数表决公式为

$$y_z = \arg\max_{v} \sum_{(\boldsymbol{x}_i, y_i) \in D_z} I(v = y_i) \tag{6.11}$$

式中，v 为类标号；y_i 为一个最近邻的类标号；$I(\cdot)$ 为指示函数，如果其参数为真，那么返回 1，否则返回 0。

在多数表决的算法中，每个最近邻点对分类的影响都一样，这使得算法对 k 的选择很敏感。降低 k 产生的影响的一种途径就是根据每个最近邻点 x_i 距离的不同对其作用加权：

$w_i = \dfrac{1}{d(x_2, x_i)^2}$，结果使得远离 z 的训练样本对分类的影响要比那些靠近 z 的训练样本弱一些。使用距离加权表决方案，类标号可以由以下公式确定。

$$y_z = \arg\max_v \sum_{(x_i, y_i) \in D_z} w_i \times I(v = y_i) \qquad (6.12)$$

综上，最近邻分类器的优点包括以下几点。

（1）简单，易于理解，易于实现，无须估计参数，无须训练。

（2）适合对稀有事件进行分类。

（3）特别适合于多分类问题（对象具有多个类标签），最近邻分类器比支持向量机的表现要好。

最近邻分类器的缺点包括以下几点。

（1）当样本不平衡时，如一个类的样本容量很大，而其他类样本容量很小时，可能导致当输入一个新样本时，该样本的 k 个邻居中大容量的样本占多数。

（2）计算量较大，因为对每个待分类的样本都要计算它到全体已知样本的距离，才能求得它的 k 个最近邻点。

（3）可理解性差，无法给出像决策树那样的准则。

6.3.4　贝叶斯分类器

贝叶斯分类法是统计学分类方法。它可以预测类隶属关系的概率，如预测一个给定数据元组属于一个特定类的概率。

贝叶斯分类是基于贝叶斯定理的。对分类算法进行比较研究后发现，简单贝叶斯分类法（朴素贝叶斯分类法）可以与决策树相媲美。对于大型数据库，贝叶斯分类法表现出高准确率和高速度。

本节主要介绍贝叶斯定理和简单贝叶斯分类器。

6.3.4.1　贝叶斯定理

贝叶斯定理是以 Thomas Bayes 的名字命名的。Thomas Bayes 是一位不墨守成规的英国牧师，是 18 世纪概率论和决策论的早期研究者。设 x 是数据元组，通常 x 用 n 个属性集的测量值描述。令 H 为某种假设，如数据元组 x 属于某个特定类 C。对于分类问题，即给定 x 的属性描述，找出数据元组 x 属于类 C 的概率。

$P(H|x)$ 表示后验概率，或在条件 x 下，H 的后验概率。例如，假设数据元组 x 是由年龄和收入描述的顾客。例如，x 是一位 35 岁的顾客，其年收入为 4 万美元。令 H 为某种假设，如顾客将购买计算机，则 $P(H|x)$ 表示顾客 x 为 35 岁并且收入为 4 万美元时，购买计算机的概率。

相反，$P(H)$ 表示先验概率，或 H 的先验概率。在上述例子中，$P(H)$ 表示给定任意顾客将购买计算机的概率，而不管他们的年龄、收入或其他信息。可以看出，后验概率 $P(H|x)$ 比先验概率 $P(H)$ 基于更多的信息，而 $P(H)$ 独立于 x。

贝叶斯定理公式如下。

$$P(H|\boldsymbol{x}) = \frac{P(\boldsymbol{x}|H)P(H)}{P(\boldsymbol{x})} \tag{6.13}$$

6.3.4.2 简单贝叶斯分类器

简单贝叶斯分类器即朴素贝叶斯分类器，其工作过程如下。

（1）设 D 是训练元组和与它们相关联的类标号的集合。通常，每个元组用一个 d 维属性向量 $\boldsymbol{x}=\{x_1,x_2,\cdots,x_d\}$ 表示，描述了 d 个属性 A_1、A_2、$\cdots$、A_d 对元组的测量。

（2）假定有 m 个类 C_1、C_2、$\cdots$、C_m。给定元组 $\boldsymbol{x}$，贝叶斯分类法将预测 $\boldsymbol{x}$ 属于具有最大后验概率的类（在条件 $\boldsymbol{x}$ 下）。也就是说，简单贝叶斯分类器预测元组 $\boldsymbol{x}$ 属于类 C_i，当且仅当

$$P(C_i|\boldsymbol{x}) > P(C_j|\boldsymbol{x}), 1 \leqslant j \leqslant m, j \neq i \tag{6.14}$$

这样最大化 $P(C_i|\boldsymbol{x})$。$P(C_i|\boldsymbol{x})$ 最大的类 C_i 称为最大后验概率。根据贝叶斯定理有

$$P(C_i|\boldsymbol{x}) = \frac{P(\boldsymbol{x}|C_i)P(C_i)}{P(\boldsymbol{x})} \tag{6.15}$$

（3）对于式（6.15），由于 $P(\boldsymbol{x})$ 对所有类为常数，所以只需 $P(\boldsymbol{x}|C_i)P(C_i)$ 最大即可。如果类的先验概率未知，那么通常假定这些类是等概率的，即 $P(C_1)=P(C_2)=\cdots=P(C_m)=\dfrac{|C_i,D|}{|D|}$，并据此对 $P(\boldsymbol{x}|C_i)$ 最大化，其中 $|C_i,D|$ 表示集合 D 中类 C_i 的元组个数；否则，最大化 $P(\boldsymbol{x}|C_i)P(C_i)$。

（4）给定具有许多属性的数据集，计算 $P(\boldsymbol{x}|C_i)$ 的开销可能非常大。为了降低计算开销，简单贝叶斯分类器假定一个属性值在给定类上的影响独立于其他属性值，这一假设称为类独立条件性，即给定元组的类标号，假定属性值有条件的独立。基于上述类条件独立的朴素假定，有

$$P(C_i|\boldsymbol{x}) = \prod_{k=1}^{d} P(x_k|C_i) = P(x_1|C_i)P(x_2|C_i)\cdots P(x_d|C_i) \tag{6.16}$$

式中，x_k 为元组 $\boldsymbol{x}$ 在属性 A_k 的值。根据式（6.16），可以很容易地得到元组估计概率 $P(x_1|C_i)P(x_2|C_i)\cdots P(x_d|C_i)$。

对于每个属性，需要考虑该属性是分类的还是连续值的。例如，为了计算 $P(x_1|C_i)$，考虑如下情况：如果 A_k 是分类属性，那么 $P(x_k|C_i)$ 是集合 D 中属性 A_k 的值为 x_k 的类 C_i 的元组个数除以集合 D 中类 C_i 的元组个数 $|C_i,D|$；如果 A_k 是连续值属性，那么 $P(x_k|C_i)=g(x_k,\mu_{C_i},\sigma_{C_i})$，其中 $g(x,\mu,\sigma)=\dfrac{1}{\sqrt{2\pi}\sigma}\mathrm{e}^{-\frac{(x-\mu)^2}{2\sigma^2}}$，$\mu_{C_i}$ 和 σ_{C_i} 分别为类 C_i 中元组属性 A_k 的均值和标准差。

综上，为了预测元组的类标号，需对每个类 C_i 计算 $P(C_i|\boldsymbol{x})$。因此，该分类器预测属性 A_k 的值为 x_k 的类为 C_i，当且仅当

$$P(\boldsymbol{x}|C_i)P(C_i) > P(\boldsymbol{x}|C_j)P(C_j), 1 \leqslant j \leqslant m, j \neq i \tag{6.17}$$

换言之，被预测的类标号是使 $P(\boldsymbol{x}|C_i)P(C_i)$ 最大的类 C_i。

6.3.5 支持向量机预测

支持向量机是由 Cotes 和 Vannik 首先提出的，是多年来关注度很高的分类算法，它可以

很好地解决小样本、非线性及高维度数据识别分类问题，这种算法具有坚实的统计理论基础，并在许多实际应用（如手写数字的识别、文本分类）中达到了很好的效果，并能推广应用到函数拟合等其他机器学习过程中。支持向量机作为数据挖掘的一种算法，在实践应用中总能表现出更好的性能和效果，这是因为它在原理上是一个根本性的解决方案，它给出的是全局最优解。

支持向量机的基本思想是，当训练样本线性可分时，通过硬间隔最大化，学习一个线性可分支持向量机，在原空间寻找两类样本的最优分类超平面；当训练样本近似线性可分时，加入了松弛变量进行分析，通过软间隔最大化，学习一个线性支持向量机；当训练样本线性不可分（非线性）时，通过软间隔最大化和核技巧，学习一个非线性支持向量机，使用非线性映射将低维空间的样本映射到高维属性空间，并在该空间中寻找最优分离超平面。

在介绍支持向量机的定义和实现之前，需先了解一些相关基础知识，以及支持向量机最核心的一个概念，即最大间隔分离超平面。

6.3.5.1 最大间隔分离超平面

给定一个特征空间上的训练集 $D = \{(x_1, y_1), (x_2, y_2), \cdots, (x_n, y_n)\}$，其中 $x_i \in R^n$，y_i 是 x_i 的类标号且 $y_i \in \{-1, +1\}$，当 $y_i = +1$ 时，称 x_i 为正实例；当 $y_i = -1$ 时，称 x_i 为负实例。(x_i, y_i) 称为样本点。这里假设训练集是线性可分的。

支持向量机学习的目标是在该特征空间中找到一个分离超平面，能将实例点分到不同的类。分离超平面对应于方程 $w \cdot x + b = 0$，它由法向量 w 和截距 b 决定，可用 (w, b) 来表示。分离超平面将特征空间划分为正类和负类。法向量 w 的方向必然垂直于超平面，w 指向的一侧为正类，另一侧为负类。一般地，存在无穷个分离超平面可将训练样本正确分开。图 6.26 所示为线性可分数据集上可能的超平面，它分别用包含圆形和方形表示两类训练样本。在图中可以找到一个分离超平面（如 L_1、L_2、L_3），它们将所有方形分隔在分离超平面的一侧，而圆形分隔在分离超平面的另一侧。即使这些存在的分离超平面的训练误差都为 0，也不能使每个分离超平面在未知数据集上分类效果同样好，因此分类器必须从这些分离超平面中选出一个最优分离超平面，而线性可分支持向量机就对应着能将数据正确划分并且间隔最大的直线 L_2，它利用了间隔最大化求解出最优分离超平面，这时，解是唯一的。

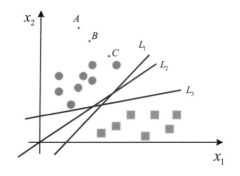

图 6.26　线性可分数据集上可能的超平面

此处将先介绍函数间隔、几何间隔和间隔最大化的概念。

1. 函数间隔

在图 6.26 中，有点 A、点 B、点 C，表示三个实例点，均在分离超平面的圆形类，预测它们的类。点 A 距离分离超平面较远，若预测该点为正类，就比较确信预测是正确的；点 C 距离分离超平面较近，若预测该点为正类就不那么确信；点 B 介于点 A 与点 C 之间，预测其为正类的确信度也在 A 与 C 之间。

一般来说，一个点距离分离超平面的远近可以表示分类预测的确信度。在分离超平面 $w \cdot x + b = 0$ 确定的情况下，$|w \cdot x + b|$ 能够相对地表示向量 x 距离分离超平面的远近，而 $w \cdot x + b$ 的符号与类标号 y 的符号是否一致能够表示分类是否正确，所以可用 $y(w \cdot x + b)$ 来表示分类的正确性及确信度。

给定训练集 D 和分离超平面，分离超平面关于训练集 D 的函数间隔是指分离超平面关于训练集 D 中所有样本点 (x_i, y_i) 函数间隔的最小值，即 $\hat{\gamma} = \min_{i=1,\cdots,n} \hat{\gamma_i}$，其中 $\hat{\gamma_i}$ 为分离超平面关于样本点 (x_i, y_i) 的函数间隔，即 $\hat{\gamma_i} = y_i(w \cdot x_i + b)$。

2. 几何间隔

函数间隔可以表示分类预测的正确性及确信度。但是选择分离超平面时，只有函数间隔还不够。因为只要按比例地改变 w 和 b，如将它们改为 $2w$ 和 $2b$，分离超平面并没有改变，但函数间隔却成为原来的 2 倍。因此，用户可以对分离超平面的法向量 w 加某些约束，如规范化，$\|w\| = 1$，使得间隔是确定的。这时函数间隔就变成了几何间隔。

给定训练集 D 和分离超平面，分离超平面关于训练集 D 的几何间隔是指分离超平面关于训练集 D 中所有样本点 (x_i, y_i) 几间隔的最小值，即 $\gamma = \min_{i=1,\cdots,n} \gamma_i$，其中 γ_i 为分离超平面关于样本点 (x_i, y_i) 的几何间隔，即 $\gamma_i = y_i(\frac{w}{\|w\|} \cdot x_i + \frac{b}{\|w\|})$。

分离超平面关于样本点 (x_i, y_i) 的几何间隔一般是实例点到分离超平面的带符号的距离。当样本点被分离超平面正确分类时，几何间隔就是实例点到分离超平面的距离。

由函数间隔和几何间隔的定义可知，函数间隔和几何间隔有以下关系。

$$\gamma = \frac{\hat{\gamma}}{\|w\|} \tag{6.18}$$

$$\gamma_i = \frac{\hat{\gamma_i}}{\|w\|} \tag{6.19}$$

如果 $\|w\| = 1$，那么函数间隔和几何间隔相等。如果 w 和 b 按比例地改变（分离超平面没有改变），那么函数间隔也按此比例改变，而几何间隔不变。

3. 间隔最大化

支持向量机学习的基本思想是求解能够正确划分训练集并且几何间隔最大的分离超平面。对线性可分的训练集而言，线性可分分离超平面有无穷多个，但是几何间隔最大的分离超平面是唯一的，其间隔最大化又称为硬间隔最大化；当数据集近似线性可分时，其间隔最大化又称为软间隔最大化。

间隔最大化的直观解释是，对训练集找到几何间隔最大的分离超平面意味着以充分大的确信度对样本点进行分类，也就是说，不仅将正、负实例点分开，还对最难分的实例点（离分离超平面最近的点）有足够大的确信度将其分开。这样的分离超平面应该对未知的实例点有很好的分类预测能力。

因此，最大间隔分离超平面是指一个几何间隔最大的分离超平面，用户希望可以最大化分离超平面关于训练集的几何间隔 γ，并且分离超平面关于每个样本点的几何间隔至少是 γ，那么上述问题可以表示为下面的约束最优化问题。

$$
\begin{cases}
\max\limits_{w,b} & \gamma \\
\text{s.t.} & y_i\left(\dfrac{w}{\|w\|}\cdot x_i + \dfrac{b}{\|w\|}\right) \geq \gamma,\ i=1,2,\cdots,n
\end{cases}
\tag{6.20}
$$

考虑几何间隔和函数间隔的关系，可将式（6.20）改写为

$$
\begin{cases}
\max\limits_{w,b} & \dfrac{\hat{\gamma}}{\|w\|} \\
\text{s.t.} & y_i(w\cdot x_i + b) \geq \gamma,\ i=1,2,\cdots,n
\end{cases}
\tag{6.21}
$$

函数间隔 $\hat{\gamma}$ 的取值并不影响最优化问题的解。假设将 w 和 b 按比例变为 λw 和 λb，这时函数间隔变为 $\lambda\hat{\gamma}$，但函数间隔的改变对上述最优化问题的不等式约束没有影响，对目标函数的优化也没有影响，即它产生一个等价的最优化问题，故可以取 $\hat{\gamma}=1$。将 $\hat{\gamma}=1$ 代入上述的最优化问题，注意到最大化 $\dfrac{1}{\|w\|}$ 和最小化 $\dfrac{1}{2}\|w\|^2$ 是等价的，于是就得到以下线性可分支持向量机学习的最优化问题。

$$
\begin{cases}
\min\limits_{w,b} & \dfrac{1}{2}\|w\|^2 \\
\text{s.t.} & y_i(w\cdot x_i + b) - 1 \geq 0,\ i=1,2,\cdots,n
\end{cases}
\tag{6.22}
$$

这是一个凸二次规划（Convex Quadratic Programming）问题。如果求出了式（6.22）的解 w^* 和 b^*，那么就可以得到最大间隔分离超平面 $w^*\cdot x + b^*=0$ 及分类决策函数 $f(x) = \text{sign}(w^*\cdot x + b^*)$，即线性可分支持向量机模型，下面将具体介绍线性可分支持向量机。

4. 支持向量和间隔边界

支持向量：在线性可分的情况下，训练集的样本点中与分离超平面距离最近的样本点的实例。

支持向量是使约束条件 $y_i(w\cdot x_i + b) - 1 = 0$ 成立的点。对于 $y_i = +1$ 的正实例点，支持向量在分离超平面 $H_1: w\cdot x + b = 1$ 上；对于 $y_i = -1$ 的负实例点，支持向量在分离超平面 $H_2: w\cdot x + b = -1$ 上。支持向量和间隔边界如图 6.27 所示，在 H_1 和 H_2 上的点就是支持向量。

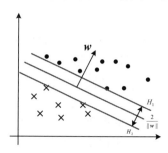

图 6.27　支持向量和间隔边界

间隔边界：H_1 和 H_2 之间的距离称为间隔，间隔依赖于分离超平面的法向量 $\boldsymbol{w}$ ，等于 $\dfrac{2}{\|\boldsymbol{w}\|}$ 。H_1 和 H_2 称为间隔边界。

在决定分离超平面时只有支持向量起作用，而其他实例点并不起作用。如果移动支持向量将改变所求的解；但是如果在间隔边界以外移动其他实例点，甚至去掉这些点，那么所求的解是不会改变的。由于支持向量在确定分离超平面中起着决定性作用，因此将这种分类模型称为支持向量机。支持向量的个数一般很少，所以支持向量机由很少的"重要的"样本点确定。

6.3.5.2　线性可分支持向量机

给定一个特征空间上的训练集 $D=\{(\boldsymbol{x}_1,y_1),(\boldsymbol{x}_2,y_2),\cdots,(\boldsymbol{x}_n,y_n)\}$ ，其中 $\boldsymbol{x}_i \in R^n$ ，y_i 是 $\boldsymbol{x}_i$ 的类标号且 $y_i \in \{-1,+1\}$ 。此外，假设训练集是线性可分的，即一个线性函数能够将训练样本分开。通过上述介绍，即可得到线性可分支持向量机的学习算法——最大间隔法，其运算步骤参见算法 6.16。需要注意的是，线性可分训练集的最大间隔分离超平面是存在且唯一的。

算法 6.16　线性可分支持向量机的学习算法—最大间隔法
输入：线性可分训练集 $D=\{(\boldsymbol{x}_1,y_1),(\boldsymbol{x}_2,y_2),\cdots,(\boldsymbol{x}_n,y_n)\}$ ，其中 $\boldsymbol{x}_i \in \boldsymbol{R}^n$ 且 $y_i \in \{-1,+1\}$, $i=1,2,\cdots,n$
输出：最大间隔分离超平面和分类决策函数
1：构造并求解约束最优化问题，得到解 $\boldsymbol{w}^*$ 和 b^*
2：由此求得最大间隔分离超平面 $\boldsymbol{w}^* \cdot \boldsymbol{x} + b^* = 0$
3：求得分类决策函数，即线性可分支持向量机模型 $f(\boldsymbol{x}) = \mathrm{sign}(\boldsymbol{w}^* \cdot \boldsymbol{x} + b^*)$

在最优化问题中，常常利用拉格朗日对偶性将原始问题 $\min\limits_{\boldsymbol{w},b}\max\limits_{\boldsymbol{\alpha}}L(\boldsymbol{w},b,\boldsymbol{\alpha})$ 转换为对偶问题 $\max\limits_{\boldsymbol{\alpha}}\min\limits_{\boldsymbol{w},b}L(\boldsymbol{w},b,\boldsymbol{\alpha})$ ，通过求解对偶问题而得到原始问题的解。支持向量机使用对偶算法求解式（6.22），通过给每个约束条件加上一个拉格朗日乘子（Lagrange Multiplier）来定义拉格朗日函数（Lagrange Function），并使用拉格朗日函数进一步简化目标函数，从而只用一个函数表达式便能清楚地表达出问题。

首先构建拉格朗日函数，即对每个不等式约束引进拉格朗日乘子 $\alpha_i \geqslant 0$, $i=1,2,\cdots,n$ ，定义拉格朗日函数，即

$$L(\boldsymbol{w},b,\boldsymbol{\alpha}) = \frac{1}{2}\|\boldsymbol{w}\|^2 - \sum_{i=1}^{n}\alpha_i y_i(\boldsymbol{w}\cdot\boldsymbol{x}_i + b) + \sum_{i=1}^{n}\alpha_i \qquad (6.23)$$

式中，$\boldsymbol{\alpha}=(\alpha_1,\alpha_2,\cdots,\alpha_n)^{\mathrm{T}}$ 为拉格朗日乘子向量。

根据拉格朗日对偶性，原始问题的对偶问题是极大极小问题 $\max\limits_{\boldsymbol{\alpha}}\min\limits_{\boldsymbol{w},b}L(\boldsymbol{w},b,\boldsymbol{\alpha})$ ，因此为了得到对偶问题的解，需要先求 $L(\boldsymbol{w},b,\boldsymbol{\alpha})$ 对 $\boldsymbol{w}$、b 的极小，再求对 $\boldsymbol{\alpha}$ 的极大。

（1）求 $\min\limits_{\boldsymbol{w},b}L(\boldsymbol{w},b,\boldsymbol{\alpha})$ 。

将拉格朗日函数 $L(\boldsymbol{w},b,\boldsymbol{\alpha})$ 分别对 $\boldsymbol{w}$、b 求偏导数，并令其等于 0，即得

$$\nabla_{\boldsymbol{w}}L(\boldsymbol{w},b,\boldsymbol{\alpha}) = \boldsymbol{w} - \sum_{i=1}^{n}\alpha_i y_i \boldsymbol{x}_i = 0 \Rightarrow \boldsymbol{w} = \sum_{i=1}^{n}\alpha_i y_i \boldsymbol{x}_i \qquad (6.24)$$

$$\nabla_b L(\boldsymbol{w},b,\boldsymbol{\alpha}) = \sum_{i=1}^{n}\alpha_i y_i = 0 \Rightarrow \sum_{i=1}^{n}\alpha_i y_i = 0 \qquad (6.25)$$

将式（6.24）和式（6.25）代入式（6.23），可得

$$\min_{\boldsymbol{w},b} L(\boldsymbol{w},b,\boldsymbol{\alpha}) = -\frac{1}{2}\sum_{i=1}^{n}\sum_{j=1}^{n}\alpha_i\alpha_j y_i y_j(\boldsymbol{x}_i\cdot\boldsymbol{x}_j) + \sum_{i=1}^{n}\alpha_i$$

（2）求 $\min\limits_{\boldsymbol{w},b} L(\boldsymbol{w},b,\boldsymbol{\alpha})$ 对 $\boldsymbol{\alpha}$ 的极大，可得

$$\begin{cases} \max_{\boldsymbol{\alpha}} & -\frac{1}{2}\sum_{i=1}^{n}\sum_{j=1}^{n}\alpha_i\alpha_j y_i y_j(\boldsymbol{x}_i\cdot\boldsymbol{x}_j) + \sum_{i=1}^{n}\alpha_i \\ \text{s.t.} & \sum_{i=1}^{n}\alpha_i y_i = 0 \\ & \alpha_i \geqslant 0, \quad i=1,2,\cdots,n \end{cases} \tag{6.26}$$

将式（6.26）的目标函数由求极大转换成求极小，就得到以下与之等价的对偶最优化问题。

$$\begin{cases} \min_{\boldsymbol{\alpha}} & \frac{1}{2}\sum_{i=1}^{n}\sum_{j=1}^{n}\alpha_i\alpha_j y_i y_j(\boldsymbol{x}_i\cdot\boldsymbol{x}_j) - \sum_{i=1}^{n}\alpha_i \\ \text{s.t.} & \sum_{i=1}^{n}\alpha_i y_i = 0 \\ & \alpha_i \geqslant 0, \quad i=1,2,\cdots,n \end{cases} \tag{6.27}$$

因此，求解式（6.22）可以转换为求解式（6.27）。对于线性可分训练集，假设式（6.27）对 $\boldsymbol{\alpha}$ 的解为 $\boldsymbol{\alpha}^*=(\alpha_1^*,\alpha_2^*,\cdots,\alpha_n^*)^{\mathrm{T}}$，则可以通过式（6.28）和式（6.29）求得式（6.22）的解 $\boldsymbol{w}^*$ 和 b^*。

$$\boldsymbol{w}^* = \sum_{i=1}^{n}\alpha_i^* y_i \boldsymbol{x}_i \tag{6.28}$$

$$b^* = y_j - \sum_{i=1}^{n}\alpha_i^* y_i(\boldsymbol{x}_i\cdot\boldsymbol{x}_j) \tag{6.29}$$

综上所述，对于给定的线性可分训练集，首先求式（6.27）的解 $\boldsymbol{\alpha}^*=(\alpha_1^*,\alpha_2^*,\cdots,\alpha_n^*)^{\mathrm{T}}$；再利用式（6.28）和式（6.29）求得式（6.22）的解 $\boldsymbol{w}^*$ 和 b^*，从而得到最大间隔分离超平面及分类决策函数。这种算法称为线性可分支持向量机的对偶学习算法，也是线性可分支持向量机学习的基本算法，参见算法 6.17。

算法 6.17　线性可分支持向量机的对偶学习算法
输入：线性可分训练集 $D=\{(\boldsymbol{x}_1,y_1),(\boldsymbol{x}_2,y_2),\cdots,(\boldsymbol{x}_n,y_n)\}$，其中 $\boldsymbol{x}_i\in\mathbb{R}^n$ 且 $y_i\in\{-1,+1\}$，$i=1,2,\cdots,n$
输出：最大间隔分离超平面和分类决策函数
1：构造并求解式（6.27）
2：通过式（6.28）和式（6.29）计算得到式（6.22）的解 $\boldsymbol{w}^*$ 和 b^*
3：求得最大间隔分离超平面 $\boldsymbol{w}^*\cdot\boldsymbol{x}+b^*=0$
4：求得分类决策函数，即线性可分支持向量机模型 $f(\boldsymbol{x})=\mathrm{sign}(\boldsymbol{w}^*\cdot\boldsymbol{x}+b^*)$

6.3.5.3　线性支持向量机

给定一个特征空间上的训练集 $D=\{(\boldsymbol{x}_1,y_1),(\boldsymbol{x}_2,y_2),\cdots,(\boldsymbol{x}_n,y_n)\}$，其中 $\boldsymbol{x}_i\in R^n$，y_i 是 $\boldsymbol{x}_i$ 的类标号且 $y_i\in\{-1,+1\}$。此外，假设训练集不是线性可分的，通常情况是，样本点中有一些特异点，将这些特异点除去后，剩下大部分样本点组成的集合是线性可分的。这意味着某些样本点 $(\boldsymbol{x}_i,y_i)$ 不能满足函数间隔大于等于 1 的约束条件，即线性可分支持向量机对近似线性可分和线性不可分的训练集是不适用的。为了解决这个问题，可以对每个样本点 $(\boldsymbol{x}_i,y_i)$ 引进一个松弛变量 $\zeta_i\geqslant 0$，使函数间隔加上松弛变量大于等于 1。这样，约束条件变为 $y_i(\boldsymbol{w}\cdot\boldsymbol{x}_i+b)\geqslant 1-\zeta_i$。同时，对每个松弛变量 ζ_i，支付一个代价 ζ_i，目标函数由原来的

$\dfrac{1}{2}\|\boldsymbol{w}\|^2$ 变成

$$\frac{1}{2}\|\boldsymbol{w}\|^2 + C\sum_{i=1}^{n}\zeta_i \tag{6.30}$$

式中，C 为惩罚参数（$C>0$），其值一般由应用问题决定，C 值大时对误分类的惩罚增大，C 值小时对误分类的惩罚减小。式（6.30）包含两层含义：使 $\dfrac{1}{2}\|\boldsymbol{w}\|^2$ 尽量小即间隔尽量大，同时使误分类点的个数尽量少，C 是调和二者的系数。对应于线性可分支持向量机的硬间隔最大化，它称为软间隔最大化。

因此，线性不可分的线性支持向量机（近似线性可分）的学习问题变成如下凸二次规划问题（原始问题），也是软间隔最大化问题。

$$\begin{cases} \min\limits_{w,b} \quad \dfrac{1}{2}\|\boldsymbol{w}\|^2 + C\sum\limits_{i=1}^{n}\zeta_i \\ \text{s.t.} \quad y_i(\boldsymbol{w}\cdot\boldsymbol{x}_i + b) \geqslant 1 - \zeta_i,\ i = 1,2,\cdots,n \\ \zeta_i \geqslant 0,\ i = 1,2,\cdots,n \end{cases} \tag{6.31}$$

式（6.31）是一个凸二次规划问题，因此关于 $(\boldsymbol{w},b,\zeta)$ 的解是存在的。可以证明 $\boldsymbol{w}$ 的解是唯一的，但 b 的解不唯一，b 的解存在于一个区间中。

设式（6.31）的解是 $\boldsymbol{w}^*$ 和 b^*，于是可以得到最大间隔分离超平面 $\boldsymbol{w}^* \cdot \boldsymbol{x} + b^* = 0$ 及分类决策函数 $f(\boldsymbol{x}) = \text{sign}(\boldsymbol{w}^* \cdot \boldsymbol{x} + b^*)$，称这样的模型为训练集线性不可分时的线性支持向量机，简称为线性支持向量机。显然，线性支持向量机包含线性可分支持向量机。由于现实中训练集往往是线性不可分的，故线性支持向量机具有更广的适用性。

式（6.31）的拉格朗日函数为

$$L(\boldsymbol{w},b,\zeta,\boldsymbol{\alpha},\boldsymbol{\mu}) = \frac{1}{2}\|\boldsymbol{w}\|^2 + C\sum_{i=1}^{n}\zeta_i - \sum_{i=1}^{n}\alpha_i[y_i(\boldsymbol{w}\cdot\boldsymbol{x}_i + b) - 1 + \zeta_i] - \sum_{i=1}^{n}\mu_i\zeta_i \tag{6.32}$$

式（6.32）的极大极小问题是如下对偶问题。

$$\begin{cases} \min\limits_{\boldsymbol{\alpha}} \quad \dfrac{1}{2}\sum\limits_{i=1}^{n}\sum\limits_{j=1}^{n}\alpha_i\alpha_j y_i y_j(\boldsymbol{x}_i\cdot\boldsymbol{x}_j) - \sum\limits_{i=1}^{n}\alpha_i \\ \text{s.t.} \quad \sum\limits_{i=1}^{n}\alpha_i y_i = 0 \\ 0 \leqslant \alpha_i \leqslant C,\ i = 1,2,\cdots,n \end{cases} \tag{6.33}$$

通过求解式（6.33），可以得到原始问题的解 $\boldsymbol{\alpha}^* = (\alpha_1^*,\alpha_2^*,\cdots,\alpha_n^*)^{\text{T}}$，进而可以通过式（6.34）得到解 $\boldsymbol{w}^*$，并选择 $\boldsymbol{\alpha}^* = (\alpha_1^*,\alpha_2^*,\cdots,\alpha_n^*)^{\text{T}}$ 的一个分量 α_j^*（适合条件 $0 < \alpha_j^* < C$），通过式（6.35）得到解 b^* 之后，求得最大间隔分离超平面和分类决策函数。

$$\boldsymbol{w}^* = \sum_{i=1}^{n}\alpha_i^* y_i \boldsymbol{x}_i \tag{6.34}$$

$$b^* = y_j - \sum_{i=1}^{n}\alpha_i^* y_i(\boldsymbol{x}_i\cdot\boldsymbol{x}_j) \tag{6.35}$$

综合以上结果，可以得到线性支持向量机的学习算法，参见算法 6.18。

在算法 6.18 的步骤 2 中，对任意适合条件 $0 < \alpha_j^* < C$ 的 α_j^*，可通过式（6.35）得到解 b^*，但是通过式（6.31）得到的 b^* 的解并不唯一，所以实际计算时可以取所有符合条件的样本点上的平均值。

算法 6.18　线性支持向量机的学习算法
输入：训练训练集 $D=\{(\boldsymbol{x}_1,y_1),(\boldsymbol{x}_2,y_2),\cdots,(\boldsymbol{x}_n,y_n)\}$ ，其中 $\boldsymbol{x}_i\in\mathbb{R}^n$ 且 $y_i\in\{-1,+1\}$ ， $i=1,2,\cdots,n$
输出：最大间隔分离超平面和分类决策函数
1：选择惩罚参数 $C>0$ ，构造并求解式（6.33），得到解 $\boldsymbol{\alpha}^*=(\alpha_1^*,\alpha_2^*,\cdots,\alpha_n^*)^{\mathrm{T}}$
2：通过式（6.34）和式（6.35）计算得到解 $\boldsymbol{w}^*$ 和 b^*
3：求得最大间隔分离超平面 $\boldsymbol{w}^*\cdot\boldsymbol{x}+b^*=0$
4：求得分类决策函数，即线性支持向量机模型 $f(\boldsymbol{x})=\mathrm{sign}(\boldsymbol{w}^*\cdot\boldsymbol{x}+b^*)$

6.3.5.4　非线性支持向量机

对于求解线性分类问题，线性支持向量机是一种非常有效的方法。但是，有时分类问题是非线性的，这时可以使用非线性支持向量机进行求解。本节将介绍非线性支持向量机，其主要特点是利用核技巧求解非线性分类问题。核技巧不仅可应用于支持向量机，还可应用于其他统计学习问题。

1. 非线性分类问题

一般来说，给定一个特征空间上的训练集 $D=\{(\boldsymbol{x}_1,y_1),(\boldsymbol{x}_2,y_2),\cdots,(\boldsymbol{x}_n,y_n)\}$ ，其中 $\boldsymbol{x}_i\in\chi=R^n$ ， y_i 是 $\boldsymbol{x}_i$ 的类标号且 $y_i\in\{-1,+1\}$ 。如果能用 R^n 中的一个超曲面将正实例点、负实例点正确分开，那么称这个问题为非线性分类问题，如图 6.28 所示。在图 6.28（a）中，"·"表示正实例点，"×"表示负实例点。由图可见，无法用直线（线性模型）将正实例点、负实例点正确分开，但可以用一条椭圆曲线（非线性模型）将它们正确分开。

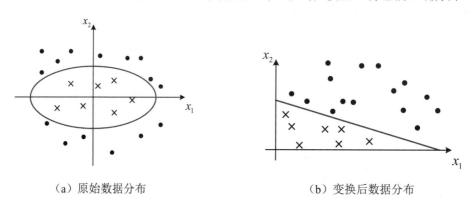

（a）原始数据分布　　　　　　　　　　　　（b）变换后数据分布

图 6.28　非线性分类问题

非线性分类问题往往不好求解，所以希望能用求解线性分类问题的方法解决这种问题。所采取的方法是进行一个非线性变换，将非线性分类问题变换为线性分类问题，通过求解变换后的线性分类问题的方法求解原来的非线性分类问题。对图 6.28 所示的例子，通过变换，可将图 6.28（a）中的椭圆曲线变换成图 6.28（b）中的直线，即将非线性分类问题变换为线性分类问题。

设原空间为 $\chi\subset R^2$ ， $\boldsymbol{x}=(x^{(1)},x^{(2)})\in\chi$ ，新空间为 $Z\subset R^2$ ， $\boldsymbol{z}=(z^{(1)},z^{(2)})\in Z$ ，定义从原空间到新空间的变换（映射）： $\boldsymbol{z}=\phi(\boldsymbol{x})$ ，经过变换，原空间 $\chi\subset R^2$ 变换为新空间 $Z\subset R^2$ ，原空间中的点相应地变换为新空间中的点。因此，用求解线性分类问题的方法求解非线性分类问题分为两步：首先使用一个变换将原空间的数据映射到新空间；然后在新空间中用求解线性分类问题的方法从样本点中学习分类模型。核技巧就属于这样的方法。

核技巧应用到支持向量机，其基本思想是通过一个非线性变换将输入空间（欧氏空间 R^n 或离散集合）对应于一个特征空间（希尔伯特空间），使得在输入空间中的超曲面模型对应于特征空间中的超平面模型（支持向量机）。这样，分类问题的学习任务通过在特征空间中求解线性支持向量机就可以完成。

2. 核函数的定义

设 $\chi \subset R^2$ 为输入空间，H 为特征空间，如果存在一个从 χ 到 H 的映射 $\phi(x)$：$\chi \to H$，使得对所有 x、$z \in \chi$，函数 $K(x,z)$ 满足条件 $K(x,z) = \phi(x) \cdot \phi(z)$，则称 $K(x,z)$ 为核函数，$\phi(x)$ 为映射函数，$\phi(x) \cdot \phi(z)$ 为 $\phi(x)$ 和 $\phi(z)$ 的内积。

核技巧在支持向量机中的应用如下。

可以注意到，在线性支持向量机的对偶问题中，无论是目标函数还是分类决策函数（或最大间隔分离超平面）都只涉及输入实例与实例之间的内积。在对偶问题的目标函数 $\frac{1}{2}\sum_{i=1}^{n}\sum_{j=1}^{n}\alpha_i\alpha_j y_i y_j(x_i \cdot x_j) - \sum_{i=1}^{n}\alpha_i$ 中的内积 $x_i \cdot x_j$ 可以用核函数 $K(x_i,x_j) = \phi(x_i) \cdot \phi(x_j)$ 代替，此时对偶问题的目标函数成为 $\frac{1}{2}\sum_{i=1}^{n}\sum_{j=1}^{n}\alpha_i\alpha_j y_i y_j K(x_i,x_j) - \sum_{i=1}^{n}\alpha_i$。这等价于经过映射函数 $\phi(x)$ 将原来的输入空间变换到一个新的特征空间，将输入空间中的内积 $x_i \cdot x_j$ 变换为特征空间中的内积 $\phi(x_i) \cdot \phi(x_j)$，在新的特征空间的训练集中学习线性支持向量机。当映射函数是非线性函数时，学习到的含有核函数的支持向量机是非线性分类模型。

3. 常用的核函数

（1）多项式核函数：$K(x,z) = (x \cdot z + 1)^p$。

（2）高斯核函数：$K(x,z) = \mathrm{e}^{\left(-\frac{\|x-z\|^2}{2\sigma^2}\right)}$。

4. 非线性支持向量机的学习算法

如上所述，利用核技巧，可以将求解线性分类问题的方法应用到非线性分类问题中去。将线性支持向量机扩展到非线性支持向量机，只需将线性支持向量机对偶形式中的内积换成核函数。

在非线性分类问题的训练集中，通过核函数与软间隔最大化，或凸二次规划，学习得到的分类决策函数 $f(x) = \mathrm{sign}(\sum_{i=1}^{n}\alpha_i^* y_i K(x_i,x_j) + b^*)$，称为非线性支持向量机模型。

最优化问题如下。

$$\begin{cases} \min_{\alpha}\ \frac{1}{2}\sum_{i=1}^{n}\sum_{j=1}^{n}\alpha_i\alpha_j y_i y_j K(x_i,x_j) - \sum_{i=1}^{n}\alpha_i \\ \mathrm{s.t.}\ \sum_{i=1}^{n}\alpha_i y_i = 0 \\ 0 \leqslant \alpha_i \leqslant C,\ i = 1,2,\cdots,n \end{cases} \tag{6.36}$$

选择 $\boldsymbol{\alpha}^* = (\alpha_1^*, \alpha_2^*, \cdots, \alpha_n^*)^{\mathrm{T}}$ 的一个分量 α_i^*（适合条件 $0 < \alpha_i^* < C$），通过式（6.37）计算 b^*，可得

$$b^* = y_j - \sum_{i=1}^{n}\alpha_i^* y_i K(x_i,x_j) \tag{6.37}$$

非线性支持向量机的学习算法的运算步骤参见算法 6.19。

算法 6.19　非线性支持向量机的学习算法
输入：训练集 $D = \{(x_1, y_1), (x_2, y_2), \cdots, (x_n, y_n)\}$ ，其中 $x_i \in R^n$ 且 $y_i \in \{-1, +1\}$, ，$i = 1, 2, \cdots, n$
输出：分类决策函数
1：选取适当的核函数 $K(x_i, x_j)$ 和适当的惩罚参数 $C > 0$ ，求解式（6.36），得到解 $\alpha^* = (\alpha_1^*, \alpha_2^*, \cdots, \alpha_n^*)^{\mathrm{T}}$
2：选择 $\alpha^* = (\alpha_1^*, \alpha_2^*, \cdots, \alpha_n^*)^{\mathrm{T}}$ 的一个分量 $0 < \alpha_i^* < C$ ，通过式（6.37）计算得到解 b^*
3：求得分类决策函数，即非线性支持向量机模型 $f(x) = \mathrm{sign}(\sum_{i=1}^{n} \alpha_i^* y_i K(x_i, x_j) + b^*)$

6.3.6　神经网络预测

人们很早就对神经网络进行研究了，当今的神经网络是一个相当大的、多学科交叉的学科领域。各相关学科对神经网络的定义多种多样，本书采用目前使用最广泛的一种，即神经网络是由具有适应性的简单单元组成的广泛并行互连的网络，它的组织能够模拟生物神经系统对真实世界物体做出的交互反应。本节将从最简单的模型（神经元模型）开始，分析如何使用神经网络模型解决分类问题。

6.3.6.1　神经元模型

神经网络中最简单的模型是神经元模型。在生物神经网络中，每个神经元与其他神经元相连，当它"兴奋"时，就会向相连的神经元传递化学物质，从而改变这些神经元内的电位；如果某神经元的电位超过了一个"阈值"，那么它就会被激活，即"兴奋"起来，向其他神经元传递化学物质。

1943 年，McCulloch 和 Pitts 将上述情形抽象为图 6.29 所示的 M-P 神经元模型，该模型一直沿用至今。神经元接收来自其他 n 个神经元传递过来的输入信号 x，这些输入信号通过带权重的连接进行传递，神经元接收到的总输入值 $\sum_{i=1}^{n} w_i x_i$ 将与神经元的阈值 θ 进行比较，通过激活函数 f 处理产生神经元的输出 $f(\sum_{i=1}^{n} w_i x_i - \theta)$。

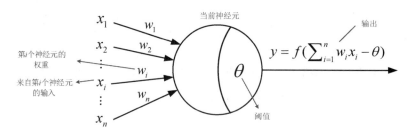

图 6.29　M-P 神经元模型

理想中的激活函数是图 6.30（a）所示的阶跃函数，它将输入值映射为输出值 0 或 1（1 对应神经元兴奋，0 对应神经元抑制）。然而，阶跃函数具有不连续、不光滑等性质，因此实际应用中常用 sigmoid 函数作为激活函数，如图 6.30（b）所示。sigmoid 函数把可能在较大范围内变化的输入值挤压到输出值范围(0,1)内，因此有时也称其为挤压函数。

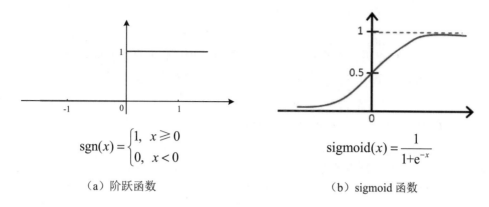

$$\text{sgn}(x) = \begin{cases} 1, & x \geqslant 0 \\ 0, & x < 0 \end{cases}$$

（a）阶跃函数

$$\text{sigmoid}(x) = \frac{1}{1+e^{-x}}$$

（b）sigmoid 函数

图 6.30　典型的神经元激活函数

把许多神经元按一定的层次结构连接起来，就得到了神经网络。事实上，从计算机科学的角度看，可以先不考虑神经网络是否真的模拟了生物神经网络，只需将一个神经网络视为包含了许多参数的数学模型，这个模型是由若干个函数，如 $y_j = f(\sum_{i=1}^{n} w_i x_i - \theta_j)$ 相互（嵌套）代入得出的。

为了简化表示，通常把阈值 θ 记为 w_0，并假想有一个附加的常量输入 $x_0 = -1$，那么神经元的输入可记为 $\sum_{i=0}^{n} w_i x_i$ 或以向量形式写为 $\boldsymbol{w} \cdot \boldsymbol{x}$，把输出记为 $y = f(\sum_{i=0}^{n} w_i x_i)$。

6.3.6.2　感知机

感知机由两层神经网络组成，其网络结构如图 6.31 所示，输入层神经元接收外界输入信号后传递给输出层神经元，输出层神经元是 M-P 神经元，亦称"阈值逻辑单元"。

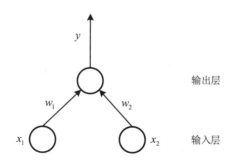

图 6.31　感知机网络结构

感知机能容易地实现逻辑与、或、非运算。举例如下。

（1）与运算（$x_1 \wedge x_2$）：令 $w_1 = w_2 = 1$，$w_0 = -2$，则 $y = \text{sgn}(1 \cdot x_1 + 1 \cdot x_2 - 2)$，仅在 $x_1 = x_2 = 1$ 时，$y = 1$。

（2）或运算（$x_1 \vee x_2$）：令 $w_1 = w_2 = 1$，$w_0 = -0.5$，则 $y = \text{sgn}(1 \cdot x_1 + 1 \cdot x_2 - 0.5)$，当 $x_1 = 1$ 或 $x_2 = 1$ 时，$y = 1$。

（3）非运算（$\neg x_1$）：令 $w_1 = -0.6$，$w_2 = 0$，$w_0 = 0.5$，则 $y = \text{sgn}(-0.6 \cdot x_1 + 0 \cdot x_2 + 0.5)$，当 $x_1 = 1$ 时，$y = 0$；当 $x_1 = 0$ 时，$y = 1$。

一般地，给定训练集的权重和阈值可以通过学习得到。由于阈值可以视为一个固定输入为-1 的哑节点所对应的权重为 w_0，因此阈值和权重的学习可以统一为权重的学习。感知机的学习规则非常简单，对样本点 $(\boldsymbol{x}, y)$，从随机的权重开始，反复应用这个感知机到每个样本点，只要它误分类样本就修改感知机的权重，重复这个过程，直到感知机正确分类所有的样本。若当前感知机的输出为 $\hat{y}$，则每一步可通过以下公式调整感知机的权重。

$$w_i \leftarrow w_i + \eta(y - \hat{y})x_i \tag{6.38}$$

式中，$\eta \in (0,1)$ 为学习率。若感知机对样本点预测正确，即 $y = \hat{y}$，则感知机不发生变化，否则它将根据错误的程度进行权重调整。

感知机学习算法的运算步骤参见算法 6.20。

算法 6.20　感知机学习算法
输入：训练集 $D = \{(\boldsymbol{x}_k, y_k)\}_{k=1}^{m}$，学习率 $\eta \in (0,1)$
输出：权重和阈值确定的感知机
1：在(0,1)区间内随机初始化网络中所有的权重和阈值 $\boldsymbol{w}^{(0)}$
2：令 $t=0$
3：Repeat
4：for $(\boldsymbol{x}_k, y_k) \in D$ do
5：令 $t = t+1$
6：计算当前样本的网络输出 $\hat{y}_k^{(t)}$
7：for 每个权重 w_j do
8：更新权重 $w_j^{(t+1)} = w_j^t + \eta(y_k - \hat{y}_k^{(t)})x_{kj}$
9：End for
10：End for
11：Until 满足终止条件

其中，x_{kj} 为训练点 $(\boldsymbol{x}_k, y_k) \in D$ 的第 j 个特征值。

需要注意，感知机只有输出层神经元进行激活函数处理，即只拥有一层功能神经元，其学习能力非常有效。线性分类问题（与、或、非）和非线性分类问题（异或）如图 6.32 所示。可以证明，如果遇到线性分类问题（如与问题、或问题、非问题），即存在一个超平面将两类训练样本分开，如图 6.32（a）～图 6.32（c）所示，那么在有限次地使用感知机学习后，训练过程会收敛到一个能正确分类所有训练样本的权向量 $\boldsymbol{w} = (w_0, w_1, \cdots, w_n)$。如果遇到非线性分类问题，那么感知机就无法表示了。例如，异或这样简单的非线性分类问题，如图 6.32（d）所示，训练过程将会发生振荡，$\boldsymbol{w}$ 难以稳定下来，不能求得合适解。

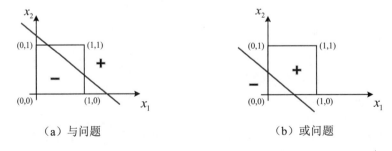

（a）与问题　　　　　　　　　（b）或问题

图 6.32　线性分类问题（与、或、非）和非线性分类问题（异或）

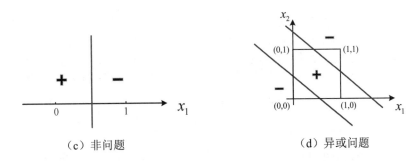

（c）非问题　　　　　　　　　　（d）异或问题

图 6.32　线性分类问题（与、或、非）和非线性分类问题（异或）（续）

6.3.6.3　多层前馈神经网络

要解决非线性分类问题，需考虑使用多层功能神经元，如简单的两层感知机就能解决异或问题。其中，输出层神经元与输入层神经元之间的层神经元，称为隐层或隐含层神经元（Hidden Layer）。隐层神经元和输出层神经元都拥有含激活函数的功能神经元。

常见的神经网络是形如图 6.33 所示的层级结构，每层神经元与下层神经元全互连，神经元之间不存在同层连接，也不存在跨层连接。这样的神经网络通常称为多层前馈神经网络，其中输入层神经元接收外界输入信号，隐层神经元与输出层神经元对信号进行加工，最终结果由输出层神经元输出，换言之，输入层神经元仅是接收输入信号，不进行函数处理，隐层神经元与输出层神经元拥有功能神经元，因此，图 6.33（a）所示的结构通常称为"两层网络"。为避免歧义，本书称其为"单隐层前馈网络"。神经网络的学习过程就是根据训练样本来调整神经元之间的权重及每个功能神经元的阈值；换言之，神经网络"学"到的东西，蕴含在权重与阈值中。

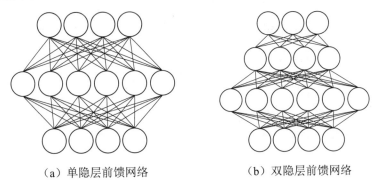

（a）单隐层前馈网络　　　　　　　　　（b）双隐层前馈网络

图 6.33　多层前馈神经网络结构示意图

6.3.6.4　误差逆传播算法

多层前馈神经网络的学习能力比单层感知机强得多。如果训练多层前馈神经网络，简单感知机学习规则显然不够了，需要更强大的学习算法。误差逆传播（ereor Back Propagation，BP）算法就是其中的代表，它是迄今最成功的神经网络学习算法。现实任务中使用神经网络时，大多是使用 BP 算法进行训练的。值得指出的是，BP 算法不仅可用于多层前馈神经网络，还可用于其他类型的神经网络，如递归神经网络。但通常说"BP 网络"时，一般是指用 BP 算法训练的多层前馈神经网络。

给定训练集 $D = \{(\boldsymbol{x}_1, \boldsymbol{y}_1),(\boldsymbol{x}_2, \boldsymbol{y}_2),\cdots,(\boldsymbol{x}_m, \boldsymbol{y}_m)\}$，其中 $\boldsymbol{x}_i \in R^d$，$\boldsymbol{y}_i \in R^l$，即输入示例为 d 种属性描述，输出 l 维实值向量。为便于讨论，图 6.34 给出了一个拥有 d 个输入神经元、l 个输出神经元、q 个隐层神经元的多层前馈神经网络的网络结构，其中输出层第 j 个神经元的阈值用 θ_j 表示，隐层第 h 个神经元的阈值用 γ_h 表示，输入层第 i 个神经元与隐层第 h 个神经元之间的权重为 v_{ih}，隐层第 h 个神经元与输出层第 j 个神经元之间的权重为 w_{hj}，记隐层第 h 个神经元接收到的输入为 $\alpha_h = \sum_{i=1}^{d} v_{ih} x_i$，输出层第 j 个神经元接收到的输入为 $\beta_j = \sum_{h=1}^{q} w_{hj} b_h$，其中 b_h 为隐层第 h 个神经元的输出。假设隐层神经元和输出层神经元都使用 sigmoid 函数。

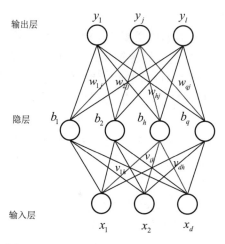

图 6.34　多层前馈神经网络的网络结构

对 $(\boldsymbol{x}_k, \boldsymbol{y}_k)$，假定多层前馈神经网络的输出为 $\hat{\boldsymbol{y}}_k = (\hat{y}_1^k, \hat{y}_2^k, \cdots, \hat{y}_l^k)$，即 $\hat{y}_j^k = f(\beta_j - \theta_j)$，则多层前馈神经网络在 $(\boldsymbol{x}_k, \boldsymbol{y}_k)$ 上的均方误差为

$$E_k = \frac{1}{2} \sum_{j=1}^{l} (\hat{y}_j^k - y_j^k)^2 \tag{6.39}$$

BP 是一种迭代学习算法，在迭代的每一轮中采用广义的感知机学习规则对参数进行更新估计，即与式（6.38）类似，任意参数 w 和 v 的更新估计式为

$$\begin{cases} w_{hj} = w'_{hj} + \triangle w_{hj} \\ v_{ih} = v'_{ih} + \triangle v_{ih} \end{cases} \tag{6.40}$$

下面以图 6.34 中隐层神经元到输出层神经元的权重 w_{hj} 为例对式（6.40）进行推导。BP 算法基于梯度下降（Gradient Descent）策略，以目标的负梯度方向对参数进行调整。对式（6.39）的均方误差 E_k，给定学习率 η，有

$$\triangle w_{hj} = -\eta \frac{\partial E_k}{\partial w_{hj}} \tag{6.41}$$

易知 w_{hj} 会先影响第 j 个输出层神经元的输入值 β_j，再影响其输出值的 $\hat{y}_j^k$，最后影响 E_k，有如下链式法则。

$$\frac{\partial E_k}{\partial w_{hj}} = \frac{\partial E_k}{\partial \hat{y}_j^k} \frac{\partial \hat{y}_j^k}{\partial \beta_j} \frac{\partial \beta_j}{\partial w_{hj}} \quad （6.42）$$

根据 ∂w_{hj} 的定义，显然有 $\frac{\partial \beta_j}{\partial w_{hj}} = b_h$。此外，sigmoid 函数具有一个性质：$f'(x) = f(x)[1-f(x)]$，因此有

$$\begin{aligned}
g_j &= -\frac{\partial E_k}{\partial \hat{y}_j^k} \frac{\partial \hat{y}_j^k}{\partial \beta_j} \\
&= -(\hat{y}_j^k - y_j^k) f'(\beta_j - \theta_j) \\
&= \hat{y}_j^k (1 - \hat{y}_j^k)(\hat{y}_j^k - y_j^k)
\end{aligned} \quad （6.43）$$

将式（6.43）代入式（6.42），再代入式（6.41），就得到了 BP 算法中关于 w_{hj} 的更新公式，即

$$\triangle w_{hj} = \eta g_j b_h \quad （6.44）$$

类似地，注意到 θ_j 先影响第 j 个输出层神经元的输出值 $\hat{y}_j^k$，再影响到 E_k，所以有

$$\begin{aligned}
\Delta \theta_j &= -\eta \frac{\partial E_k}{\partial \theta_j} = -\eta (\frac{\partial E_k}{\partial \hat{y}_j^k} \frac{\partial \hat{y}_j^k}{\partial \theta_j}) \\
&= -\eta [-(\hat{y}_j^k - y_j^k) \hat{y}_j^k (1 - \hat{y}_j^k)] \\
&= -\eta \hat{y}_j^k (1 - \hat{y}_j^k)(y_j^k - \hat{y}_j^k) \\
&= -\eta g_j
\end{aligned} \quad （6.45）$$

对于隐层神经元到输入层神经元的权重 v_{ih}，利用同样求解过程，可得 BP 算法中关于 v_{ih} 的更新公式，即

$$\Delta v_{ih} = \eta e_h \alpha_i \Delta \gamma_h = -\eta e_h \quad （6.46）$$

其中，

$$e_h = b_h (1 - b_h) \sum_{j=1}^{l} w_{hj} g_j \quad （6.47）$$

BP 算法的运算步骤参见算法 6.21。对每个训练样本，BP 算法执行以下操作：先将输入示例提供给输入层神经元，并逐层将示例前传，直到产生输出层的结果；然后计算输出层的误差，将误差逆向传播至隐层神经元；最后根据隐层神经元的误差来对权重和阈值进行调整，该迭代操作循环进行，直到达到某些停止条件为止。

算法 6.21　BP 算法
输入：训练集 $D = \{(\boldsymbol{x}_k, \boldsymbol{y}_k)\}_{k=1}^m$，学习率 $\eta \in (0,1)$
输出：权重和阈值确定的多层前馈神经网络
1：在(0,1)区间内随机初始化网络中所有的权重和阈值
2：Repeat
4：for $(\boldsymbol{x}_k, \boldsymbol{y}_k) \in D$　do
5：根据当前参数和公式 $\hat{y}_j^k = f(\beta_j - \theta_j)$ 计算当前输出神经元的输出值 $\hat{y}_j^k$
6：根据式（6.43）计算输出层神经元的梯度项 g_j

7：根据式（6.47）计算隐层神经元的梯度项 e_h

8：根据式（6.44）和式（6.46）更新权重 w_{hj}、v_{ih} 与阈值 θ_j 和 γ_h

9：End for

10：Until 达到某些停止条件

6.4　回归分析

回归分析是确定两个或两个以上变量间相互依赖的定量关系的一种统计分析方法。这种分析方法通常是建模和分析数据的重要工具，它使用曲线/线来拟合这些数据，并使得曲线到数据点的距离差异最小。通常，回归分析运用十分广泛，常常用于预测分析、时间序列模型及发现变量之间的因果关系。

许多领域的任务都可以形式化为回归问题。例如，回归分析可以用于商务领域，作为市场趋势预测、产品质量管理、客户满意度调查、投资风险分析的工具。此处以股价预测问题为例，对其进行简单介绍。假设知道某一公司在过去不同时间点（如每天）市场上的股票价格（如股票平均价格）及在各个时间点之前可能影响该公司股票价格的信息（如该公司前一周的营业额、利润）。目标是从过去的数据学习一个模型，使它可以基于当前的信息预测该公司下一个时间点的股票价格。可以将这个问题作为回归问题解决。具体地，将影响股票价格的信息视为输入的特征（自变量），而将股票价格视为输出的值（因变量）。将过去的数据作为训练数据，就可以学习一个回归模型，并对未来的股票价格进行预测。可以看出这是一个比较难的预测问题，因为影响股票价格的因素非常多，用户未必能判断出哪些信息（输入的特征）有用并得到这些信息。

6.4.1　回归分析的概述

回归是监督学习的另一个重要问题。回归分析用于预测输入变量（自变量）和输出变量（因变量）之间的关系，特别是当自变量的值发生变化时，因变量的值随之发生的变化。回归模型正是表示从自变量到因变量之间映射的函数。回归问题的学习等价于函数拟合：选择一条函数曲线使其很好地拟合已知数据且很好地预测未知数据。

回归分析分为学习和预测两个过程。首先给定一个训练集 $T = \{(\boldsymbol{x}_1, y_1), (\boldsymbol{x}_2, y_2), \cdots, (\boldsymbol{x}_n, y_n)\}$，其中 $\boldsymbol{x}_i \in R^n$ 是输入，$y \in R$ 是对应的输出。学习系统基于训练数据构建一个模型，即函数 $y = f(\boldsymbol{x})$。对新的输入 $\boldsymbol{x}_{n+1}$，预测系统根据学习的模型 $y = f(\boldsymbol{x})$ 确定相应的输出 y_{n+1}。

按照涉及自变量的多少，回归分析可分为一元回归和多元回归；按照自变量和因变量之间的关系类型，回归分析可分为线性回归和非线性回归。如果回归分析中只包括一个自变量和一个因变量，且二者的关系可用一条直线近似表示，那么这种回归分析称为一元线性回归；如果回归分析中包括两个或两个以上的自变量，且因变量和自变量之间是线性关系，那么这种回归分析称为多元线性回归。通过回归方法可以确定许多领域中各个因素（数据）之间的关系，从而可以利用其来预测、分析数据。表 6.8 列出了最常见的回归方法，包括线性回归、非线性回归、逻辑回归（Logistic Regression）、多项式回归（Polynomial Regression）、岭回归及主成分回归。

表 6.8　最常见的回归方法

回归方法	适用条件	方法描述
线性回归	因变量与自变量是线性关系	对一个或多个自变量和因变量间的线性关系进行建模，可用最小二乘法求解模型系数
非线性回归	因变量与自变量间不都是线性关系	对一个或多个自变量和因变量间的非线性关系进行建模。若非线性关系可通过简单的函数变换转化成线性关系，则可用线性回归的思想求解；若不能转化，则可用非线性最小二乘法求解
逻辑回归	因变量一般有 1 和 0（是、否）两种取值	广义线性回归模型的特例，利用 Logistic 函数将因变量的取值范围控制在 0～1 之间，表示取值为 1 的概率
多项式回归	自变量的指数大于 1	在这种回归方法中，最佳拟合线不是直线，而是一个用于拟合数据点的曲线
岭回归	参与建模的自变量间具有多重共线性	是一种改进最小二乘法估计的方法
主成分回归	参与建模的自变量间具有多重共线性	主成分回归是根据主成分分析的思想提出的，是对最小二乘法的改进，它是参数估计的一种有偏估计，可消除自变量间的多重共线性

回归分析最常用的损失函数是平方损失函数，在此情况下，回归问题可以由著名的最小二乘法求解。

在后续的章节中，将对一些常见的回归模型进行讲解，主要包括线性回归模型、支持向量回归模型、逻辑回归模型。

6.4.2　线性回归模型

6.4.2.1　线性模型

给定由 d 种属性描述的示例 $x = (x_1, x_2, \cdots, x_d)$，其中 x_i 是 x 在第 i 个属性上的取值，线性模型试图学得一个通过属性的线性组合来进行预测的函数，即 $f(x) = w_1 x_1 + w_2 x_2 + \cdots + w_d x_d + b$，一般用向量形式表示为 $f(x) = w^{\mathrm{T}} x + b$，其中 $w = (w_1, w_2, \cdots, w_d)$。$w$ 和 b 确定后，模型就得以确定。

线性模型形式简单、易于建模，但却蕴含着机器学习中一些重要的基本思想。许多功能更为强大的非线性模型可在线性模型的基础上通过引入层级结构或高维映射得到。此外，由于 w 直观表达了各属性在预测中的重要性，因此线性模型有很好的可解释性。

6.4.2.2　一元线性回归模型

本节先考虑一种最简单的情形：输入属性的个数只有一个，即 $D = \{(x_i, y_i)\}_{i=1}^{m}$，其中 $x_i \in \mathbf{R}$。对离散属性，若属性值间存在"序"关系，可通过连续化将其转化为连续值。例如，二值属性"身高"的取值"高""矮"可转化为 {1,0}，三值属性"高度"的取值"高""中""低"可转化为 {1,0.5,0}；若属性值间不存在序关系，假定有 k 个属性值，则通常将其转化为 k 维向量。例如，属性"瓜类"的取值"西瓜""南瓜""黄瓜"可转化为 (0,0,1)、(0,1,0)、(1,0,0)。

一元线性回归模型如下。

$$f(x_i) = wx_i + b, \text{使得} f(x_i) \approx y_i \tag{6.48}$$

下面确定一元线性回归模型的参数 w 和 b。显然，关键在于如何衡量 $f(x_i)$ 与 y_i 之间的差别。通常，回归问题中的性能度量是均方误差，因此可试图使均方误差最小化，即

$$(w^*, b^*) = \underset{(w,b)}{\arg\min} \sum_{i=1}^{m} [f(x_i) - y_i]^2$$
$$= \underset{(w,b)}{\arg\min} \sum_{i=1}^{m} (y_i - wx_i - b)^2 \tag{6.49}$$

均方误差有非常好的几何意义，它对应了常用的欧氏距离。基于均方误差最小化来进行模型求解的方法称为最小二乘法，在线性回归中，最小二乘法就是试图找到一条直线，使所有样本到直线上的欧氏距离之和最小。

求解 w 和 b 使 $E_{(w,b)} = \sum_{i=1}^{m} (y_i - wx_i - b)^2$ 最小化的过程，称为一元线性回归模型的最小二乘参数估计（Parameter Estimation）。将 $E_{(w,b)}$ 分别对 w 和 b 求导，并令其导数为零，可得到 w 和 b 最优解的闭式解。

$$w = \frac{\sum_{i=1}^{m} y_i (x_i - \bar{x})}{\sum_{i=1}^{m} x_i^2 - \frac{1}{m} (\sum_{i=1}^{m} x_i)^2} \tag{6.50}$$

$$b = \frac{1}{m} \sum_{i=1}^{m} (y_i - wx_i) \tag{6.51}$$

式中，$\bar{x} = \frac{1}{m} \sum_{i=1}^{m} x_i$ 为 x 的均值。

6.4.2.3 多元线性回归模型

更一般的情形是，给定数据集 $D = \{(\boldsymbol{x}_1, y_1), (\boldsymbol{x}_2, y_2), \cdots, (\boldsymbol{x}_m, y_m)\}$，每个样本由 d 种属性描述，即 $\boldsymbol{x}_i = (x_{i1}, x_{i2}, \cdots, x_{id})$，$y_i \in \mathbf{R}$，则多元线性回归模型如下。

$$f(\boldsymbol{x}_i) = \boldsymbol{w}^{\mathrm{T}} \boldsymbol{x}_i + b, \text{使得} f(\boldsymbol{x}_i) \approx y_i \tag{6.52}$$

类似地，可利用最小二乘法来对 $\boldsymbol{w}$ 和 b 进行估计。为便于讨论，可把 $\boldsymbol{w}$ 和 b 表示为向量形式 $\hat{\boldsymbol{w}} = (\boldsymbol{w}, b)$，相应地，把数据集 D 表示为一个 $m \times (d+1)$ 大小的矩阵 $\boldsymbol{X}$，其中每行对应于一个示例，该行前 d 个元素对应于示例的 d 个属性值，最后一个元素恒置为 1，即

$$\boldsymbol{X} = \begin{bmatrix} x_{11} & x_{12} & \dots & x_{1d} & 1 \\ x_{21} & x_{22} & \dots & x_{2d} & 1 \\ \vdots & \vdots & \ddots & \vdots & \vdots \\ x_{m1} & x_{m2} & \dots & x_{md} & 1 \end{bmatrix}$$

把类标号也表示为向量形式 $\boldsymbol{y} = (y_1, y_2, \cdots, y_m)$，则类似于式（6.49），有

$$\hat{\boldsymbol{w}}^* = \underset{\hat{\boldsymbol{w}}}{\arg\min} (\boldsymbol{y} - \boldsymbol{X}\hat{\boldsymbol{w}})^{\mathrm{T}} (\boldsymbol{y} - \boldsymbol{X}\hat{\boldsymbol{w}}) \tag{6.53}$$

令 $E_{\hat{\boldsymbol{w}}} = (\boldsymbol{y} - \boldsymbol{X}\hat{\boldsymbol{w}})^{\mathrm{T}} (\boldsymbol{y} - \boldsymbol{X}\hat{\boldsymbol{w}})$ 对 $\hat{\boldsymbol{w}}$ 求导，并令其导数为零，可得 $\hat{\boldsymbol{w}}$ 最优解的闭式解，但由于涉及矩阵逆的计算，比单变量情形要复杂一些。简单地，当 $\boldsymbol{X}^{\mathrm{T}}\boldsymbol{X}$ 为满秩矩阵或正定矩阵时，可得到多元线性回归模型为 $f(\hat{\boldsymbol{x}_i}) = \hat{\boldsymbol{x}_i}^{\mathrm{T}} (\boldsymbol{X}^{\mathrm{T}}\boldsymbol{X})^{-1} \boldsymbol{X}^{\mathrm{T}} \boldsymbol{y}$，其中 $\hat{\boldsymbol{x}_i} = (\boldsymbol{x}_i, 1)$。

然而，现实问题中 $\boldsymbol{X}^{\mathrm{T}}\boldsymbol{X}$ 往往不是满秩矩阵。例如，在许多问题中用户会遇到大量的变量，其个数甚至超过样本个数，导致 $\boldsymbol{X}$ 的列数多于行数，$\boldsymbol{X}^{\mathrm{T}}\boldsymbol{X}$ 显然不满秩，此时可解出多

个 $\hat{\boldsymbol{w}}$，它们都能使均方误差最小化。选择哪一个解作为输出将由学习算法的归纳偏好决定，常见的做法是引入正则化（Regularization）。

6.4.2.4　对数线性回归模型

线性模型虽简单，却有丰富的变化。例如，对于样本点 $(\boldsymbol{x}, y)$，当线性模型 $f(\boldsymbol{x}) = \boldsymbol{w}^{\mathrm{T}}\boldsymbol{x} + b$ 的预测值逼近真实类标号 y 时，就得到了线性回归模型。为便于观察，可将线性回归模型简写为 $y = \boldsymbol{w}^{\mathrm{T}}\boldsymbol{x} + b$。

可否令模型预测值逼近 y 的衍生物呢?例如，假设示例所对应的输出类标号是在指数尺度上变化，那就可将输出类标记的对数作为线性回归模型逼近的目标，即

$$\ln y = \boldsymbol{w}^{\mathrm{T}}\boldsymbol{x} + b \tag{6.54}$$

这就是对数线性回归模型，它实际上是在试图让 $\mathrm{e}^{\boldsymbol{w}^{\mathrm{T}}\boldsymbol{x}+b}$ 逼近 y。式（6.54）在形式上仍是线性回归模型，但实质上已是在求取输入空间到输出空间的非线性函数映射，这里的对数函数起到了将线性回归模型的预测值与真实类标号联系起来的作用。

更一般地，考虑单调可微函数 $g(\cdot)$，令

$$y = g^{-1}(\boldsymbol{w}^{\mathrm{T}}\boldsymbol{x} + b) \tag{6.55}$$

这样得到的模型称为广义线性模型（Generalized Linear Model），其中函数 $g(\cdot)$ 为联系函数。显然，对数线性回归模型是广义线性模型在 $g(\cdot) = \ln(\cdot)$ 时的特例。

6.4.3　支持向量回归模型

支持向量回归（Support Vector Regression，SVR）模型使用支持向量机来拟合曲线，做回归分析，它属于非线性回归的一个实现模型。与支持向量机分类的输出是有限个离散的值不同的是，支持向量回归模型的输出在一定范围内是连续的。图 6.35 所示的支持向量回归模型回归示例，使用花瓣的长度（相当于自变量 x）来预测花瓣的宽度（相当于因变量 y）。

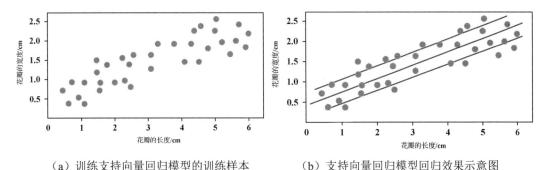

（a）训练支持向量回归模型的训练样本　　（b）支持向量回归模型回归效果示意图

图 6.35　支持向量回归模型回归示例

现在考虑数学意义上的回归问题。给定训练集 $D = \{(\boldsymbol{x}_1, y_1), (\boldsymbol{x}_2, y_2), \cdots, (\boldsymbol{x}_m, y_m)\}$，希望学得一个回归模型，使得 $f(\boldsymbol{x})$ 与 y 尽可能接近，$\boldsymbol{w}$ 和 b 是待确定的模型参数。

对样本点 $(\boldsymbol{x}, y)$，传统回归模型通常直接基于模型输出 $f(\boldsymbol{x})$ 与真实输出 y 之间的差别来计算损失，当且仅当 $f(\boldsymbol{x})$ 与 y 完全相同时，损失才为零。与此不同，支持向量回归假设能容忍 $f(\boldsymbol{x})$ 与 y 之间最多有 ε 的偏差，即仅当 $f(\boldsymbol{x})$ 与 y 之间的差别绝对值大于 ε 时才计算损失，

其示意图如图 6.36 所示，这相当于以 $f(\boldsymbol{x})$ 为中心，构建了一个宽度为 2ε 的间隔带，若样本点落入此间隔带，则认为样本点是被预测正确的。

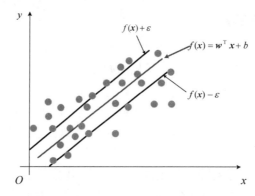

图 6.36　支持向量回归示意图

于是，支持向量回归模型问题可形式化为

$$\min_{\boldsymbol{w},b} \quad \frac{1}{2}\|\boldsymbol{w}\|^2 + C\sum\nolimits_{i=1}^{m} l_\varepsilon[f(\boldsymbol{x}_i) - y_i] \tag{6.56}$$

式中，C 为正则化常数，l_ε 为图 6.37 所示的 ε-不敏感损失函数，即

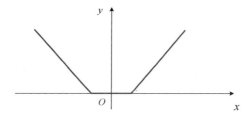

图 6.37　ε-不敏感损失函数

$$l_\varepsilon(z) = \begin{cases} 0, & \text{if } |z| \leqslant \varepsilon \\ |z| - \varepsilon, & \text{otherwise} \end{cases} \tag{6.57}$$

引入松弛变量 ξ_i 和 $\widehat{\xi}_i$，可将式（6.56）重写为

$$\begin{cases} \min\limits_{\boldsymbol{w},b,\xi_i,\widehat{\xi}_i} \dfrac{1}{2}\|\boldsymbol{w}\|^2 + C\sum\nolimits_{i=1}^{m}(\xi_i + \widehat{\xi}_i) \\ \text{s.t. } f(\boldsymbol{x}_i) - y_i \leqslant \varepsilon + \xi_i \\ y_i - f(\boldsymbol{x}_i) \leqslant \varepsilon + \widehat{\xi}_i \\ \xi_i \geqslant 0, \widehat{\xi}_i \geqslant 0, i = 1, 2, \cdots, m \end{cases} \tag{6.58}$$

通过引入拉格朗日乘子 $\mu_i \geqslant 0$，$\widehat{\mu}_i \geqslant 0$，$\alpha_i \geqslant 0$，$\widehat{\alpha}_i \geqslant 0$，由拉格朗日乘子法可以得到式（6.58）的拉格朗日函数为

$$L(\boldsymbol{w},b,\boldsymbol{\alpha},\hat{\boldsymbol{\alpha}},\xi,\hat{\xi},\mu,\hat{\mu}) = \frac{1}{2}\|\boldsymbol{w}\|^2 + C\sum\nolimits_{i=1}^{m}(\xi_i + \widehat{\xi}_i) - \sum\nolimits_{i=1}^{m}\mu_i\xi_i - \sum\nolimits_{i=1}^{m}\widehat{\mu}_i\widehat{\xi}_i$$
$$+ \sum\nolimits_{i=1}^{m}\alpha_i[f(\boldsymbol{x}_i) - y_i - \varepsilon - \xi_i] + \sum\nolimits_{i=1}^{m}\widehat{\alpha}_i[y_i - f(\boldsymbol{x}_i) - \varepsilon - \widehat{\xi}_i] \tag{6.59}$$

令 $L(\boldsymbol{w},b,\boldsymbol{\alpha},\hat{\boldsymbol{\alpha}},\xi,\hat{\xi},\mu,\hat{\mu})$ 对 $\boldsymbol{w}$、b、ξ_i、$\widehat{\xi}_i$ 的偏导为 0 可得

$$\begin{cases} \boldsymbol{w} = \sum_{i=1}^{m} (\widehat{\alpha_i} - \alpha_i) \boldsymbol{x}_i \\ 0 = \sum_{i=1}^{m} (\widehat{\alpha_i} - \alpha_i) \\ C = \alpha_i + \mu_i \\ C = \widehat{\alpha_i} + \widehat{\mu_i} \end{cases} \tag{6.60}$$

将式（6.60）代入式（6.59）中，即可得到支持向量回归模型的对偶问题，则支持向量回归模型的解为

$$f(\boldsymbol{x}) = \sum_{i=1}^{m} (\widehat{\alpha_i} - \alpha_i) \boldsymbol{x}_i^{\mathrm{T}} \boldsymbol{x} + b \tag{6.61}$$

式中，$b = y_i + \varepsilon - \sum_{i=1}^{m} (\widehat{\alpha_i} - \alpha_i) \boldsymbol{x}_i^{\mathrm{T}} \boldsymbol{x}$。

对于支持向量回归模型核技巧，可考虑特征映射形式 $f(\boldsymbol{x}) = \boldsymbol{w}^{\mathrm{T}} \phi(\boldsymbol{x}) + b$，则式（6.60）的第一个公式将形如

$$\boldsymbol{w} = \sum_{i=1}^{m} (\widehat{\alpha_i} - \alpha_i) \phi(\boldsymbol{x}_i) \tag{6.62}$$

将式（6.62）代入 $f(\boldsymbol{x}) = \boldsymbol{w}^{\mathrm{T}} \phi(\boldsymbol{x}) + b$，则支持向量回归模型核技巧可表示为

$$f(\boldsymbol{x}) = \sum_{i=1}^{m} (\widehat{\alpha_i} - \alpha_i) k(\boldsymbol{x}, \boldsymbol{x}_i) + b \tag{6.63}$$

式中，$k(\boldsymbol{x}_i, \boldsymbol{x}_j) = \phi(\boldsymbol{x}_i)^{\mathrm{T}} \phi(\boldsymbol{x}_j)$ 为核函数。

6.4.4　逻辑回归模型

在线性回归模型和非线性回归模型中，输入和输出一般都是连续的。例如，在线性回归模型 $y = f(x) = ax + b$ 中，对于每个输入的 x，都有一个对应的 y 输出，即模型的定义域和值域都可以是 $(-\infty, +\infty)$。

对于逻辑回归模型，其输入可以是连续的，但输出通常是离散的，即只有有限个输出值。例如，逻辑回归模型的值域可以只有两个值 $\{0,1\}$，这两个值可以表示对样本的某种分类，高/低、阴性/阳性等，这就是最常见的二项逻辑回归模型。因此，从整体上来说，通过逻辑回归模型，整个实数范围上的 x 可映射到有限个点上，这样就实现了对 x 的分类。因为每次输入一个 x，经过逻辑回归分析，就可以将它归入某一类中。

6.4.4.1　逻辑回归与线性回归的关系

逻辑回归模型也称为一种广义的线性回归模型，如式（6.55），它与线性回归模型的形式基本上相同，都具有 $ax + b$，其中 a 和 b 是待求参数，其区别在于它们的因变量不同，线性回归模型直接将 $ax + b$ 作为因变量，即 $y = ax + b$，而逻辑回归模型则通过函数 S 将 $ax + b$ 对应到一个隐状态 p，且 $p = S(ax + b)$，并根据 p 与 $1 - p$ 的大小决定因变量的值。这里的函数 S 就是 sigmoid 函数，即

$$S(t) = \frac{1}{1 + \mathrm{e}^{-t}} \tag{6.64}$$

将 t 换成 $ax + b$，可以得到逻辑回归模型的参数形式，即

$$p(x; a, b) = \frac{1}{1 + \mathrm{e}^{-(ax+b)}} \tag{6.65}$$

通过函数 S 的作用，可以将输出的值限制在区间$(0,1)$上，$p(x)$ 则可以用来表示概率 $p(y=1|x)$，即当 x 发生时，y 被分到 1 那一组的概率。但是，对于二项逻辑回归模型，y 只有两个取值，但是输出值却出现了一个区间$(0,1)$，这是什么原因？其实在真实情况下，用户最终得到的 y 值是在区间$(0,1)$上的一个数，并且可以选择一个阈值，通常是 0.5，当 $y>0.5$ 时，就将 x 归到 1 这一类，当 $y<0.5$ 时，就将 x 归到 0 这一类。阈值是可以调整的。例如，一个比较保守的人，可能将阈值设为 0.9，也就是说有超过 90%的把握，才相信 x 是属于 1 这一类的。

6.4.4.2　二项逻辑回归模型

二项逻辑回归模型是一种二分类模型，由条件概率分布 $p(y|x)$ 表示，其自变量 x 的取值为实数，因变量 y 的取值为 1 或 0。可通过监督学习的方法来估计模型参数。

对于训练样本 $x \in \boldsymbol{R}^d$ 和输出类标号 $y \in \{0,1\}$，为了将线性回归模型 $z = \boldsymbol{w}^{\mathrm{T}}\boldsymbol{x}+b$ 变换为 0/1 值，最理想的是通过单位阶跃函数进行变换，但它不连续，不能直接用作式（6.55）中的 $g^{-1}(\cdot)$，于是用户希望找到能在一定程度上近似单位阶跃函数的替代函数，并希望它单调可微。sigmoid 函数正是这样一个常用的替代函数，即

$$y = \frac{1}{1+\mathrm{e}^{-z}} \tag{6.66}$$

它将 z 值变换为一个接近 0 或 1 的 y 值，并且其输出值在 $z=0$ 附近变化很陡。将 sigmoid 函数作为 $g^{-1}(\cdot)$ 代入式（6.55），可得

$$y = \frac{1}{1+\mathrm{e}^{-(\boldsymbol{w}^{\mathrm{T}}\boldsymbol{x}+b)}} \tag{6.67}$$

通过变换，可以将式（6.67）写成如下形式。

$$\ln\frac{y}{1-y} = \boldsymbol{w}^{\mathrm{T}}\boldsymbol{x}+b \tag{6.68}$$

若将 y 视为训练样本 $\boldsymbol{x}$ 作为正实例的可能性，则 $1-y$ 是其反例的可能性，两者的比值 $\frac{y}{1-y}$ 称为几率，反映了训练样本 $\boldsymbol{x}$ 作为正实例的相对可能性，对几率取对数则得到对数几率（log odds，亦称 logit）$\ln\frac{y}{1-y}$。

由此可看出，式（6.67）实际上是在用线性回归模型的预测结果去逼近真实类标号的对数几率，因此，其对应的模型称为逻辑回归或对数几率回归。特别需注意的是，虽然逻辑回归的名字是"回归"，但实际却是一种分类学习方法。这种方法有很多优点。例如：它是直接对分类可能性进行建模，无须事先假设数据分布，这样就避免了假设分布不准确所带来的问题；它不是仅预测出"类"，而是可得到近似概率预测，这对许多需要利用概率辅助决策的任务很有用；此外，对数函数是任意阶可导的凸函数，有很好的数学性质。

接下来将确定式（6.67）中的 $\boldsymbol{w}$ 和 b。若将式（6.67）中的 y 视为类后验概率估计 $p(y=1|\boldsymbol{x})$，则式（6.68）可重写为

$$\ln\frac{p(y=1|\boldsymbol{x})}{p(y=0|\boldsymbol{x})} = \boldsymbol{w}^{\mathrm{T}}\boldsymbol{x}+b \tag{6.69}$$

显然可以得到如下二项逻辑回归模型。

$$p(y=1\,|\,\boldsymbol{x}) = \frac{e^{w^{\mathrm{T}}x+b}}{1+e^{w^{\mathrm{T}}x+b}} \qquad\qquad (6.70)$$

$$p(y=0\,|\,\boldsymbol{x}) = \frac{1}{1+e^{w^{\mathrm{T}}x+b}} \qquad\qquad (6.71)$$

通常情况下，可使用极大似然法（Maximum Likelihood Method）来估计 w 和 b。

6.4.4.3　多项逻辑回归模型

之前介绍的逻辑回归模型是二项分类模型，用于二分类，可以将其推广为多项逻辑回归模型，用于多分类。假设离散型随机变量 y 的取值集合是 $\{1,2,\cdots,K\}$，那么多项逻辑回归模型是

$$p(y=k\,|\,\boldsymbol{x}) = \frac{e^{w^{\mathrm{T}}x+b}}{1+\sum_{k=1}^{K-1} e^{w^{\mathrm{T}}x+b}},\quad k=1,2,\cdots,K-1 \qquad (6.72)$$

$$p(y=K\,|\,\boldsymbol{x}) = \frac{1}{1+\sum_{k=1}^{K-1} e^{w^{\mathrm{T}}x+b}} \qquad\qquad (6.73)$$

式中，$x\in R^n$，$w\in R^n$。

此外，二项逻辑回归采用极大似然法估计模型参数的方法也可以推广到多项逻辑回归中。

6.5　关联分析

关联分析可以有效发现数据之间的重要关联关系，并且规则的表达形式简洁，易于解释和理解。从大型数据库中挖掘关联规则的问题已经成为近年来数据挖掘领域研究的一个热点。

最典型的例子是食品零售商的收银台每天都收集大量的顾客购物篮数据。表 6.9 所示为购物篮事务的例子。表中每一行对应一个事务，包含一个唯一标识 TID 和给定顾客购买的商品集合（或称项集）。零售商对分析这些数据很感兴趣，以便了解顾客的购买行为。可以使用数据中有价值的信息来支持各种商务应用，如市场促销、库存管理和顾客关系管理等。

表 6.9　购物篮事务的例子

TID	项集
1	{面包,牛奶}
2	{面包,尿布,啤酒,鸡蛋}
3	{牛奶,尿布,啤酒,可乐}
4	{面包,牛奶,尿布,啤酒}
5	{面包,牛奶,尿布,可乐}

从表 6.9 中可以提取出如下规则：{尿布}→{啤酒}，该规则表明尿布和啤酒的销售之间存在着很强的关联关系，因为许多购买尿布的顾客也购买啤酒。零售商们可以通过这类规则，帮助他们发现新的交叉销售商机。

除购物篮数据外，关联分析也可以应用于其他领域，如生物信息学、医疗诊断、网页挖掘和科学数据分析等。例如，在地球科学数据分析中，关联规则可以揭示海洋、陆地和大气

过程之间的有趣联系。这样的信息能够帮助地球科学家更好地理解地球系统中不同自然力之间的相互作用。尽管这里提供的技术一般都可以用于更广泛的数据集，但是为了便于解释，本节的讨论将主要集中在购物篮数据上。

6.5.1 关联分析的概述

关联规则是指在大量数据中发现项集之间有趣的关联或相关联系。随着数据的积累，许多业界人士对在数据库中挖掘关联规则越来越感兴趣。业界人士从大量商务事务记录中发现有趣的关联关系，可以帮助其制订商务决策。

货篮分析是关联规则发现的最初形式，比较简单。有些数据不像购物篮数据那样能很容易地被看出哪些事务是哪些物品的集合，但稍微转变一下思考的角度，也可以将一些数据像购物篮数据一样处理。关联规则发现的研究和应用还在不断发展。

关联规则用来发现在同一事务中出现的不同项的相关性，即找出事务中频繁发生的项或属性的所有子集，以及项之间的相关性。为了说明这些概念，本节将先讲述关联分析中使用的基本术语，并提供该分析的形式化描述。

6.5.1.1 二元表示

购物篮数据可以用表 6.10 所示的二元形式表示，其中每行对应一个事务，而每列对应一个项。项可以用二元变量表示，如果项在事务中出现，那么它的值为 1，否则其值为 0。因为通常认为项在事务中出现比不出现更重要，因此项是非对称二元变量。

表 6.10　购物篮数据的二元形式表示

TID	面包	牛奶	尿布	啤酒	鸡蛋	可乐
1	1	1	0	0	0	0
2	1	0	1	1	1	0
3	0	1	1	1	0	1
4	1	1	1	1	0	0
5	1	1	1	0	0	1

6.5.1.2 项集和支持度计数

令 $I = \{i_1, i_2, \cdots, i_d\}$ 表示购物篮数据中所有项的集合，而 $T = \{t_1, t_2, \cdots, t_n\}$ 表示所有事务的集合。每个事务 t_i 包含的项集都是 I 的子集。在关联分析中，包含 0 个或多个项的集合称为项集。如果一个项集包含 k 个项，那么称它为 k-项集。例如，{啤酒,尿布,牛奶}是一个 3-项集。空集是指不包含任何项的项集。

事务的宽度定义为事务中出现项的个数。如果项集 X 是事务 t_i 的子集，那么称事务 t_i 包括项集 X。例如，在表 6.9 中第 2 个事务包括项集{面包,尿布}，但不包括项集{面包,牛奶}。

项集的一个重要性质是它的支持度计数，即包含特定项集的事务个数。数学上，项集 X 的支持度计数 $\sigma(X)$ 可表示为

$$\sigma(X) = |\{t_i \mid X \subseteq t_i, t_i \in T\}| \qquad (6.74)$$

式中，$|\cdot|$ 为项集中事务的个数。在表 6.9 显示的数据集中，项集{啤酒,尿布,牛奶}的支持度计数为 2，因为只有 2 个事务同时包含这 3 个项。

6.5.1.3 关联规则

关联规则是形如 $X \rightarrow Y$ 的表达式，其中 X 和 Y 是不相交的项集，即 $X \bigcap Y = \varnothing$。关联规则的强度可以用它的支持度（Support）和置信度（Confidence）度量。支持度确定规则可以用于给定数据集的频繁程度，而置信度确定 Y 在包含 X 的事务中出现的频繁程度。支持度和置信度的公式定义如下。

$$s(X \rightarrow Y) = \frac{\sigma(X \bigcup Y)}{n} \tag{6.75}$$

$$c(X \rightarrow Y) = \frac{\sigma(X \bigcup Y)}{\sigma(X)} \tag{6.76}$$

例如，考虑规则{牛奶,尿布}→{啤酒}。由于项集{牛奶,尿布,啤酒}的支持度计数是 2，而事务的总个数是 5，所以上述规则的支持度为 $\frac{2}{5} = 0.4$，其置信度是项集{牛奶,尿布,啤酒}的支持度计数与项集{牛奶,尿布}支持度计数的商。由于存在 3 个事务同时包含牛奶和尿布，所以该规则的置信度为 $\frac{2}{3} \approx 0.67$。

为什么使用支持度和置信度？一方面，支持度是一种重要度量，因为支持度很低的规则可能只是偶然出现。从商务角度来看，低支持度的规则多半是无意义的，因为对顾客很少同时购买的商品进行促销可能并无益处。因此，支持度通常用来删去那些无意义的规则。此外，支持度还具有一种期望的性质，可以用于规则的有效发现。

另一方面，置信度度量通过规则进行推理具有可靠性。对于给定的规则 $X \rightarrow Y$，置信度越高，Y 在包含 X 的事务中出现的可能性就越大。置信度也可以估计 Y 在给定 X 下的条件概率。

6.5.1.4 关联规则挖掘问题的形式描述

关联规则的挖掘问题可以形式地描述如下：给定事务的集合 T，关联规则发现是指找出支持度大于等于 minsup 并且置信度大于等于 minconf 的所有规则，其中 minsup 和 minconf 是对应的支持度和置信度阈值。

挖掘关联规则的一种原始方法是，计算每个可能规则的支持度和置信度。但是这种方法的代价很高，因为可以从数据集提取的规则数目达指数级。为了避免进行不必要的计算，事先对规则剪枝，而无须计算它们的支持度和置信度。

提高关联规则挖掘算法性能首先要拆分支持度和置信度要求。由式（6.75）可以看出，规则 $X \rightarrow Y$ 的支持度仅依赖于其对应项集 $X \bigcup Y$ 的支持度。例如，以下的规则有相同的支持度，因为它们涉及的项都源自同一个项集{啤酒,尿布,牛奶}：{啤酒,尿布}→{牛奶}、{啤酒,牛奶}→{尿布}、{尿布，牛奶}→{啤酒}、{啤酒}→{尿布,牛奶}、{牛奶}→{啤酒,尿布}、{尿布}→{啤酒,牛奶}。

如果项集{啤酒,尿布,牛奶}是非频繁的，那么可以立即剪掉这 6 个候选规则，而不必计算它们的置信度。

因此，大多数关联规则挖掘算法通常采用的一种策略是，将关联规则挖掘任务分解为如下子任务。

（1）频繁项集的产生：其目标是发现满足最小支持度阈值的所有项集，这些项集称作频繁项集。

（2）规则的产生：其目标是从上一步发现的频繁项集中提取所有高置信度的规则，这些规则称作强规则。

通常，频繁项集的产生所需的计算开销远大于规则的产生所需的计算开销。

6.5.2 Apriori 算法

Apriori 算法是第一种关联规则挖掘算法，它开创性地使用基于支持度的剪枝技术，系统地控制候选项集指数增长，该算法包括的子任务为频繁项集的产生和规则的产生。以下内容将分别讲解 Apriori 算法子任务的原理及其实现。

6.5.2.1 频繁项集的产生

格结构（Lattice Structure）常常被用来枚举所有可能的项集。图 6.38 所示为项集的格结构。一般来说，一个包含 k 个项的数据集可能产生 2^k-1 个频繁项集，不包括空集在内。由于在许多实际应用中 k 的值可能非常大，需要探查的项集搜索空间可能是指数规模的。

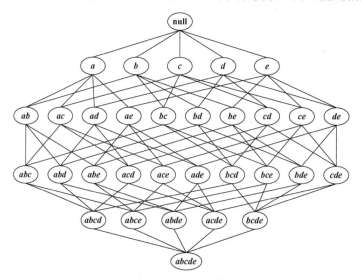

图 6.38　项集的格结构

发现频繁项集的一种原始方法是确定格结构中每个候选项集的支持度计数。这种方法的特点是必须将每个候选项集与每个事务进行比较。如果候选项集包含在事务中，那么候选项集的支持度计数增加。这种方法的计算开销可能非常大，因为它的计算复杂度为 $O(nMw)$，其中 n 为事务个数，$M=2^k-1$ 为候选项集个数，而 w 为事务的最大宽度。

可以通过以下方法降低产生频繁项集的计算复杂度。

（1）减少候选项集的个数。它是一种不用计算支持度计数而删除某些候选项集的有效方法，可以称其为基于支持度的剪枝。

（2）减少比较次数。替代将每个候选项集与每个事务相匹配的过程，使用更高级的数据结构、存储候选项集或者压缩数据集，来减少比较次数。

以下内容主要讲述如何使用支持度度量来帮助减少频繁项集产生时需要探查的候选项集个数。基于支持度的剪枝的原理如下。

先验原理：如果一个项集是频繁项集，那么它的所有子集一定也是频繁项集。

为了解释先验原理的基本思想，考虑图 6.39 所示的项集。假定{c,d,e}是频繁项集。显而易见，任何包含项集{c,d,e}的事务一定包含它的子集{c,d}、{c,e}、{a,e}、{c}、{d}和{e}。这样，如果{c,d,e}是频繁项集，那么它的所有子集（图 6.39 中的灰色项集）一定也是频繁项集。

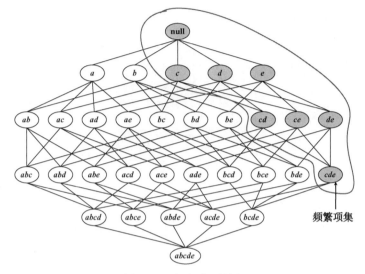

图 6.39　先验原理的图示

相反，如果项集{a,b}是非频繁项集，那么它的所有超集一定也是非频繁项集。基于支持度的剪枝图示如图 6.40 所示，一旦发现{a,b}是非频繁项集，则整个包含{a,b}超集的子图可以被立即剪枝。这种基于支持度度量修剪指数搜索空间的策略称为基于支持度的剪枝。这种剪枝方法依赖于支持度度量的一个关键性质，即一个项集的支持度绝不会超过它的子集支持度。这个性质也称支持度度量的反单调性。

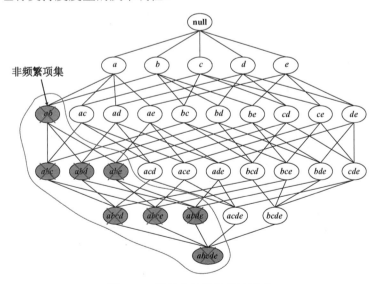

图 6.40　基于支持度的剪枝图示

6.5.2.2 Apriori 算法中频繁项集的产生

对于表 6.9 中所示的事务，图 6.41 给出了使用 Apriori 算法产生频繁项集的高层实例。假定支持度阈值是 60%，相当于最小支持度计数为 3。

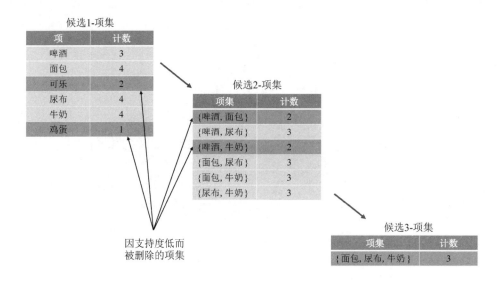

图 6.41 使用 Apriori 算法产生频繁项集的高层实例

初始时每个项都被视为候选 1-项集。计算它们的支持度计数之后，候选项集{可乐}和{鸡蛋}被丢弃，因为它们出现的事务少于 3 个。在下一次迭代，仅使用频繁 1-项集来产生候选 2-项集，因为先验原理保证所有非频繁 1-项集的超集都是非频繁项集。由于只有 4 个频繁 1-项集，因此算法产生的候选 2-项集的数目为 $C_4^2 = 6$。计算它们的支持度后发现这 6 个候选项集中的{啤酒,面包}和{啤酒,牛奶}是非频繁项集。剩下的 4 个候选项集是频繁项集，因此将其用来产生候选 3-项集。不使用基于支持度的剪枝，使用该例给定的 6 个项，将形成 $C_6^3 = 20$ 个候选 3-项集。依据先验原理，只需要保留其子集都频繁的候选 3-项集。具有这种性质的唯一候选项集是{面包,尿布,牛奶}。

通过计算产生的候选项集个数，可以看出先验剪枝方法的有效性。枚举所有项集（到 3-项集）的蛮力策略将产生 $C_6^1 + C_6^2 + C_6^3 = 6 + 15 + 20 = 41$ 个候选项集；而使用先验原理，将减少为 $C_6^1 + C_4^2 + 1 = 6 + 6 + 1 = 13$ 个候选项集。算法 6.22 中给出了 Apriori 算法的频繁项集产生的伪代码。令 C_k 为候选 k-项集的集合，而 F_k 为频繁 k-项集的集合。

算法 6.22　Apriori 算法的频繁项集产生
1：$k=1$
2：$F_k = \{i \mid i \in \sigma(\{i\}) \geqslant n \times \text{minsup}\}$　{发现所有的频繁 1-项集}
3：Repeat
4：$k=k+1$
5：$C_k = \text{apriori-gen}(F_{k-1})$；　{产生候选项集}
6：for 每个事务 $t \in T$ do
7：$C_t = \text{subset}(C_k, t)$；　{识别在事务 t 中出现的所有候选项集}
8：　　for 每个候选项集 $c \in C_t$ do

9:	$\sigma(c) = \sigma(c) + 1$　　　{支持度计数增值}	
10:	End for	
11:	End for	
12:	$F_k = \{c \mid c \in C_k \wedge \sigma(c) \geqslant n \times \text{minsup}\}$　　　{提取频繁 k-项集}	
13:	Until　$F_k = \varnothing$	
14:	Result= $\cup F_k$	

该算法初始通过单遍扫描数据集，确定每个项的支持度。一旦完成这一步，就得到所有频繁 1-项集的集合 F_1（步骤 1 和步骤 2）。

该算法将使用上一次迭代发现的频繁 $(k\text{-}1)$-项集，产生新的候选 k-项集（步骤 5）。候选项集的产生使用 apriori-gen() 函数实现。

为了计算候选项集的支持度计数，算法需要再次扫描一遍数据集（步骤 6～步骤 10）。使用子集函数确定包含在每个事务 t 的 C_k 中的所有候选 k-项集。

计算候选项集的支持度计数之后，算法将删去支持度计数小于 minsup 的所有候选项集（步骤 12）。

当没有新的频繁项集产生，即 $F_k = \varnothing$ 时，算法结束（步骤 13）。

Apriori 算法的频繁项集产生的重要特点为它是一种逐层算法，即从频繁 1-项集到最长的频繁项集，它每次遍历项集格中的一层；它使用产生测试策略来发现频繁项集。在每次迭代之后，新的候选项集都由前一次迭代发现的频繁项集产生，对每个候选项集的支持度进行计算，并与最小支持度阈值进行比较。

6.5.2.3　关联规则的产生

当得到频繁项集后，就可以从给定的频繁项集中提取关联规则。忽略那些前件或后件为空的规则（$\varnothing \to Y$ 或 $Y \to \varnothing$），每个频繁 k-项集能够产生多达 $2^k - 2$ 个关联规则。关联规则可以这样提取，将项集 Y 划分成非空的子集 X 和 $Y - X$，使得 $X \to (Y - X)$ 满足置信度阈值。注意：这样的规则必然已经满足支持度阈值，因为它们是由频繁项集产生的。

例如，$X = \{1,2,3\}$ 是频繁项集，由 X 可以产生 6 个候选关联规则：$\{1,2\} \to \{3\}$、$\{1,3\} \to \{2\}$、$\{2,3\} \to \{1\}$、$\{1\} \to \{2,3\}$、$\{2\} \to \{1,3\}$ 和 $\{3\} \to \{1,2\}$。由于它们的支持度计数都等于 X 的支持度计数，故这些规则一定满足支持度阈值。

计算关联规则的置信度并不需要再次扫描数据集。对于规则 $\{1,2\} \to \{3\}$ 来说，它是由频繁项集 $X = \{1,2,3\}$ 产生的。该规则的置信度为 $\dfrac{\sigma(\{1,2,3\})}{\sigma(\{1,2\})}$。因为 $\{1,2,3\}$ 是频繁项集，支持度的反单调性确保项集 $\{1,2\}$ 一定也是频繁项集。由于这 2 个项集的支持度计数已经在频繁项集产生时得到，因此不必再扫描整个数据集。

不像支持度度量，置信度不具有任何单调性。尽管如此，当比较由频繁项集 Y 产生的规则时，基于置信度的剪枝定理成立：如果规则 $X \to (Y - X)$ 不满足置信度阈值，那么形如 $X' \to (Y - X')$ 的规则一定也不满足置信度阈值，其中 X' 是 X 的子集。

6.5.2.4　Apriori 算法中关联规则的产生

Apriori 算法使用一种逐层方法来产生关联规则，其中每层对应于规则后件中的项数。首先，提取规则后件只含一个项的所有高置信度规则，然后，使用这些规则来产生新的候选关联规则。例如，如果{a,c,d}→{b}和{a,b,d}→{c}是 2 个高置信度的规则，那么通过合并这 2 个规则的后件产生候选关联规则{a,d}→{b,c}。图 6.42 所示为使用置信度度量对关联规则进行剪枝。如果格中的任意节点具有低置信度，那么根据基于置信度的剪枝定理，可以立即剪掉该节点生成的整个子图。假设规则{b,c,d}→{a}具有低置信度，那么可以丢弃后件包含 a 的所有规则，即{c,d}→{a,b}、{b,d}→{a,c}、{b,c}→{a,d}和{d}→{a,b,c}等。

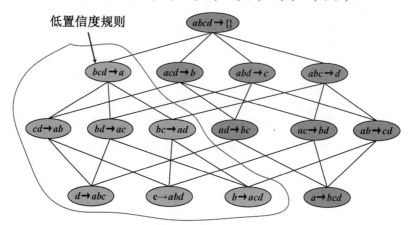

图 6.42 使用置信度度量对关联规则进行剪枝

算法 6.23 和算法 6.24 给出了关联规则产生的伪代码。注意，算法 6.24 中的 ap-genrules 过程与算法 6.22 中的频繁项集产生的过程类似。二者唯一的不同是，在规则产生时，不必再次扫描数据集来计算候选关联规则的置信度，而是使用在频繁项集产生时计算的支持度计数来确定每个规则的置信度。

算法 6.23　Apriori 算法中的关联规则产生

1：for 每个频繁 k-项集 $f_k, k \geq 2$ 　do
2：$H_1 = \{i \mid i \in f_k\}$ 　　　{规则的 1-项后件}
3：调用 ap-genrules(f_k, H_1)
4：End for

算法 6.24　函数 ap-genrules(f_k, H_m)

1：$k = \mid f_k \mid$ 　　{频繁项集的大小}
2：$m = \mid H_m \mid$ 　　{规则后件的大小}
3：if $k > m+1$ then
4：H_{m+1} = apriori-gen(H_m)
5：for 每个 $h_{m+1} \in H_{m+1}$ 　do
6：conf = $\sigma(f_k) / \sigma(f_k - h_{m+1})$
7：if conf $\geq$ minconf 　then
8：output：规则 $(f_k - h_{m+1}) \rightarrow h_{m+1}$
9：Else
10：从 H_{m+1} 　delete 　h_{m+1}
11：End for
12：调用 ap-genrules(f_k, H_{m+1})
13：End if

6.5.3 FP 增长算法

本节将介绍 FP 增长算法。该算法采用完全不同的方法来发现频繁项集。该算法不同于 Apriori 算法的"产生-测试"范型,而是使用一种称作 FP 树的紧凑数据结构组织数据,并直接从该结构中提取频繁项集。下面将对该算法进行详细介绍。

6.5.3.1 FP 树表示法

FP 树是一种输入数据的压缩表示,它通过逐个读入事务,并把每个事务映射到 FP 树中的一条路径来构造。由于不同的事务可能会有若干个相同的项,因此它们的路径可能部分重叠。路径相互重叠越多,使用 FP 树结构获得的压缩效果越好。如果 FP 树足够小,能够存放在内存中,那么就可以直接从内存中的结构提取频繁项集,而不必重复扫描存放在硬盘上的数据。

构建 FP 树如图 6.43 所示。图 6.43 显示了一个数据集,它包含 10 个事务和 5 个项。图中还绘制了读入前 3 个事务之后 FP 树的结构。树中每个节点都包括一个项的标记和一个计数,计数显示映射到给定路径的事务个数。初始,FP 树仅包含一个根节点,用符号 null 标记。随后,用如下方法扩充 FP 树。

数据集

TID	项
1	a,b
2	b,c,d
3	a,c,d,e
4	a,d,e
5	a,b,c
6	a,b,c,d
7	a
8	a,b,c
9	a,b,d
10	b,c,e

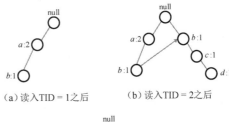

(a)读入 TID = 1 之后   (b)读入 TID = 2 之后

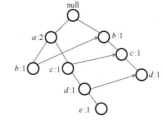

(c)读入 TID = 3 之后

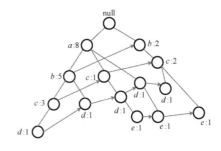

(d)读入 TID = 3 之后

图 6.43 构造 FP 树

(1)第 1 次扫描数据集,确定每个项集的支持度计数。丢弃非频繁项集,并将频繁项集按照支持度的递减排序。对于图 6.43 中的数据集，a 是最频繁的项集，接下来依次是 b、c、d 和 e。

（2）第 2 次扫描数据集，构建 FP 树。读入第 1 个事务 $\{a,b\}$ 之后，创建标记为 A 和 B 的节点。形成 null→a→b 路径，对该事务编码。该路径上所有节点对应的项集支持度计数为 1。

（3）读入第 2 个事务 $\{b,c,d\}$ 之后，为项 b、c 和 d 创建新的节点。形成 null→b→c→d 路径。该路径上每个节点对应的的项集支持度计数也等于 1。尽管前 2 个事务具有一个共同项 b，但是它们的路径不相交，因为这 2 个事务没有共同项。

（4）第 3 个事务 $\{a,c,d,e\}$ 与第 1 个事务共享一个共同项 a，所以第 3 个事务的路径 null→a→c→d→e 与第 1 个事务的路径 null→a→b 部分重叠。因为它们的路径重叠，所以节点 A 对应的项集支持度计数增加为 2，而新创建的节点 C、D 和 E 对应的项集支持度计数等于 1。

（5）继续该过程，直到每个事务都映射到 FP 树的一条路径。读入所有的事务后形成的 FP 树如图 6.43（d）所示。

通常，FP 树的大小比未压缩的数据小，因为购物篮数据的事务常常共享一些共同项。在最好情况下，所有的事务都具有相同的项集，FP 树只包含一条路径。当每个事务都具有唯一项集时，导致最坏情况发生，由于事务不包含任何共同项，FP 树的大小实际上与原数据的大小一样，然而，由于需要附加的空间为每个项存放节点间的指针和计数，FP 树的存储需求增大。

FP 树的大小也取决于项的排序方式。如果颠倒图 6.43 中项的顺序，即项按照支持度由小到大排序，那么 FP 树会显得更加茂盛。此外，FP 树还包含一个连接具有相同项的指针列表。这些指针在图 6.43 中用实线表示，有助于方便快速地访问树中的项。

6.5.3.2 FP 增长算法的频繁项集产生

FP 增长算法是一种以自底向上方式探索树，由 FP 树产生频繁项集的算法。给定图 6.43 所示的树，算法首先查找以节点 E 结尾的频繁项集，接下来依次是节点 D、C、B，最后是节点 a。由于每个事务都映射到 FP 树中的一条路径，因此仅通过考察包含特定节点（如 E）的路径，就可以发现以节点 E 结尾的频繁项集。使用与节点 E 相关联的指针，可以快速访问这些路径。图 6.44（a）所示为以节点 E 结尾的路径。

发现以节点 E 结尾的频繁项集之后，算法通过处理与节点 D 相关联的路径，进一步寻找以节点 D 结尾的频繁项集。图 6.44（b）所示为以节点 D 结尾的路径。继续该算法过程，直到处理了所有与节点 C、B 和 A 相关联的路径为止。图 6.44（c）、图 6.44（d）、图 6.44（e）所示为以节点 C、B、A 结尾的路径。

FP 增长算法采用分治策略将一个问题分解为较小的子问题，从而发现以某个特定后缀结尾的所有频繁项集，如找到所有以节点 E 结尾的频繁项集。为了解决这个问题，首先必须检查项集 $\{e\}$ 本身是否频繁。如果它是频繁的，那么考虑发现以节点 E 结尾的频繁项集子问题，将这些子问题合并，就能够找到所有以节点 E 结尾的频繁项集。

为了更具体地说明如何解决这些子问题，应考虑找到所有以节点 E 结尾的频繁项集的任务。

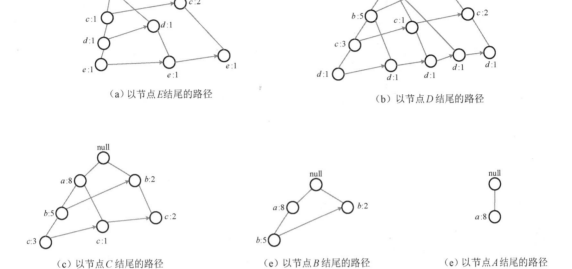

图 6.44　FP 增长算法中以节点 E、D、C、B、A 结尾的路径

（1）步收集以节点 E 结尾的所有路径（通常将这些初始路径称为前缀路径），如图 6.44（a）所示。通过将图中与节点 E 对应的项集支持度计数相加，得到节点 E 对应的项集支持度计数。假定最小支持度为 2，因为{e}的支持度是 3，所以它是频繁项集。

（2）由于{e}是频繁项集，因此算法必须解决找到以节点 E 结尾的频繁项集的子问题。在解决这些子问题之前，必须先将前缀路径转化为条件 FP 树（Conditional FP-Tree），图 6.45 显示了以节点 E 结尾的条件 FP 树的构建过程，其步骤如下。

（1）更新前缀路径上的支持度计数，如图 6.45（b）所示。具体方法是将每个节点对应项集的支持度计数置为叶节点的计数。

（2）删除叶节点 E，如图 6.45（c）所示。通常情况下，条件 FP 树可以不写叶节点，因此需将叶节点 E 删除，修剪前缀路径。

（3）删除项集支持度计数低于最小支持度计数的对应节点，如图 6.45（d）所示。

（4）得到以节点 E 结尾的条件 FP 树，如图 6.45（e）所示，并递归地挖掘得到以节点 E 结尾的唯一的频繁 2-项集{a:2,e:3}。

上述例子解释了 FP 增长算法中使用的分治策略。每一次递归，都要通过更新前缀路径中的支持度计数及删除非频繁项集来构建条件 FP 树。

FP 增长算法突破了 Apriori 算法的 I/O 瓶颈，巧妙地利用了树结构，这与 BIRCH 算法类似，BIRCH 算法也是巧妙地利用了树结构来提高算法运行速度。利用内存数据结构以空间换时间是常用的提高算法运行速度的方法。

在实践中，FP 增长算法是可以用于生产环境的关联挖掘算法，而 Apriori 算法则作为先驱，起着关联挖掘算法指明灯的作用。除了 FP 增长算法，像 GSP、CBA 之类的算法都是 Apriori 派系的。

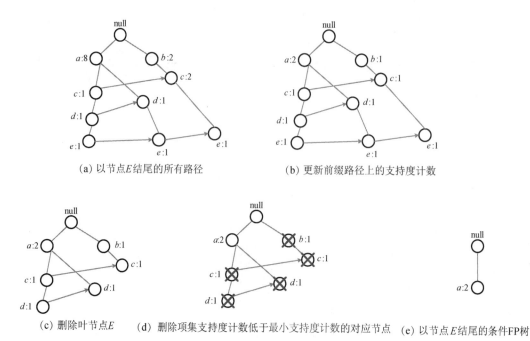

(a) 以节点E结尾的所有路径　　　　　　　(b) 更新前缀路径上的支持度计数

(c) 删除叶节点E　　(d) 删除项集支持度计数低于最小支持度计数的对应节点　　(e) 以节点E结尾的条件FP树

图6.45　以节点 E 结尾的条件 FP 树的构建过程

6.6　异常检测

异常检测的目的是发现与大部分其他对象不同的对象。通常，异常对象被称作离群点，因为在数据的散布图中，它们远离其他数据对象。异常检测也称偏差检测（Deviation Oetection），因为离群点的属性值明显偏离期望或常见的属性值。异常检测也称例外挖掘（Exception Mining），因为异常在某种意义上是例外的。本节主要使用术语异常或离群点。

有各种各样的异常检测技术，这些技术来自多个领域，包括统计学、机器学习和数据挖掘。所有技术都试图捕获这样的思想：离群点是不寻常的，或者在某些方面与其他对象不一致。尽管根据定义，不寻常的对象或事件是相对罕见的，但是这并不表示它们绝对不常出现。例如，当领域应用所考虑的事件数多达数十亿时，可能性为"千分之一"的事件也可能出现数百万次。在自然界、人类社会或数据集领域，大部分事件和对象，按定义来说都是平凡或平常的。然而，用户应当敏锐地意识到不平凡或不寻常对象存在的可能性。这包括异常干旱或多雨的季节、运动员的异常能力，或比其他值小得多或大得多的属性值。用户对异常事件或对象的兴趣源于如下事实：它们通常具有异乎寻常的重要性。干旱威胁农作物，运动员的异常能力可能最终取胜，实验结果的异常值可能指出实验中的问题或需要研究的新现象。

6.6.1　异常检测的概述

6.6.1.1　异常的成因

常见的异常成因包括以下几种：数据来源于不同的类、自然变异及数据测量和收集误差。

（1）数据来源于不同的类。某个数据对象可能不同于其他数据对象（异常），因为它属于一个不同的类型或类。例如，进行信用卡欺诈的人属于不同的信用卡用户类，不同于合法使用信用卡的那些人，以及欺诈、入侵、疾病暴发、不寻常的实验结果，都是代表不同类对象异常的例子。这类异常通常都是相当有趣的，并且是数据挖掘领域异常检测的关注点。

离群点来自于一个与大多数数据对象源（类）不同源（类）的思想，这是统计学家 Douglas Hawkins 在经常被引用的离群点的定义中提出的。

（2）自然变异。许多数据集可以用一个统计分布建模，如用正态（高斯）分布建模，其中数据对象的概率随对象到分布中心距离的增加而急剧减小。换言之，大部分数据对象靠近中心（平均对象），数据对象显著不同于平均对象的似然性很小。例如，一个特别高的人，在来自一个单独对象类的意义下不是异常的，而仅在所有对象都具备的一个特性（身高）有一个极端值的意义下才是异常的。通常，代表极端的或未必可能变异的异常是有趣的。

（3）数据测量和收集误差。数据测量和收集过程中的误差是一种异常源。例如，由于人的错误测量、设备的问题或存在噪声，测量值可能被不正确地记录。异常检测的目的是删除这样的数据，因为它们不提供有意义的信息，而只会降低数据和数据分析的质量。事实上，删除这类数据是数据预处理（尤其是数据清洗）的关注点。

异常可以是上述原因或用户未考虑到的其他原因的结果。事实上，数据集中可能有多种异常源，并且任何特定异常的底层原因常常是未知的。在实践中，异常检测技术着力于发现显著不同于其他对象的对象，而技术本身不受异常源的影响。这样一来，异常的底层原因仅对预期的应用是重要的。

6.6.1.2　异常检测的概念和思想

所谓异常检测就是寻找与大部分对象都不相同的对象，该对象存在偏离常理。异常检测的基本思想是，如果发生了小概率事件，那么就认为出现了异常。最常用的异常检测技术就是利用高斯密度函数计算数据出现的概率，如果发现了概率小于某个阈值的数据，那么就认为该数据是异常的。

6.6.1.3　异常检测技术的分类

1. 根据异常数据的检测手段

根据异常数据的检测手段，异常检测技术可分为以下四类。

（1）基于模型的技术。许多异常检测技术需先建立一个数据模型。离群点是那些同模型不能完美拟合的对象。例如，数据分布模型可以通过估计概率分布的参数来创建。如果一个对象不能很好地同该模型拟合，即如果一个对象不服从该分布，那么它是异常的。如果模型是类簇的集合，那么不显著属于任何簇的对象是异常的。在使用回归模型时，相对远离预测值的对象是异常的。

由于离群点和正常对象可以视为两个不同的类，因此可以使用分类技术来建立这两个类的模型。仅当某些对象存在类标号时，用户才可以在构造训练集时使用分类技术。

此外，离群点相对稀少，在选择分类技术和评估度量时需要考虑这一因素。在某些情况下，很难建立模型，如因为数据的统计分布未知或没有训练数据可用。在这些情况下，可以使用如下所述的不需要建立模型的技术。

（2）基于邻近度的技术。通常可以在对象之间定义邻近度度量，并且许多异常检测技术都基于邻近度。离群点是那些远离大部分其他对象的对象。基于邻近度的许多技术都基于距离，称作基于距离的离群点检测技术。当数据能够以二维或三维散布图显示时，通过寻找与大部分其他点分离的点，可以从视觉上检测出基于距离的离群点。

（3）基于密度的技术。对象的密度估计可以相对直接地计算，特别是当对象之间存在邻近度度量时。低密度区域中的对象相对远离近邻，可能被视为异常。一种更复杂的基于密度技术考虑到数据集中可能有不同密度区域这一事实，仅当一个点的局部密度显著低于它的大部分近邻时才将其划分为离群点。

（4）基于聚类的技术。聚类分析通常可以发现强关联的对象组，而异常检测则可以发现不与其他对象强相关联的对象，因此通过使用聚类算法，丢弃远离其他簇的小簇，即可以找到与大多数对象基本不相关的对象，通常这些对象就是异常检测到的离群点。

2. 根据类标号的使用情况

根据类标号的使用情况，异常检测技术可分为监督的、非监督的和半监督的异常检测技术。

（1）监督的异常检测技术。此技术要求存在异常类和正常类的训练集（可能存在多个正常类或异常类）。处理稀有类问题的分类技术至关重要，因为相对于正常类而言，异常类相对稀少。

（2）非监督的异常检测技术。在没有提供类标号的情况下，该技术的目标是将一个得分（或标号）赋予每个实例，以反映该实例的异常程度。需要注意的一点是许多相似异常的出现可能导致它们都被标记为正常或具有较低的离群点得分。因此，对于成功的非监督的异常检测技术，异常必须相互不同，且与正常对象也不同。

（3）半监督的异常检测技术。有时，训练数据包含有标号的正常数据，但是没有关于异常对象的信息。在半监督的情况下，异常检测技术的目标是使用有标号的正常对象的信息，对于给定的对象集合，发现离群点得分或标号。注意，在这种情况下，被评分对象集中许多相关的离群点的出现并不影响离群点的评估。然而，在许多实际情况下，可能很难发现代表正常对象的小集合。

6.6.2 基于邻近度的异常检测

基于邻近度的异常检测技术的基本概念如下：如果一个对象远离大部分点，那么它是离群点。这种技术比较容易理解和使用。度量一个对象是否远离大部分点的一种最简单的方法是使用到 k-距离，即一个对象的离群点得分由到它的 k-距离给定。离群点得分的最低值是 0，而最高值是距离函数的可能最大值（一般为无穷大）。通常，一个对象的离群点得分越高，表示它越可能是离群点。

图 6.46 所示为基于到 k-距离的离群点得分，这里 $k = 5$，并且每个点阴影的深浅表示它的离群点得分。可以看出，偏远的点 C 被正确地赋予最高离群点得分。

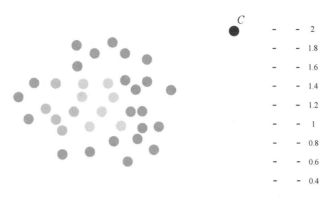

离群点得分

图 6.46　基于到 k-距离的离群点得分

离群点得分对 k 的取值高度敏感，具体表述如下。

（1）如果 k 太小（如 1），那么少量的邻近离群点可能导致较低的离群点得分。例如，图 6.47 所示为基于到第 1 个最近邻距离的离群点得分，其中有一个点靠近点 C。阴影反映 k = 1 时的离群点得分。此时，点 C 和它的近邻都具有较低的离群点得分。

（2）如果 k 太大，那么点数少于 k 的簇中所有的对象可能都成了离群点。例如，图 6.48 所示为基于到第 5 个最近邻距离的离群点得分。图中数据集除有一个包含 36 个点的较大簇之外，还有一个包含 5 个点的自然簇。对于 k = 5，较小簇中所有点的离群点得分都很高。

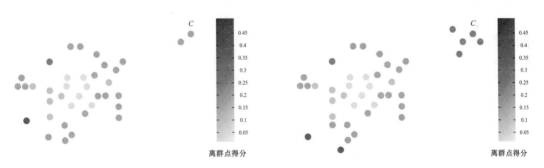

图 6.47　基于到第 1 个最近邻距离的离群点得分　　图 6.48　基于到第 5 个最近邻距离的离群点得分

为了使 k 的选取更具有鲁棒性，可用前 k 个最近邻的平均距离来代替 k-距离。基于邻近度的异常检测技术的优点是思想简单、使用简单，但又具有如下缺点：该技术的复杂度为 $O(m^2)$，这对于大型数据集来说可能代价过高，尽管在低维情况下可以使用专门的算法来提高性能；该技术对参数的选择较为敏感。此外，它不能处理具有不同密度区域的数据集，因为它使用全局阈值，不能考虑密度的变化。

为了解释这一点，考虑图 6.49 中二维数据点的集合。图 6.49 中有一个相当松散的点簇、一个相对稠密的点簇、点 C 和 D。点 C 和点 D 离这 2 个簇相当远。对于 k = 5，可以正确地识别出点 C 为离群点，但是点 D 表现出低的离群点得分，并且点 D 的离群点得分比松散簇中的许多点都低得多。

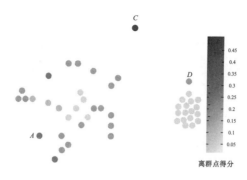

图 6.49　二维数据点的集合

6.6.3　基于密度的异常检测

从基于密度的观点来说，离群点是在低密度区域中的对象。一个对象的离群点得分是该对象周围密度的逆。

基于密度的异常检测与基于邻近度的异常检测密切相关，因为密度通常用邻近度定义。一种常用的密度定义是定义密度为到 k 个最近邻的平均距离的倒数。如果该距离小，那么密度高，反之亦然。如下公式体现了这种思想。

$$\text{density}(\boldsymbol{x},k) = [\frac{\sum_{y \in N(\boldsymbol{x},k)} \text{distance}(\boldsymbol{x},y)}{|N(\boldsymbol{x},k)|}]^{-1} \tag{6.77}$$

另一种密度定义是使用 DBSCAN 算法使用的密度定义，即一个对象周围的密度等于该对象指定距离 d 内对象的个数。需要选择适当的参数 d，如果 d 太小，那么许多正常对象可能具有低密度，从而具有高离群点得分。如果 d 太大，那么许多离群点可能具有与正常对象类似的密度和离群点得分。

使用任何密度定义检测离群点具有与基于邻近度检测离群点方案类似的特点和局限性。特殊地，当数据包含不同密度的区域时，它们不能正确检测识别离群点。

为了正确识别数据集中的离群点，用户需要了解与对象邻域相关的密度概念，也就是定义相对密度。常见的相对密度定义有以下方法。

（1）使用基于 SNN 密度的聚类算法。

（2）用点 $\boldsymbol{x}$ 的密度与它的最近邻 $\boldsymbol{y}$ 的平均密度之比作为相对密度，即

$$\text{average relative density}(\boldsymbol{x},k) = \frac{\text{density}(\boldsymbol{x},k)}{\sum_{y \in N(\boldsymbol{x},k)} \text{density}(\boldsymbol{y},k)/|N(\boldsymbol{x},k)|} \tag{6.78}$$

此处将介绍一种基于相对密度的异常检测技术，即局部离群点要素（Local Outlier Factor，LOF）技术的简化版本，在算法 6.25 中给出，其具体步骤如下：首先，对于指定的最近邻个数（k），基于对象的最近邻计算对象的密度 density$(\boldsymbol{x},k)$，由此计算每个对象的离群点得分；然后，计算对象的邻近平均密度，并用式（6.78）计算对象的平均相对密度。这个量指示 $\boldsymbol{x}$ 是否在比它的近邻更稠密或更稀疏的邻域内，并取作 $\boldsymbol{x}$ 的离群点得分。

算法 6.25　基于相对密度的异常检测技术
1：{k 是最近邻个数}

2：for all 对象 x do
3：　确定 x 的 k-最近邻 $N(x, k)$
4：　使用 x 的最近邻[$N(x, k)$ 中的对象]，确定 x 的密度 density(x, k)
5：End for
6：for all 对象 x do
7：　由式（6.77），置 outlier score(x, k) = average relative density(x, k)
8：End for

基于相对密度的异常检测给出了对象是离群点程度的定量度量，并且即使数据具有不同密度的区域也能够很好地处理。与基于距离的异常检测一样，这些技术必然具有相同的时间复杂度 $O(m^2)$（其中 m 是对象个数），虽然对于低维数据，使用专门的数据结构可以将它降低到 $O(m \log m)$，但是参数选择也是困难的，即虽然标准 LOF 算法通过观察不同的 k 值，并取最大离群点得分来处理该问题，但是仍然需要选择这些值的上下界。

6.6.4　基于聚类的异常检测

聚类分析发现强相关的对象组，而异常检测发现不与其他对象强相关的对象。因此，聚类可以用于异常检测。

利用聚类检测离群点的方法是丢弃远离其他簇的小簇。这种方法可以与任何聚类技术一起使用，但是需要最小簇大小和小簇与其他簇之间距离的阈值。通常，该方法可以简化为丢弃小于某个最小尺寸的所有簇。这种方法对簇个数的选择高度敏感。此外，使用这一方法，很难将离群点得分附加在对象上。注意，把一组对象视为离群点，将离群点的概念从个体对象扩展到对象组，但是本质上没有任何改变。

更系统的方法是，首先聚类所有对象，然后评估对象属于簇的程度。对于基于原型的聚类，可以用对象到簇中心的距离来度量对象属于簇的程度。更一般地，对于基于目标函数的聚类技术，可以使用该目标函数来评估对象属于任意簇的程度。特殊情况下，如果删除一个对象导致该目标函数的显著改进，那么可以将该对象分类为离群点。例如，对于 k-means 算法，删除远离其相关簇中心的对象能够显著改进该簇的 SSE。总而言之，聚类创建数据的模型，而异常扭曲该模型。

基于聚类的离群点：如果一个对象不强属于任何簇，那么该对象是基于聚类的离群点。

6.6.4.1　评估对象属于簇的程度

对于基于原型的聚类，评估对象属于簇的程度的方法有多种。一种方法是度量对象到簇原型的距离，并用它作为该对象的离群点得分。然而，如果簇具有不同的密度，那么可以构造一种离群点得分，度量对象到簇原型的相对距离（关于到该簇其他对象的距离）。另一种方法是使用马氏距离，只要簇可以准确地用高斯分布建模。

对于基于目标函数的聚类技术，可以将离群点得分赋予对象。该得分反映删除该对象后目标函数的改进程度。然而，基于目标函数评估点是离群点的程度可能是计算密集的。正因为如此，基于距离的方法更可取。

6.6.4.2 离群点对初始聚类的影响

如果通过聚类检测离群点，那么由于离群点影响聚类，会出现一个问题：结果是否有效。为了处理该问题，可以使用如下方法：对象聚类、删除离群点、对象再次聚类。尽管不能保证这种方法能产生最优解，但是该方法容易使用。一种更复杂的方法是取一组不能很好拟合任何簇的特殊对象。这组对象代表潜在的离群点。随着聚类过程的进展，簇在变化，不再强属于任何簇的对象被添加到潜在的离群点集合；而当前在该集合中的对象被测试，如果它强属于一个簇，那么就可以将它从潜在的离群点集合移出。聚类过程结束时还留在该集合中的对象被分类为离群点。但这样还是不能保证得到最优解，甚至不能保证该方法比前面的简单方法更好。例如，一个噪声点簇可能看上去像一个没有离群点的实际簇，如果使用相对距离计算离群点得分，也不能保证离群点属于某一个簇。

6.6.4.3 使用簇的个数

诸如 *k*-means 等聚类算法并不能自动确定簇的个数，这是在使用聚类进行离群点检测时会产生的问题，因为对象是否被认为是离群点可能依赖于簇的个数。例如，10 个对象可能相对靠近，但是如果只找出几个大簇，那么可将它们作为某个较大簇的一部分。在这种情况下，10 个对象都可能被视为非离群点。但是，如果指定足够多的簇个数，它们可能会形成一个簇。与其他某些问题一样，对于该问题也没有简单的解决方法。一种方法是对不同的簇个数重复该分析。另一种方法是找出大量小簇，其思想是较小的簇趋向于更加凝聚，如果在存在大量小簇时，一个对象是离群点，那么它多半是一个真正的离群点。

6.6.4.4 优点与缺点

有些聚类算法（如 *k*-means 算法）的时间复杂度和空间复杂度是线性或接近线性的，因此基于这种算法的离群点检测技术可能是高度有效的。此外，簇的定义通常是离群点的补，因此可能同时发现簇和离群点。缺点是产生的离群点集合和它们的得分可能非常依赖所用的簇个数和数据中离群点的存在性。例如，基于原型的算法产生的簇可能因数据中存在离群点而扭曲。聚类算法产生的簇的质量对该算法产生的离群点的质量影响非常大。每种聚类算法只适合特定的数据类型。因此，对不同的数据类型应选择适当的聚类算法。

思考题

1. 数据挖掘的任务有哪些？每项任务的含义是什么？
2. 数据挖掘和知识发现的概念有什么异同？
3. 按如下标准对下列每种聚类算法进行描述：可以确定的簇的形状；必须指定的输入参数；局限性。
   （1）*k*-means。
   （2）*k*-中心点。
   （3）DBSCAN。
   （4）CLARA。

4．假设数据挖掘的任务是将以下点聚类成三个簇：$A1(2,10)$、$A2(2,5)$、$A3(8,4)$、$B1(5,8)$、$B2(7,5)$、$B3(6,4)$、$C1(1,2)$、$C2(4,9)$，距离函数是欧氏距离。假设初始选择 $A1$、$B1$ 和 $C1$ 分别为每个聚类的中心。用基本 k-means 算法给出：

（1）在第一次循环执行后的三个聚类中心；

（2）最后的三个簇。

5．简述分类的意义及常用的分类方法。

6．比较线性可分支持向量机、线性支持向量机和线性不可分的线性支持向量机。

7．列举常见的回归方法。

8．支持向量回归模型和支持向量机的区别。

9．数据库有五个事务（见表 6.11）。设 min_sup＝60%，min_conf＝80%。分别使用 Apriori 算法和 FP 增长算法找出频繁项集。比较两种挖掘过程的有效性。

表 6.11　商品条目

TID	购买的商品
T1	{M,O,N,K,E,Y}
T2	{D,O,N,K,E,Y}
T3	{M,A,K,E}
T4	{M,U,C,K,Y}
T5	{C,O,O,K,I,E}

10．选择任意两种聚类算法进行编程实现（Python、Matlab、Java、C 任选一种）。

第 7 章

大数据安全

课程思政

7.1 大数据带来的安全挑战

科学技术是一把双刃剑,大数据所引发的安全问题与其带来的价值同样引人注目。而"棱镜门"事件更加剧了人们对大数据安全的担忧。

如今的网络攻击,往往是通过各种手段获得政府、企业或个人的私密数据。在大数据时代,数据的采集与保护成为竞争者的着力点。中国信息安全测评中心研究员磨惟伟表示从个人隐私安全层面看,大数据将网络大众带入开放透明的"裸奔"时代,数据安全若得不到有效保护而引发数据泄露,将使大众不满。

对于个人隐私安全来说,由于个人数据泄露所引发的安全问题数不胜数。在信息化时代,数据信息既有优点,也有缺点。它的优点在于方便了信息的传播,缺点就在于信息易泄露,对个人的隐私安全带来了不良的影响。个人信息泄露的途径有人为因素,主要是信息公司的员工倒卖信息,其他泄露途径为个人设备感染上了木马病毒等,恶意软件造成个人信息泄露。可见互联网给网民带来便利的同时也会造成个人信息泄露。

在企业中,通过移动硬盘、U 盘存储器、存储卡、固态硬盘等外部存储设备,随时随地都有可能复制走企业的重要信息。如今的网络技术发达,企业的数据随时随地都有可能被盗取和破坏。企业之间在合作时,由于双方的意见不统一、沟通不顺畅,可能会出现利益受损一方恶意报复另一方的情况。利益受损一方将对方企业的数据信息放在网上,泄露对方客户的姓名、性别、国籍、身份证号码、邮编地址、手机号码等相关信息。这不仅对企业的信息安全造成了巨大的影响,还加剧了个人信息安全的问题。如果不采取有效的措施加强防范,那么造成的后果是难以估计的。

2015 年 9 月,由国务院印发的《促进大数据发展行动纲要》中指出,要推动大数据的发展和应用,在未来的五到十年打造出多方协作的社会治理的新模式,建立平稳的、安全的经济运行新机制。在现今社会中有不少网络黑客潜入我国的信息安全网站中,攻击和盗取我国的重要信息,严重损害了我国的利益。为促进我国的发展,必须要解决大数据引发的重大安全问题。

大量事实表明,大数据未被妥善处理会对用户的隐私造成极大的侵害。根据需要保护的内容不同,隐私保护又可以进一步细分为位置隐私保护、标识符匿名保护、连接关系匿名保护等。

7.1.1 大数据安全与隐私保护需求

1. 大数据安全

大数据普遍存在巨大的数据安全需求。由于大数据价值密度高，因此其往往会成为众多黑客觊觎的目标。例如，全球互联网巨头雅虎曾经被黑客攻破了用户账户保护算法，导致数以亿级的用户账户信息泄露。雅虎证实其在 2013 年与 2014 年分别被未经授权的第三方盗取了超过 10 亿和 5 亿用户的账户信息，内容涉及用户姓名、电子邮箱、电话号码、出生日期和部分登录密码。我国也爆发过"2000 万条酒店开房数据泄露"等若干数据安全事件，引起全社会广泛关注。不仅如此，因内部人员盗窃数据而导致损失的风险也不容小觑，盗取和贩卖用户数据的事件屡见不鲜。例如，在 2017 年，我国某著名互联网公司内部员工盗取并贩卖涉及交通、物流、医疗、社交、银行等个人信息 50 亿条，通过各种方式在网络黑市贩卖。据《财经》杂志报道，有 80% 的数据泄露是企业内部人员所为，由黑客和其他方式导致的数据泄漏仅占 20%。

经典的数据安全需求包括数据机密性、完整性和可用性等，其目的是防止数据在数据传输、存储等环节中被泄露或破坏。实现信息系统安全通常需要结合攻击路径分析、系统脆弱性分析及资产价值分析等，全面评估系统面临的安全威胁的严重程度，并制订对应的保护、响应策略，使系统达到物理安全、网络安全、主机安全、应用安全和数据安全等各项安全需求。而在大数据场景下，不仅要满足经典的信息安全需求，还必须应对大数据特征所带来的挑战。

第 1 个挑战是如何在满足可用性的前提下保护大数据机密性。安全与效率之间的平衡是信息安全领域比较关注的问题，但在大数据场景下，数据的高速性及多样性使得安全与效率之间的矛盾更加突出。以数据加密为例，它是实现敏感数据机密性保护的重要措施之一。但大数据应用不仅对加密算法性能提出了更高的要求，还要求密文具备适应大数据处理的能力，如数据检索与并发计算等。

第 2 个挑战是如何实现大数据的安全共享。访问控制是实现数据安全共享的经典手段之一。但在大数据访问控制中，用户难以信赖服务商能够正确实施访问控制策略，且在大数据应用中预先设置角色与角色实际权限划分更为困难。因此，实现大数据访问控制不仅需要智能化的安全策略管理，还需要可信的访问控制策略实施机制。

第 3 个挑战是如何实现大数据真实性验证与可信溯源。当一定数量的虚假信息混杂在真实信息中时，人们容易产生错误判断。例如，一些点评网站上的虚假评论可能误导用户去选择某些劣质商品或服务。导致大数据失真的原因是多种多样的，包括伪造或刻意制造的数据干扰、人工干预的数据采集过程中引入的误差、在传播中的逐步失真、数据源更新与失效等，这些原因都可能影响数据分析结果的准确性。

2. 大数据隐私

当前企业通常认为对信息经过匿名保护后，信息就不包含用户的标识符，就可以公开发布了。但事实上，信息仅通过匿名保护并不能很好地达到隐私保护的目的。例如，AOL 公司曾公布了公司内部某 3 个月内匿名处理后的部分搜索历史，供人们分析使用。虽然个人相关的标识信息被精心处理过，但其中的某些记录项还是可以被准确定位到具体的个人。《纽约时报》随即公布了被识别出的一位用户，编号为 4417749 的用户是一位 62 岁的寡居妇人，家里养了 3 条狗，患有某种疾病。另一个相似的例子是，著名的 DVD 租赁商 Netflix 曾公布了约 50 万用户的租赁信息，悬赏 100 万美元征集算法，以希望提高电影推荐系统的准确度。但是当上述信息与其他数据源结合时，部分用户还是被识别出来了。研究者发现 Netflix 中的用户有很大概率对非 Top100、Top500、Top1000 的影片进行过评分，而根据对非 Top 影片的评分结果进行去匿名化攻击的效果更好。

由于去匿名化技术的发展，实现身份匿名越来越困难。攻击者可从更多的渠道获得数据，通过多数据源的交叉比对、协同分析等手段对个人隐私信息进行更精准的推测，使原有基于模糊、扰动技术的匿名保护失效，不仅同质数据源可以去匿名化，不同类型数据之间也可以关联。通过搜集用户的旅游签到、电影点评、购物记录等足够多的信息碎片，将跨应用的不同账号联系起来，将用户不同侧面的信息联系起来，也可以识别出用户的真实身份。例如，新浪微博明星小号曝光导致明星形象危机的事件层出不穷。此外，用户轨迹、行为分析也可能导致用户真实身份泄露。例如，在 150 万用户 15 个月的手机通信位置记录中，即使将用户的位置模糊扩大到基站范围，仍有 95% 的用户可通过 4 个位置点被识别出来。此外，通过匹配用户的地点转移规律、统计用户对不同地点的喜好程度，识别出个性化的家庭地址、单位地址，将地理位置作为准标识符等方法均可以识别用户的真实身份，一旦用户真实身份通过其个性化的轨迹信息被识别出来，将导致用户其他隐私信息泄露。

此外，人们面临的威胁并不仅限于个人隐私泄露，还有基于大数据对人们状态和行为的预测。随着深度学习等人工智能技术的快速发展，通过对用户行为建模与分析，个人行为规律可以被更准确地预测与识别，刻意隐藏的敏感属性也可以被推测出来。以社交网络为例，由于社交网络中的拓扑结构增加了用户间的联系，可通过用户朋友具有的属性、用户加入的群组等推测用户可能具有的属性，用户所隐藏的敏感属性很可能被挖掘并公布出来。

目前用户数据的采集、存储、管理与使用等均缺乏规范，更缺乏监管，主要依靠企业的自律。难以用有效的方式向用户申请权限，实现角色预设；难以检测、控制开发者的访问行为，防止过度的大数据分析、预测和连接。在大数据时代，很多与用户自身相关的数据在被某些公司采集时用户并不知道它的用途是什么，往往是二次开发创造了价值，公司无法事先告诉用户这些数据的用途。而在商业化场景中，用户应有权决定与其相关的数据如何被利用，实现用户可控的隐私保护。例如，用户可以决定与其相关的数据何时以何种形式被披露，何时被销毁，具体包括以下内容。

（1）数据采集时的隐私保护，如数据精度处理。

（2）数据共享、发布时的隐私保护，如数据的匿名处理、人工加扰等。

（3）数据分析时的隐私保护。

（4）数据生命周期的隐私保护。

（5）隐私数据的销毁等。

3. 大数据安全与大数据隐私保护的区别与联系

在讨论大数据隐私保护需求时，一般仅聚焦于匿名性。而大数据安全需求更为广泛，不仅包括数据机密性，还包括数据完整性、真实性、不可否认性、平台安全、数据权属判定等。另外，虽然隐私保护中的数据匿名性需求与机密性需求看上去比较类似，但后者显然严格得多。匿名性仅防止攻击者将已经公布的信息与现实中的用户联系起来，数据本身并不具有敏感性，完全可以在充分匿名后用于数据共享分析；而机密性则要求数据对于非授权用户是完全不可访问的。

在分析大数据安全问题时，一般来说数据对象是有明确定义的，可以是某个具体数据，也可以是一个信息系统中的全部信息，如某个大数据中心所存储的数据内容等。而在涉及隐私保护需求时所指的用户"隐私"则较为笼统，它可能存在多种数据形态。例如，用户敏感属性隐私既可能显式存储于某项数据条目，也可能隐式存储于其他公开属性中，可由公开属性推理而知。由用户的历史购物信息推理出其是否为孕妇的案例就属于这种情况。而且，关于"隐私"范围的界定目前存在大量争议，不完全属于技术范畴。

7.1.2　大数据的可信性

与大数据相关的一个普遍观点是，数据本身可以说明一切，数据本身就是事实。但实际情况是，在不仔细甄别的情况下，数据也会欺骗，就像人们有时会被自己的双眼欺骗一样。大数据可信性的威胁之一是伪造或刻意制造的数据，而错误的数据往往会导致错误的结论。如果数据应用场景明确，那么就可能有人刻意制造数据、营造某种"假象"，诱导分析者得出对其有利的结论。由于当前网络社区中虚假信息的产生和传播变得越来越容易，其所产生的影响不可低估。用信息安全技术手段鉴别所有信息来源的真实性是不可能的。大数据可信性的威胁之二是数据在传播中的逐步失真。数据失真有数据版本变更的因素。在数据传播过程中，现实情况发生了变化，早期采集的数据已经不能反映真实情况。例如，餐馆电话号码已经变更，但早期的信息已经被其他搜索引擎或应用收录，所以用户可能看到矛盾的信息而影响其判断。因此，大数据的使用者应该有能力基于数据来源的真实性、数据传播途径、数据加工处理过程等，了解各项数据可信度，防止分析得出无意义或者错误的结果。密码学中的数字签名、消息鉴别码等技术可以用于验证数据的完整性，但将其应用于鉴别大数据的真实性时会面临很大困难，主要根源在于数据粒度的差异。例如，数据的发源方可以对整个信息签名，但是当信息分解成若干组成部分时，该签名无法验证每部分的完整性。而数据的发源方无法事先预知哪些部分被利用、如何被利用，难以事先为其生成验证对象。

7.1.3　大数据访问控制

访问控制是实现数据安全共享的经典手段，由于大数据可能被用于多种不同场景，其访问控制需求十分突出。

大数据访问控制的特点与难点在于以下几方面。

（1）难以预先设置角色，实现角色划分。由于大数据应用范围广泛，它通常要被来自不同组织或部门、不同身份与目的的用户访问，实施访问控制是基本需求。然而，在大数据的场景下，有大量的用户需要实施权限管理，且用户具体的权限要求未知。面对未知的大量数据和用户，预先设置角色十分困难。

（2）难以划分每个角色的实际权限。由于大数据场景中包含海量数据，安全管理员可能缺乏足够的专业知识，无法准确地为用户指定其所能访问的数据范围。而且从效率角度讲，定义用户所有授权规则也不是理想的方式。以医疗领域应用为例，医生为了完成其工作可能需要访问大量信息，但对于数据能否访问应该由医生来决定，不应该由安全管理员对每个医生做特别的配置。但同时安全管理员又应该能够对医生访问行为进行检测与控制，限制医生对病患数据的过度访问。

此外，不同类型的大数据中可能存在多样化的访问控制需求。例如：在 Web2.0 个人用户数据中，存在基于历史记录的访问控制需求；在地理地图数据中，存在基于尺度及数据精度的访问控制需求；在流数据处理中，存在数据时间区间的访问控制需求。如何统一地描述与表达访问控制需求也是一个具有挑战性的问题。

7.2 大数据生命周期安全风险分析

大数据的生命周期包括数据产生、采集、传输、存储、分析和使用、分享、销毁等诸多阶段，每个阶段都面临不同的安全风险。其中，安全风险较大的是数据采集、数据传输、数据存储、数据分析和使用，其关系如图 7.1 所示，本节将讨论这些阶段所面临的安全风险，这些安全风险是选择大数据安全与隐私保护技术的主要依据。

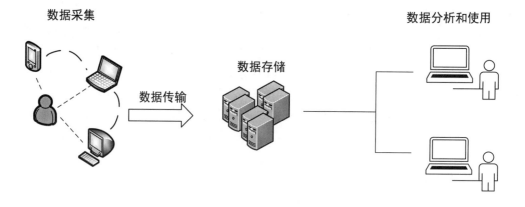

图 7.1　数据采集、数据传输、数据存储、数据分析和使用的关系

7.2.1　数据采集阶段

数据采集是指数据采集方对于用户端、智能设备、传感器等终端产生的数据进行记录与预处理的过程。在大多数应用中，数据不需要预处理即可直接上传；而在某些特殊场景下，如传输带宽存在限制或采集数据精度存在约束时，数据采集方需要先进行数据压缩、转换，甚至加噪处理等步骤，以降低数据量或精度，一旦真实数据被采集，则用户隐私保护将完全脱离用户自身控制。因此，数据采集是数据安全与隐私保护的第一道屏障，可根据场景需求选择安全多方计算等密码学方法，或选择本地差分隐私等隐私保护技术。

7.2.2　数据传输阶段

数据传输是指将采集到的大数据由用户端、智能设备、传感器等终端传输到大型集中式数据中心的过程。数据传输阶段中的主要安全目标是数据安全性。为了保证数据内容在传输过程中不被恶意攻击者采集或破坏，有必要采取安全措施保证数据的机密性和完整性。现有的密码技术已经能够提供成熟的解决方案，如目前普遍使用的 SSL 通信加密协议或专用加密机、VPN（Virtual Private Networr，虚拟专用网）技术。

7.2.3 数据存储阶段

数据被采集后常汇集并存储于大型集中式数据中心，而大量集中存储的有价值数据无疑容易成为某些个人或团体的攻击目标。因此，数据存储面临的安全风险是多方面的，不仅包括来自外部黑客的攻击、来自内部人员的窃取，还包括不同利益方对数据的超权限使用等。因此，该阶段集中体现了数据安全、平台安全、用户隐私保护等多种安全需求。

7.2.4 数据分析和使用阶段

数据采集、传输、存储的主要目的是分析和使用，通过数据挖掘、机器学习等算法对数据进行处理，从而提取出用户所需的数据。本阶段的焦点在于如何实现数据挖掘中的隐私保护，降低多源异构数据集成中的隐私泄露，防止数据使用者通过数据挖掘得出用户刻意隐藏的信息，防止分析者在进行统计分析时得到具体用户的隐私信息。

7.3 大数据安全与隐私保护关键技术

当前亟需针对大数据面临的用户隐私保护、数据内容可信验证、访问控制等安全风险，展开大数据安全与隐私保护关键技术研究。本节将对部分重点相关研究领域的技术予以介绍。

7.3.1 设施层面关键技术

大数据安全设施层防护主要涉及终端、云平台及大数据基础设施设备的安全问题，包括设备的失效、电磁破坏及平台的崩溃等问题。通常采用的关键技术包括终端安全防护技术、云平台安全防护技术及大数据基础设施安全防护技术等。大数据的基础设施安全防护技术主要是对大数据的存储设施、计算设施及网络设施等基础设施，进行针对性地维护。

7.3.2 数据层面关键技术

1．数据传输安全技术

在进行数据传输的过程中，VPN 技术极大地拓宽了网络环境的应用，可以有效解决数据交互过程中所带来的数据权限问题。利用 VPN 技术建立起来的数据传输通道，可以先将原始数据进行加密和封装处理再进行嵌入处理并装入另一种协议数据中进行传输，以此可以实现安全性的需求。数据传输安全技术包括 SSL 协议、IPsec 协议等。这类技术极大地增强了数据传输的安全性。现如今，关于数据传输安全技术相关的研究有针对无线网络安全问题，研究并探索出了对隐私保护、用户认证及安全网络通信等关键技术；针对 SSL、VPN 的安全性问题，分析出其中的安全漏洞，并提出了相应的改进方案；针对信息属性对空间数据传输过程中的建模问题，提出了适应空间环境的数据安全保护方法等。

2. 数据采集安全技术

数据在大规模的采集过程中需要认准数据的源头以此来保护数据的安全性。在数据的采集过程中有必要对数据进行保护，并且可以对数据进行加密处理。新出现的安全数据融合技术，就是以计算机技术为基础将来自多个传感器的观测信息进行综合处理、分析。这样一来将在很大程度上去除多余的无用信息、减少数据的传输量，以此提高数据的传输效率、准确性及完整性。关于数据采集安全技术相关的研究有基于计算机技术，一种安全的数据融合协议被构建，在融合数据的同时保障感知数据的认证性及机密性；针对无线传感器的信息观测及数据安全问题，基于时间部署的密钥管理方案被提出。

3. 数据存储安全技术

将数据进行存储的前提就是要保证数据的机密性及可用性。数据存储安全技术包括静态数据、动态数据加密和非关系型的数据存储安全最佳方案及数据的备用、恢复等。所谓的静态数据是指将数据先加密然后进行存储。动态数据就是利用同态加密技术，将明文的任意运算和相应的密文进行对应，在整个过程中无须对数据进行再次解密，由此可以有效解决数据交给委托方出现的数据保密问题；非关系型的数据存储安全最佳方案是指利用云存储分部技术为海量的数据存储提供最优的解决方案。数据的备用、恢复通常采用磁盘阵列、双机容错及异地容灾备份等。关于数据存储安全技术相关的研究有从加密存储、安全审计及密文访问控制等方面研究出最新的存储技术，以及在此基础之上预测未来的发展趋势；针对云灾备数据中数据安全的机密性及完整性问题，提出了一种基于该技术统一管理的海量云灾备安全存储建构。

7.3.3 接口层面关键技术

数据提供者与数据应用提供者之间的接口安全防护需要利用的关键技术包括终端输入验证、安全数据融合技术、过滤技术及实时安全监控技术等，以此来验证数据提供者所提供数据的完整性和真实性。

数据应用提供者与数据消费者之间的接口安全防护需要利用的关键技术包括防止隐私数据分析和传播的隐私保护技术及遵循法律法规的敏感数据访问控制技术等，这些数据涉及一定的隐私和敏感性，因此政府对其控制十分严格。

数据应用提供者与数据框架提供者之间的接口安全防护需要利用的关键技术包括身份识别、数据加密、访问控制、加密数据的计算粒度访问及粒度审计等。运用数据的加密计算对加密数据进行搜索、过滤及对于明文的计算都是十分有帮助的。访问控制采用合适的接入控制策略，保证只有正确的凭证及所需要的粒度才能进行数据访问。

7.3.4 系统层面关键技术

数据安全系统层安全技术利用大数据对系统进行安全管理和防御，包括实时安全检测、基于大数据分析的安全事件管理、面向安全的大数据挖掘的监测和防范等关键技术。实时安全检测是指入侵检测、漏洞检测及审计跟踪等,具有一定的传统性,但是其功能依旧十分强大,从数据的整个过程出发,在数据的产生、传输、存储等各个阶段中及时发现数据存在的威胁,并及时解决。基于大数据分析的安全事件管理是指建立一套完善的事前预警、事中阻断及事后审计的系统,在事前根据采集的各类数据,对其安全性进行预测,从不同角度进行防护。面向安全的大数据挖掘的监测和防范是指在事中建立多维度的安全防御体系,针对检测所发现的攻击和威胁进行快速决策和防范。

7.3.5　数据发布匿名保护技术

对于大数据中的结构化数据(或称关系数据)而言,数据发布匿名保护技术是实现其隐私保护的核心关键技术与基本手段,目前仍处于不断发展与完善阶段。

以典型的 k 匿名保护技术为例。早期的保护技术及其优化保护技术通过元组泛化、抑制等数据处理将准标识符分组。每个分组中的准标识符相同且至少包含 k 个元组,因此每个元组至少与 $k-1$ 个其他元组不可区分。由于 k 匿名保护技术是针对整个数据表而言的,对于具体的某个数据则未加定义,因此使用该保护技术容易出现对某个属性匿名处理不足的情况。若某等价类中在某个敏感数据上取值一致,则攻击者可以有效地确定该属性值。针对该问题研究者提出 l 多样化匿名。其特点是在每个匿名数据组中敏感数据的多样性要大于或等于 l,实现方案包括基于裁剪算法的方案及基于数据置换的方案等。此外,还有一些介于 k 匿名与 l 多样化匿名之间的保护技术。进一步地,由于 l 多样化匿名只是能够尽量使敏感数据出现的频率平均化。当同一等价类中的数据范围很小时,攻击者可猜测其值。 t 贴近性保护技术要求等价类中敏感数据的分布与整个数据表中数据的分布保持一致。上述研究主要应用于针对静态、一次性发布的场景。而现实中,数据发布常面向数据连续、多次发布的场景。需要防止攻击者对多次发布的数据联合进行分析,破坏数据原有的匿名特性。

在大数据场景中,数据发布匿名保护问题更为复杂:攻击者可以从多种渠道获得数据,而不仅仅是同一发布源获得数据。例如,在 7.1.1 节提及的 Netflix 示例中,人们发现攻击者可通过将数据与公开可获得的 imdb 相对比,从而识别出目标在 Netflix 的账号,并据此获取用户的政治倾向与宗教信仰等(通过用户的观看历史和对某些电影的评论和打分分析获得)。此类问题有待更深入的研究。

7.3.6　社交网络匿名保护技术

社交网络产生的数据是大数据的重要来源之一,同时在这些数据中包含大量用户隐私数据。由于社交网络具有图结构的特征,其匿名保护技术与结构化数据的匿名保护技术有很大不同。

社交网络中的典型匿名保护需求为用户标识匿名与属性匿名(又称点匿名),在数据发布时隐藏用户的标识与属性信息;用户间关系匿名(又称边匿名),在数据发布时隐藏用户间的关系。而攻击者试图利用节点的各个属性(度数、标签、某些具体连接信息等)重新识别出图中节点的身份信息。

目前的边匿名保护技术大多是通过随机增删交换边的方法有效实现边匿名。其中一种方法为在匿名过程中保持邻接矩阵的特征值和对应的拉普拉斯矩阵第二特征值不变；另一种方法为根据节点的度数分组，从度数相同的节点中选择符合要求的节点，进行边的交换。这类保护技术的缺点是随机增加的噪声过于分散、稀少，存在匿名边保护不足的问题。

有少部分边匿名保护技术是基于超级节点对图结构进行分割和集聚操作的，如基于节点聚集的匿名保护技术、基于基因算法的匿名保护技术、基于模拟退火算法的匿名保护技术及先填充再分割超级节点的匿名保护技术。先填充再分割超级节点的匿名保护技术虽然能够实现边的匿名，但是与原始社交网络在较大区别，因为它是以牺牲数据的可用性为代价的。

社交网络匿名保护技术面临的重要问题是，攻击者可能通过其他公开的信息推测出匿名用户，尤其是用户之间是否存在连接关系。例如：可以基于弱连接对用户可能存在的连接进行预测，适用于用户关系较为稀疏的网络；根据现有社交网络对人群中的等级关系进行恢复和推测；针对微博型的复合社交网络进行分析与关系预测；基于限制随机游走方法，推测不同连接关系存在的概率等。研究表明，社交网络的集聚特性对于关系预测方法的准确性具有重要影响，社交网络局部连接密度增大，集聚系数增大，则连接预测算法的准确性进一步提高。因此，未来的匿名保护技术应有能力抵抗此类推测攻击。

7.3.7　数据水印技术

数字水印是指将标识信息以难以察觉的方式嵌入数据载体内部且不影响其使用的技术，多用于多媒体数据版权保护，也有部分针对数据库和文本文件的水印技术。

由于数据的无序性、动态性等特点，使得在数据库、文本文件中添加水印的方法与在多媒体载体中添加水印的方法有很大不同，其基本前提是上述数据中存在冗余信息或可容忍一定精度误差。例如，Agrawal 等人基于数据库中数值型数据存在的误差容忍范围，将少量水印信息嵌入这些数据中随机选取的最不重要的位置上。而 Sion 等人提出一种基于数据集合统计特征的方案，将一比特水印信息嵌入一组属性数据中，防止攻击者破坏水印。此外，通过将数据指纹信息嵌入水印中，可以识别出信息的所有者及被分发的对象，有利于在分布式环境下追踪泄密者；通过采用独立分量分析技术，可以实现无须密钥的水印公开验证。若在数据表中嵌入脆弱性水印，则可以帮助及时发现数据项的变化。

文本水印的生成方法种类很多，可大致分为基于文档结构微调的水印，依赖字符间距与行间距等格式上的微小差异；基于文本内容的水印，依赖于修改文档内容，如增加空格、修改标点等；基于自然语言的水印，通过理解语义实现变化，如同义词替换或句式变化等。

上述水印生成方法中有些可用于部分数据的验证，残余元组数量达到阈值就可以成功验证出水印。该特性在大数据应用场景下具有广阔的发展前景。例如，强健水印类可用于大数据的起源证明，而脆弱水印类可用于大数据的真实性证明。当前的方法存在的问题是，它多基于静态数据集，针对大数据的高速产生与更新的特性考虑不足，这是它未来亟待提高的方向。

7.3.8　数据溯源技术

如前文所述，数据集成是大数据前期处理的步骤之一。由于数据的来源多样化，所以有必要记录数据的来源及其传播、计算过程，为后期的挖掘与决策提供辅助支持。

早在大数据概念出现之前，数据溯源（Data Traceability）技术就在数据库领域被广泛研究，其基本出发点是帮助人们确定数据库中各项数据的来源。例如，了解数据是由哪些表中的哪些数据项运算而成的，据此可以方便地验算结果的正确性，或者以极小的代价进行数据更新。数据溯源的基本方法是标记法，如在通过对数据进行标记来记录数据在数据库中的查询与传播历史。后来数据溯源的概念进一步细化为 why-和-where-两类，分别侧重数据的计算方法及数据的出处。数据溯源技术除了可用于数据库上，它也可用于文件的溯源与恢复。该技术包括 XML 数据、流数据与不确定数据的溯源技术。例如，通过扩展 Linux 内核与文件系统，创建一个数据起源存储原型系统，该系统可以自动搜集起源数据。此外数据溯源技术可在云存储场景中应用。

未来数据溯源技术将在信息安全领域发挥重要作用。在 2009 年呈报美国国土安全部的《国家网络空间安全》的报告中，数据溯源被列为未来确保国家关键基础设施安全的关键技术之一。然而，数据溯源技术应用于大数据安全与隐私保护中还存在如下问题。

（1）数据溯源与隐私保护之间的平衡。一方面，基于数据溯源对大数据进行安全保护首先要通过分析技术获得大数据的来源，然后才能更好地支持安全策略和安全机制的工作；另一方面，数据来源本身就是隐私敏感数据，用户不希望这方面的数据被分析者获得。因此，如何平衡这两者的关系是值得研究的问题。

（2）数据溯源技术自身的安全性保护。当前数据溯源技术并没有充分考虑安全问题，如标记自身是否正确、标记信息与数据内容之间是否安全绑定等。而在大数据环境下，其大规模、高速性、多样性等特点使该问题更加突出。

7.3.9　角色挖掘技术

基于角色的访问控制（Role-Based Access Control，RBAC）是当前广泛使用的一种访问控制模型，通过为用户指派角色、将角色关联至权限集合，实现用户授权、简化权限管理。早期的 RBAC 权限管理多根据企业的职位设立角色分工。当 RBAC 权限管理应用于大数据场景时，面临需要大量人工参与角色划分、授权的问题。

后来研究者们开始关注 RBAC 权限管理根据现有"用户"授权的情况，设计算法自动实现角色的提取与优化，称为角色挖掘。简单来说，就是如何设置合理的角色。典型的算法包括以可视化的形式，通过用户权限二维图排序归并的算法提取角色；通过子集枚举及聚类等非形式化的算法提取角色；也有基于形式化语义分析、通过层次化挖掘更准确提取角色的算法。总体来说，挖掘生成最小角色集合的最优算法时间复杂度高，多属于 NP 完全问题。因此，也有研究者关注在多项式时间内完成的启发式算法。在大数据场景下，采用角色挖掘技术可根据用户的访问记录自动生成角色，高效地为海量用户提供个性化数据服务，同时也可根据用户偏离日常的行为及时发现所隐藏的潜在危险。但当前角色挖掘技术大都基于精确、封闭的数据集，在应用于大数据场景时，还需要解决数据集动态变更及质量不高等特殊问题。

7.4 大数据服务与信息安全

7.4.1 基于大数据的威胁发现技术

由于大数据分析技术的出现，企业可以以超越以往的保护检测响应恢复（PDRR）模式，更主动地发现企业内、外部潜在的安全威胁。例如，IBM 推出了名为 IBM 大数据安全智能的新型安全工具，可以利用大数据分析技术侦测来自企业内、外部的安全威胁，包括扫描电子邮件和社交网络，标示出明显心存不满的员工，提醒企业注意，预防其泄露企业机密。

"棱镜"计划可以被理解为应用大数据分析技术进行安全分析的成功事例。该计划通过采集各个国家各种类型的数据，利用安全威胁数据和安全分析形成系统发现潜在危险局势，在攻击发生之前识别威胁。相比于传统技术，基于大数据的威胁发现技术具有以下优点。

1. 分析内容的范围更大

传统的威胁分析主要针对的内容为各类安全事件。而一个企业的信息资产则包括数据资产、软件资产、实物资产、人员资产、服务资产和其他为业务提供支持的无形资产。由于传统威胁分析技术的局限性，故其并不能覆盖这六类信息资产，因此该技术所能发现的威胁也是有限的。而通过在威胁发现方面引入大数据分析技术，可以更全面地发现针对这些信息资产的攻击。例如：通过分析企业员工的即时通信数据、E-mail 数据等可以及时发现人员资产是否面临其他企业"挖墙脚"的攻击威胁；通过对企业客户部订单数据的分析，也能够发现一些异常的操作行为，进而判断该行为是否危害公司利益。可以看出，分析内容范围的扩大使得基于大数据的威胁发现更加全面。

2. 分析内容的时间跨度更长

现有的许多威胁分析技术都是有内存关联性的，即可实时采集数据，采用威胁分析技术发现攻击。但威胁分析窗口通常受限于内存大小，无法应对持续性和潜伏性攻击。而引入大数据分析技术后，威胁分析窗口可以横跨若干年的数据，因此威胁发现能力更强，可以有效应对 APT 类攻击。

3. 攻击威胁的预测性

传统的安全防护技术或工具大多是在攻击发生后对攻击行为进行分析和归类，并做出响应。而基于大数据的威胁发现，可进行超前的预判。它能够寻找潜在的安全威胁，对未发生的攻击行为进行预防。

4. 对未知威胁的检测

传统的威胁分析通常是由经验丰富的专业人员根据企业需求和实际情况展开的，然而这种威胁分析的结果很大程度上依赖于个人经验。同时，分析所发现的威胁也是已知的。而基于大数据的威胁分析的特点是侧重于普通的关联分析，而不侧重因果分析。因此，通过采用恰当的分析模型，可发现未知威胁。

虽然基于大数据的威胁发现技术具有上述优点，但是该技术目前也存在一些问题和挑战，主要集中在分析结果的准确性上。一方面，大数据的采集很难做到全面，而数据采集又是数据分析的基础，它的片面性往往会导致分析结果出现偏差。为了分析企业信息资产面临的安全威胁，不但要全面采集企业内部的数据，还要对一些企业外部的数据进行采集。另一方面，基于大数据的威胁分析能力的不足影响威胁分析的准确性。例如，纽约投资银行每秒会有 5000 次网络事件，每天会从中捕捉 25TB 数据，如果没有足够的分析能力，要从如此庞大的数据中准确发现极少数预示潜在攻击的事件，进而分析出威胁是几乎不可能完成的任务。

7.4.2　基于大数据的认证技术

身份认证是信息系统或网络中确认用户身份的过程。传统的认证技术主要通过用户所知的秘密（如口令）或者持有的凭证（如数字证书）来鉴别用户。这些技术面临着如下问题。

（1）攻击者总是能够找到方法来骗取用户所知的秘密或持有的凭证，从而通过身份认证。例如，攻击者利用钓鱼网站窃取用户口令，或者通过社会工程学方式接近用户，直接骗取用户所知的秘密或持有的凭证。

（2）传统的认证技术中认证方式越安全往往意味着用户的负担越重。例如，为了加强认证安全，而采用的多因素认证。用户往往需要同时记忆复杂的口令，还要随身携带硬件 USBKey。用户一旦忘记口令或者忘记携带 USBKey，就无法完成身份认证。为了减轻用户的负担，出现了一些生物认证技术。该技术利用用户具有的生物特征，如指纹等，来确认其身份。然而，这些认证技术要求设备必须具有生物特征识别功能，如指纹识别，这在很大程度上限制了这些认证技术的广泛应用。

而在认证技术中引入大数据分析则能够有效地解决上述问题。基于大数据的认证技术是指采集用户行为和设备行为数据，并对这些数据进行分析，以获得用户行为和设备行为的特征，进而通过鉴别用户行为及设备行为来确定其身份。这与传统的认证技术利用用户所知的秘密、持有的凭证，或具有的生物特征来确认其身份有很大不同。具体地，这种新的认证技术具有如下优点。

（1）攻击者很难模拟用户行为特征来通过身份认证，因此新的认证技术更加安全。利用基于大数据的认证技术采集的用户行为和设备行为数据是多样的。这些数据包括用户使用系统的时间、经常使用的设备、设备所处物理位置数据，甚至包括用户的操作习惯数据。通过对这些数据的分析能够为用户勾画一个行为特征的轮廓。而攻击者很难在方方面面都模仿到用户行为，因此其与真正用户的行为特征轮廓必然存在一个较大偏差，无法通过身份认证。

（2）减轻了用户的负担。用户行为和设备行为数据的采集、存储和分析都由认证系统完成。相比于传统的认证技术，极大地减轻了用户的负担。

（3）可以更好地支持各系统认证机制的统一。基于大数据的认证技术可以让用户在整个网络空间采用相同的行为特征进行身份认证，而避免不同系统采用不同的认证机制，也避免了用户所知的秘密或持有的凭证各不相同而带来的种种不便。

虽然基于大数据的认证技术具有上述优点，但同时也存在一些问题和挑战亟待解决。

（1）初始阶段的认证问题。基于大数据的认证技术是建立在大量用户行为和设备行为数据分析基础上的，而初始阶段不具备大量数据。因此，无法分析出用户的行为特征，或者分析的结果不够准确。

（2）用户隐私问题。基于大数据的认证技术为了能够获得用户的行为特征，必然要长期持续地采集大量的用户数据。那么如何在采集和分析这些数据的同时，确保用户隐私也是亟待解决的问题。它是影响这种新的认证技术是否能够推广的主要因素。

7.4.3 基于大数据的数据真实性分析技术

目前，基于大数据的数据真实性分析技术被广泛认为是最为有效的数据真实性分析技术。许多企业已经开始了这方面的研究工作。例如：Yahoo 和 Thinkmail 等利用大数据分析技术来过滤垃圾邮件；Yelp 等社交点评网站利用大数据分析技术来识别虚假评论；新浪微博等社交媒体利用大数据分析技术来鉴别各类垃圾信息等。

基于大数据的数据真实性分析技术能够提高各企业对垃圾信息的识别能力。一方面，引入大数据分析可以获得更高的识别准确率。例如，对于社交点评网站的虚假评论，可以通过采集评论者的大量位置信息、评论内容、评论时间等数据，并对其进行分析，以识别评论的真实性。如果某评论者为某品牌多个同类产品都发表了恶意评论，那么其评论的真实性就值得怀疑。另一方面，在进行大数据分析时，通过机器学习技术，可以发现更多具有新特征的垃圾信息。然而该技术仍然面临一些困难，主要是虚假信息的定义、分析模型的构建等。

7.4.4 大数据与"安全-即-服务"

上文列举了部分当前基于大数据的信息安全技术，未来必将涌现出更多、更丰富的大数据安全应用和大数据安全服务。由于此类技术以大数据分析为基础，因此如何采集、存储和管理大数据就是相关企业或组织所面临的核心问题。除极少数企业有能力提供大数据安全服务之外，绝大多数信息安全企业可以通过企业自身的技术特色领域，对外提供大数据安全服务。未来的发展前景是，以底层大数据安全服务为基础，各个企业之间组成相互依赖、相互支撑的信息安全服务体系，总体上形成信息安全产业界的良好生态环境。

7.5 安全存储与访问控制技术

在大数据时代，数据开始作为一种经济资产被人们广泛采集和存储，并有偿或无偿地与他人分享。在数据的存储和分享过程中，人们希望确保数据只能被经过授权的用户访问和使用。这就是信息安全领域中典型的访问控制问题。

7.5.1 访问控制技术

在大数据场景中，由于数据集和应用系统呈现的一些新特点，许多传统访问控制技术已经无法满足现实需求。本节将围绕该问题对数据安全存储和访问控制技术进行介绍。大数据的存储方式主要分为私有存储和外包存储。私有存储是指企业或组织自己构建数据中心，并将采集到的大数据集存储在数据中心。这种存储方式的特点是前期投资较大，所以该存储方式主要被大型企业或组织采用。外包存储则是指企业或组织购买或租用第三方提供的存储资源来存储数据。相比于私有存储，外包存储更加灵活和经济，是中小企业或组织首选的存储方式。由于这两种存储方式中承担存储服务的参与方不同，所以其采用的安全技术也会有较大差异。本节将先对传统访问控制技术进行简单介绍，并指出其在大数据场景中的局限性，然后针对上述两种存储方式分别从基于可信引用监控机的访问控制和基于密码学的访问控制两方面对数据安全存储和访问控制技术进行阐述。传统的自主访问控制、强制访问控制、基于角色的访问控制、基于属性的访问控制（Attribute-Based Access Control，ABAC）及基于数据分析的访问控制和角色挖掘等技术，都属于基于可信引用监控机的访问控制技术。它们的安全性建立在系统具有忠实执行访问控制策略的可信引用监控机的基础上。而外包存储的存储服务是第三方提供的，较难构建可信引用监控机，所以往往采用密码学中的密码技术来实施访问控制，如基于密钥管理的访问控制技术和基于属性加密（Attribute Based Encryption，ABE）的访问控制技术。

传统的访问控制技术都是建立在可信引用监控机基础上的。引用监控机是在 1972 年由 Anderson 首次提出的抽象概念，它能够对系统中主体和客体之间的授权访问关系进行监控。当数据存储系统中存在一个所有用户都信任的引用监控机时，就可以由它来执行各种访问控制策略，以实现客体资源的受控共享。访问控制策略是对系统中用户访问资源行为安全约束需求的具体描述。为了便于表达和实施，这些策略在计算机中会被对应地归纳和实现为各种访问控制模型。因此，访问控制模型可以视为对访问控制策略的进一步抽象、简化和规范。而随着安全约束需求的变化和人们认识水平的提高，访问控制模型也在不断地演化和发展。后面章节主要介绍基于数据分析的访问控制技术和基于密码学的访问控制技术。

7.5.2　基于数据分析的访问控制技术

近年来，随着大数据相关技术的发展和成熟，以数据处理为中心的大型复杂系统纷纷涌现。而数据集的规模、数据增长速度及系统面临的用户复杂性都为访问控制策略的制订和授权管理工作带来了巨大挑战。为了解决这些问题，一些旨在提高访问控制系统自动化水平和增强自适应性的技术引起了人们的关注。

访问控制技术存在一些共有的核心概念，如 RBAC 中的角色等，它们必须在实施访问控制前被定义。以 RBAC 为例，安全管理员必须解决两个问题：需要创建的角色，角色与用户、角色与权限关联的定义。与这两个问题有关的工作也称为角色工程，其目标是定义一个完整、正确和高效的角色集合。角色的定义方法通常有两种解决模式：自顶向下和自底向上。前者是基于领域知识对业务流程或场景进行分析，归纳安全约束需求，并在此基础上进行角色的定义，其特点在于对人工、领域知识要求较高，同时对业务的熟悉程度也有较强的依赖。因此，自顶向下模式在大型复杂系统中较难实施。

为了解决该问题，以自底向上模式定义角色的方法被提出，即采用数据挖掘技术从系统的访问控制信息（Access Control Information， ACI）等数据中获得角色的定义。类似地，其他访问控制技术中的核心概念也可以采用自底向上的模式对角色进行定义。例如，RBAC 可以视为 ABAC 的单属性特例，所以在 ABAC 中也可以借鉴该模式进行属性的定义和权限管理工作，具体地，早期的角色挖掘技术主要采用基于层次的聚类算法从系统已有的用户权限分配关系中自动获得角色，并建立用户到角色、角色到权限的映射。近年来，为了进一步提高角色挖掘的质量，人们开始对用户的权限使用记录等更丰富的数据集进行分析，即考虑了权限使用的频繁程度和用户属性等因素，从而使得角色挖掘的结果更加符合系统中的实际权限使用情况。

7.5.2.1 角色挖掘技术的分类

本节主要介绍基于层次聚类的角色挖掘技术中的凝聚式角色挖掘技术、分裂式角色挖掘技术及生成式角色挖掘技术。

1. 凝聚式角色挖掘技术

凝聚式层次聚类是将每个对象作为一簇，并不断合并成为更大的簇，直到所有的对象合并为一个类簇或满足某个终止条件。它的基本思想是使用凝聚式角色挖掘技术，将权限视为待聚类的对象，初始时将每个权限作为一个权限类簇，通过不断合并距离近的权限类簇完成对权限的层次聚类，其聚类结果对应候选的角色及它们的继承关系。两个权限类簇之间的距离是由它们之间的共同用户数量及它们所包含的权限数量决定的。两个权限类簇的共同用户数量越多，且包含的权限数量越多，则两个类簇的距离越近。

2. 分裂式角色挖掘技术

分裂式层次聚类是将所有对象作为一簇，并按照一定条件不断细分，直到每个对象作为一个类簇或满足某个终止条件。它的基本思想是使用分裂式角色挖掘技术，将初始类簇（较大的权限集合）不断地细分为更小的类簇（较小的权限集合），从而形成由权限类簇构成的树。然而与一般分裂式层次聚类略微不同的是，它的初始类簇不是所有权限构成的一个集合，而是采用了更有实际意义的多个"由用户持有的权限类簇"。权限类簇分裂的方法：对类簇所包含的权限集合求交集，若新产生的类簇不是用户持有的权限类簇，则其不能作为候选角色，否则它将作为候选角色。根据对类簇求交集计算范围的不同，分裂式角色挖掘技术又可以分为完全角色挖掘技术和快速角色挖掘技术。完全角色挖掘技术是针对所有的初始类簇和新产生的类簇求交集，而快速角色挖掘技术则只对初始类簇求交集，所以后者的效率非常高，但是只能发现部分候选角色。

通过上述分裂式角色挖掘技术都能得到了一个关于候选角色的层次结构，但该结构并不能直接转化为具有继承关系的角色集合，必须依赖专业知识对其进行进一步验证和转化。主要原因如下。

（1）权限积累会为聚类分析引入较多噪声。权限积累是指系统的用户从一个工作岗位换到另一个工作岗位，安全管理员将为用户增加新岗位所需权限，但安全管理员没有彻底撤销该用户的原有权限。这种由于工作岗位更换带来的权限积累会影响挖掘结果，使得聚类层次中出现一些不具有角色语义的类簇。

（2）聚类层次和角色层次在结构上不是一一对应的。凝聚式角色挖掘技术通常会产生包含大量权限的超级类簇，而角色的继承通常不会产生这种超级角色。类似地，分裂式角色挖掘技术往往在分裂过程中会产生许多很小的权限集合，而这些权限集合不一定适合作为有意义的角色。

（3）凝聚式角色挖掘技术不符合权限使用规律。从凝聚式角色挖掘过程可以看出，一个权限在被纳入类簇时是排他的，即该权限被纳入一个类簇后，只能被合并该类簇的父类簇包含，这就造成该权限只能被一个候选角色及继承它的角色所包含。而现实系统中的权限往往不是排他的，一个权限可能会被分配给多个相互之间没有继承关系的角色。

为了解决上述问题，往往需要引入专业知识对聚类过程进行指导，或对聚类产生的结果进行语义上的验证。即便存在上述问题，这种自底向上的基于层次聚类的角色挖掘技术仍然能为大数据场景下的角色管理工作提供支持，减少安全管理员的工作量。

3. 生成式角色挖掘技术

从上面两种基于层次聚类的角色挖掘技术可以看出，它们能够自动化地从复杂的权限分配关系中挖掘出潜在或候选的角色集合，供安全管理员进一步验证和选择。然而，它们是对已有的权限分配数据进行角色挖掘的，因此，挖掘结果的质量往往过多地依赖于已有权限分配的质量。而对于大数据应用这种复杂场景，已有权限分配的质量往往很难保证。针对该问题，一些研究者开始基于更丰富的数据集进行角色挖掘，以期待获得更好的挖掘结果。下面介绍一种基于权限使用日志的角色挖掘技术，它的角色挖掘结果能够更加准确地反映权限的真实使用情况，而不局限于已有权限分配的准确性。

基于权限使用日志的角色挖掘技术的基本思路：将角色挖掘问题映射为文本分析问题；采用 LDA（Latent Dirichlet Allocation，潜在狄利克雷分布）和 ATM（Author Topic Model，作者主题模型）两类主题模型进行生成式角色挖掘，从权限使用情况的历史数据来获得用户的权限使用模式，进而产生角色，并为它赋予合适的权限，同时根据用户属性数据为用户分配恰当的角色。

与早期的角色挖掘技术相比，生成式角色挖掘技术更关注权限使用模式，其优点如下。

（1）可用性更强，角色是可解释的。早期的角色挖掘技术将用户及其授权集合分解为角色到用户的分配集合和权限到角色的分配集合。其主要问题是可用性问题，也就是得到的角色仅仅是一些不相关的权限集合，缺乏对这些集合的合理性解释。而生成式角色挖掘技术是对权限使用模式的分析，其挖掘结果能够反映权限的内在联系，所以该技术在可用性和解释性上具有较大优势。

（2）分析更准确。生成式角色挖掘技术能够对一些拥有相同权限集合，却拥有不同权限使用模式的用户群体进行进一步地准确划分。例如，一个安全管理员和一个后备的安全管理员虽然权限相同，但是权限使用模式存在较大差异。因此，更准确的角色管理方式是创建两个角色。

（3）生成角色模型的用途广泛。生成式角色挖掘技术可以用于已有权限分配信息中的错误发现，如发现那些从未被用户使用过的权限；也可以用于权限使用过程中的异常检测，如发现不符合权限使用模式的用户访问行为。

7.5.2.2　风险自适应的访问控制技术

从风险管理的角度看，访问控制其实就是一种平衡风险和收益的机制。传统访问控制技术是严格按照预先定义的静态访问控制策略执行的，将满足策略约束条件的访问行为所带来的风险视为系统可接受的风险。它将这种风险与收益的平衡静态地定义在访问控制策略中，因此，较适合访问风险十分明确的场景。而大数据的一个显著特点是先有数据、后有应用。人们在采集和存储数据时，往往无法预先知道所有的数据应用场景。因此，安全管理员往往也无法获知访问行为带来的风险和收益的关系，进而难以预先定义恰当的访问控制策略。为了解决这种严格执行静态访问控制策略的访问控制技术存在的问题，需将访问控制中隐含的风险概念明确化，并提出了风险自适应的访问控制技术，也就是根据访行为带来的风险，动态地赋予访问权限。它与传统访问控制技术最大的区别在于，其风险和收益的权衡是在访问过程中动态实施的，而不是预先由安全管理员分析获得并隐含在静态访问控制策略中的。

7.5.3　基于密码学的访问控制技术

基于密码学的访问控制技术的安全性依赖于密钥的安全性，而无须可信引用监控机的存在，因此其能够有效解决大数据分析架构自身缺乏安全性考虑的问题。一方面，由于大数据分布式处理架构的复杂性，很难建立可信引用监控机；另一方面，在部分大数据场景中，数据处于所有者控制范围外。因此，不依赖于可信引用监控机的基于密码学的访问控制研究对于大数据的一些特定场景具有重要意义。根据采用的密码技术的不同，访问控制技术可分为两类：基于密钥管理的访问控制技术和基于属性加密的访问控制技术。基于密钥管理的访问控制技术是通过确保数据的解密密钥只能被授权用户持有来实现对数据的访问控制。通常情况下，这种技术可通过采用可信的密钥管理服务器实现，即通过密钥管理服务器来完成密钥的生成，并将密钥分发给被授权用户。然而，与可信引用监控机一样，在大数据场景中可信的密钥管理服务器也很难实现。广播加密（Broadcast Encryption）技术提供了一种不依赖于可信密钥管理服务器的访问控制解决方案。

广播加密技术最早由 Fiat 等人提出，其目的是在一组目标用户之间安全地建立密钥，以使得只有被授权用户才能获得密钥来解密数据，未授权用户无法获得关于密钥的信息，甚至多个未授权用户合谋也无法获得密钥来解密数据。与数据所有者持有每个数据接收者的密钥，并分别用数据接收者的密钥来加密数据的技术相比，广播加密技术的一个重要特点是减少了加密数据的总量及每个用户持有的密钥数据总量。随后，Naor 等人于 2001 年对该技术进行了改进，使其能够更好地支持未授权用户数量较大的情况，该技术的密钥和密文大小不受未授权用户数量的影响。由于这种技术采用了对称加密体制，同时也减少了加密时密钥和密文的数据总量，所以具有较高的执行效率。然而这种技术也存在一个缺点：数据发送者必须持有所有数据接收者的对称加密密钥，所以只有很少一部分可信的用户能够成为数据发送者。因此，这种技术也称为单发送者广播加密。

7.6　安全检索技术

由于大数据最终的价值在于开放和共享，故如何在确保各用户隐私的前提下对大数据进行更好的应用，一直是业界研究的热点和难点。本节介绍的安全检索技术是指基于密码学方法，利用特殊设计的加密算法或者协议，实现对数据的查询访问，同时保护数据的隐私内容。目前存在多种安全检索技术，其保护的目标有所不同。例如，PIR（Private Information Retrieval，隐私信息检索）技术主要用于保护用户的查询意图，ORAM（Oblivious Random Access Memory，健忘随机存取存储器）技术主要用于保护用户对存储介质的访问模式，密文检索技术主要用于保护用户的数据和查询条件的机密性等。

7.6.1　密文检索技术的概述

云存储是在云计算概念上衍生出来的，它继承了云计算的按需使用、高可扩展性、快速部署等特点，解决了当前政府和企业需要不断增加软硬件设备和数据库管理人员自主存储、管理和维护海量数据的问题。然而，由于云存储使得数据的所有权和管理权相分离，因此用户数据将面临多方面的安全威胁。例如：具有优先访问权的云存储服务提供商的恶意操作（如美国政府雇员窃取社保信息等）或失误操作都有可能导致数据的泄露；云服务器时刻面临外部攻击者的威胁，如 iCoud 好莱坞明星隐私泄露事件；云数据还可能受到各国政府的审查，如著名的美国国家安全局的"棱镜"事件。

为保证云数据的安全性，一种通用的方法是用户首先使用安全的加密机制（如DESAES、RSA 等）对数据进行加密，然后将密文数据上传至云服务器。由于只有用户知道解密密钥，而云存储服务提供商得到的信息是完全随机化的，所以此时数据的安全性掌握在用户手中。数据加密导致的直接后果就是云服务器无法支持一些常见的功能。例如，当用户需要对数据进行检索时，只能先把全部密文数据下载到本地，将其解密后再执行检索操作。上述方法可以最大化地保证用户数据的安全性。但是使用上述方法时要求客户端具有较大的存储空间及较强的计算能力，且没有充分发挥云存储的优势。因此，需要对密文检索技术进行研究，它支持云存储在密文场景下对用户数据进行检索，并将满足检索条件的检索结果返给用户。用户在本地将检索结果解密，从而获得自己想要的明文数据。在检索过程中，云服务器无法获得用户的敏感数据和检索条件，即密文检索技术可以同时保护数据机密性及检索机密性。

目前，学术界对安全检索领域的研究热点主要集中于密文检索技术，但是在密文检索技术出现之前，传统数据库及外包数据库领域已存在一些其他的与安全检索相关的研究，如 PIR技术和 ORAM 技术。这些技术与密文检索技术的保护目标不同，且实用效率普遍不如密文检索技术，但是其中不少方案均具有重要的理论意义，因此，本节将其统称为"早期安全检索技术"并予以简单介绍。

密文检索角色如图 7.2 所示，密文检索主要涉及数据所有者、数据检索者及服务器三种角色。其中，数据所有者是敏感数据的拥有者。数据检索者是检索请求的发起者，这二者通常仅具备有限的存储空间和计算能力。服务器为数据所有者和数据检索者提供数据存储和数据检索服务，其由云存储服务提供商进行管理和维护，并具有强大的存储能力和计算能力。数据所有者先为需要检索的数据构造支持检索功能的索引，同时使用传统的加密技术加密全部数据，然后将密文数据和索引共同上传至服务器。检索时，数据检索者为检索条件生成相应的陷门，并发送给服务器。服务器使用索引和陷门进行协议预设的运算，并将满足检索条件的检索结果返给数据检索者。数据检索者使用密钥将检索结果解密，得到明文数据。有时服务器返回的检索结果中可能包含不满足检索条件的冗余数据。此时数据检索者还需要对解密后的明文数据进行二次检索，即在本地剔除冗余数据。通常情况下，密文检索技术允许检索结果中包含冗余数据，但是满足检索条件的数据必须被返回，即检索结果的误报率可以不为 0%，但是召回率应为 100%。

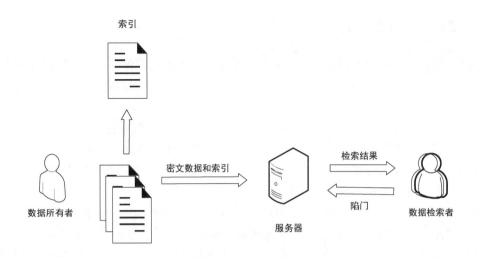

图 7.2　密文检索角色

在上述角色中，通常认为数据所有者和数据检索者是完全可信的，而服务器属于攻击者，其对用户的敏感数据和检索条件比较好奇。此外，由于服务器掌握了最多的信息（包括全部密文数据、索引、陷门、检索结果等），因此服务器在密文检索角色中不再额外考虑其他外部攻击者。目前大部分密文检索技术均假设服务器是"诚实而好奇"的，即服务器会忠实地执行数据检索者提交的检索请求，并返回相应的检索结果，同时其可能会利用自己所掌握的一切背景知识来进行分析，期望获得真实的敏感数据和检索条件。如果服务器进行恶意攻击，如篡改用户数据或者仅返回部分检索结果，那么可以借助完整性验证技术对数据进行检查，这部分内容属于单独的研究领域，本节不过多介绍。

密文检索技术的性能主要从以下方面进行考虑。

（1）数据所有者的索引生成效率。

（2）数据检索者的陷门生成效率。

（3）服务器的检索效率。由于索引的生成过程是一次性的，而陷门则是数据检索者根据自己的检索条件构造的，消耗时间一般较短。

7.6.2　早期安全检索技术

1. PIR 技术

PIR 技术的研究主要针对公开数据库，其目标是允许用户在不向服务器暴露检索意图的前提下，对服务器中的数据进行检索并取得指定内容。虽然早在 20 世纪 80 年代就有学者提出类似的问题，但目前普遍认为首个完整的、正式的 PR 模型是由 Chor 等人给出的。根据服务器的数目及用户与服务器之间交互轮数的不同，可将 PIR 技术分为单服务器的、多服务器的、单轮交互的及多轮交互的。目前主要研究的是单轮交互的 PIR 技术。

2. ORAM 技术

ORAM 技术是面向秘密数据库的，其目标是在读写过程中向服务器隐藏用户的访问模式。其中，访问模式是指客户端向服务器发起访问所泄露的信息，包括操作是读还是写、操作的数据地址、操作的数据内容等。PIR 技术只考虑保护客户端的查询意图，整个数据库的内容对服务器是可见的。而 ORAM 技术则认为整个服务器的存储介质都是不安全的，因此要求数据是加密的，同时向服务器隐藏读、写操作。

ORAM 技术的解决思想：设计一种转换协议，将一次访问转换为 k 次访问，从而保证两组访问经过转换之后无法区分。许多学者都对 ORAM 技术展开了深入的研究，致力于降低 k 的大小。其中基于二叉树的技术高效、简洁，是当前较好的一种 ORAM 技术，它的基本思想是，将服务器中的数据集以树的形式进行组织，而任意一次读写都被转换为从根节点到叶节点的整条路径的一次读写。此外，还有学者在 Amazon 云存储上实现了 ORAM 系统，实验表明，在大部分典型应用场景中，可以以数十倍或更小的通信代价来实现 ORAM 技术。虽然业界对这一技术的检索效率仍有一些不同意见，但是我们认为，随着计算机网络和硬件技术的发展，ORAM 技术在某些对实时性要求不高且访问隐秘性要求较高的应用场景是可以实用化的。

7.6.3　对称密文检索技术

在对称密文检索技术中，数据所有者和数据检索者为同一方。该技术适用于大部分第三方存储，也是近几年安全检索领域的研究热点。一个典型的对称密文检索技术包括如下算法。

（1）Setup 算法。该算法由数据所有者执行，生成用于加密数据和索引的密钥。

（2）BuildIndex 算法。该算法由数据所有者执行，根据数据内容建立索引，并将加密后的索引和数据本身上传到服务器。

（3）Gen Trapdoor 算法。该算法由数据所有者执行，根据检索条件生成相应的陷门（又称搜索凭证），并将其发送给服务器。

（4）Search 算法。该算法由服务器执行，将接收到的陷门和本地存储的密文索引作为输入，并进行协议预设的计算，输出满足条件的检索结果。

对称密文检索的核心与基础部分是单关键词检索。目前，对称密文检索技术根据检索机制的不同大致分为基于全文扫描的技术、基于文档-关键词索引的技术及基于关键词-文档索引的技术。

1. 基于全文扫描的技术

最早的对称密文检索技术是基于全文扫描的技术。该技术的核心思想是，先对文档进行分组加密，然后将分组加密结果与一个伪随机流进行异或得到最终用于检索的密文数据。检索时，用户将关键词对应的陷门发送给服务器，服务器对所有密文数据依次使用陷门计算其是否满足预设的条件，若满足预设条件，则返回该文档。

2. 基于文档-关键词索引的技术

基于文档-关键词索引的技术的核心思想是为每个文档建立单独的索引，且服务器在检索时需要遍历全部索引。因此，这种技术的检索时间复杂度与文档个数成正比。

3. 基于关键词-文档索引的技术

由于基于文档-关键词索引的技术难以应用于大数据场景。因此，基于关键词-文档索引的技术被提出，它是安全检索领域的里程碑式的技术。该技术的索引结构类似于搜索引擎倒排索引，在初始化时为每个关键词生成包含该关键词的文档标识集合，并加密存储这些索引结构。基于关键词-文档索引的技术不需要逐个检索每个文档，其检索时间复杂度仅与返回的结果个数呈线性关系。因此该技术的检索效率远高于前两种技术。

4. 前向安全性扩展

人们感兴趣的安全性是前向安全，或称动态安全，它是指当系统中新增加一个密文数据时，攻击者无法判断该数据是否满足此前的某次检索条件。有学者提出，如果一种密文检索技术不满足前向安全，那么只需要插入大约 10 个新的密文数据即可判断出某次检索对应的关键词明文。换言之，一个能够主动上传指定数据的攻击者可以对任何非前向安全的技术形成破解查询明文攻击。

7.6.4 非对称密文检索技术

非对称密文检索技术是指数据所有者和数据检索者不是同一方的密文检索技术。与非对称密码体制类似，数据所有者可以是了解公钥的任意用户，而只有拥有私钥的用户可以生成检索陷门。一个典型的非对称密文检索技术包括如下算法。

（1）Setup 算法。该算法由数据检索者执行，生成公钥和私钥。

（2）BuildIndex 算法。该算法由数据所有者执行，根据数据内容建立索引，并将公钥加密后的索引和数据本身上传到服务器。

（3）Gen Trapdoor 算法。该算法由数据检索者执行，将私钥和检索关键词作为输入，生成相应的陷门，并将陷门发送给服务器。

（4）Search 算法。该算法由服务器执行，将公钥、接收到的陷门和本地存储的索引作为输入，进行协议预设的计算，输出满足条件的检索结果。

非对称密文关键词检索（Public Key Encryption with Keyword Search，PEKS）技术在非对称密码体制中引入密文检索的概念。目前，非对称密文检索包括的典型构造为 BDOP-PEKS、KR-PEKSI 和 DS-PEKS，这些构造的特点都是基于某种身份的加密体系构造的。

7.6.5 密文区间检索技术

在早期的密文区间检索技术中，基于桶式索引的技术采用方差和熵来衡量技术的安全性，其安全程度是难以证明的，而且该技术的安全性以检索结果中包含大量的冗余数据为代价。此外，基于桶式索引的技术需要将索引保存在本地，并由用户进行检索，这使得技术的检索效率极大地依赖于客户端的存储和计算能力。基于传统加密技术的安全性主要依赖于采用的加密机制，因此安全性较高。但是，该技术需要客户端和服务器进行多轮交互，并由客户端对节点进行解密，从而使得检索效率不仅受到客户端计算能力的限制，还受到网络延时的影响。可见，早期的密文区间检索技术虽然简单易实现，但是在安全性和检索效率上的缺陷阻碍了其在现实场景中的应用。

由于谓词加密技术本身实现了可证明安全，因此，基于谓词加密的密文区间检索技术普遍安全性较高。但是其基本运算操作为双线性映射，从而检索效率较低，不适用于处理高维度、高精度数据。基于矩阵加密的密文区间检索技术虽然安全性不如基于谓词加密的密文区间检索技术，但是其基本运算操作为乘法和加法，因此，检索效率较高，且可以方便地处理高精度数据。由于谓词加密技术和矩阵加密技术的功能都是实现内积运算，因此，这两种技术通常可以互换，而不影响技术的正确性，但需要注意的是谓词加密技术仅能处理整数。除加密技术外，检索采用的树结构和判断条件也会影响技术的安全性。例如，B+树和 kd 树本身会泄露数据的排序关系，而 R 树则不会出现这种问题，但是判断检索条件与 R 树节点是否相交的过程却泄露了部分排序关系。

基于等值检索的技术灵活性较大，根据用户对于安全性、检索效率和存储空间的要求，可以采用不同的关键词构造方法。由于该方法主要基于密文关键词检索技术，因此，容易将区间检索和关键词检索相结合。

由于保序加密本身的特征，使得密文直接泄露了明文的排序特征，因此其安全性较低。但是对于经过保序加密的数据，可以使用任意明文数据结构和检索方式对其进行检索，所以在安全性要求不高的场景中，保序加密具有良好的表现。

7.7　安全处理技术

人们期望在对密文数据进行分析处理后能返回处理结果，同时还要确保数据和处理操作都是安全的。本节针对大数据环境，介绍了一些主要的安全处理技术，包括同态加密技术、可验证计算技术、安全多方计算技术、函数加密技术和外包计算技术。这些技术可用于数据安全处理的不同环境中，同态加密技术可用于处理密文数据而维持数据的机密性；可验证计算技术可用于处理数据并可检测计算的完整性；安全多方计算技术可用于不同参与方共同完成一个分布式计算，而参与方之间不会泄露各自的敏感数据并可确保计算的正确性；函数加密技术可用于使数据所有者只能让其他人获得敏感数据的一个具体函数值，而没有获得其他任何信息，上述四种技术都可作为解决外包计算的主要技术。外包计算技术可用于使计算资源受限的用户端将计算复杂性较高的计算外包给远端的半可信或恶意服务器来完成。这些技术也可以组合使用。例如，将同态加密技术和可验证计算技术组合，可用于解决输入和输出的机密性及计算的完整性问题。

7.7.1　同态加密技术

同态加密（Homomorphic Encryption）是很久以前密码学界就提出的一个概念。早在 1978 年，Ron Rivest、Leonard Adleman 及 Michael L. Dertouzos 就以银行为应用背景提出了这个概念。其中 Ron Rivest 和 Leonard Adleman 分别就是著名的 RSA 算法中的 R 和 A。

同态加密技术是基于数学难题的计算复杂性理论的密码技术。对经过同态加密的数据进行处理得到一个输出，将这一输出进行解密，其结果与用同一方法处理未加密的原始数据得到的输出结果是一样的。也就是说，同态加密技术的全过程不需要对数据进行解密，人们可以在加密的情况下进行简单的比较和检索从而得出正确的结论。因此，云计算运用同态加密技术，不仅可以很好地解决目前云计算遭遇到的大部分安全问题，还可以扩展和增强云计算的应用模式，同时它为在云计算的服务中有效合法利用海量云数据提供了可能。

虽然同态加密技术因为其在加密情况下就可以对数据进行各种性质的操作，得到了广泛的应用，前景十分广阔，但是由于这种技术的特殊性，它在很长一段时间内没有得到实质性进展，这无疑对同态加密技术在信息系统中的应用有十分大的阻碍。令人欣慰的是 2009 年提出的全同态加密技术提高了这种技术的应用价值。但是随着网络应用的高速发展特别是互联网的兴起，又无形中对信息安全提出了更高的要求，进一步推动人们对同态加密技术进行深入钻研。

7.7.2 可验证计算技术

假设用户现在不关心数据的机密性，只关心计算的完整性。有很多方法可以实现这一目标，较常见的有以下三种。复制，即将计算外包给一些不同的服务器，并取最多的共同回答作为正确的计算结果，这是最直接的方法。这种方法只有在用户使用的服务器互不相关的情况下才能正常工作。如果大多数服务器由同一个敌手控制或它们以一种具体的方式错误地运行单一的操作系统，那么这种方法不能正常工作。审计，即把计算外包后，外包者会以一定的概率完成一些工作，如果结果与服务器的回答不一致，就停止信任该服务器所做的任何工作。这种方法只有在相信服务器的计算以显著的概率而不是以很小的概率失败的情况下才能正常工作。可验证计算，这是一种使用密码学工具的方法，可确保外包计算的完整性，而无须对服务器失败率或失败的相关性做任何假设。

定义在两个参与方环境下的可验证计算是最典型的情况。在这种环境下，有一个计算弱的验证者（也称验证方、客户、顾客、外包者、委托方、接收者等）和一个计算强但不可信的证明者（也称证明方、服务器、被委托方、发送者等），验证者委托证明者完成某一计算。给定一个输入 x 和一个函数 f，证明者期望产生一个输出 y 和一个关于 $y = f(x)$ 的证明 p，验证者可用 p 证实计算的完整性。其中一个合理性条件是，验证者用 p 验证 y 的完整性的效率必须高于其自身计算函数 $f(x)$ 的效率，也必须高于证明者计算函数 $f(x)$ 的效率。可验证计算技术的安全性必须满足以下条件：一个证明者伪造一个不正确的输出 $y^* \neq f(x)$ 和一个证明 p^* 使得验证者用 p^* 证实 $y=f(x)$ 是不可行的。

概率可检测证明（Probabilistically Checkable Proofs，PCP）也称全息证明，是构造大多数可验证计算的基础。PCP 是由证明者为了证明某一论断的合法性而产生的一个串。PCP 本身可视作论断合法性的证明，但这样做不得不读取整个 PCP，对计算弱的验证者来说这是一种负担。PCP 的特殊性质是验证者通过仅查看 PCP 的一个常数数量的随机位置就能检测论断的合法性。以上方法能够证明论断合法性是因为任何不合法的论断必然在大量的位置上不一致，所以验证者可用很高的概率检测出其不合法性。PCP 在密码学和理论计算机科学中有着广泛的应用。

当 PCP 不能提供可验证计算时，需要用一些方法使得证明者产生和固定一个 PCP，而无须将整个串发送给验证者。证明者简单地将 PCP 存储起来并回答验证者的询问，是不可行的，因为证明者可通过改变响应验证者询问的 PCP 的部分进行欺骗。以 PCP 为基础构造的可验证计算的方法如下。

（1）基于承诺的可验证计算。密码学承诺是一个数字对象，它将证明者和一个特定的 PCP 绑定到一起而又不泄露该 PCP。承诺可比 PCP 本身更小。当证明者产生 PCP 本身时，验证者使用承诺检测的 PCP 是证明者早期所承诺的那个 PCP。如果证明者对整个 PCP 计算一个承诺并将其发送给验证者，验证者可向证明者询问它所希望看到的 PCP 的部分，证明者不得不诚实地回答，这是因为如果证明者改变了验证者希望看到的 PCP 的部分，那么验证者能告诉它，这与承诺不匹配。

（2）基于同态加密的可验证计算。加法或乘法同态加密可用来取消验证者关于 PCP 的询问，但是仍然允许证明者回答验证者的询问。因为证明者仅仅看到加密形式的询问，而不知道如何在对验证者的回答中适应他的 PCP。这种方法的优点是允许验证者的询问被重用，减少了验证所需要的交互量。

（3）基于交互的可验证计算。 Goldwasser 和 Cormode 等描述了如何基于交互证明来实现可验证计算。这种方法允许证明者和验证者进行交互而不是要求证明者向验证者发送一个固定的串 P，交互使得证明者要向验证者说谎而不被揭穿变得很困难。验证者不是朴素地询问关于在 PCP 具体位置的值的问题，而是以一种适合的方式进行询问，因此无须一个合法的论断，否则，证明者最终将被迫自相矛盾。

7.7.3　安全多方计算技术

安全多方计算（Secure Multi-Party Computation，SMPC）技术是解决一组互不信任的参与方之间隐私保护的协同计算问题的技术，它要确保输入的独立性、计算的完整性、去中心化等特征，同时不泄露各输入值给参与计算的其他参与方，主要针对无可信第三方的情况下，如何安全地计算一个约定函数的问题，同时要求每个参与方除计算结果外不能得到其他实体的任何输入信息。安全多方计算在电子选举、电子投票、电子拍卖、秘密共享、门限签名等场景中有着重要的作用，如图 7.3 所示。

安全多方计算的概念最早是由华裔计算机科学家、图灵奖获得者姚启智教授通过百万富翁问题提出的。该问题表述为两个百万富翁 Alice 和 Bob 想知道他们两个谁更富有，但他们都不想让对方知道自己财富的任何信息。在双方都不提供真实财富信息的情况下，如何比较两个人的财富多少，并给出可信证明。

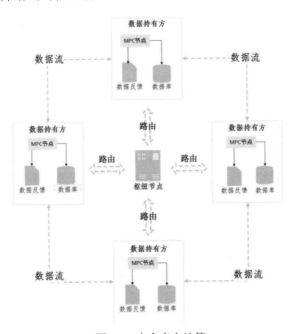

图 7.3　安全多方计算

各个 MPC（Multi-Party Computation，多方计算）节点地位相同，可以发起协同计算任务，也可以选择参与其他参与方发起的协同计算任务。路由寻址和计算逻辑传输由枢纽节点控制，以达到在寻找相关数据的同时传输计算逻辑的目的。各个 MPC 节点根据计算逻辑，在本地数据库完成数据提取、计算，并将输出计算结果路由到指定节点，从而多方节点完成协同计算任务，输出唯一性结果。在整个过程中，各方数据全部在本地，并不提供给其他节点，以在保证数据隐私的情况下，将计算结果反馈到整个计算任务系统，从而使各参与方得到正确的数据反馈。

主流两方安全计算框架的核心用了加密电路技术和不经意传输技术。一方将计算逻辑转化为布尔电路，针对电路中每个门进行加密处理。该参与方将加密电路（计算逻辑）和加密后的标签输入给下一个参与方。另一方作为接收方，通过不经意传输按照输入选取标签，对加密电路进行获取计算结果。通用的多方安全计算框架可以让多方安全地计算任意函数或一类函数的结果，自从姚启智提出第一个通用的多方安全计算框架以来，已陆续有了 BMR、GMW、BGW、SPDZ 等多方安全计算框架。这些多方安全计算框架涉及加密电路、秘密分享、同态加密、不经意传输等相关技术。

7.7.4　函数加密技术

函数加密的概念是由 Sahai 等人于 2005 年提出的，它是属性加密的一般化。函数加密是一种公钥加密技术，除使用正规的秘密密钥解密数据外，还有函数秘密密钥。函数秘密密钥不是用来解密数据的，而是用来访问对应的函数在数据上计算的结果。更形式化地讲，密钥生成算法（KeyGen）涉及一个函数 f 并返回一个解密密钥 sk，解密算法 Decrypt(sk,c)返回 $f(x)$，这里 c=Encrypt(pk,x)，是用加密密钥 pk 对明文数据 x 的加密结果，即密文数据，Encrypt 是加密算法。函数加密技术的安全性必须确保拥有函数 f 对应密钥的用户没有获得比函数 f 输出更多的信息，特别地，函数加密技术必须确保即使拥有多个函数对应密钥的用户也不能获得比对应函数的输出更多的信息，即能抵抗合谋攻击。

7.7.5　外包计算技术

外包计算技术允许计算资源受限的用户将计算复杂性较高的计算外包给远端的半可信或恶意服务器完成。云计算为外包计算提供了一个实际的应用场景。形式化地讲，如果用函数 f 表示某个具体计算，用户拥有一个输入 x 并希望得到函数 f 在 x 处的值 $f(x)$，用户的计算能力很弱。因此，用户需要租赁具有较强计算能力的服务器来帮助其完成计算，用户先将 x 发送给服务器，服务器计算出 $f(x)$后，再将 $f(x)$返给用户。另外，委托计算实际上是一种特殊的外包计算。在外包计算中，用户租赁具有较强计算能力的服务商提供的服务器进行计算；而在委托计算中，用户委托一个不被信任的所谓"工人"来进行计算。

外包计算技术的研究主要集中在用户数据的安全性、隐私性及如何验证服务器返回结果的正确性上，同时还要实现高效性。同态加密、可验证计算、安全多方计算和函数加密等技术都是实现外包计算的主要技术。关于外包计算技术的研究进展可归纳为以下几方面。

（1）基于同态加密技术的外包计算。全同态加密技术是实现安全外包计算的一种理想技术，其基本原理是，首先用户用其加密密钥 pk 和加密算法 Encrypt 加密 x，得到密文数据 Encrypt(pk-,x)并将其发送给服务器；其次，服务器用 Encrypt 的同态性质计算函数 f，得到 Encrypt(pk-,$f(x)$)并将其返给用户；最后，用户用其解密密钥 sk 和解密算法 Decrypt，计算函数值 $f(x)$= Decrypt(sk-, Encrypt(pk-,$f(x)$))。在这种外包计算中，攻击者是半诚实的，服务器无法抵抗恶意的攻击者。由于现有全同态加密技术的实用性较差，学术界主要使用加法或乘法同态加密技术实现外包计算，相关工作：Benjamin 等人用语义安全的加法同态加密技术，基于两个服务器不相互勾结的假设，为线性代数计算（如两个矩阵的乘积）构造了可验证安全外包计算协议；Wang 等人利用伪装技术、基于 Jacobi 方法的迭代思想和语义安全的加法同态加密技术，为求解线性方程组 $Ax=b$ 构造了可验证安全外包计算协议，这种方法对 A 有一定的限制并只能得到近似解；Mohassel 分别使用 GM、Paillier、ElGamal、BGN/GHV 等加法或乘法同态加密技术为矩阵乘法、求逆、求行列式等矩阵上的线性代数运算构造出多个非交互的安全外包计算协议；Kitz 等人利用同态加密技术，为计算矩阵的秩和行列式构造了安全的两方计算协议；Peter 等人使用具有加法同态的双解密机制技术构造了人脸识别的外包计算协议。

（2）基于安全多方计算技术的外包计算。现有安全多方计算协议的计算成本和通信代价都很大。因此，在基于安全多方计算技术的外包计算研究中，希望利用一些不被信任的外部服务器来减少协议的计算量和通信量，相关工作：Kamara 等人使用安全多方计算协议实现了多服务器的外包计算，充分利用了安全多方计算协议的有效性和安全性；Loftus 等人为非门限的情形构造了外包计算协议，但这个协议要求每个计算服务提供者有一个可信任的硬件，这种方案不实用；Kamara 等人推广了多方计算的安全外包计算协议的定义，并构造了多个多方计算的安全外包计算协议，证明了任意的安全委托计算协议都可以转化为一个多方计算的安全外包计算协议；Peter 等人使用加法同态 BCP 技术，为一般的函数构造了一个多方计算的安全外包计算协议。

（3）基于 ABE 的外包计算。属性加密（ABE）是一种特殊的函数加密技术，结合 ABE 的研究，学术界提出了多个外包计算方案：Green 等人给出了一个 ABE 外包解密方案，将复杂的解密操作在服务器端转化为一个普通的 ElGamal 解密问题，减少了用户端的解密计算量；Lai 等人给出了一个改进的 ABE 解密方案，使其外包解密结果具有可验证性。

（4）基于伪装技术的外包计算。基于伪装（也称盲化）技术的外包计算的基本思想是先利用伪装技术将原问题转化为一个随机问题，使得用户端敏感的 I/O 信息被隐藏，然后借助服务器来求解转化后的随机问题，并将计算结果返给用户端，用户端从收到的结果恢复出原问题的解并可有效验证。相关工作：Atallah 等人提出了一些适合矩阵乘法、不等式、线性方程组等科学计算的伪装技术，用来确保外包计算过程中用户数据的安全性和隐私性，但没有提及计算结果的可验证性；Yerzhan 等人提出了一些新的可验证的伪装技术，解决了抽象方程、带秘密参数的柯西问题、带秘密边界条件的边值问题及一些非线性方程的可验证外包计算问题；Atallah 等人利用多项式实施伪装，提出了基于 Shamir 秘密共享技术方案的安全外包计算矩阵乘积的协议；Du 和 Vaidya 分别使用伪装技术研究了线性规划（Linear Programming，LP）问题的外包计算问题，但 Bednarz 等人指出这些技术都存在计算完整性的漏洞；Mangasarian 将伪装技术与安全方法计算模型相结合，提出了两个不同的保持隐私性的 LP 外包计算方案。

（5）外包计算的可验证问题。外包计算的可验证问题是指，用户可对服务器返回的计算结果进行验证。这主要是为了防止不可信服务器的欺骗行为。外包计算的可验证问题与可验证计算技术密切相关。关于外包计算的可验证问题的研究工作：Gennaro 等人形式化定义了可验证计算解决任意函数的可验证外包计算问题；Benabbas 等人提出了对于高阶多项式函数的实用的可验证外包计算方案；Parno 等人给出了一种基于 KP-ABE 方案构造的多布尔函数的可验证计算方案，建立了 ABE 和可验证函数外包计算之间的关系。

（6）其他外包计算。除上述外包计算外，还有一些外包计算，如计算模指数的外包计算、基于 Token 的外包计算、奖励性外包计算、委托计算。

7.8　隐私保护技术

随着计算机、移动互联网等技术的发展和应用，用户的电子医疗档案、互联网搜索历史、社交网络记录、GPS 设备记录等信息的收集、发布等过程中涉及的用户隐私泄露问题越来越能引起人们的重视。大数据场景下，多个不同来源的数据基于数据相似性和一致性进行链接，产生新的更丰富的数据内容，也给用户隐私保护带来更严峻的挑战。本节将介绍围绕用户隐私的典型数据、隐私保护需求、相应的攻击和保护技术，包括传统人口统计数据中的用户身份攻击、社交网络中的用户社交关系和属性推测、位置社交网络中的用户隐私位置推测和活动规律挖掘及对应的隐私保护技术等。早期基于典型的数据库表结构数据的研究为新出现的社交网络数据和轨迹数据研究提供了经典模型。差分隐私模型提出了目前最严格的隐私定义，并忽略了对数据内容、攻击者能力的假设，但对数据可用性具有一定影响。隐私保护技术需要立足于具体场景的数据构成，综合考虑用户的多种隐私信息间的相关性，结合多种技术，才能提供全面的隐私保护解决方案。

7.8.1　基本知识

在大数据时代，人类活动前所未有地被数据化。移动通信、数字医疗、社交网络、在线视频、位置服务等应用积累并持续不断地产生大量数据。以共享单车为例，2021 年中国共享单车用户规模达 3 亿人。面向这些大规模、高速产生、蕴含高价值的大数据的分析挖掘，不仅为本行业应用的持续增长做出了贡献，还为跨行业应用提供了强有力的支持。共享单车的骑行路线在交通预测、路线推荐、城市规划方面具有重要意义。

而随着数据披露范围的不断扩大，隐藏在数据背后的主体也面临愈来愈严重的隐私挖掘威胁。例如，攻击者可根据用户骑行路线推理用户的家庭住址、单位地址、出行规律，或者匿名用户被重新识别出来，进而导致"定制化"攻击，为用户带来了极大损失。2017 年 6 月 1 日起，最高人民法院、最高人民检察院联合发布的《关于办理侵犯公民个人信息刑事案件适用法律若干问题的解释》正式生效，其中对"非法获取、出售或者提供行踪轨迹信息、通信内容、征信信息、财产信息五十条以上的"等情形明确入罪，体现了国家对个人信息保护的重视。

为满足用户保护个人隐私的需求及相关法律法规的要求，隐私保护技术需确保公开的数据不泄露任何用户敏感数据。同时，隐私保护技术还应考虑到公开数据的可用性。因为片面强调数据匿名性，将导致数据过度失真，无法实现公开数据发布的初衷。因此，隐私保护技术的目标在于实现数据可用性和隐私性之间的良好平衡。

1. 数据隐私保护场景

一般来说，一个隐私保护数据发布方案的构建涉及以下参与方。

（1）个人用户：采集数据的对象。

（2）数据采集/发布者：数据采集者与用户签订数据采集、使用协议，获得用户的相关数据。数据采集者通常也负责数据发布（用户本地隐私保护情景除外）。根据数据发布的目的和限制条件，数据发布者对数据进行一定的处理并以在线交互或离线非交互方式提供给数据使用者，在进行数据处理时还须预防潜在的恶意攻击。

（3）数据使用者：任意可获取该公开数据的机构和个人。数据使用者希望获得满足其使用目的的尽可能真实有效的数据。

（4）攻击者：可获取该公开数据的恶意使用者。攻击者可能具有额外的信息或者知识等，试图利用该公开数据识别特定用户身份，获取关于某特定用户的敏感数据，进而从中牟取利益。

攻击者的能力可分为两类。一类是背景知识（Background Knowledge），通常是关于特定用户或数据集的相关信息。背景知识的获取完全基于攻击者对具体攻击目标的了解，攻击者可以利用其掌握的背景知识，在公开数据中识别出某个特定用户。另一类是领域知识（Domain Knowledge），指关于某个领域内部的基本常识，通常具有一定的专业性。例如，医学专家可能了解不同区域人群中某种疾病的发病率。当攻击者将攻击目标范围缩小到有限的记录集时，攻击目标可能患有的疾病也仅限于记录集中的几种。具有医学知识的攻击者可以根据攻击目标的地域推理出其可能患有的疾病。

在实际场景中，数据采集/发布者隐私保护方案可选择在线模式或离线模式。在线模式又称"查询问答"模式，对用户所访问的数据提供实时隐私保护处理。简单的在线数据隐私场景如图7.4所示。在在线模式下，通过数据发布者的调控，数据被采集的个人用户和期望获得真实数据的数据使用者之间应能够就数据的使用目的、范围限制情况达成一致。但在线模式对算法性能要求较高。简单的离线数据隐私场景如图7.5所示。离线模式是指在对所有数据统一进行隐私保护处理后批量发布。数据一旦公开发布后，数据发布者和数据被采集的个人用户就失去了对数据的监管能力。任意获得该公开数据的第三方，包括攻击者在内，都可以对这些数据进行深入分析。因此，在离线模式下，数据发布者应力求提前预测攻击者所有可能的攻击行为，并采取有针对性的防范措施。即使无法对攻击者的所有行为进行预测，数据发布者也应重点关注个人用户最基本的隐私保护需求，并制订相应的保护方案设计和攻击预防措施，从而避免对个人用户的隐私造成严重侵害。

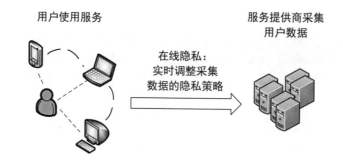

图 7.4　简单的在线数据隐私场景

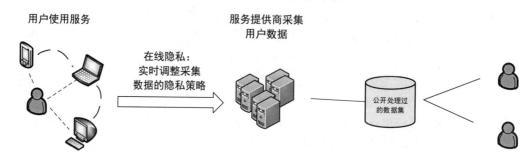

图 7.5　简单的离线数据隐私场景

7.8.2　社交图谱中的隐私保护

在社会学中，社交网络可被定义为由许多节点构成的一种社会结构。节点通常是指个人或组织，网络代表各种社交关系，个人和组织通过社交网络发生联系。用图结构将这一社会结构表现出来，就成为社交图谱。最简单的社交图谱为无向图，图中的点代表用户，无向边代表两个用户间的关系是相互的。在微博、Twitter 这类包含关注和被关注关系的社交网络中，其社交图谱为更复杂的有向图。

属性-社交网络模型进一步结合了用户属性数据和社交关系数据，其中包含两类节点，分别是用户节点和属性节点。每个属性节点代表一个可能的属性，如年龄和性别为两个属性节点。每个用户可以有多个不同的属性。用户具有某个属性，则在对应的用户节点和属性节点间建立一条边，称为属性连接。用户和用户间的关系以对应的用户节点间的边表示，称为社交连接。

社交图谱中包含用户身份、属性、社交关系等大量与用户隐私相关的数据。由于社交网络分析的强大能力，简单地去标识化、删除敏感属性、删除敏感社交关系等手段无法达到预期目标，要保护的数据仍能通过分析被推测还原。具体地，在社交网络中身份匿名需求表现为图结构中的节点匿名，即在公开发布的社交图谱中，不能识别出某个匿名节点所代表的特定用户身份。属性匿名需求表现为如何防止攻击者通过社交关系分析推测属性。而社交关系匿名表示为如何防止攻击者通过用户的其他社交关系恢复出已保护的敏感社交关系。总之，社交网络隐私保护目标为依据当前社交网络分析技术能力，对社交图谱进行足够的处理变换，在保证数据可用性的前提下，合理降低被保护数据被推测的准确度。

7.8.3　位置轨迹隐私保护

在现行的中华人民共和国国家标准《信息安全技术个人信息去标识化指南》中，明确将地理位置与姓名、身份证号码等信息并列，作为常见的用户标识符。而在日常的生活中，这类信息却被各种服务提供商大量收集。

从前面的分析可以看出，用户的位置轨迹数据中也可能隐含用户的身份数据、社交关系数据、敏感属性数据等。但用户的位置轨迹数据还包含独特的范畴，即用户的真实位置数据、敏感地理位置数据和用户的活动规律数据，对应于三种位置轨迹隐私保护需求。用户的真实位置隐私保护是指使用用户位置轨迹信息时不暴露用户的真实位置。例如，在基于位置服务或者智能交通等应用或非实时的位置应用场景中，用户不希望自己被唯一准确地定位。用户的敏感地理位置隐私保护是指用户不希望公开访问历史中的某些特定地理位置，如医院、家庭住址等，从而避免自己的疾病或住址泄露。用户的活动规律数据来源于用户的长期出行历史，反映了用户的出行时间、交通工具、停留地点和目的地等的周期性和随机性出行模式。如果攻击者掌握了用户的活动规律数据，就能够预测用户当前出行的下一位置、目的地、未来的出行，甚至发现用户在出行路线上可能访问过的敏感地理位置。因此，除了传统的身份隐私、社交关系隐私、敏感属性隐私，在探讨用户位置轨迹数据挖掘应用时，还必须兼顾用户的真实位置隐私、敏感地理位置隐私和用户的活动规律隐私的隐私保护需求。

7.8.4　差分隐私

差分隐私作为一种不限定攻击者能力，且严格证明其安全性的隐私保护模型，受到了人们的广泛关注。在差分隐私模型中，攻击者拥有何种背景知识对攻击结果无法造成影响。即使攻击者已经掌握除攻击目标外的其他所有记录数据，仍旧无法获得该攻击目标是否的确切信息。对应于差分隐私模型的安全目标，首先，攻击者无法确认攻击目标是否在数据集中。然后，即使攻击者确认攻击目标在数据集中，攻击目标的单条数据记录对输出结果的影响并不显著，攻击者无法通过观察输出结果获得关于攻击目标的确切信息。目前阶段，差分隐私模型是最为严格和完善的隐私保护模型。在关系型数据发布和位置轨迹数据发布中均有许多基于差分隐私模型的保护方案。

差分隐私方法为当用户（也可能是潜藏的攻击者）向数据提供者提交一个查询请求时，如果数据提供者直接发布准确的查询结果，那么可能导致隐私泄漏，因为用户可能会通过查询结果来反推出隐私信息。为了避免这一问题，差分隐私系统要求先从数据库中提炼出一个中间件，用特别设计的随机算法对中间件注入适量的噪声，以得到一个带噪中间件；再由带噪中间件推导出一个带噪结果，并返给用户。这样，即使用户能够从带噪结果反推得到带噪中间件，他也不可能准确推断出无噪中间件，更不可能对原数据库进行推理，从而达到了保护隐私的目的。差分隐私方法如图 7.6 所示。

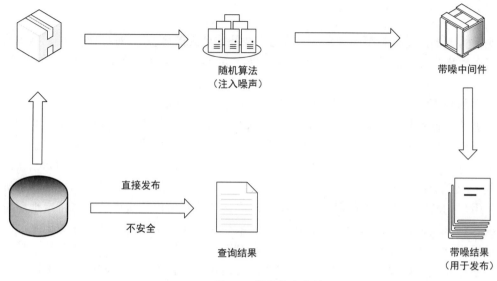

图 7.6　差分隐私方法

7.9　大数据安全实例

7.9.1　大数据依托的 NoSQL 缺乏数据安全机制

从基础技术角度来看，大数据依托的基础技术是 NoSQL（非关系型数据库）。当前广泛应用的 SQL（关系型数据库），经过长期改进和完善，在维护数据安全方面已经设置严格的访问控制和隐私管理工具，而在 NoSQL 中，并没有这样的要求。大数据的来源和承载方式多种多样，如物联网、移动互联网、PC 及遍布全球各个角落的传感器，数据是分散存在的状态。因此，企业很难定位和保护所有机密数据。此外，NoSQL 允许不断对数据记录添加属性，其前瞻安全性变得非常重要，同时也对数据库管理员提出新的安全保障要求。

7.9.2　社会工程学攻击带来的安全问题

美国黑客凯文·米特尼克给出了社会工程学攻击较为全面的定义，即社会工程学攻击是通过心理弱点、本能反应、好奇心、信任、贪婪等一些心理陷阱进行诸如欺骗、伤害、信息盗取、利益谋取等对社会及人类带来危害的行为。其特点是无技术性、成本低、效率高。

该攻击与其他攻击最大的不同是其攻击手段不是利用高超的攻击技术，而是利用受害者的心理陷阱进行攻击。因为不管大数据多么庞大总少不了人的管理，如果人的信息安全意识淡薄，那么即使防护技术已做到无懈可击，也无法有效保障数据安全。由于大数据的海量性、混杂性，使得攻击目标不明确，因此攻击者为了提高效率，经常采用社会工程学攻击。

该类型攻击实例很多。例如，黑客先攻击某论坛的网站，使用户无法正常登录，然后冒充管理员，以维护网站的名义向用户发送提醒信息，索要用户账号和密码，一般用户此时会将密码和账号发送给黑客。此外，还有采用冒充中奖、冒充社交好友等欺诈手段获得用户信息。

7.9.3　软件后门成为大数据安全软肋

北京中科同向信息科技技术有限公司总经理邬玉良曾表示，在这个"软件定义世界"的时代，软件既是 IT 系统的核心，也是大数据的核心，几乎所有的后门都是开在软件上的。IBM、EMC 等各大巨头生产制造的存储、服务器、运算设备等硬件产品，几乎都是全球代工，在信息安全的监听方面是很难做手脚的。换句话说，软件才是信息安全的软肋所在。

软件供应方在主板上加入特殊的芯片，或是在软件上设计了特殊的路径处理，检测人员只按照协议上的功能进行测试，根本就无法察觉软件预留的监听后门。换言之，如果没有自主可控的信息安全检测方案，各种安全机制和加密措施，就都是形同虚设。

7.9.4　文件安全面临极大挑战

文件是数据处理和运行的核心，大多的用户文件都在第三方运行平台中存储和进行处理，这些文件往往包含很多部门或个人的敏感数据，其安全性和隐私性自然成为一个需要重点关注的问题。

尽管文件保护提供了对文件的访问控制和授权。例如，Linux 自带的文件访问控制机制，通过文件访问控制列表来限制程序对文件的操作。然而大部分文件访问控制机制都存在一定程度的安全问题，它们通常使用操作系统的功能来实现完整性验证机制，因此只依赖于操作系统本身的安全性。

现代操作系统由于过于庞大，不可避免地存在安全漏洞，其本身的安全性都难以保证。基于主机的文件完整性保护方法将自身暴露在客户机操作系统内，隔离能力差，恶意软件可以轻易发现检测系统并设法绕过检测对系统进行攻击。例如，Tripwire 是用户级应用，很容易被恶意软件篡改和绕过。

7.9.5　云计算安全

云计算的核心安全问题是用户不再对数据和环境拥有完全控制权。云计算的出现彻底打破了地域的概念，数据不再存放在某个确定的物理节点，而是由云服务商动态提供存储空间。这些空间有可能是现实的，也可能是虚拟的，还可能分布在不同国家及区域。用户对存放在云计算环境中的数据不能像从前那样具有完全的管理权，相比传统的数据存储和处理方式，云计算的数据存储和处理，对于数据使用而言，变得非常不可控。

云计算环境中用户数据安全与隐私保护难以实现。在云计算环境中，各类云应用不再依靠机器或网络形成固定不变的基础设施物理边界和安全边界，数据安全由云服务商负责。多用户应用场景中，应用和数据库都部署在非完全可信的服务运营商端，服务运营商可能会由于经济利益等原因将用户的敏感数据泄漏给第三方。第三方可以利用这些数据进行广告投放、商品推销等活动给用户生活、工作造成困扰。使用传统的数据加密和数据混淆保护技术使得数据处理效率相对较低，违背了使用云计算的初衷，故需要采用一种新的数据隐私保护技术，实现隐私保护与数据处理性能的有效结合。

云计算中多层服务模式同样存在安全隐患。云计算发展的趋势之一是 IT 服务专业化，即云服务商在对外提供服务的同时，自身也需要购买其他云服务商所提供的服务。用户所享用的云服务间接涉及多个服务商，多层转包无疑提高了问题的复杂性，进一步增加了安全风险。

虚拟运算平台的安全漏洞不断涌现，直接威胁云安全根基。云端采用大量虚拟技术，虚拟运算平台的安全无疑关系到云体系的架构安全。虚拟运算平台变得越来越复杂和庞大，其管理难度也随之增大，如果黑客利用安全漏洞获得虚拟运算平台的管理控制权，那么后果将不堪设想。

思考题

1. 大数据安全与隐私之间的区别与联系。

2. 大数据生命周期包括哪些？请详细介绍。

3. 大数据安全与隐私保护关键技术有哪些？

4. 密文技术有哪些？它们的步骤是什么？它们有什么特点？它们适用于什么应用场景？

5. 安全处理技术中同态加密技术有什么优缺点？有没有对该技术的改进方式？

6. 请简述隐私保护技术的重要性，并描述现有技术的特点。

7. 安全存储技术有哪些分类？如何实现企业存储安全？

8. 请读者根据对大数据安全的理解，简述大数据安全目前所面临的挑战。

9. 简述大数据安全对企业服务的影响。

10. 请读者通过查阅资料，自行寻找其他大数据安全实例。

11. 简述未来大数据安全的发展方向。

12. 谈一谈对大数据时代来临，如何保护个人隐私的认识。

第8章

大数据可视化

课程思政

数据可视化（Data Visualization）是关于数据视觉可表达形式的科学技术研究。其中，这种数据视觉可表达形式被定义为一种以某种概要形式抽取出来的信息，包括相应信息的各个属性和变量。它是一个处于不断演变之中的概念，其边界在不断扩大，主要是指技术上较为高级的方法，而这些技术允许利用图形、图像处理、计算机视觉和用户界面，通过表达、建模和对立体、表面、属性及动画的显示，对数据加以可视化解释。与立体建模之类的特殊技术相比，数据可视化所涵盖的技术要广泛得多。

数据可视化旨在借助于图形化手段，清晰有效地传达与沟通信息。但是，这并不意味着数据可视化就一定因为要实现其功能而令人感到枯燥乏味，或者是为了看上去绚丽多彩而显得极端复杂。为了有效地传达数据可视化的思想概念，设计与功能需要齐头并进，通过直观地传达关键的方面与特征，从而实现对于相当稀疏而又复杂数据集的深入洞察。然而，设计人员往往并不能很好地把握设计与功能之间的平衡，从而创造出华而不实的数据可视化形式，无法达到传达与沟通信息的主要目的。

数据可视化与信息图形、信息可视化、科学可视化及统计图形密切相关。当前，在研究、教学和开发领域，数据可视化乃是一个极为活跃而又关键的研究。数据可视化实现了科学可视化领域与信息可视化领域的统一。

8.1 数据可视化的概述

数据可视化是一种表示数据或信息的技术，它将数据或信息编码为图形中的可见对象，如点、线、条等，目的是将数据或信息更加清晰有效地传达给用户，是数据分析或数据科学的关键技术之一。简单地说，数据可视化就是以图形化手段表示数据或信息的。决策者可以通过图形直观地看到数据分析结果，从而更容易理解业务变化趋势或发现新的业务模式。使用可视化工具，可以在图形或图表上进行下钻，从而进一步获得更细节的数据或信息，交互式地观察数据或信息改变或处理过程。

广义的数据可视化涉及信息技术、自然科学、统计分析、图形学、交互、地理信息等多门学科，如图 8.1 所示。

图 8.1　广义的数据可视化

科学可视化（Scientific Visualization）、信息可视化（Information Visualization）和可视分析学（Visual Analytics）通常被看成可视化的三个主要分支。而将这三个分支整合在一起形成的新学科"数据可视化"是可视化研究领域的新起点。

科学可视化是科学之中的一个跨学科研究与应用领域，它主要关注三维现象的可视化，如建筑学、气象学、医学或生物学方面的各种系统，重点在于对体、面及光源等的逼真渲染。科学可视化是计算机图形学的一个子集，是计算机科学的一个分支。科学可视化的目的是以图形的方式说明科学数据，使科学家能够从数据中了解、说明和收集规律。图 8.2 所示为 GEOS-5 集成仿真数据的可视化结果。其中 GEOS-5 为戈达德地球观测系统模型五，是研究短期和中长期的大气物理学模型。

图 8.2　GEOS-5 集成仿真数据的可视化结果

信息可视化是研究抽象数据的交互式视觉表示，以加强人类认知。抽象数据包括数字数据和非数字数据，如地理信息与文本。信息可视化与科学可视化有所不同：科学可视化处理的数据具有天然几何结构（如磁感线、流体分布等），信息可视化处理的数据具有抽象数据结构。柱状图、趋势图、流程图、树状图等都属于信息可视化，这些图形的设计都将抽象的概念转化成为可视化信息，如图 8.3 所示。

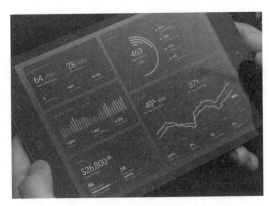

图 8.3　信息可视化

可视分析学是随着科学可视化和信息可视化发展而形成的新领域，其重点是通过交互式视觉界面进行分析推理。它综合了计算机图形学、数据挖掘和人机交互等技术，以可视交互界面为通道，将人的感知能力与认知能力以可视的方式融入数据处理过程，形成人脑智能和机器智能优势互补和相互提升，建立螺旋式信息交流与知识提炼途径，完成有效的分析推理和决策。

科学可视化、信息可视化与可视分析学三者有一些重叠的目标和技术，这些领域之间的边界尚未有明确共识，粗略来说有以下区分。

（1）科学可视化处理具有自然几何结构（磁场、MRI 数据、洋流）的数据。

（2）信息可视化处理抽象数据结构，如树或图形。

（3）可视分析学将交互式视觉表示与基础分析过程（统计过程、数据挖掘技术）结合，能有效执行高级别、复杂的活动（分析推理、决策）。

为什么需要数据可视化？人类利用视觉获取的信息量，远远超出其他器官，人类的眼睛是一对高带宽巨量视觉信号输入的并行处理器，拥有超强模式识别能力，配合超过 50%功能用于视觉感知相关处理的大脑，使得人类通过视觉获取数据比通过任何其他形式获取数据更好。大量视觉信息在潜意识阶段就被处理完成，人类对图像的处理速度比文本快 6 万倍。数据可视化正是利用人类天生技能来增强数据处理和组织效率，它可以帮助人类处理更加复杂的信息并增强记忆。

大多数人对统计数据了解甚少，基本统计方法（平均值、中位数等）并不符合人类的认知天性。最著名的一个例子是 Anscombe 的四重奏，如图 8.4 所示，根据统计方法看数据很难看出规律，但当数据被可视化显示，规律就非常明确。

早在中世纪时期，人们就开始使用包含等值线的地磁图、表示海上主要风向的箭头图和天象图。可视化通常被理解为一个生成图形图像的过程。更深刻的认识是，可视化是认知的过程，即形成某个物体的感知图像，强化认知理解。因此，可视化的终极目的是对事物规律的洞悉，而非所绘制的可视化结果本身。

从信息加工的角度看，丰富的信息将消耗大量的注意力。精心设计的可视化可作为某种外部内存，辅助人们在人脑之外保存待处理的信息，从而补充人脑有限的记忆内存，有助于将认知行为从感知系统中剥离，提高信息认知的效率。此外，视觉系统的高级处理过程中包含一个重要部分，即有意识地集中注意力。人类执行视觉搜索的效率通常只能维持几分钟，图形化符号可以高效地传递信息，将用户的注意力引导到重要的目标上。

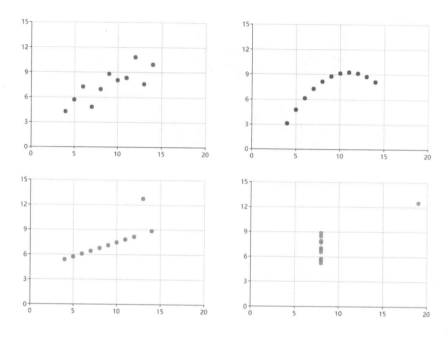

图 8.4　Anscombe 的四重奏

如何实现数据的可视化？在技术上，数据可视化最简单的理解，就是数据空间到图形空间的映射，如图 8.5 所示。经典的可视化实现流程如图 8.6 所示。首先对数据进行加工过滤，转变成视觉可表达形式，然后渲染成用户可见的视图。

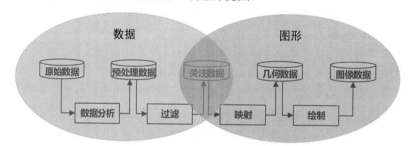

图 8.5　数据空间到图形空间的映射

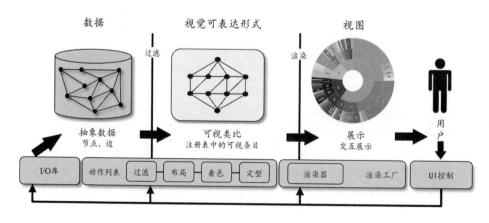

图 8.6　经典的可视化实现流程

8.2　数据可视化技术

数据可视化技术可借助人脑的视觉思维能力，帮助人们理解大量的数据中的信息，发现数据中隐含的规律，从而提高数据的使用效率。面对深奥的大数据，可视化无疑是使大型数据集变得易于理解的最有效的途径。对大数据背景下的数据可视化应用展开研究，有助于发展和创新数据可视化技术。

数据可视化技术是指运用计算机图形学和图像处理技术，将数据转换为图形或图像在屏幕上显示出来，并进行交互处理的理论、方法和技术。它能够提供多种同时进行数据分析的图形方法，反映信息模式、数据关联或趋势，帮助决策者直观地观察和分析数据，实现人与数据之间直接的信息传递，从而发现隐含在数据中的规律。数据可视化技术的基本思想是，将数据库中每个数据作为单个图元元素来表示，大量的数据集构成数据图像，同时将数据的各个属性值以多维数据的形式表示，可以从不同的维度观察数据，从而对数据进行更深入的观察和分析。数据可视化技术的主要特点可概括为以下方面。

（1）交互性，用户可以方便地以交互的方式管理和开发数据。

（2）多维性，可以看到表示对象或事件的数据的多个属性或变量，而数据可以按其每一维的值，将其分类、排序、组合和显示。

（3）可视性，数据可以用图像、曲线、二维图形、三维体和动画来显示，并可对其模式和相互关系进行可视化分析。

我们常常听说的数据可视化大多指狭义的数据可视化及部分信息可视化。根据数据类型和性质的差异，数据可视化可分为以下几种类型。

统计数据可视化：用于对统计数据进行展示、分析。统计数据一般都是以数据库表的形式出现的。常见的统计可视化类库有 HighCharts、ECharts、G2、Chart.js 等，都是用于展示、分析统计数据的。

关系数据可视化：主要表现为节点和边的关系，如流程图、网络图、UML 图、力导图等。常见的关系可视化类库有 mxGraph、JointJS、GoJS、G6 等。

地理空间数据可视化：地理空间通常特指真实的人类生活空间，地理空间数据描述了一个对象在空间中的位置。在移动互联网时代，移动设备和传感器的广泛使用使得每时每刻都产生着海量的地理空间数据。常见的地理空间可视化类库有 Leaflet、Turf、Polymaps 等，Uber 开源的 deck.gl 也属于此类。

还有时间序列数据可视化（如 timeline）、文本数据可视化（如 worldcloud）等。

8.2.1　可视化技术栈

对于具备专业素养的数据可视化工程师来说需要掌握以下技术。

（1）基础数学：三角函数、线性代数、几何算法。

（2）图形相关：Canvas、SVG、WebGL、计算图形学、图论。

（3）工程算法：基础算法、统计算法、常用的布局算法。

（4）数据分析：数据清洗、统计学、数据建模。

（5）设计美学：设计原则、美学评判、颜色、交互、认知。

（6）可视化基础：可视化编码、可视分析、图形交互。

（7）可视化解决方案：图表的正确使用、常见的业务可视化场景。

8.2.2 可视化基本图表

1. 饼图

饼图被广泛应用在各个领域，用于表示不同类别数值相对于数据总量的占比情况，通过弧度大小来对比各种分类。饼图通过将一个圆饼按照类别的占比划分成多个区块。整个圆饼代表数据的总量，每个区块（扇区）表示该类别占数据总量的比例大小，所有区块的加和等于 100%。饼图可以很好地帮助用户快速了解数据的占比分配。

饼图显示一个数据系列（在图表中绘制的相关数据点，这些数据源自数据表的行或列。图表中的每个数据系列具有唯一的颜色或图案，并且在图表的图例中表示，可以在图表中绘制一个或多个数据系列。饼图只有一个数据系列）中各项的大小与各项总和的比例。饼图中的数据点（在图表中绘制的单个值，这些值由条形、柱形、折线、饼图或圆环图的扇面、圆点和其他称为数据标记的图形表示。相同颜色的数据标记组成一个数据系列）显示为整个饼图的百分比。图 8.7 所示的饼图，展示各浏览器用户占网络用户的比例。

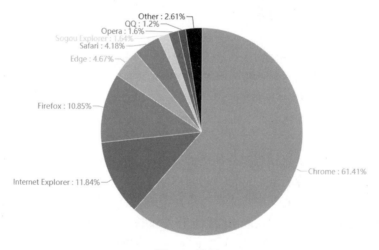

图 8.7　饼图

饼图示例如图 8.8 所示。饼图的使用建议如下。

（1）饼图适合用来展示单一维度数据的占比，要求其数值中没有零或负值，并确保各区块占比总和为 100%。

（2）饼图不适合被用于精确数据的比较，因此当各类别数据占比比较接近时，如图 8.8（a）所示，很难对比出每个类别占比的大小。此时建议选用柱状图或南丁格尔玫瑰图，如图 8.8（b）所示，以获取更好的展示效果。

（3）大多数人的视觉习惯是按照顺时针和自上而下的顺序观察。因此在绘制饼图时，建议从 12 点钟方向开始沿顺时针右边第一个区块绘制饼图最大的区块，有效地强调其重要性。其余的区块有两种建议，一种是按照数据大小依次顺时针排列，另一种是在 12 点钟方向的左边绘制第二大的区块，其余的区块按照逆时针排列，最小的区块放在底部。

数据按照大小区别排列，不仅符合用户的视觉习惯，还易于数据的识别和比较。当然基于这个原理，我们也可以把需要强调的最重要的部分（不一定是最大的部分）放在最突出、最重要的位置。

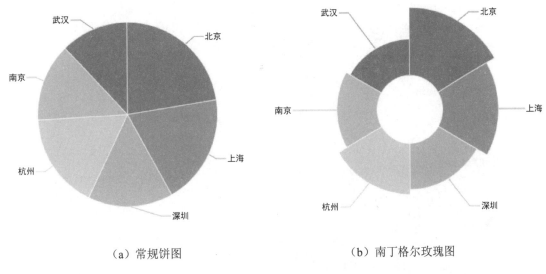

（a）常规饼图   （b）南丁格尔玫瑰图

图 8.8 饼图示例

（4）可以添加一些元素来强调饼图中的某一个数据。颜色、动效、样式、位置等元素都可以被用来突出显示一个区块。但注意适度原则，有时太多的元素会让用户理解数据时分心。

2. 旭日图

旭日图是饼图的变形，简单来说是多个饼图的组合升级版。饼图只能展示单一维度数据的占比情况，而旭日图不仅可以展示数据的占比情况，还可以表示多层级数据之间的关系。在旭日图中，一个圆环代表一个数据系列，一个环块所代表的数值可以体现该数据在同层级数据中的占比。一般情况下，内层数据是相邻的外层数据的父类别，最内层数据的分类级别最高，越往外分类越细越具体。图 8.9 所示为世界人口分布旭日图，从图中可以明显看出各层级区域划分板块中的人口分布情况。

3. 散点图

散点图是科研绘图中最常见的图形类型之一，通常用于显示和比较数值。散点图是使用一系列的散点在直角坐标系中展示变量的数值分布。在二维散点图中，可以通过观察两个变量的数据分析，发现两者的相关关系。图 8.10 所示为某个班级男生身高和体重的分布状况散点图。散点图可以提供以下关键信息。

（1）变量间是否存在相关关系。

（2）如果变量间存在相关关系，那么该趋势是线性的还是非线性的。

（3）观察是否有存在离群点，从而分析这些离群点对建模分析的影响。

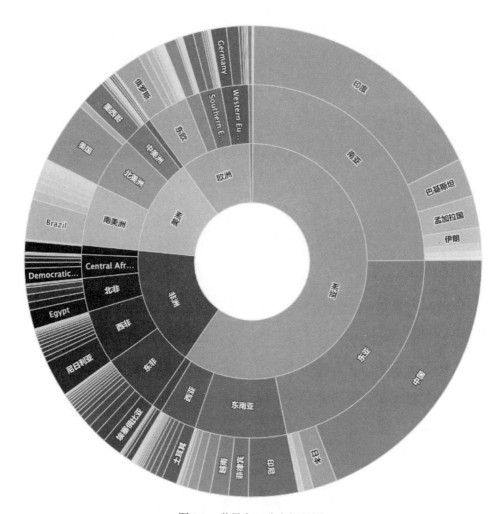

图 8.9　世界人口分布旭日图

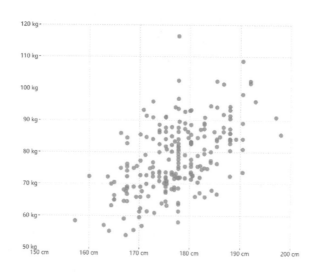

图 8.10　某个班级男生身高和体重的分布状况散点图

通过观察图 8.10 中数据点的分布情况，我们可以推断出变量间的相关关系。如果变量间不存在相关关系，那么在散点图上就会表现为随机分布的离散的点，如果变量间存在某种相关关系，那么大部分的数据点就会相对密集并以某种趋势呈现。变量间的相关关系主要分为正相关（两个变量值同时增长）、负相关（一个变量值增加另一个变量值下降）、不相关等，表现在散点图上的大致分布如图 8.11 所示。

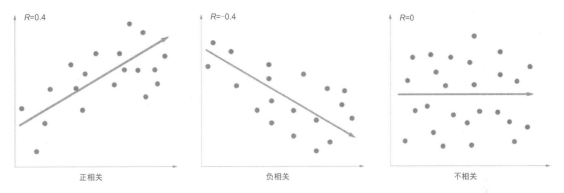

图 8.11　变量的相关关系在散点图上的大致分布

散点图的使用建议如下。

（1）如果一个散点图没有显示变量间的任何相关关系，那么或许该图表类型不是表示此数据的最佳选择。

（2）如果数据包含不同系列，可以使用不同颜色或不同的数据点形状加以区分。例如，圆点（蓝色）代表男性，三角形点（红色）代表女性，并增加图例标注出圆点和三角形点代表的含义，以此区分不同性别人群的身高和体重分布状况。还可以分别添加每个系列平均值的辅助线，以更好地理解数据的分布情况。在观察两个变量间的相关关系时，趋势线是非常有用的。趋势线的形状走向不仅可以解释两个变量间的关系类型，还可以用来预测未来的值。但需要注意的是趋势线最多可使用两条，以免干扰正常数据的阅读。

（3）只有当数据点足够多，并且变量间有相关关系时，散点图才能呈现很好的结果。如果一个数据集只有极少的信息或者变量间没有相关关系，那么绘制一个很空的散点图和不相关的散点图都是没有意义的。

4．气泡图

气泡图是显示变量间相关关系的一种图表，它是散点图的变体。与散点图类似的是，气泡图在直角坐标系中显示数据的两个变量（X 和 Y）之间的关系，数据显示为点的集合。与散点图不同的是，气泡图是一个多变量图，它增加了第三个数值即气泡大小。在气泡图中，较大的气泡表示较大的值。用户可以通过气泡的位置分布和大小比例，来分析数据的规律。

气泡图最基本的用法是使用三个值来确定每个数据系列，和散点图一样，气泡图将两个维度的数据值分别映射为笛卡儿坐标系上的坐标点，其中 X 和 Y 分别代表两个不同维度的变量，但是不同于散点图的是，气泡图的每个气泡都有分类信息（显示在点旁边或者作为图例），每个气泡的面积代表第三个数值。另外还可以使用不同的颜色来区分分类数据或者其他的数值数据，或者使用亮度或透明度。表示时间维度的数据时，可以将时间维度作为直角坐标系中的一个维度，或者结合动画来表现数据随着时间的变化情况。气泡图通常用于比较和展示不同类别气泡之间的关系。从整体上看，气泡图可用于分析数据之间的相关关系。需要注意的是，气泡图的数据个数有限，气泡太多会使图表难以阅读。但是可以通过增加一些交互行为弥补：隐藏一些信息，当鼠标单击或者悬浮时显示，或者添加一个选项用于重组或者过滤分组类别。另外，气泡大小是映射到面积，并且气泡图不是基于半径或者直径绘制的。因为如果气泡图是基于半径或者直径绘制的，气泡大小不仅会呈指数级变化，还会导致视觉误差。图 8.12 所示的气泡图，展示了北京、上海两地某月 AQI（Air Quality Index，空气质量指数）的变化，其中深浅不一的气泡表示不同地区的 AQI，气泡大小表示 PM2.5 含量的多少。

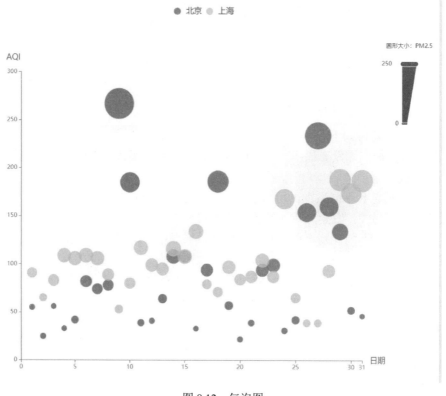

图 8.12　气泡图

5. 折线图

折线图用于显示数据在一个连续的时间间隔或者时间跨度上的变化，它的特点是反映数据随时间或有序类别而变化的趋势。在折线图中，数据是递增还是递减、增减的速率、增减的规律（周期性、螺旋性等）、峰值等特征都可以清晰地反映出来。所以，折线图常用来分析数据随时间的变化趋势，也可用来分析多组数据随时间变化的相互作用和相互影响，如图 8.13 所示。例如，折线图可用来分析某类商品或是某几类相关商品随时间变化的销售情况，从而进一步预测未来的销售情况。在折线图中，一般水平轴（X 轴）用来表示时间的推移，并且间隔相同；而垂直轴（Y 轴）代表不同时刻的数值。

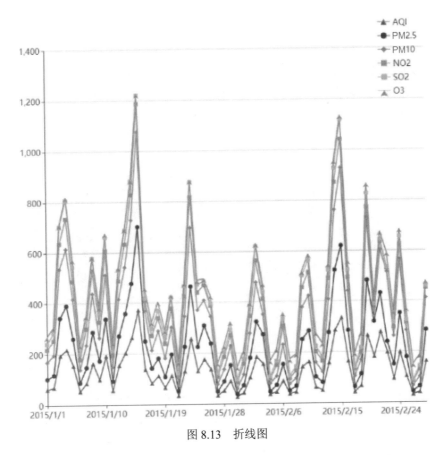

图 8.13　折线图

折线图的使用建议如下。

（1）使用实线绘制数据线，首先要保证可区分的数据线和坐标轴线，并且要尽力使所有的数据清晰可识别。

（2）建议不要绘制四条以上的数据线，多条数据线堆叠在一起并且又没有明显的对比，整张图表就会混乱并难以阅读。

（3）不建议使用过多的图例来区分数据系列，图例虽然可以帮助区分不同数据系列，但使用过多种类的图例有时会让人分心。

6．柱状图

柱状图是最常见的图表类型，通过使用水平或垂直方向不同高度的柱子来显示不同类别的数值，其中柱状图的一个轴表示正在比较的类别，而另一个轴表示对应的数值。纵向柱状图的柱子是垂直方向的，如图 8.14（a）所示，横向柱状图（条形图）的柱子是水平方向的，如图 8.14（c）所示。条形图与横向柱状图表达数据的形式是一样的，不过，当图表的数据标签很长或者有超过十个类别进行比较时，横向柱状图会无法完全显示所有标签，或者只能倾斜展示，影响美观。因此当数据标签过长时，图表类型选择条形图可以获得比较好的展示效果。

堆叠柱状图是柱状图的扩展，不同的是，柱状图的数值为并行排列，堆叠柱状图则是一个个叠加起来的。它可以展示每个类别的总量，以及该类别包含的每个分支的大小及占比，因此非常适合处理部分与整体的关系。与饼图显示单部分与整体的关系不同的是，堆叠柱状图可以显示多部分与整体的关系。例如，一个班级体育课选课的各项目人数统计，可以用柱状图或饼图来展示。但是，当需要进一步区分男生和女生参与到不同项目中的人数分别是多少时，就需要把每个项目中包含的男生人数和女生人数都展示出来。此时图表类型选用堆叠柱状图，不仅能显示每个项目的总人数，还能显示每个项目中的部分与整体的关系，如图 8.14（b）所示。

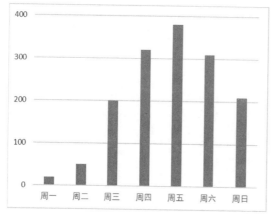

（a）纵向柱状图

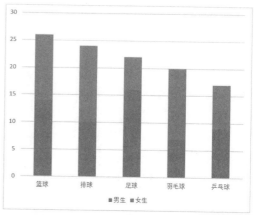

（b）堆叠柱状图

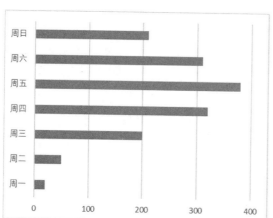

（c）横向柱状图（条形图）

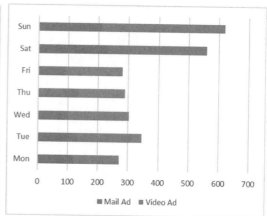

（d）堆叠条形图

图 8.14 柱状图

7．箱线图

箱线图又称为盒须图、盒式图或箱形图，是一种用作显示一组数据分布情况的统计图，因形状如箱子而得名，在各种领域也经常被使用，常见于品质管理。它主要用于反映原始数据分布的特征，还可以进行多组数据分布特征的比较。箱线图的绘制方法：先找出一组数据的最大值、最小值、中位数和两个四分位数；然后，连接两个四分位数画出箱子；最后将最大值和最小值与箱子相连接，中位数在箱子中间，如图 8.15 所示。对于数据中的异常值，通常会以单独的点的形式绘制。

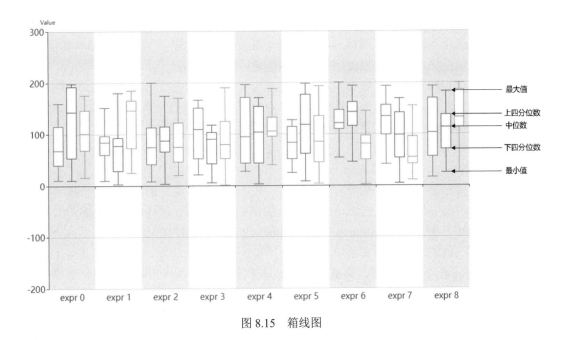

图 8.15　箱线图

8. 关系图

关系图用来显示数据间的关系，使用图形的嵌套和位置表示数据间的关系，通常用于表示数据间的前后顺序、父子关系及相关关系，如图 8.16 所示。常见的关系图有弧长链接图、和弦图、桑基图、力导图、树状图。

1）弧长链接图

弧长链接图是节点-链接法的一个变种，节点-链接法是指用节点表示对象，用线（或边）表示关系的节点-链接布局的一种可视化布局表示。弧长链接图在此概念的基础上，采用一维布局方式，即节点沿某个线性轴或环状排列，用圆弧表达节点之间的链接关系。这种关系图不能像二维布局那样表达图的全局结构，但在节点良好排序后可清晰呈现环和桥的结构，如图 8.16（a）所示。该图代表了维克多·雨果的经典小说《LesMisérables》中的人物关系，其中节点的大小表示该节点的权重，人物关系越复杂，权重越大。

2）和弦图

和弦图是一种显示矩阵中数据间关系的图表，用于表示数据间的关系和流量。节点数据沿圆周径向排列，节点之间使用带权重（有宽度）的弧线连接。内部不同颜色连接带可以表示数据关系流向、数量级和位置信息，还可以表示第三维度信息。和弦图用于探索实体组之间的关系，它们被生物科学界广泛用于可视化基因数据，在 *Wired*、*New York Times* 和 *American Scientist* 等刊物上也称为信息图表。图 8.16（b）所示为某个时段用户使用 uber 软件在美国旧金山各个城市之间乘车的交通行为，图中的节点表示城市，节点大小表示了交通流量的多少，从图中可以看出，交通行为主要发生在 SoMa、Downtown、Financial District、Mission、Marina 和 Western Addition 六个城市。边连接了有交通行为的两个城市，节点上边的条数表示与当前城市有交通行为的城市数量，边的初始宽度表示从当前城市到目标城市的流通量，边的结束宽度表示从目标城市到当前城市的流通量，从图中可以看出，从 SoMa 到 Financial District 的流通量最大。

弧长链接图与和弦图外观相似，但存在以下区别。

（1）弧长链接图的节点使用标准线性布局，节点权重决定节点大小但不影响其位置。

（2）弧长链接图的连线可以使用权重控制线宽，粗细均匀。

（3）弧长链接图的连线重叠绘制在节点上。

（4）和弦图的节点使用权重线性布局，节点权重既决定节点大小，又决定节点位置。

（5）和弦图的连线使用权重和目标权重控制线宽，粗细非均匀。

（6）和弦图的节点宽度为连线宽度之和，节点处的连线平铺不重叠。

3）桑基图

桑基图即桑基能量，也叫桑基能量平衡图，它是一种特定类型的流图，用于描述一组值到另一组值的流向，是展现数据流动的工具，通常应用于能源、材料成分、金融等数据的可视化分析。1898 年爱尔兰人 Matthew Henry Phineas Riall Sankey 在土木工程师学会会报纪要的一篇关于蒸汽机能源效率的文章中首次推出了第一个能量流动图，此后便以其名字命名为 Sankey 图，中文音译为桑基图。桑基图理论上只支持 DAG，所以要确保可视化数据中的边是无环的。图 8.16（c）所示为模拟互联网公司人员流动情况，图中延伸的分支宽度对应人员流量的大小。桑基图的特点如下。

（1）起始流量和结束流量相同，所有主支宽度的总和与所有分出去的分支宽度总和相等，以保持能量的平衡。

（2）在内部，不同的线条表示不同的流量分流情况，它的宽度成比例地显示此分支占有的流量。

（3）节点不同的宽度表示特定状态下的流量大小。

桑基图与和弦图都可以描绘数据间的关系和流量信息，但仍存在以下不同。

（1）桑基图可以描述多层级关系，按照层级给节点分类。

（2）桑基图边的权重保持不变。

（3）和弦图不分层级，表示节点间的相互关联。

（4）和弦图的边可以使用不同的初始权重和结束权重，宽度会有所变化。

4）力导图

力导图又叫力学图或力导布局图，是一种用来呈现复杂关系网络的图表。力导图是建立在力学模型基础上的一种特殊的图表。在力导图中，系统中的每个节点都可以看成是一个放电粒子，粒子间存在某种斥力。同时，这些粒子间被它们之间的"连线"所牵连，从而产生引力。系统中的粒子在斥力和引力的作用下，从随机无序的初态不断发生位移，逐渐趋于平衡有序的终态。这就是对力导图的直白解释。

力导图通常在二维或三维空间中配置节点，节点之间用线连接。各连线的长度几乎相等，且尽可能不相交。节点和连线都被施加了力的作用，力是根据节点和连线的相对位置计算的。根据力的作用，来计算节点和连线的运动轨迹，并不断降低它们的能量，最终达到一种能量很低的安定状态。

也许人们对力导图感到陌生，但人们一定听过"社交网络"。事实上，许多社交网络都是通过力导图进行可视化的。力导图可以完成很好的聚类，方便用户看出点之间的亲疏关系。图 8.16（d）所示为根据某社区用户间的交流情况绘制的力导图，从图中可以明显看出用户的聚集情况，以进一步分析不同用户群体的喜好和共同特征。

5）树状图

树状图亦称树枝状图，是数据树的图形表示形式，以父子层次结构来组织对象。它是枚举法的一种表达方式，通常用于表示层级、上下级、包含与被包含关系，如图 8.16（e）所示。树状图以逐层细粒度划分的方式，从父节点中划分几个分支，这些分支又可以作为独立的单位，继续逐层划分。在树状图中，可以清晰地看出父子节点的整体与部分的关系，以及这些分支之间的相互关系。

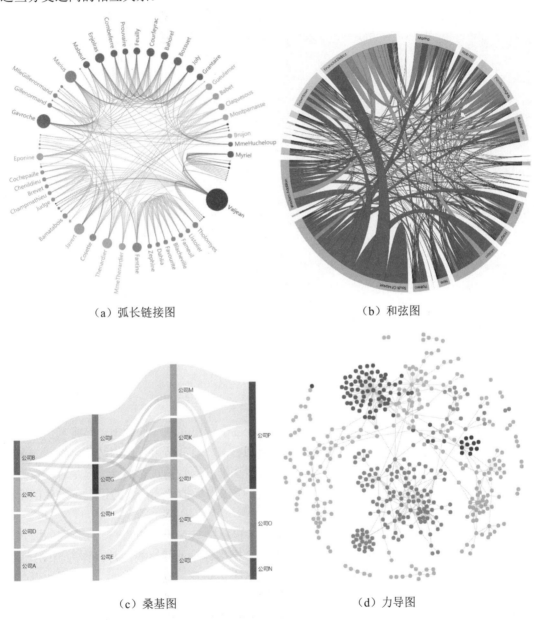

(a) 弧长链接图　　　　　　　　　　(b) 和弦图

(c) 桑基图　　　　　　　　　　(d) 力导图

图 8.16　关系图

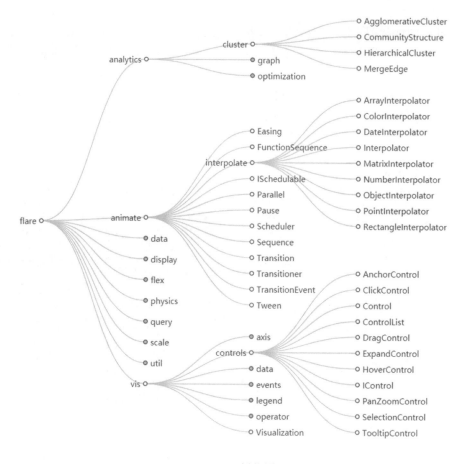

（e）树状图

图 8.16　关系图（续）

9. 雷达图

雷达图又叫戴布拉图、蜘蛛网图，适用于显示三个或更多维度的数据。它将多个维度的数据映射到坐标轴上，这些坐标轴起始于同一个圆心点，通常结束于圆周边缘，将同一组的数据点使用线连接起来就称为雷达图。它可以将多个维度的数据进行展示，但是对于数据点的相对位置和坐标轴之间的夹角是没有任何信息的。在坐标轴设置恰当的情况下雷达图所围面积能表现出一些信息。

每个维度的数据都分别对应一个坐标轴，这些坐标轴具有相同的圆心，以相同的间距沿着径向排列，并且各个坐标轴的刻度相同。连接各个坐标轴的网格线通常只作为辅助元素。将各个坐标轴上的数据点用线连接起来就形成了一个多边形。坐标轴、点、线、多边形共同组成了雷达图。图 8.17 所示的雷达图，展示了某地一个月内 AQI 与其他五项空气质量指标的关系变化情况，从图中可以分析出 AQI 与各指标的相关关系。通常雷达图可以将坐标轴用弧线或直线连接。

需要强调的是，虽然雷达图每个轴线都表示不同维度，但为了容易理解和统一比较，使用雷达图时经常会人为地将多个坐标轴都统一成相同的度量，如统一成分数、百分比等，这样这个图就退化成了一个二维图。另外，雷达图还可以展示出数据集中各个数据的权重高低情况，非常适用于展示性能数据。雷达图也常用于排名、评估、评论等数据的展示。

需要注意的是，雷达图中多边形过多会使可读性下降，使整体图形过于混乱，特别是有颜色填充的多边形的情况，因为上层多边形会遮挡覆盖下层多边形。雷达图中维度过多，也会造成可读性下降，因为一个维度的数据对应一个坐标轴，坐标轴过于密集，会使人感觉图表很复杂。所以最佳实践就是尽可能控制维度的个数使雷达图保持简单、清晰。

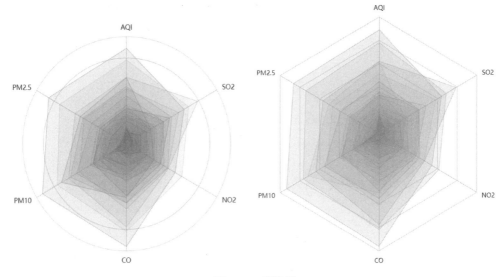

图 8.17　雷达图

10. 平行坐标图

平行坐标图是可视化高维几何和分析多元数据的常用方法。为了解决传统的笛卡儿坐标系容易耗尽空间、难以表达三维以上数据的问题，平行坐标图将高维数据的各个变量用一系列相互平行的坐标轴表示，变量值对应坐标轴上的值。为了反映变化趋势和各个变量间的相互关系，往往将描述不同变量的各点连接成折线。平行坐标图可以表示超高维数据，且具有良好的数学基础，其射影几何解释和对偶特性使它适合用于可视化数据分析。

在平行坐标系中，可以用不同的颜色来标识标签类别，那么关于属性与标签类别之间的关系，用户可以从图中获得以下信息。

（1）折线走势"陡峭"与"低谷"只是表示在该属性上属性值变化范围的大小，对于标签类别不具有决定意义，但是"陡峭"属性的属性值间距较大，视觉上更容易区分出不同的标签类别。

（2）预测标签的类别主要看相同颜色的折线是否集中，若在某属性上相同颜色的折线较为集中，不同颜色的折线有一定的间距，则说明该属性对于预测标签类别有较大的帮助。

（3）若某属性上线条混乱，颜色混杂，则该属性可能对于预测标签类别没有价值。

平行坐标图主要用于观察目标与哪些属性相关，尤其适用于属性超过三个以上的问题中。图 8.18 所示的平行坐标图，展示了空气质量等级与各指标的相关关系，从图中可以看出，空气质量等级与空气中 PM2.5、PM10、CO 的含量密切相关，因为空气质量等级相同的空气中所含 PM2.5、PM10、CO 的含量接近（在平行坐标图中，表示空气质量等级相同的空气中 PM2.5、PM10、CO 含量的折线较集中）。

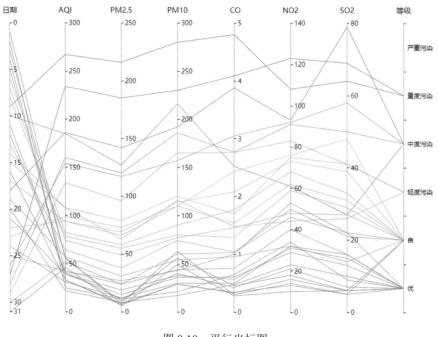

图 8.18 平行坐标图

11. 地理信息可视化

地理信息可视化用于显示地理区域上的数据。该可视化使用地图作为背景，通过图形的位置来表示数据的地理位置。它通常用来展示数据在不同地理区域上的分布情况。

1）分级统计地图

分级统计地图是一种在地理区域上使用视觉符号（通常是颜色、阴影或者不同疏密的晕线）来表示一个范围值分布情况的地图。在整个地理区域的若干个小的区划单元内（行政区划），根据各区域的数量（相对）指标进行分级，并用相应色级或不同疏密的晕线，反映各区域现象的集中程度或发展水平的分布差别，最常用于选举和人口普查数据的可视化，这些数据以省、市等为区划单元。因为分级统计地图常用色级表示，所以也叫色级统计图法。地图上每个区域的数量使用不同的色级表示，较典型的色级表示方法有以下几种。

（1）一个颜色到另一个颜色混合渐变。

（2）单一的色调渐变。

（3）透明到不透明。

（4）明到暗。

（5）一个完整的色谱变化。

分级统计地图依靠颜色等来表现数据内在的模式，因此选择合适的颜色非常重要，当数据的值域大或者数据的类型多样时，选择合适的颜色映射相当有挑战性。

分级统计地图最大的问题在于数据分布和地理区域大小的不对称。通常大量数据集中于人口密集的区域，而人口稀疏的区域却占有大的屏幕空间，用大的屏幕空间来表示小部分数据的做法对空间的利用非常不经济，这种不对称还常常会造成用户对数据的错误理解，不能很好地帮助用户准确区分和比较地图上各个区域的数据值。

2）带气泡的地图

带气泡的地图其实就是气泡图和地图的结合，以地图为背景，在上面绘制气泡。将圆（这里我们叫它气泡）展示在一个指定的地理区域内，气泡的面积代表了这个数据的大小。比分级统计地图更适用于比较带地理信息的数据。它的主要缺点是当地图上的气泡过多、过大时，气泡间会相互遮盖而影响数据展示，所以在绘制时要注意这点。

分级统计地图与带气泡的地图的对比如下。

（1）分级统计地图与带气泡的地图都用于显示地理区域上的数据。分级统计地图将数据映射到地理区域的颜色上，带气泡的地图在地理区域上显示一个气泡，气泡的面积表示数据大小。

（2）分级统计地图经常会带来误判，面积大的区域可能数值（人口数、选举人票等）比较小。

（3）分级统计地图仅能用颜色深度表示数据大小，而带气泡的地图除用气泡的面积表示数据大小外，还可用气泡的颜色表示数据大小。

8.3 数据可视化工具

DT（Data Technology）时代已经来临，数据可视化无处不在，而且比以前任何时候都重要。无论是在行政演示中为数据点创建一个可视化进程，还是用可视化概念来细分用户，数据可视化都显得尤为重要。

新型的数据可视化工具层出不穷，基本上各种工具都有自己的可视化类库，传统数据分析及 BI 软件也都扩展出一定的可视化功能，再加上专门的用于可视化的成品软件，用户的可选范围实在是太多了。所以，用户选择的可视化工具，必须满足互联网爆炸式增长的大数据需求，必须能快速采集、筛选、分析、归纳、展现决策者所需要的数据，并能根据新增的数据进行实时更新。因此，在大数据背景下，数据可视化工具必须满足以下特性。

（1）实时性：数据可视化工具必须适应大数据时代数据量的爆炸式增长需求，必须能快速采集分析数据，并能对新增数据进行实时更新。

（2）简单操作：数据可视化工具需满足快速开发、易于操作的特性，能满足互联网时代信息多变的特点。

（3）更丰富的展现：数据可视化工具需具有更丰富的展现方式，能充分满足数据展现的多维度要求。

（4）多种数据集成支持方式：数据的来源不仅仅局限于数据库，很多数据可视化工具都支持团队协作数据、数据仓库、文本等多种方式，并能够通过互联网进行展现。

数据可视化主要通过编程和非编程两类工具实现。主流编程工具包括以下三种类型：从艺术的角度创作的数据可视化，比较典型的工具是 Processing，它是为艺术家提供的编程语言；从统计和数据处理的角度，既可以做数据分析，又可以做图形处理，如 R、SAS；介于两者之间的工具，既要兼顾数据处理，又要兼顾展现效果，D3.js、ECharts 都是很不错的选择，这种基于 Web 的数据可视化工具更适合处理在互联网上互动的展示数据。

8.3.1 Microsoft Excel

Microsoft Excel 因为其数据处理和分析功能而广泛闻名,但是它经常用于创建强大的数据可视化图表。通过 Microsoft Excel 绘制数据可视化图表的过程简单,不需要用户具备任何编程基础,它可作为入门级的数据可视化工具。Microsoft Excel 的最新版本有很多可视化工具,包括被推荐的图表,它可通过不同方法迅速分析并展现数据,并有多重控制选择来改变和布局可视化。Microsoft Excel 作为入门级工具,是快速分析数据的理想工具,也能创建供内部使用的数据图,但是 Microsoft Excel 在颜色、线条和样式上可选择的范围有限,这也意味着用 Microsoft Excel 很难制作出能符合专业出版物和网站需要的数据图。

Microsoft Excel 数据可视化样例如图 8.19 所示。

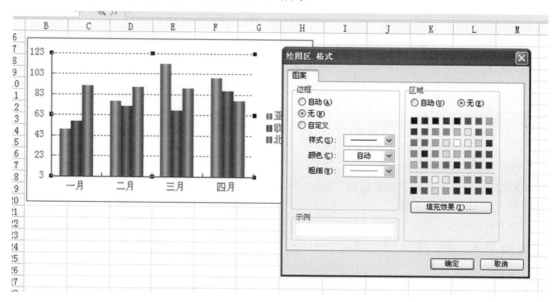

图 8.19　Microsoft Excel 数据可视化样例

8.3.2 R 语言

严格来说,R 是一种数据分析语言,与 Matlab、GNU Octave 并列。然而 ggplot2 的出现让 R 语言成功跻身于数据可视化工具的行列,作为 R 语言中强大的做图软件包,它将数据、数据相关绘图、数据无关绘图分离,并采用图层式的开发逻辑,且不拘泥于规则,各种图形要素可以自由组合。当用户熟悉了 ggplot2 的基本操作后,数据可视化工作将变得非常轻松而有条理。ggplot2 的核心理念可归纳为以下三点。

(1)将数据、数据相关绘图、数据无关绘图分离。这点可以说是 ggplot2 最为吸引人的一点。众所周知,数据可视化就是将从数据中探索的信息与图形要素对应起来的过程。ggplot2将数据、数据到图形要素的映射及和数据无关的图形要素绘制分离,有点类似 Java 的 MVC框架思想。这让 ggplot2 的使用者能清楚地感受到数据分析图真正的组成部分,有针对性地进行开发、调整。

（2）图层式的开发逻辑。在 ggplot2 中，图形的绘制是一个个图层添加上去的。以身高与体重之间的关系为例，首先画一个简单的散点图；其次区分性别，图中点的色彩对应于不同的性别；再次决定最好区分地区，拆成左中右三幅小图；最后加入回归直线，从而直观地看出身高与体重之间变化的趋势。这是一个层层推进的结构过程，在每个推进中，都有额外的信息被加入进来。在使用 ggplot2 的过程中，上述的每一步都是一个图层，并能够叠加到上一步中，进而将其可视化展示出来。

（3）各种图形要素可以自由组合。由于 ggplot2 的图层式开发逻辑，用户可以自由组合各种图形要素，充分自由发挥想象力。R 语言数据可视化样例如图 8.20 所示。

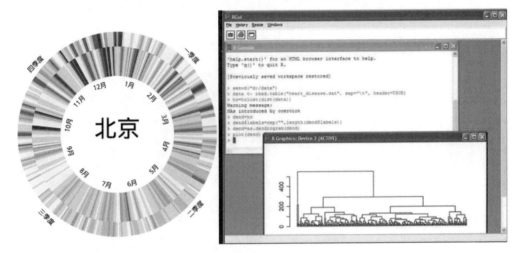

图 8.20　R 语言数据可视化样例

8.3.3　ECharts

ECharts 来自百度数据可视化团队。ECharts 是一个使用 JavaScript 实现的开源可视化类库，可以流畅地运行在 PC 和移动设备上，兼容当前绝大部分浏览器（IE8/9/10/11、Chrome、Firefox、Safari 等），底层依赖轻量级的矢量图形库 ZRender，提供直观、交互丰富、可高度个性化定制的数据可视化图表。ECharts 数据可视化如图 8.21 所示。ECharts 的特性可归结为以下几方面。

图 8.21　ECharts 数据可视化

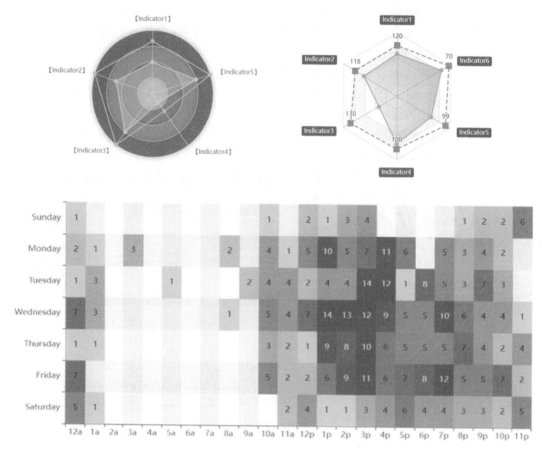

图 8.21　ECharts 数据可视化（续）

（1）丰富的可视化类型。ECharts 提供了常规的折线图、柱状图、散点图、饼图、K 线图，用于统计的盒形图，用于地理数据可视化的地图、热力图、线图，用于关系数据可视化的关系图、Treemap、旭日图，多维数据可视化的平行坐标图，还有用于 BI 的漏斗图，仪表盘，并且支持图与图之间的混搭。除了已经内置的包含了丰富功能的图表，ECharts 还提供了自定义功能，只需要传入一个 renderItem 函数，就可以将数据映射到任何用户想要的图形，而且自定义功能还能和已有的交互组件结合使用而不需要操心其他事情。

用户可以在 ECharts 下载界面下载包含所有图表的构建文件，如果只是需要其中一两个图表，但包含所有图表的构建文件太大，那么用户可以在在线构建中选择需要的图表类型后自定义构建。

（2）多种数据格式无须转换直接使用。ECharts 内置的 dataset 属性（4.0 版本以上）支持直接传入包括二维表、key-value 等多种格式的数据源，通过简单设置 encode 属性就可以完成从数据到图形的映射，这种方式更符合可视化的直觉，省去了大部分场景下数据转换的步骤，而且多个组件能够共享一份数据却不用克隆。为了配合大数据量的展现，ECharts 还支持输入 TypedArray 格式的数据，因为这种格式的数据在大数据量的存储中可以占用更少的内存，对 GC 友好等特性也可以大幅度提高可视化应用的性能。

（3）千万级数据量的前端展现。ECharts 通过增量渲染技术（4.0+），并配合各种细致的优化，能够展现千万级的数据量。而且 ECharts 在这个数据量级依然能够进行流畅的缩放、平移等交互。几千万的地理坐标数据就算使用二进制存储也要占上百兆的空间。因此，ECharts 同时提供了对流加载（4.0+）的支持，用户可以使用 WebSocket 或者对数据分块后加载，加载多少渲染多少，不需要等待所有数据加载完再进行绘制。

（4）移动端优化。ECharts 针对移动端交互做了细致的优化，如移动端小屏上适于用手指在坐标系中进行缩放、平移。PC 端也可以用鼠标在图中进行缩放（用鼠标滚轮）、平移等。细粒度的模块化和打包机制可以让 ECharts 在移动端也拥有很小的体积，可选的 SVG 渲染模块让移动端的内存占用不再捉襟见肘。

（5）多渲染形式，跨平台使用。ECharts 支持以 Canvas、SVG（4.0+）、VML 的形式渲染图表。VML 可以兼容低版本 IE，SVG 使得移动端不再为内存担忧，Canvas 可以轻松应对大数据量和特效的展现。不同的渲染形式提供了更多选择，使得 ECharts 在各种场景下都有更好的表现。除 PC 和移动端的浏览器外，ECharts 还能在 Node 上配合 Node-Canvas 进行高效的服务端渲染（SSR）。从 ECharts 4.0 版本开始，开发该工具的团队还和微信小程序的团队合作，提供了 ECharts 对小程序的适配服务。同时，社区热心的贡献者也为 ECharts 提供了丰富的语言扩展，如 Python 的 pyecharts、R 语言的 recharts、Julia 的 ECharts.jl 等。

（6）深度的交互式探索。交互是从数据中发掘信息的重要手段。"总览为先，缩放过滤按需查看细节"是数据可视化交互的基本需求。ECharts 提供了图例、视觉映射、数据区域缩放、tooltip、数据精选等开箱即用的交互组件，可以对数据进行多维数据筛取、视图缩放、展示细节等交互操作。

（7）多维数据的支持及丰富的视觉编码手段。从 ECharts 3.0 版本开始，开发该工具的团队加强了对多维数据的支持。除加入了平行坐标图等常见的多维数据可视化工具外，对于传统的散点图等，传入的数据也可以是多维的。配合视觉映射组件 VisualMap 提供的丰富视觉编码，能够将不同维度的数据映射到颜色、大小、透明度、明暗度等不同的视觉通道。

（8）动态数据展示。ECharts 由数据驱动，数据的改变驱动图表展现的改变。因此，动态数据的实现也变得异常简单，只需要获取数据、填入数据，ECharts 会找到两组数据之间的差异并通过合适的动画去表现数据的变化。配合 Timeline 组件能够在更高的时间维度上表现数据的信息。

（9）绚丽的特效。ECharts 针对线数据、点数据等地理数据的可视化提供了吸引眼球的特效。

（10）通过 GL 实现更多更强大绚丽的三维可视化。要在 VR、大屏场景中实现三维的可视化效果，ECharts 提供了基于 WebGL 的 ECharts GL，用户可以跟使用 ECharts 普通组件一样轻松使用 ECharts GL 绘制出三维的地球、建筑群、人口分布的柱状图等，在这基础之上 ECharts 还提供了不同层级的画面配置项，几行配置就能得到艺术性的画面。

8.3.4　D3

D3（或者叫 D3.js）是一个基于 Web 标准的 JavaScript 可视化类库，它是数据驱动文件（Data Driven Documents）的缩写。D3 可以借助 SVG、Canvas 及 HTML 将数据生动地展现出来。D3 数据可视化如图 8.22 所示。D3 结合了强大的可视化交互技术及数据驱动 DOM 的技术，使用户可以借助于浏览器的强大功能自由地对数据进行可视化。

图 8.22　D3 数据可视化

　　D3 具有强大的 SVG 操作能力，可以非常容易地将数据映射为 SVG 属性。该工具集成了大量数据处理、布局算法和计算图形学的工具方法。由于其 API 太底层，没有提供封装好的组件，在复用性、易用性方面不佳，学习与使用成本高，对无编程基础的用户不太友好。然而 D3 拥有强大的社区和丰富的 Demo，社区中有很多基于 D3 的可视化组件库。

　　（1）nvd3.js：基于 D3 封装了常见的折线图、散点图、饼图，功能比较简单。

　　（2）dc.js：除提供了常见的图表外还提供了一些数据处理能力。

　　（3）c3.js：一个轻量级的基于状态管理的图表库。

　　D3 有着 Stanford 的血脉渊源，在学术界享有很高声誉，灵活强大使得它成为目前领域内使用最广泛的可视化类库，但偏底层的 API 和数据驱动模式，使得用户上手 D3 存在一定门槛。基于 D3 的工程实现上需要用户考虑和处理更多内容，如动画、交互、统一样式等，研发成本较高。

　　D3 支持的主流浏览器不包括 IE8 及其以前的版本，在 Chrome、Firefox、Safari、Opera 和 IE9 上都能正常使用。D3 的大部分组件可以在旧的浏览器上运行，其核心库的最低运行要求是需要浏览器支持 JavaScript 和 W3C DOM API，对于 IE8，建议使用兼容性库 Aight 库。D3 采用的是 Selectors API 的第一级标准，如果考虑兼容性可以预加载 Sizzle 库，那么需要使用主流的浏览器以便可以支持 SVG 和 CSS3 的转场特效。

　　Google Charts 是一个免费的开源 js 库，使用起来非常简单。它提供了大量的可视化类型，从简单的饼图、时间序列一直到多维交互矩阵，图表可供调整的选项很多，如图 8.23 所示。该工具将生成的图表以 HTML5/SVG 形式呈现，因此它可与任何浏览器兼容。Google Charts 对 VML 的支持确保了其与旧版 IE 的兼容性，并且可以将图表移植到最新版本的 Android 和 iOS 上。更重要的是，Google Charts 结合了来自 Google 地图等多种 Google 服务的数据。生成的交互式图表不仅可以实时输入数据，还可以使用交互式仪表板进行控制。

图 8.23　Google Charts

在新版 Google Charts 发布之前，Google 有个类似的产品称为 Google Charts API，不同之处在于后者使用 HTTP 请求的方式将参数提交到 API，而后接口返回一张 png 图片。

8.4　大数据可视化的未来

8.4.1　数据可视化面临的挑战

伴随着大数据时代的到来，数据可视化备受关注，可视化技术也日益成熟。然而，当前的数据可视化仍存在较多问题，面临着巨大挑战。数据可视化还存在以下几点问题。

（1）视觉噪声。在数据集中，大多数数据具有极强的相关性，无法将其分离作为独立的对象来显示。

（2）信息丢失。在大规模高维数据集中，采用适当的方法对数据降维，并减少可视化数据的策略可以在一定程度上使可视化结果清晰明了，但会导致重要信息的丢失。

（3）大型图像感知。数据可视化不仅受限于设备的长宽比及分辨率，还受限于现实世界的感受。

（4）高速图像变换。用户虽然能观察数据，但不能对数据强度变化做出反应。

（5）高性能要求。在静态可视化中几乎没有这个要求，因为可视化速度较低，性能的要求也不高。

拓展性和动态分析是数据可视化面临的两个最主要的挑战。例如，对大型动态数据，原本 A 问题的答案和 B 问题的答案也许在同时应对 A、B 两个问题时就不适用了。基于可视化的方法迎接了四个挑战，并将它们转化成以下机遇。

多源：开发过程中需要尽可能多的数据源。

体量：使用数据量很大的数据集开发，并从大数据中获得意义。

质量：不仅能为用户创建有吸引力的信息图和热点图，还能通过大数据获取意见，创造商业价值。

高速：企业不用再分批处理数据，而是可以实时处理全部数据。

数据可视化的多样性和异构性（结构化、半结构化和非结构化）是一个大问题，高速是大数据分析的要素。在大数据中，设计一个新的数据可视化工具并具有高效的索引并非易事。云计算和先进的图形用户界面更有助于发展大数据的可扩展性。

可视化系统必须与非结构化的数据形式（如图表、表格、文本、树状图还有其他的元数据等）相抗衡，而大数据通常是以非结构化形式出现的。由于宽带限制和能源需求，可视化应该更贴近数据，并有效提取有意义的信息。可视化软件应以原位的方式运行。由于大数据的容量问题，大规模并行化成为可视化过程的一个挑战。而并行可视化算法的难点则是如何将一个问题分解为多个可同时运行的独立任务。

高效的数据可视化是大数据时代发展进程中关键的一部分。高维可视化越有效，识别出潜在的模式、相关性或离群点的概率越高。

8.4.2　数据可视化的发展趋势

大数据时代，大规模、高维度、非结构化数据层出不穷，要将这样的数据以可视化形式完美地展示出来，传统的显示技术已很难满足这样的需求。而"高分高清大屏幕拼接可视化技术"正是为解决这一问题而发展起来的，它具有超大画面、纯真彩色、高亮度、高分辨率等显示优势，结合数据实时渲染技术、GIS（Geographical Information System，地理信息系统）空间数据可视化技术，实现数据实时图形可视化、场景化及实时交互，让用户更加方便地进行数据的理解和空间知识的呈现，可应用于指挥监控、视景仿真及三维交互等众多领域。

事实上，过去三十年中，全世界的数据量大约每两年增加 10 倍。所以，面临着这样的巨大挑战，大数据时代的数据可视化需满足以下要求。

以更细化的形式表达数据。更庞杂的数据量要求设计者通过更加细化的方式来呈现数据，通过融合多种元素及用户交互操作，更恰当和全面地展示数据，从而完整地讲述一个故事。

以更全面的维度理解数据。随着大数据技术成为人们生活的一部分，人们应该开始从一个比以前更大更全面的角度来理解数据。在大数据时代人们应该舍弃对数据精确性的要求，而去接受更全面但是也更混杂的数据。如今，人们已不再满足于平面和静态的数据可视化视觉体验，而是越发想要"更深入"去理解数据，传统的数据可视化图表已不再是唯一的表现形式，现代媒介和技术的多样性，使人们感知数据的方式也更加多元。

以更美的方式呈现数据。艺术和数据可视化之间一直有着很深的联系，随着数据的指数级增长和技术的日趋成熟，一方面，用户对数据可视化的美学标准提出越来越高的要求；另一方面，艺术家和设计师们也可以采用越来越创造性的方式来表现数据，使数据可视化更加具有冲击力。　纵观历史，随着人们接受并习惯了一种新的发明后，接下来就是对其进行一步步的优化和美化，以配合时代的要求，数据可视化也是如此，因为它正在逐步融入人们的生活，良好的阅读体验和视觉表现将成为其与竞品所区分的特征之一。

思考题

1. 数据可视化的三个分支是什么？分别有什么特点？

2. 如何实现数据可视化？常用的数据可视化图表有哪些？

3. 数据可视化工具有哪些特性？主流的编程工具有哪些？分别适用于哪些场景？

4. 四个人捐款给一个人，姓名和捐款金额如表 8.1 所示，请用饼图描述四个人捐款金额占总捐款金额中的比例。

表 8.1　捐款统计表

姓名	George	Sam	Betty	Charlie
捐款金额/元	900	10000	7000	15000

5. 某公司统计了近半年的销售收入（Income）和边际利润率（Profit_Margin）的数据，为了方便财务人员进行查看，请在同一个图形窗口中绘制两组数据的变化趋势。

数据如下：

```
Income=[2456 2032 1900 2450 2890 2280]
Profit_Margin=[12.5 11.3 10.2 14.5 14.3 15.1]/100
```

6. 利用爬虫方法爬取北京或其他省市地区的历史空气污染物含量及 AQI 数据，选择合适的数据可视化图表展示多个地区历史空气质量的对比关系，并采用数据可视化图表对 AQI 与各种空气污染物含量的关系进行分析。

第 9 章
大数据应用案例

大数据涉及的行业过于广泛，包括金融、政府、教育、传媒、医疗、商业、工业、农业、互联网等多方面，其应用综合价值潜力如图 9.1 所示。根据国际知名咨询公司麦肯锡的报告显示：在大数据应用综合价值潜力方面，信息技术、金融、政府及批发贸易四大行业潜力最高。具体到行业内每家公司的数据量来看，信息、金融、计算机及电子设备、公用事业四类的数据量最大。可以看出，无论是投资规模和应用潜力，信息领域（互联网和通信）和金融领域都是大数据应用的重点领域。

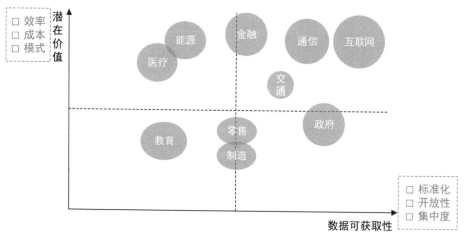

图 9.1　大数据应用综合价值潜力

本章将介绍大数据在金融、医疗、交通、土地资源领域的典型案例。

9.1　金融大数据

近年来，随着大数据、云计算、区块链、人工智能等新技术的快速发展，这些新技术与金融业务深度融合，激发了金融创新活力，并释放了金融应用潜能，这大大推动了我国金融行业转型升级，助力金融更好地服务实体经济，有效促进了金融行业整体发展。在这一发展过程中，以大数据技术发展最为成熟、应用最为广泛。从发展特点和趋势来看，"金融云"快速建设落地奠定了金融大数据的应用基础，金融大数据与其他跨领域大数据的融合应用不断强化，人工智能正在成为金融大数据应用的新方向，金融大数据的整合、共享和开放正成为趋势，给金融行业带来了新的发展机遇和巨大的发展动力。

金融行业一直较为重视大数据的发展。相比常规商业分析手段，大数据可以使业务决策具有前瞻性，使企业战略的制订过程更加理性化，实现生产资源优化分配，依据市场变化迅速调整业务策略，提高用户体验及资金周转率，降低库存积压的风险，从而获取更高的价值和利润。大数据在金融行业中有着广泛的应用，如图 9.2 所示。下面将介绍大数据在银行、保险、证券等金融细分领域中的应用。

图 9.2　大数据在金融行业中的应用

9.1.1　银行大数据的应用

国内不少银行已经开始尝试通过大数据来驱动业务运营。例如，中信银行信用卡中心利用大数据实现了实时营销；光大银行利用大数据建立了社交网络信息数据库；招商银行则利用大数据发展小微贷款。总的来看银行大数据的应用可分为以下几方面。

1. 客户画像

客户画像主要分为个人客户画像和企业客户画像，如图 9.3 所示。个人客户画像包括人口统计学特征、消费能力数据、兴趣数据、风险偏好等；企业客户画像包括企业的生产、流通、运营、财务、销售和客户数据，相关产业链上下游等数据。值得注意的是，银行拥有的客户数据并不全面，基于银行自身拥有的数据了解客户有时候难以得出理想的结果甚至可能得出错误的结果。例如，如果某位信用卡客户月均刷卡 8 次，平均每次刷卡金额 800 元，平均每年打 4 次客服电话，从未有过投诉。按照传统的数据分析，该客户是一位满意度较高、流失风险较低的客户。但如果看到该客户的微博，得到的真实情况是，工资卡和信用卡不在同一家银行，还款不方便，好几次打客服电话没接通，客户多次在微博上抱怨，该客户流失风险较高。所以银行不仅仅要考虑银行自身业务所采集到的数据，更应考虑整合外部更多的数据，以扩展对客户的了解。银行可整合的外部数据包括以下几种。

（1）客户在社交媒体上的行为数据（如光大银行建立了社交网络信息数据库）。通过打通银行内部数据和外部社会化的数据可以获得更为完整的客户画像，从而对客户进行更为精准的营销和管理。

（2）客户在电商网站的交易数据，如建设银行将自己的电子商务平台和信贷业务结合起来、阿里金融为阿里巴巴客户提供无抵押贷款。

（3）企业客户的产业链上下游数据。如果银行掌握了企业所在产业链上下游的数据，那么可以更好掌握企业的外部环境发展情况，从而可以预测企业未来的状况。

（4）其他有利于扩展银行了解客户兴趣爱好的数据，如网络广告界数据平台的互联网客户行为数据。

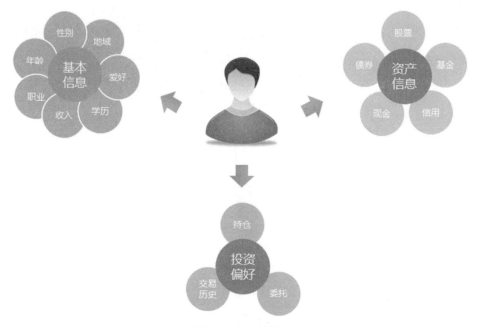

图9.3　客户画像

2. 精准营销

在客户画像的基础上银行可以对客户开展精准营销，主要包括以下几方面。

（1）实时营销。实时营销是银行根据客户的实时状态来进行营销，如根据客户当时的所在地、客户最近一次消费等信息来有针对性地进行营销（某客户使用信用卡采购孕妇用品，银行可以通过建模推测其怀孕的概率并推荐孕妇类喜欢的业务），或者将改变生活状态的事件（换工作、改变婚姻状况、置居等）视为营销机会。

（2）交叉营销，即不同业务或产品的交叉推荐。例如，招商银行可以根据客户交易记录分析，有效识别小微企业客户，并用远程银行来实施交叉营销。

（3）个性化推荐。银行可以根据客户的喜好进行服务或者银行产品的个性化推荐，如根据客户的年龄、资产规模、理财偏好等，对客户群进行精准定位，分析出其潜在的金融服务需求，进而有针对性地进行营销推广。

（4）客户生命周期管理。客户生命周期管理包括新客户获取、客户防流失和客户赢回等。例如，招商银行通过构建客户流失预警模型，对流失率等级前20%的客户发售高收益理财产品予以挽留，使得金卡客户和金葵花卡客户流失率分别降低了 15 个百分点和 7 个百分点。

3．风险管理与风险控制

风险管理与风险控制（见图 9.4）包括中小企业贷款风险评估和实时欺诈交易识别和反洗钱分析。

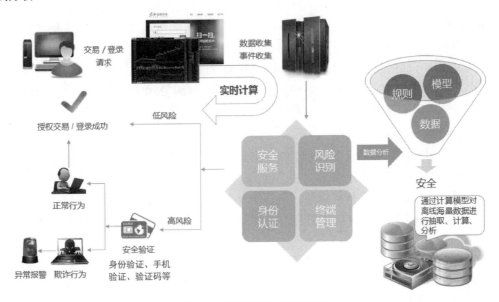

图 9.4　风险管理与风险控制

（1）中小企业贷款风险评估。银行可通过企业的生产、流通、销售、财务等相关信息结合大数据挖掘技术进行贷款风险评估，量化企业的信用额度，更有效地开展中小企业贷款。

（2）实时欺诈交易识别和反洗钱分析。银行可以利用客户基本信息、交易卡基本信息、交易历史、客户历史行为模式、正在发生的行为模式（如转账）等，结合智能规则引擎（如客户在一个不经常出现的国家为一个特有账户转账或从一个不熟悉的位置进行在线交易）进行实时的交易反欺诈分析。例如，IBM 金融犯罪管理解决方案帮助银行利用大数据有效地预防与管理金融犯罪，摩根大通银行则利用大数据追踪盗取客户账号或侵入自动柜员机系统的罪犯。

4．运营优化

（1）市场和渠道分析优化。通过大数据，银行可以监控不同市场推广渠道尤其是网络渠道推广的质量，从而进行推广渠道的调整和优化。同时，也可以分析哪些渠道更适合推广哪类银行产品或者服务，从而进行推广渠道策略的优化。

（2）产品创新和服务优化。银行可以将客户行为转化为信息流，并从中分析客户的个性特征和风险偏好，更深层次地理解客户的习惯，智能化分析和预测客户需求，从而进行产品创新和服务优化。例如，兴业银行目前对大数据进行初步分析，通过对还款数据挖掘比较区分优质客户，根据客户还款数额的差别，提供差异化的金融产品和服务方式。

（3）舆情分析。银行可以通过爬虫方法，抓取社区、论坛和微博上关于银行及银行产品和服务的相关信息，并通过自然语言处理技术进行正负面判断，尤其是及时掌握银行及银行产品和服务的负面信息，及时发现和处理问题；对于正面信息，可以加以总结并继续强化。

同时，银行也可以抓取同行业银行的正负面信息，及时了解同行做的好的方面，以作为自身业务优化的借鉴。

9.1.2 保险大数据的应用

过去，在传统的个人代理渠道，由于保险行业代理人的特点，代理人的素质及人际关系网是业务开拓的最关键因素，所以大数据在新客户开发和维系中的作用就没那么突出。但随着互联网、移动互联网及大数据的发展，网络营销、移动营销和个性化电话营销的作用将会日趋显现，越来越多的保险公司注意到大数据在保险行业中的作用。总的来说，保险大数据的应用可以分为三大方面：客户细分和精细化营销、欺诈行为分析和精细化运营。

1. 客户细分和精细化营销

（1）客户细分和差异化服务。风险偏好是确定保险需求的关键。风险喜好者、风险中立者和风险厌恶者对于保险需求有不同的态度。一般来讲，风险厌恶者有更大的保险需求。在客户细分时，除需要风险偏好数据外，还要结合客户职业、爱好、习惯、家庭结构、消费方式偏好数据，利用机器学习算法来对客户进行分类，并对分类后的客户提供不同的产品和服务策略。

（2）潜在客户挖掘及流失客户预测。保险公司可通过大数据整合客户线上和线下的相关行为，通过数据挖掘对潜在客户进行分类，细化销售重点。通过大数据进行挖掘，综合考虑客户的信息、险种信息、既往出险情况、销售人员信息等，筛选出影响客户退保或续保的关键因素，并通过这些因素和建立的模型，对客户的退保概率或续保概率进行估计，找出高风险流失客户，及时预警，制订挽留策略，提高保单续保概率。

（3）客户关联销售。保险公司可以利用关联规则找出最佳险种销售组合、利用时序规则找出客户生命周期中购买保险的时间顺序，从而把握客户提高保额的时机、建立既有客户再销售清单与规则，从而促进保单的销售。除了这些做法，借助大数据，保险行业可以直接锁定客户需求。以淘宝运费险为例，据统计，淘宝客户运费险索赔率在50%以上，该产品对保险公司带来的利润只有5%左右，但是有很多保险公司都有意愿去提供这种保险。因为客户购买运费险后保险公司就可以获得该客户的个人基本信息，包括手机号码和银行账户信息等，并能够了解该客户购买的产品信息，从而对客户实现银行产品和服务的精准推送。假设该客户购买并退货的是婴儿奶粉，保险公司就能判断该客户家里有小孩，可以向其推荐关于儿童疾病险、教育险等利润率较高的产品。

（4）客户精准营销。在网络营销领域，保险公司可以通过采集互联网用户的各类数据，如地域分布等属性数据，搜索关键词等即时数据，购物行为、浏览行为等行为数据，兴趣爱好、人脉关系等社交数据，以在广告推送中实现地域定向、需求定向、偏好定向、关系定向等定向方式，实现精准营销。

2. 欺诈行为分析

基于企业内外部交易和历史数据，实时或准实时预测和分析欺诈等非法行为，包括医疗保险欺诈与滥用分析及车险欺诈分析。

（1）医疗保险欺诈与滥用分析。医疗保险欺诈与滥用通常可分为两种，一种是非法骗取保险金，即医疗保险欺诈；另一种则是在保额限度内重复就医、浮报理赔金额等，即医疗保险滥用。保险公司能够利用历史数据，寻找影响保险欺诈最为显著的因素及这些因素的取值区间，建立预测模型，并通过自动化计分功能，快速将理赔案件依照滥用欺诈可能性进行分类处理。

（2）车险欺诈分析。保险公司够利用过去的欺诈事件建立预测模型，将理赔申请分级处理，可以很大程度上解决车险欺诈问题，包括车险理赔申请欺诈侦测、业务员及修车厂勾结欺诈侦测等。

3．精细化运营

（1）产品优化，保单个性化。在过去没有精细化数据分析和挖掘的情况下，保险公司把很多人都放在同一风险水平之上，客户的保单并没有完全解决客户的各种风险问题。但是，保险公司可以通过自有数据及客户在社交网络的数据，解决现有的风险控制问题，为客户制订个性化的保单，获得更准确及更高利润率的保单模型，给每一位客户提供个性化的解决方案。

（2）运营分析。保险公司基于企业内外部运营、管理和交互数据分析，借助大数据平台，全方位统计和预测企业经营和管理绩效，并基于保险保单和客户交互数据进行建模，借助大数据平台快速分析和预测再次发生或者新的市场风险、操作风险等。

（3）代理人员（保险销售人员）甄选。根据代理人员业绩数据、性别、年龄、入司前工作年限、其他保险公司经验和代理人员思维性向测试等，找出销售业绩相对最好的代理人员的特征，优选高潜力代理人员。

9.1.3　证券大数据的应用

大数据时代，大多数证券商已意识到大数据的重要性，证券商对于大数据的研究与应用正处于起步阶段，相对于银行行业和保险行业，证券大数据的应用起步相对较晚，目前国内外证券大数据的应用大致有以下几个方向。

1．股价预测

2011 年 5 月，英国对冲基金 Derwent Capital Markets 建立了规模为 4000 万美金的对冲基金，该基金是首家基于社交网络的对冲基金，并通过分析 Twitter 的数据内容来感知市场情绪，从而指导投资。利用 Twitter 的对冲基金 Derwent Capital Markets 在首月的交易中确实盈利了，其以 1.85%的收益率，让收益率平均数只有 0.76%的其他对冲基金相形见绌。

麻省理工学院的学者根据情绪词将 Twitter 的数据内容标定为正面或负面情绪。结果发现，无论是如"希望"的正面情绪，或是"害怕""担心"的负面情绪，其占 Twitter 数据内容总数的比例，都预示着道琼斯指数、标准普尔 500 指数、纳斯达克指数的下跌；美国佩斯大学的一位博士则采用了另外一种思路，他追踪了星巴克、可口可乐和耐克三家公司在社交网络上的受欢迎程度，同时比较它们的股价。他发现，Facebook 上的粉丝数、Twitter 上的用户数和 You Tube 上的观看人数都和股价密切相关。另外，根据品牌的受欢迎程度还能预测股价在 10 天、30 天之后的上涨情况。但是，Twitter 情绪指数，仍然不可能预测出会冲击金融市场的突发事件。例如，在 2008 年 10 月 13 日，美国联邦储备委员会突然启动一项银行纾困计划，令道琼斯指数反弹，而 3 天前的 Twitter 情绪指数毫无征兆。而且，研究者也意识到，Twitter 上的用户与股市投资者并不完全重合，这样的样本代表性有待商榷，但仍无法阻止股市投资者对于新兴的社交网络倾注更多的热情。

2. 客户关系管理

图 9.5 所示为客户关系管理的整体流程。

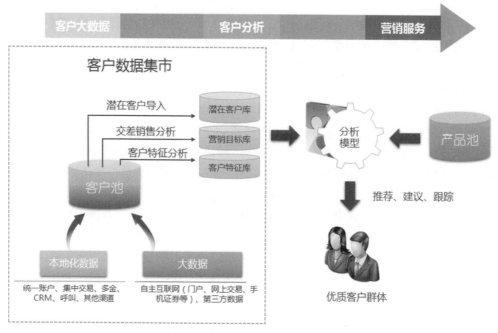

图 9.5　客户关系管理的整体流程

（1）客户细分。证券商通过分析客户的账户状态（类型、生命周期、投资时间）、账户价值（资产峰值、资产均值、交易量、佣金贡献和成本等）、交易习惯（周转率、市场关注度、仓位、平均持股市值、平均持股时间、单笔交易均值和日均成交量等）、投资偏好（偏好品种、下单渠道和是否申购）及投资收益（本期相对收益和绝对收益、今年相对收益和绝对收益、投资能力等），来进行客户聚类和细分，从而发现客户交易模式类型，找出最有价值和盈利潜力的客户群及他们最需要的服务，更好地配置资源和政策，改进服务，抓住最有价值的客户。

（2）流失客户预测。证券商可根据客户历史交易行为和流失情况来建模从而预测客户流失的概率。例如，2012 年海通证券自主开发的"给予数据挖掘算法的证券客户行为特征分析技术"主要应用在客户深度画像及基于画像的客户流失概率预测。通过对海通证券 100 多万样本客户、半年交易记录的海量信息分析，建立了客户分类、客户偏好、客户流失概率的模型。该项技术最大的初衷是希望通过对客户行为的量化分析，来测算客户将来可能流失的概率。

3. 智能投资顾问

智能投资顾问业务提供线上投资顾问服务，其基于客户的风险偏好、交易行为等个性化数据，依靠大数据量化模型，为客户提供低门槛、低费率的个性化财富管理方案。

4. 投资景气指数

2012 年，国泰君安证券推出了"个人投资者投资景气指数"（简称 3I 指数）。该指数通过一个独特的视角传递个人投资者对市场的预期、当期的风险偏好等信息。国泰君安研究所对海量个人投资者样本进行持续性跟踪监测，对账本投资收益率、持仓率、资金流动情况等一系列指标进行统计，加权汇总后可得到综合性投资景气指数。

3I 指数通过对海量个人投资者真实投资交易信息的深入挖掘分析，了解交易个人投资者交易行为的变化、投资信心的状态与发展趋势、对市场的预期及当前的风险偏好等信息。在样本选择上，选择资金 100 万元以下、投资年限 5 年以上的中小投资者，样本规模高达 10 万，覆盖全国不同地区，所以该指数较有代表性。在参数方面，主要根据中小投资者持仓率的高低、是否追加资金、是否盈利这几个指标，来看个人投资者对市场是乐观还是悲观。3I 指数每月发布一次，以 100 为中间值，100～120 属于正常区间，120 以上表示趋热，100 以下表示趋冷。

9.1.4　金融大数据应用面临的挑战

大数据为金融领域带来了裂变式的创新活力，其应用潜力有目共睹，但在数据应用管理、业务场景融合、标准统一、顶层设计等方面存在的瓶颈也有待突破。

金融行业的数据资产管理应用水平仍待提高。金融行业的数据资产管理仍存在数据质量不足、数据获取方式单一、数据系统分散等一系列问题。存在这些问题的原因：金融大数据质量不足，主要体现为数据缺失、数据重复、数据错误和数据格式不统一等多方面；金融大数据来源相对单一，对于外部数据的引入和应用仍需加强；金融行业的数据标准化程度低，分散在多个数据系统中，现有的数据采集和应用分析能力难以满足当前大规模的数据分析要求，数据应用需求的响应速度仍不足。

金融大数据应用技术与业务探索仍需突破。金融机构原有的数据系统架构相对复杂，涉及的系统平台和供应商相对较多，实现大数据应用的技术改造难度较大，而且系统改造的同时必须保障业务系统安全可靠地运行。同时，金融行业的大数据分析应用模型仍处于探索阶段，成熟案例和解决方案仍相对较少，金融机构应用大数据需要投入大量的时间和成本进行调研和试错，一定程度上制约了金融大数据应用的积极性。而且，目前的应用实践反映出大数据分析的误判率还比较高，机器判断后的结果仍需要人工核查，资源利用效率和客户体验均有待提高。

金融大数据的行业标准与安全规范仍待完善。当前，金融大数据的相关标准仍处于探索期，金融大数据缺乏统一的存储管理标准和互通共享平台，涉及金融大数据的安全规范还存在较多空白。相对于其他行业而言，金融大数据涉及更多的客户个人隐私，在用户数据安全和信息保护方面要求更加严格。随着大数据在多个金融细分领域的价值应用不断拓展，在缺乏统一行业标准和安全规范的情况下，单纯依靠金融行业自身管控，会带来较大的安全风险。

金融大数据发展的顶层设计和扶持政策还需强化。在发展规划方面，金融大数据发展的顶层设计仍需强化。一方面，金融机构间的数据壁垒仍较为明显，数据应用仍是各自为战，缺乏有效的整合协同，跨领域和跨企业的数据应用相对较少。另一方面，金融大数据应用缺乏整体性规划，当前仍存在较多分散性、临时性和应激性的数据应用，数据资产的应用价值没有得到充分发挥，业务支撑作用仍待加强，迫切需要通过行业整体性的产业规划和扶持政策，明确发展重点，加强方向引导。

总的来看，大数据在金融领域的应用起步比互联网领域稍晚，其应用深度和广度还有很大的扩展空间。金融大数据的应用依然有很多问题需要克服，同时需要国家出台促进金融大数据发展的产业规划和扶持政策，也需要行业分阶段推动金融大数据开放、共享和统一平台建设，强化行业标准和安全规范。只有这样，大数据才能在金融领域中稳步应用发展，不断推动金融领域的发展。

9.1.5　金融大数据应用的发展趋势

随着数据的开放，数据治理水平的提高，大数据和人工智能技术的融合，金融服务将更深入地与实体经济进行融合，创造更多的价值。

在大数据应用越来越广泛、互联网科技应用越来越频繁的时代，大数据应用魅力愈发绽放异彩。大数据应用在金融领域发展，给越来越多的企业带来更多的收益和对未来规划越来越可靠的数据支撑。例如，支付宝的天弘基金、京东的京东金融、蚂蚁金服等，都在依托大数据应用推出越来越符合大众化的金融产品。下面将对大数据应用在金融领域的发展趋势进行详细的论述。

（1）大数据应用水平正在成为金融领域竞争力的核心要素。金融行业的核心就是风控，风控以数据为导向。金融领域的风控水平直接影响坏账率、营收和利润。目前，金融领域正在加大在数据治理项目中的投入，结合大数据平台建设项目，构建领域内统一的数据池，实现数据的"穿透式"管理。在大数据时代，数据治理是金融领域需要深入思考的命题，有效的数据资产管控，可以使数据资产成为金融机构的核心竞争力。

（2）金融大数据整合、共享和开放成为趋势。数据越关联越有价值，越开放越有价值。随着各国政府和机构逐渐认识到数据共享带来的社会效益和商业价值，全球已经掀起一股数据开放的热潮。美欧等发达国家和地区的政府都在数据共享上做出了表率，开放大量的公共事业数据。中国政府也着力推动数据开放，在政府层面实现数据统一共享交换平台的全覆盖，实现金税、金关、金财、金审、金盾、金宏、金保、金土、金农、金水、金质等信息系统通过统一平台进行数据共享和交换。

（3）金融大数据与其他跨领域大数据的融合应用不断强化。从 2016 年开始，大数据技术逐渐成熟，数据采集技术快速发展，通过图像识别、语音识别、语义理解等技术实现外部海量高价值数据采集，包括政府公开数据、企业官网数据、社交数据。金融行业得以通过获取客户动态数据更深入地了解客户。

未来，数据流通的市场会更健全。金融行业可以方便地获取电信、电商、医疗、出行、教育等其他行业的数据，一方面会有力地促进金融大数据和其他行业数据融合，使得金融行业的营销和风控模型更精准。另一方面，跨行业数据融合会催生出跨行业的应用，使金融行业得以设计出更多基于场景的金融产品，与其他行业进行更深入地融合。

（4）金融大数据安全问题越来越受到重视。大数据的应用为数据安全带来新的风险。数据具有高价值、无限复制、可流动等特性，这些特性为数据安全管理带来了新的挑战。对金融机构来说，网络恶意攻击成倍增长，组织数据被窃的事件层出不穷。这对金融大数据安全管理能力提出了更高的要求。大数据使得金融机构内海量的高价值数据得到集中，并使数据实现高速存取。但是，如果出现数据泄露可能一次性泄露机构内近乎全部的数据资产。数据泄露后还可能急速扩散，甚至出现更加严重的数据篡改和智能欺诈的情况。

9.1.6 金融大数据平台的建设方案

本节以银行大数据应用为例，介绍大数据平台的建设方案。

1. 大数据平台框架的概述

大数据平台建设需要充分整合信息化资源，打破行业、部门之间的信息壁垒，运用大数据技术进行采集、加工、建模、分析，将数据价值融入金融之中，从而提高创新能力和产品服务能力，主要包括以下部分。

1）大数据分析基础平台

按照功能划分数据区，设计数据模型，在统一流程调度下，整合各类数据，同现有的企业级数据仓库和历史数据存储系统一起，形成基础数据体系，提供支撑经营管理的各类数据应用，支撑上层应用。

2）大数据应用系统

基于大数据分析基础平台，持续建设各类数据应用系统，通过数据挖掘、计量分析和机器学习等手段，对丰富的大数据资源进行开发使用，并将数据决策化过程结合到风控、营销、营运等经营管理活动，充分发挥大数据的价值。

3）大数据管控

建立数据标准，提高数据质量和元数据管理能力，为大数据平台建设及安全提供保障。

2. 大数据平台的相关指导原则

大数据平台是大数据运用的基础设施，在其设计、建设和系统实现过程中，应遵循如下指导原则。

经济性：基于现有场景分析，对数据量进行合理评估，确定大数据平台规模，后续根据实际情况再逐步优化扩容。

可扩展性：架构设计与功能划分模块化，考虑各接口的开放性、可扩展性，便于系统的快速扩展与维护，以及第三方系统的快速接入。

可靠性：系统采用的系统结构、技术措施、开发手段都应建立在已经相当成熟的应用基础上，在技术服务和维护响应上同客户积极配合，确保系统的可靠；对数据指标要保证完整性、准确性。

安全性：针对系统级、应用级、网络级，均提供合理的安全手段和措施，为系统提供全方位的安全实施方案，确保企业内部信息的安全。大数据技术必须自主可控。

先进性：涵盖结构化数据、半结构化数据和非结构化数据存储和分析的特点。借鉴互联网大数据存储和分析的实践，使平台具有良好的先进性和弹性。支撑当前及未来数据应用需求，引入对应大数据相关技术。

平台性：归纳整理大数据需求，形成统一的大数据存储服务和大数据分析服务。利用多租户，实现计算负荷和数据访问负荷隔离、多集群统一管理。

分层解耦：大数据平台提供开放的、标准的接口，以实现与各应用产品的无缝对接。

3. 基础数据来源

1）银行内部数据来源

客户自身信息及其金融交易行为，依照目前积累沉淀的数量资源情况，将数据主要分为以下几类。

（1）客户信息数据。

客户信息数据，即客户基础数据，主要是指描述客户自身特点的数据。

个人客户信息数据包括个人姓名、性别、年龄、身份信息、联系方式、职业、生活城市、工作地点、家庭地址、所属行业、具体职业、婚姻状况、教育情况、工作经历、工作技能、账户信息、产品信息、个人爱好等数据。

企业客户信息数据包括企业名称、关联企业、所属行业、销售金额、注册资本、账户信息、企业规模、企业地点、分公司情况、客户和供应商、信用评价、主营业务、法人信息等数据。

将这些割裂的数据整合到大数据平台，形成全局数据，并按照自身需要进行归类和打标签。由于这些数据都是结构化数据，因此将有利于数据分析。可以将这些数据集中在大数据管理平台，对客户进行分类，依据其他的交易数据，进行产品开发和决策支持。

（2）交易信息数据。

交易信息数据，可以称为支付信息，主要是指客户通过渠道发生的交易及现金流数据。

个人客户交易信息数据包括工资收入、个人消费、公共事业缴费、信贷还款、转账交易、委托扣款、购买理财产品、购买保险产品、信用卡还款等数据。

企业客户交易信息数据包括供应链应收款项、供应链应付款项、员工工资、企业运营支出、同分公司之间的交易、同总公司之间的交易、税金支出、理财产品买卖、金融衍生产品购买、公共费用支出、其他转账等数据。

（3）资产信息数据。

资产信息数据主要是指客户在金融机构端资产负债信息数据，同时也包含金融机构自身资产负债信息数据，其中数据大多来自银行。

个人客户资产负债信息数据包括购买的理财产品、定期存款、活期存款、信用贷款、抵押贷款、信用卡负债、抵押房产、企业年金等数据。

企业客户资产负债信息数据包括企业定期存款、活期存款、信用贷款、抵押贷款、担保额度、应收账款、应付账款、理财产品、票据、债券、固定资产等数据。

银行自身端资产负债信息数据包括自身资产和负债，如活期存款、定期存款、借入负债、结算负债、现金资产、固定资产贷款证券投资等数据。

（4）新型业务数据。

此类数据包括系统的运行日志、客服语音、视频影像、网站日志等数据。

2）外部数据来源

各银行为了赢得差异化竞争，就必须考虑其他数据源的输入。这些数据是银行自身不具有的，但是对其数据分析和决策起到了很重要的作用。

线上交易、电商平台、社交网络等互联网数据来源于司法、工商、财税等政府部门依法公开的信息，主要包括互联网消费行为数据，以了解客户消费能力和消费偏好等；个人严重行政处罚记录（如行政拘留等）、刑事犯罪记录、涉诉情况（人身关系、财产关系）、交通严重违规违章记录等；客户征信信息、客户在其他银行或金融机构的贷款记录、信用记录等；客户的第三方征信评级情况，客户的社保、纳税、公积金等信息，客户的社会保障情况及经济能力，工作单位性质，客户社会身份等；客户在第三方催收机构的催收记录、社会信息等；出入境记录，客户出入境目的地、出入境频率等；国内出行记录，客户出行习惯等；采用同大数据厂商合作的方式,通过自身平台来采集数据或购买第三方数据。

4. 大数据平台实现的功能

图 9.6 所示为银行大数据平台功能架构图。银行大数据平台实现的功能如下。

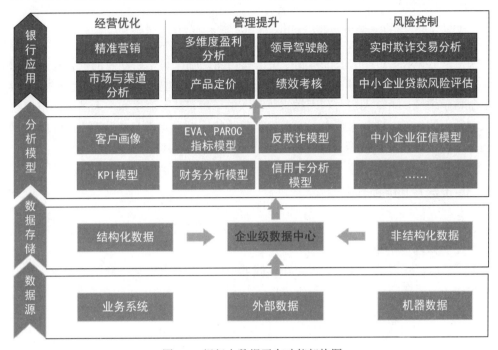

图 9.6 银行大数据平台功能架构图

(1)批量实现较高水准的个性化客户产品服务,增加客户黏性,推动业务创新。银行有效地利用大数据分析构建客户 360 度全方位视图,以设计更有竞争力的创新产品,并对企业型客户的财务状况、相关产业链上下游数据进行分析,把握客户现在的状况,还可以通过数据的交换、映射对其进行短期、中期预测。同时通过与同行业中的银行比较及利用公共平台收集与本银行相关的评价,取得多维度的评估,对中小企业风险进行有效识别,从而缓解银行与中小企业信息不对称问题,更好地推动中小企业市场业务创新。

(2)针对客户需求,实现精准营销。银行借助大数据分析,通过对客户的浏览记录、购买路径、消费数据,进行挖掘、追踪、分析,将不同的客户进行聚类,根据不同的客户特性打造个性化产品营销服务,将最适合的产品或服务推介给最需要的客户。提高客户对银行服务的认可程度及银行经理在营销过程中的专业程度。

(3)提高风险管控能力。大数据分析帮助银行摒弃原来过度依靠贷款人提供财务报表获取信息的业务方式,转而对其资产价格、账务流水、相关业务活动等流动性数据进行动态监控,了解客户的自然属性和行为属性,结合客户行为分析、客户信用度分析、客户风险分析及客户的资产负债状况分析,从而有效提高客户信息透明度,建立完善的风险防范体系。

(4)促进银行内部管理流程化,降低管理运营成本。运用大数据能够提高银行内部的透明度,使企业上下级之间的信息流通更顺畅。同时,银行基于大数据优化企业内部的各种流程及通过自己和社会信息归集渠道,了解客户真实反映,大大缩短信息收集、反馈时间,提高企业运作效率。银行通过大数据应用和分析,能够准确定位内部管理缺陷,制订有针对性的改进措施，实行符合自身特点的管理模式，进而降低管理运营成本。

9.2 医疗大数据

医疗大数据就是指在医疗领域所产生的海量数据。在现代的临床医学中，数据的增长速度非常快，从心电图、CT 图像，再到完整的病历图，临床医学所涉及的数据量越来越大。药物研发需要了解药理作用和药物间的相互作用，这是密集型的过程，此时会产生海量数据。而在生命科学领域，随着人们对基因越来越深入的了解，基因测序和个人基因图谱等数据也会走入普通人的生活。目前人们主要通过每年的体检了解自己的身体状况，而伴随着互联网和移动设备的飞速发展，便携式的身体监控设备也走进了人们的生活当中。

9.2.1 传统医疗的局限性

在过去的十几年间，传统医疗行业也在飞速发展，医疗条件和医疗技术虽然在不断进步，但自身存在的问题也不断显现。

（1）优质医疗资源的分配不合理。在一线城市中，每千人中有三到四名专家级别的医生提供医疗服务，而在非一线城市，每千人中平均只有一名中等级别的医生提供医疗服务。优质医疗资源的集中化不仅会使基层医疗机构的医疗水平和资源利用率下降，还会使大医院的资源得不到合理利用，从而导致想看病、先排队的看病难问题。

（2）传统临床诊断的局限性。当前的临床学科还是以系统和器官来命名，临床疾病的诊断体系大多也是通过系统和器官为基础进行诊断的。然而，很多临床疾病有着极为相似甚至完全相同的表型，但这些疾病的基因型却天差地别。而另一些疾病，它们的表型可能丝毫没有关联，但基因型却是完全相同的。例如，某个基因发生基因突变产生缺陷，会使肺部发生病变，心脏、喉咙也会产生一系列问题，但是患者会通过患病的系统和器官找对应科室的医生来诊断疾病，这样每个科室的医生所给出的诊断结论可能完全不同，从而给临床诊断带来了困难。

（3）个人医疗健康数据不完整。目前，患者几乎不可能获得来自不同医院完整的医疗健康数据，原因主要是医疗健康数据复杂性高，数据格式不统一，难于管理和充分利用。而这些医疗健康数据存储在各大医院的数据库中，数据安全问题也面临着挑战。所以，如何将完整的医疗健康数据还给患者是目前医疗行业需要思考的问题。

随着大数据的发展和应用，传统医疗领域一定会发生翻天覆地的变化。而之前存在的问题也会随着大数据的飞速发展迎刃而解。例如，针对优质医疗资源分配不合理的问题，可以通过大数据实现个人医疗健康数据的传输与共享，将病人完整的医疗健康数据共享给中小型医院及社区医院，或者通过在线医疗的形式，使得优质医疗资源实现共享，从而实现医疗资源的均衡化。而对于传统临床诊断的局限性，也可以通过大数据来解决，通过对群体海量身体数据的研究，今后的疾病命名方式都可能发生改变，肺炎、肝炎等以器官命名的疾病名称也许会被以基因型、分子名称命名的疾病名称所取代。

9.2.2 医疗大数据的概述

医疗大数据是指与健康医疗相关、满足大数据基本特征的数据集合，是国家重要的基础性战略资源，且正快速发展为新一代信息技术和新型健康医疗服务业态。从 2006 年开始，我国开始建立区域卫生信息平台，整合区域范围内医院、基层卫生机构、公共卫生各类数据，形成以个人为中心的电子健康档案库。经过数十年发展，在 2017 年广州《财富》全球论坛"医疗的未来"圆桌会议中，参会嘉宾热议中国医疗创新，并认为在过去的几年里中国医疗健康取得了重大的突破，为庞大的人口提供了更加完善的健康管理。而现在，中国在大数据、信息技术的创新，有望为医疗健康水平的提高带来新的动力。医疗大数据主要来源于以下方面。

（1）患者就医过程产生的数据。以患者为中心，所有数据均来源于患者，患者的体征数据、化验数据、病症描述，住院数据，医生对患者的问诊数据、临床诊治、用药、手术等数据。

（2）临床医疗研究和实验室数据。主要是实验中产生的数据，也包含患者产生的数据。

（3）制药企业和生命科学产生的数据。同样主要是实验产生的数据，与用药相关的用药量、用药时间、用药成分、实验对象反应时间、症状改善表象等数据，与生命等基因组学相关的数据。

（4）可穿戴设备带来的健康数据。主要通过各种穿戴设备（手环、起搏器、眼镜等）采集的人体的各种体征数据。

随着互联网医疗的兴起，医疗大数据的获取将变得简单方便。建立全民健康信息平台，实现所有公立医疗机构的互联互通和数据共享交换，形成比较完善的全员人口、电子病历和电子居民健康档案数据库，将有利于建立健康医疗大数据资源和"互联网+健康医疗"服务新模式。随着"健康中国 2030"的不断推进，健康医疗大数据正成为国家重要的基础性战略资源。

我国健康医疗大数据的核心应用为行业治理、临床科研、公共卫生、管理决策、便民惠民及产业发展方面，如行业治理的体制改革评估，医院管理和医保控费，临床科研领域的临床决策支持、药物研发、精准医疗等方面。公共卫生则在多元数据检测的基础上，构建重大突发事件预警和应急响应体系，同时探索开展个性化健康管理服务。

就健康医疗大数据在公共卫生慢性病管理方面的应用而言，据世卫组织数据显示，在每年 1030 万死亡病例中，慢性病死亡人数占总死亡人数的 86.6%，占总疾病负担的 70% 以上，这说明慢性病已经成为全球最主要的健康威胁。而健康医疗大数据的建立可以利用先进的信息技术形成全民参与慢性病管理模式，提高慢性病管理的效率和质量，帮助人们更好地预防、检测慢性病，并为患有慢性病的家庭提供个性化健康管理。

9.2.3 医疗大数据的特征

医疗大数据属于大数据的一种，所以其必定具备一般的大数据特征：规模大、异构性、增长快速、价值巨大，但是其作为医疗领域产生的数据也同样具备医疗特征。

（1）多态性。医疗大数据包括化验产生的纯数据、体检产生的图像数据（如心电图等信号图谱），也包括医生对患者的症状描述及跟进自己经验或者数据结果做出的判断等文字描述，还包括心跳声、哭声、咳嗽声等类似的声音资料。同时现代医院的医疗大数据还包括各种动画数据（如胎动的影像等）。

（2）不完整性。由于各种原因导致很多医疗大数据是不完整的，如医生的主观判断及其文字描述的不完整、患者治疗中断导致的数据不完整、患者描述不清导致的数据不完整等。

（3）冗余性。由于医疗大数据数据量巨大，而且每天还会产生大量多余的数据，因此这给大数据分析的筛选带来了巨大困难。

（4）时间性。大多医疗大数据都具有时间性、持续性，如心电图、胎动思维图均属于时间维度内的数据变化图谱。

（5）隐私性。隐私性也是医疗大数据的一个重要特征，同时也是现在大部分医疗大数据不愿对外开放的一个重要原因，很多医院的临床数据系统都是相对独立的局域网络，甚至不会去对外联网。

9.2.4 医疗大数据的用途

随着医疗大数据的发展和分析方法、人工智能等技术的不断革新，能够准确利用医疗大数据进行分析和预测的场景会越来越多，大数据终将会成为医疗决策的一种重要辅助依据，决策的路径也会随之发生变化（从之前的"经验即决策"，到现在的"数据辅助决策"，再到将来的"数据即决策"）。

医疗大数据的主要用途有：用药分析、病因分析、移动医疗、基因组学、疾病预防、可穿戴医疗。

用药分析：通过大数据高效地对用药成分、用药剂量、用药时间等进行分析。

病因分析：通过对大量临床数据的科学分析，根据症状逆向推理病因。

移动医疗：通过终端设备利用医疗大数据辅助医生进行临床诊断及采集患者的健康数据。

基因组学：通过对基因序列的大量分析，快速准确地发现和预测疾病。

疾病预防：根据大量临床病因数据分析，有效地祛除病因，避免疾病的发生。

可穿戴医疗：主要作为采集医疗大数据的一种重要手段，同时设备可协助康复治疗和健康预警。

9.2.5 基于大数据的临床诊断决策系统

临床诊断决策系统是人工智能在生物医学领域的重要应用，计算机科学和互联网的发展使生物医学领域产生了大量的数据，而大数据的出现为临床诊断决策系统的发展提出新的要求。基于大数据的临床诊断决策系统基于"在正确的时间、对正确的人、提供正确的信息"的设计理念，在利用大数据技术对积累的海量医疗大数据进行挖掘分析的基础上，提供重复检查检验提示、治疗安全警示、药物过敏警示、疗效评估、智能分析诊疗方案、预测病情进展的一系列智能的人机互动应用，为临床医生提供科学决策参考，提高临床诊治水平。

基于大数据的临床诊断决策系统的总体架构如图 9.7 所示。该架构包括数据源、支撑层、存储层、计算层和应用层。

数据源为整个系统提供分析数据，包括患者就医数据、临床研究和科研数据、药企和生命科学数据、可穿戴设备数据。

支撑层由医疗数据中心和医疗知识库构成。医疗数据中心汇集患者就医数据、临床研究和科研数据、药企和生命科学数据及可穿戴设备数据，为系统提供数据来源支撑。医疗知识库包括疾病治疗指南、相关业务术语等，为系统提供大数据分析时的业务规则支撑。

存储层用来存储各种类型的医疗大数据（包括心电图、CT图像、病历、医嘱信息等）及医疗知识库。

计算层利用大数据挖掘，对医疗大数据进行挖掘分析，在根据医疗知识库设定的业务规则下，触发临床干预，实现临床决策支持应用。

应用层包括重复检查检验提示、治疗安全警示、药物过敏警示、疗效评估、智能分析诊疗方案、预测病情进展的一系列智能的人机互动应用。

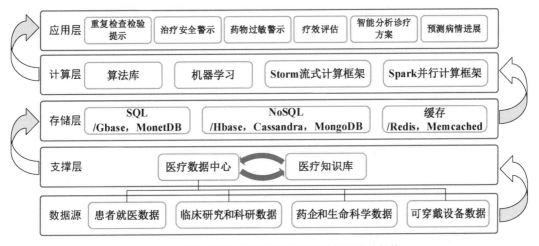

图 9.7　基于大数据的临床诊断决策系统的总体架构

基于大数据的临床诊断决策系统可以提供以下应用。

（1）重复检查检验提示。医生对患者开出检查检验医嘱，系统将会比对上一次做该项检查检验项目的时间，如发现间隔的时间小于系统设定的"重复周期"，将予以及时提示。

以大肠癌治疗为例，系统通过重复检查检验提示，避免患者在短期内接受多次放射线检查，以免进一步损害患者的身体免疫力。

（2）治疗安全警示。结合实际医疗行为，治疗安全审查的范围可以包括西医药物相互作用审查、中草药配伍禁忌审查、西药与中草药之间配伍禁忌审查、患者药物禁忌审查、检查/检验相关的禁忌审查、治疗相关的禁忌审查。

（3）药物过敏警示。利用系统后台的过敏类药品知识库体系和系统前台的药物过敏提示功能，辅助医护人员对患者进行安全用药、合理用药。药物过敏判断因素涉及特定的过敏类药品（如青霉素）、患者是否存在家族过敏史、患者是否属于特殊人群（包括孕妇、哺乳期妇女、儿童与老人等）、患者是否具有过敏性体质。

以心血管疾病治疗为例，常用药物包括他汀类药物、地高辛、胺碘酮、利多卡因、硝酸酯类药物等。其中他汀类药物禁用于孕妇、哺乳期妇女及计划妊娠的妇女，地高辛禁用于室性心动过速、心室颤动患者，胺碘酮禁用于甲状腺功能障碍、碘过敏者等患者，利多卡因禁用于局部麻醉药过敏的患者，硝酸酯类药物禁用于青光眼、眼内压增高者、有机硝化物过敏等患者。当对该类患者制订诊疗方案时，系统将自动对该类药物进行药物过敏警示。

（4）疗效评估。利用大数据挖掘，对疾病的不同诊疗方案进行疗效跟踪评估，挑选出疗效好、副反应小、费用低、成本效果最佳的诊疗方案。

以大肠癌治疗为例，以生存期和生活质量为临床疗效评估指标，利用大数据挖掘，建立以生存期和生活质量为综合评估指标的疗效评估体系，在控制临床分期、患者年龄、性别等混杂因素的影响下，对不同诊疗方案的疗效进行评估，选择生存期延长和生活质量改善的方案。

（5）智能分析诊疗方案。系统可以根据患者的疾病临床分期、临床检验指标、生理、心理状况等特征，通过大数据分析技术，为其选择类似匹配病例有效的诊疗方案，制订符合患者个性化的诊疗方案。

以心力衰竭治疗为例，系统在大量的心力衰竭患者病例治疗的临床资料基础上，利用大数据挖掘，将患者根据不同生理、心理、社会等特征划分为不同亚组人群，分析出适合不同特征亚组人群的诊疗方案。当新的患者进入临床治疗环节中，系统根据该患者特征情况，若将其判别为 C 亚族人群，则为其选择 Z 诊疗方案，辅助临床医生进行诊疗方案制订。

（6）预测病情进展。系统可以根据患者的临床分期、临床检验指标、生理、心理状况、诊疗方案等综合指标，利用大数据模拟建模技术，预测其疾病转归情况。

以大肠癌治疗为例，利用大数据挖掘，可以在已有的大量大肠癌病例的临床资料基础上，以大肠癌患者生存期 Y 为因变量，患者年龄 X_1、性别 X_2、临床分期 X_3、影响因素 X_n 为自变量，拟合出生存期回归模型：$Y = \alpha + \beta_1 X_1 + \beta_2 X_2 + \beta_3 X_3 + \cdots + \beta_n X_n$。将某大肠癌新发患者的年龄 X_1、性别 X_2、临床分期 X_3……影响因素 X_n 等自变量，代入模型，即可拟合出其生存期 Y，了解其未来疾病转归情况。

基于大数据的临床诊断决策系统是通过运用医疗知识库，模拟医学专家诊断、治疗疾病的思维过程而编制的计算机程序，它可以作为医生诊断、治疗及预防的辅助工具，同时也有助于医学专家宝贵理论和丰富临床经验的保存、整理和传播。该系统的应用不仅可以加强检验和临床的沟通，提高临床诊治水平，还可以促进学科共同发展。将大数据技术应用于疾病症状、诊疗规则的分析，不仅能够通过智能诊断降低错误的发生率，还能够不断发现病情之间的隐含联系，以达到疾病预测的目的，开创疾病诊断研究的新领域。基于大数据的临床诊断决策系统可以使医疗流程中大部分的工作流向护理人员和助理医生，使医生从耗时过长的简单咨询工作中解脱出来，从而提高诊疗效率，并为大数据技术在医疗行业的应用拓展和理论体系完善提供依据。

大数据技术通过对诊疗数据的客观分析，不仅能够挖掘出隐含在电子病历数据内部的未知规则，还能够提高诊疗效率。与传统诊断相比，它不再依赖于医务人员的专业知识，而是依据数据的潜在联系发现规则，因此更符合循证医学的基本原则。通过挖掘疾病症状与诊断的潜在联系，可以达到疾病预测的目的，开创疾病诊断研究的新领域，有助于提高人们的生活质量。

9.3 交通大数据

随着社会经济的快速发展、城市规模的不断扩大及城市智能化进程的加快，机动车拥有量及道路交通流急剧增加，使得交通供给与需求之间的矛盾渐显，交通拥堵、停车困难、环境恶化等交通问题不断加剧，影响了城市的可持续发展及人民生活水平的提高，阻碍了社会经济的发展。在工业化进程中，最初解决交通问题的途径是通过大规模改扩建交通基础设施，但是土地资源日益紧张，用于改扩建交通基础设施的空间越来越小，交通在快速发展过程中所带来的负面效应日益显现。

在当前大数据时代背景下，海量数据所产生的价值不仅能为企业带来商业价值，还能为社会产生巨大的社会价值。随着智能交通技术的不断发展，凭借各种交通数据采集系统，交通领域积累的数据规模膨大，飞机、列车、水陆路运输逐年累计的数据量从过去 TB 级达到目前 PB 级，同时伴随近几年大数据分析、挖掘等技术的迅速发展，对海量的交通大数据进行挖掘、分析是交通领域发展的重要方向，得到了各地政府和企业的高度重视。交通大数据为交通决策与服务带来了新的解决思路和方法。

9.3.1 交通大数据的基本特征

交通大数据是大数据的一种，它具备一般大数据的"4V"（Volume、Variety、Value、Velocity）特征。

（1）规模大。交通系统是一个复杂的系统，涉及人、车、线路、环境等，数据量巨大，如手机基站数据、车载北斗/GPS 位置数据、道路的流量数据和天气状况数据等。

（2）种类多。交通大数据包括物理空间的数据，如车载北斗/GPS 位置数据、车辆状态数据、摄像头视频数据、天气状况数据及路网数据等；也包括与人类社会息息相关的移动数据，如手机基站数据、城市 IC 卡数据等；还可以包括网络空间数据，如论坛、新闻、微博及微信等数据。

（3）价值密度低。数据量虽然很大，但对于具体应用而言，挖掘有用的数据有可能像大海捞针一般。例如，分析一场交通事故，可能只有与事故相关的天气、车辆、人员及视频数据才是有用的，而其他不相关的大量数据需要被过滤掉。

（4）速度快。交通大数据具有强实时性特征。无论是交通基础设施、交通运行状态还是交通服务对象和交通运载工具，每时每刻都在涌现大量的数据，同时也需要对其进行快速处理、分析和挖掘，并给出反馈。例如，对于交通实时动态路况，一方面大量的视频数据、车载北斗/GPS 位置数据、地感线圈数据等不断涌现，亟待实时处理计算；另一方面还需要根据历史数据，对将要发生的情况进行实时预测，并反馈给出行者。

此外，交通大数据是城市大数据的重要组成部分。城市大数据是在城市管理、生活、建设、发展过程中，由信息空间、物理世界和人类社会"三元空间"所产生的多源、多模态、异构海量数据，蕴涵着丰富的知识和价值。它显然不同于大数据中较常被提及的网络大数据、金融大数据及科学大数据。因此，交通大数据还具有时空移动性（时空变化并蕴涵规律）、多维结构性、社会关联性（三元空间分布但彼此关联）、人的参与性（来源于人且服务于人）等特征。

（1）时空移动性。任何交通事故都具有地域和时域特征。为了全面深入理解交通大数据，需要从时间和空间两个维度分析其动态演化特性。

（2）多维结构性，如一段公路上，既有交通流量属性，也有路面介质信息，还有路基结构等。

（3）社会关联性。人类社会大量的移动轨迹同时存在于信息空间和物理世界，使得信息空间、物理世界和人类社会之间有机连接与互动，体现在城市发展上即动态信息、个体流动规律及人群生活与城市交通发展的深层交互上。

9.3.2　交通大数据对智能交通的作用

随着信息技术的发展，交通运输从数据贫乏转向数据丰富，交通管理正在从"经验治理"转向"科学治理"，而交通规划也从单纯的经验建模、人为分析向数据驱动与人机智慧迭代的新型模式发展。

同样，智能交通需要实现以"数据驱动"响应业务，让智能交通工作者只需要从交通出行的根本出发，以科技手段引导人们出行的全面改变和进步，最终通过这种改变促使业务管理发生改变，以实现以信息化、智能化引领综合交通运输发展。数据资源驱动工作方式的转变如图9.8所示。

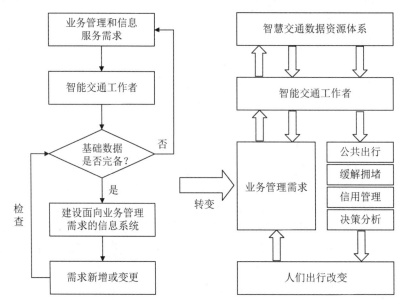

图 9.8　数据资源驱动工作方式的转变

智能交通架构如图9.9所示。数据贯穿在整个智能交通的感知、分析、服务等各个环节。大数据分析和应用对智能交通将起到决定性作用。具体介绍如下。

（1）了解真实需求，认识问题本质。在运用大数据技术之前，为了获得用户需求，服务商需要人工获取一定样本的调查问卷，并根据数据抽样方法分析需求。这就如同盲人摸象，很难全面掌握用户的真实需求。另外，对于用户需求和交通难题的认识，很多时候需要对多维数据进行全面分析，单一维度的采样数据难以精确、及时地反映需求变化。大数据技术的出现，可以掌握不同时间、空间，不同用户的需求，既能满足整体需求，也能提供某些特征用户的需求定制化。例如，通过积累公共交通车辆数据、用户手机位置数据、城市 IC 卡数据等，可以估算出各个区域之间不同时间段的客流情况和出行方式，通过客流特征分析，可优化配置公共交通的运营模式，以提出新的交通服务应用。

（2）提供数据处理、挖掘的方法及手段。如何在大数据背景下处理海量时空数据，并且从中挖掘出对交通出行、城市规划有益的知识信息，从而提供多种基于时空信息的服务是智能交通发展的重点研究领域。现如今已经广泛应用于互联网的大数据架构也可以应用到智能交通中，但各环节中的具体处理策略、算法设计和性能优化需要根据交通应用来量身实施。

（3）提供预测及辅助决策。交通大数据分析可为交通管理、决策、规划和运营、服务及主动安全防范提供更加有效的支持。通过对客流特征的分析，可以优化交通运营模式，并且该模式可随着需求的变化而适时调整，如公交车站台及线路设置、物流仓储设置、地铁区间车辆调度等。通过大数据分析，能够准确预知实时动态的交通路况，从而引导出行人员及车辆有效避开拥堵；通过历史数据，推测不同天气状况、不同路段、不同时段交通事故发生的概率，进而对出行人员及车辆进行预警。大数据技术为解决交通难题提供了有效的智能化途径。

（4）快速反馈与迭代，实现闭环控制。通过实时的大数据分析，结合历史经验，提高交通控制智能化水平。例如，通过实时获取交通路况、车流信息及历史状况，有效控制交通信号灯，提高道路通行率，避免出行人员的时间浪费，缓解交通拥堵。

（5）提供创新应用与服务。大数据的魅力在于跨界互联，将原本看似不相关的数据关联起来产生新的运营模式和应用价值。交通大数据的处理分析，在有效解决交通难题的同时，也可以为公共安全、车联网应用、社会管理、土地利用、广告营销、电商交通等提供新的管理理念、模式和手段。

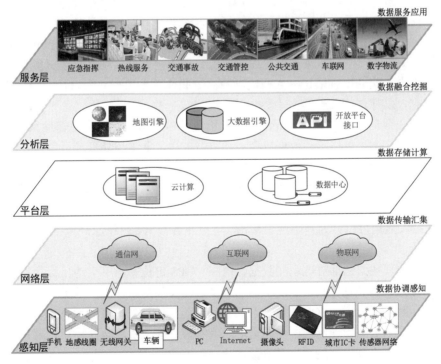

图 9.9　智能交通架构

9.3.3　交通大数据处理技术主要的研究方向

如何处理多源、异构的交通大数据，并将它们从简单的存储、处理向产生知识和决策依据转变是大数据技术研究的重点。目前，交通大数据处理技术主要的研究方向如下。

（1）时空信息的数据质量评估体系。由于数据具有不确定性，且来自不同传感器的数据质量良莠不齐，因此需要构建数据质量评估模型，对数据进行选择和清洗。为评估数据质量，需要针对物理信息系统中的传感器数据，定义稳定性和敏感度，优化选择数据。交通大数据中最常见的数据质量问题包括 GPS 数据漂移、数据冗余、数据延迟、数据缺失及多种数据或语义不一致等。

（2）交通大数据的存储、计算、挖掘与可视化技术。实现交通大数据的实时处理和并行计算；支持海量时空数据的可伸缩存储与高速多维查询；根据城市大数据的特性，提出计算与存储紧密耦合的计算模型，提供交通大数据实时处理及挖掘服务；MapReduce、流计算、图计算等并行计算模式的支撑技术；实现对动态、多源、多尺度时空数据的可视化展现。

（3）基于数据驱动的智能控制技术。根据数据驱动的实时交通信息，运用闭合反馈等控制理论实现车流、客流和道路状态的全时空管控，提高交通管控的自学习、自适应、自决策及自愈合能力，实现城市交通的精细化管理、调度和优化。

9.4　土地资源大数据

土地资源大数据涉及土地相关的自然属性，同时更强调土地的社会经济属性，人们在监测调查、统计分析土地及土地资源某要素特征时，刻画对象的数据具备了类型多样、数据多时态性、海量性等特征，如土地利用调查数据、耕地监测数据、建设用地批供用补查数据、地籍调查数据、不动产登记数据、卫星遥感影像数据、无人机高精度航空摄影数据、倾斜摄影测量点云数据、交通出行数据、人口流动数据、职住关系数据、人口社会经济统计数据、土地生态数据、法律法规文件等文本数据等。

土地资源大数据具备大数据特征，它来源于各种传感器、土地资源管理系统和互联网，类型包括图片、文本、表格等，数据量庞大，类型多样，采集和处理分析困难，需要高效的计算模型对其进行清洗、挖掘、加工，数据中包含有关国土资源准确的和有价值的信息，对土地资源大数据的分析与利用具有重要的现实意义。

土地资源大数据来源广泛、种类复杂。从数据来源、产生方式和使用方法等方面综合来说，土地资源大数据可以分为基础地理数据、土地业务数据、政策法规数据、社会经济数据、网络数据。

（1）基础地理数据包括对地观测数据、地图、GPS 定位数据、大地坐标数据等。其中对地观测数据是指利用各种工具、手段对地球表层、内部观测所得到的数据，一般包括测量数据、航空/航天遥感数据等。这些数据普遍具有空间意义，是国土资源数据中核心的、复杂的组成部分。在国土资源管理过程中，无论是地籍管理、国土资源执法监察，还是探矿权、采矿权的审核，都离不开对这些数据的有效使用。

（2）土地业务数据是指那些从国土资源管理部门现有的业务处理系统中采集到并保存在业务处理系统的，且与日常生产经营有关的事务级数据，包括业务数据、办公数据、历史档案数据、业务专题数据等。其中办公数据是指内部的办公系统数据，这些数据在形式上表现为电子数据和非电子数据两种。历史档案数据，也称档案数据，是国土资源管理部门在长期的信息处理过程中积累下来的数据，这些数据一般进行了脱机处理，以纸质材料、磁带或其他存储设施保存，对业务处理系统的当前运行不一定能提供直接的参考作用。

（3）政策法规数据是指国家、地方政府或有关部门制定的关于土地资源利用、优化、调整等的法律法规及为加强和规范土地利用总体规划管理而编制的相关规程、标准、规范和公文。

（4）社会经济数据包括人口、交通、社会、经济等统计数据。

（5）网络数据是互联网、物联网等网络载体中与土地相关的社交、舆情、新闻、文献、著作、知识产权等数据。

9.4.1　土地资源大数据的特征

土地资源大数据是通过国土资源管理部门调查、评价、规划和管理工作产生的，反映了土地、矿产、地质、环境等对象的特征及其动态变化。面向数据资源保护、大规模有序共享和可持续更新，实现土地资源大数据管理工作信息化，必须了解土地资源大数据的特征。

我国土地资源管理采取国家、省、市、县多级管理制度。各级国土资源管理部门从自身业务工作需要出发，通过各种途径及方法获取和产生有关的土地资源大数据，并依据自身需要，对这些数据进行管理，土地资源管理的分级分布性及土地资源大数据所刻画对象的复杂性，决定了土地资源大数据具有如下特征。

（1）数据量大，数据质量不均衡，低质量高信息量数据普遍存在。土地资源大数据涉及农用地、建设用地、未利用地等全域的国土空间数据，尤其是建设用地数据采集方式多样、数据格式多样化。由于天气、作业环境、采集对象本身特点及其他历史条件限制，数据在采集频度、时间跨度、空间覆盖度上不均匀，数据错漏和信息不完整的现象时有发生。

（2）多源多结构数据并存，异构数据量大、种类多。主要体现在来源广泛、获取方式、技术手段均不同，包含土地调查数据、航空航天影像数据、GPS轨迹数据、土地监测点、社会经济统计报表、文档报告等，涵盖了结构化、半结构化及非结构化等多种格式的高度异构数据。以一个县域为例，土地资源大数据包括城镇、农村全方面国土空间的建设用地，农用地监测监管等多方面不同格式、不同类型的数据。常规的土地资源大数据量达 TB 级。

（3）土地资源大数据特征复杂，数据之间存在空间和逻辑的关联关系。土地资源涉及要素类型多，土地资源大数据所表达对象内容多样，数据表达方式不一，如栅格数据、DEM、DTM、点线面、网络数据、图片、文本、表格、采样点、多光谱高分辨率影像等。同一个对象可以用矢量数据也可以用栅格数据、影像数据表达，对象包含的属性信息有 10～50 种。同时，土地资源是个整合体，不同土地利用的对象存在转换，如农用地和建设用地之间，建设用地和耕地内部也存在状态、形式内容的转换和变化。从时序上空间范围发生转化关系，如废弃工矿区用地复垦耕地，耕地流转为建设用地等现象，表现为空间上、父子继承关系上、数量计量上、权属关系等关联关系。总之，由于土地资源大数据具有高度的时空特性，导致其内容和特征极为复杂。

（4）数据分散、"垄断"。由于管理制度和体制变化、历史变迁等原因，国土资源数据"散落"在各个业务职能部门中，有的甚至成了这些部门的"私有财产"，绝大部分数据还处在业务职能部门的"垄断"使用状态，数据信息共享程度极低，各级国土资源管理部门难以从全局上掌控这些数据。

（5）数据标准化程度低。虽然国土资源有关部门就土地资源基础数据建设发布了若干标准、规程和规范，但标准自身的完善性还不够，各地区对标准的理解和执行方面还存在极大的差异性。总体而言，土地资源大数据的标准程度还很低。

（6）数据时空性强。土地资源管理工作离不开土地、矿产的空间位置，描述资源地理分布的空间数据是土地资源大数据的重要组成部分。土地资源大数据不仅要刻画土地、矿产等的现状，还要反映其动态变换，即土地资源大数据具有时态性。基于刻画精细程度的不同，土地资源大数据具有多个空间和时间尺度。

（7）数据管理多样化。各个业务职能部门分散管理自身相关的土地资源大数据，造就了数据管理的多样化。从数据管理主体看，有的是各业务职能部门独自管理自身相关数据、有的是基于数据中心对数据进行统一管理；从数据表现形式看，纸介质数据文件、磁介质数据文件、基于数据库的数据集等形式并存；从数据管理方式看，存在手工、业务应用系统、数据库管理系统等方式；从数据管理集成形式看，存在基于独立业务管理、基于业务集成的数据中心共享数据库管理等形式。

9.4.2　土地资源大数据的基本特征

土地是自然与经济的综合体。所谓土地信息，就是用文字、数字、符号、图件等不同形式定性、定量、定位、定时、可视化地全面表征土地自然与经济属性特征的信息。土地资源大数据来源广、种类繁多，包括涉及与土地相关的各种自然、社会、经济和技术要素的图形、图像、文字和表格资料。为了使计算机能够方便地处理和管理这些数据，一般按其表达形式将其归纳为空间数据和属性数据（非空间数据）两种基本类型。

（1）空间数据又称定位数据或图形数据，是用于确定构成土地实体各要素的绝对空间位置或不同要素之间的相对位置的数据。空间数据主要来源是地形地籍图、土地利用规划图件、土地利用现状图、土地利用遥感影像等。

在计算机中，空间数据又可以分为栅格格式和矢量格式两类进行存储，相应有不同的软件或程序处理这两类不同格式的数据。

（2）属性数据又称非空间数据，是表达具体研究的土地实体各个属性的数据，其表达手段是字符串或统计观测数据串。属性数据包括各种调查报告、文件、统计数据及调查数据，如宗地调查的土地类型、土地用途、面积等都是属性数据。

其中，空间数据是地理信息系统的核心，也是土地资源大数据中最重要的组成部分。空间数据来源和类型繁多，概括起来主要可以分为地图数据、影像数据、地形数据和元数据。地图数据来源于各种类型的普通地图和专题地图，这些地图的内容丰富，图上实体间的空间关系直观，实体的类别或属性清晰，实测地形图还具有很高的精度，是地理信息的主要载体，同时也是地理信息系统最重要的信息源。影像数据主要来源于卫星遥感和航空遥感，包括多平台、多层面、多种传感器、多时相、多光谱、多角度和多种分辨率的遥感影像数据，构成多源海量数据，也是 GIS 最有效的数据源之一。地形数据来源于地形等高线图的数字化，已建立的数字高程模型（DEM）和其他实测的地形数据等。元数据来源于由各类纯数据通过调查、推理、分析和总结得到的有关数据的数据，如数据来源、数据权属、数据产生的时间、数据精度、数据分辨率、源数据比例尺、数据转换方法等。

空间数据根据表示对象的不同，其类型和表示方法如图 9.10 所示。

（1）类型数据，如点状要素、线状要素、面状要素等。

（2）面域数据，如区域中心、境界线、行政单元等。

（3）网络数据，如道路交点、街道、街区等。

（4）样本数据，如气象站、航线、样方分布区等。

（5）曲面数据，如高程点、等值线、概略等值区等。

（6）文本数据，如地点名称、线状要素名称、区域名称等。

（7）符号数据，如点状符号、线状符号、面状符号等。

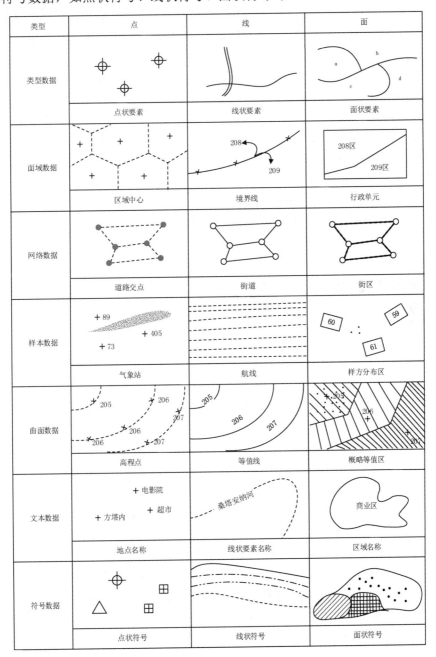

图 9.10　空间数据的类型和表示方法

空间数据将土地实体在地理信息系统中定位，属性数据是对被定位的土地实体进行属性描述。两者相互联系，紧密结合，构成了完整的系统数据，便于地图的可视化和空间查询分析。如果要描述土地实体或现象的变化，那么还需记录土地实体或现象在某一个时间的状态。所以，一般认为土地资源大数据的基本特征有以下几种。

（1）空间特征（空间数据），包括空间位置特征和空间关系特征。

空间位置是土地实体在一定坐标系中的地理空间位置或几何定位，通常采用坐标来表示，包括土地实体（对象）的位置、大小、形状和分布状况等。

空间关系是土地实体在空间上的相互关系，包括拓扑关系、顺序关系和度量关系。人类对土地实体的定位通常不是通过记忆其空间坐标，而是确定该土地实体与其他更熟悉的土地实体间的空间关系。

（2）属性特征（非空间数据），表示实际现象或特征，是与土地实体相联系的、表征土地实体本身性质的数据或数量，通常分为定性属性（如名称、类型、特性等）和定量属性（如数量、等级等）。

（3）时间特征（时间尺度），指土地资源大数据随时间的变化而变化的特征，其变化的周期有超短期的、短期的、中期的、长期的等。严格地讲，土地资源大数据总是在某一特定时间或时段内采集到或计算产生的。

空间数据和属性数据相对于时间来说，常常呈相互独立的变化，即在不同的时间，空间位置不变，但是属性特征可能已经发生变化，或者相反。因此，土地资源大数据的管理是十分复杂的。

9.4.3　土地资源大数据的获取与整合

目前在土地资源管理方面，已建立了国土资源"一张图"和综合监管平台，实现了"天上看、地上查、网上管"的协同监管机制。土地资源管理的核心在于对采集到的土地资源大数据进行有效地治理、存储、检索、挖掘和学习，从而为土地评价和规划提供决策服务。

土地资源大数据涵盖地面、地下不同空间位置，涉及土地、地质矿产、测绘、植被、水文、林业、农业等不同部门，包含街区、县、市、省、全国范围等不同尺度水平，面向统计、分析、评价、预测等不同应用目标，具有时空动态性、复杂性、多尺度性、不确定性等特征。随着对地观测技术的迅速发展和土地资源信息化进程的深入推进，多时相、多领域的遥感数据、基础地理数据、土地业务数据等将不断累积。土地资源管理与决策的数据来源于互联网、物联网、全球定位、5G 移动、各类传感器等获取手段，产生了海量的反映土地资源数量、空间结构、土地利用动态、模式与效率的数据，具有现势性强、高精度、多角度等特征，为土地资源管理与决策满足政府、企业和居民需求多样性提供了可能。

土地资源大数据整合需要研究数据的标准和结构，把握数据的基本情况，先把可利用的数据从源头抽取出来，进行各种加工转换整合，然后对经过"粗加工"的数据进行深层"清洗"，最后装载到统一的"数据库"中，进行数据应用与服务。土地资源大数据的获取与整合如图 9.11 所示。它大体可分为以下步骤。

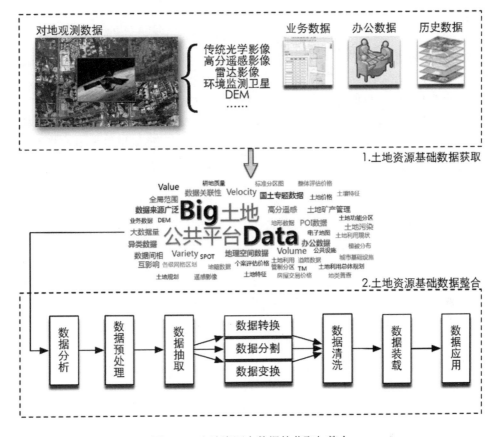

图 9.11　土地资源大数据的获取与整合

（1）进行数据分析。研究数据的基本情况，通过数据挖掘梳理数据，制订符合数据本身的解决方案，通过数据挖掘获取的知识规则贯穿数据整合的始终。

（2）进行数据预处理。建立规范样本数据模板，抽取部分数据为范例试验，并建立临时规则库。

（3）进行数据抽取。由于数据往往来源于不同数据源的不同系统，需要对参与整合的数据抽取相关资源。

（4）由于数据具有不一致性，为了解决多源异构、多时相、多尺度等问题，需要对数据进行数据转换，这里的数据转换不仅是格式转换，还包含了结构调整、空间参考统一等一系列整合手段。

（5）转换后的数据仍然存在一些问题，如图形拓扑错误、图形属性不一致等，因此需要对数据进行"清洗"，通过已经制订的规则对数据进行检查和修复，解决信息冗余、错误、不完整等问题。

（6）检查合格后的数据通过预先制订的方案进行数据装载，建立统一的数据库供土地资源公共平台使用。

思考题

1. 归纳大数据在金融行业有哪些具体应用场景，并分析大数据为金融行业带来的价值。
2. 试分析大数据金融与传统金融模式的区别和各自的优缺点。
3. 归纳整理医疗大数据的特征及医疗大数据的来源。
4. 试从相关网站爬取或下载症状、疾病等相关医疗数据，并实现医疗辅助诊断模型。

参考文献

[1] Bell G,Hey T,Szalay A.Beyond the data deluge[J]. Science, 2009, 323(5919): 1297-1298.

[2] cager901. 麦肯锡报告_大数据是革新、竞争、生产力的下一个前沿[EB/OL]. 2014-08-14.

[3] 史蒂文·S, 斯基纳. 大数据分析: 理论、方法及应用[M]. 徐曼, 译. 北京: 机械工业出版社, 2022.

[4] Tom Kalil. Big Data is a Big Deal [EB/OL]. 2012-05-29.

[5] Wikibon. Big Data Market Size and Vendor Revenues[EB/OL]. 2015-11-14.

[6] 盛春华, 林雪平, 陈贵钱. 大数据在医学领域中的应用探索与思考[J]. 中国医学教育技术,2018,32(06):604-606.

[7] 王筠. 大数据在城市交通管理中的应用[J]. 交通世界,2018,(30):6-7.

[8] 王映月, 杜娜. 大数据背景下的国土空间规划[J]. 农业科技与信息,2018,(16):34-37+40.

[9] 宁兆龙,孔祥杰,杨卓,等.大数据导论[M]. 北京:科学出版社, 2017.

[10] 刘丽敏,廖志芳,周韵.大数据采集与预处理技术[M]. 长沙:中南大学出版社,2018.

[11] 张祖平. 数据科学与大数据技术导论[M]. 长沙:中南大学出版社,2018.

[12] 陆晟, 刘振川, 汪关盛.大数据理论与工程实践[M]. 北京:人民邮电出版社,2018.

[13] 林子雨.大数据技术原理与应用（第二版）[M]. 北京:人民邮电出版社,2017.

[14] 陆红.大数据分析方法[M]. 北京:中国财富出版社,2017.

[15] 杨毅.大数据技术基础与应用导论[M]. 北京:电子工业出版社,2018.

[16] 朱洁.大数据架构详解:从数据获取到深度学习[M]. 北京:电子工业出版社,2016.

[17] 龙军,章成源.数据仓库与数据挖掘[M]. 长沙:中南大学出版社,2018.

[18] 李航.统计学习方法[M]. 北京:清华大学出版社,2012.

[19] 周志华.机器学习[M]. 北京:清华大学出版社,2016.

[20] Pang-Ning Tan, Michael Steinbach, Vipin Kumar. 数据挖掘导论[M]. 北京:人民邮电出版社, 2011.

[21] 冯登国.大数据安全与隐私保护[M]. 北京:清华大学出版社,2018.

[22] 石瑞生.大数据安全与隐私保护[M]. 北京:北京邮电大学出版社,2019.

反侵权盗版声明

电子工业出版社依法对本作品享有专有出版权。任何未经权利人书面许可，复制、销售或通过信息网络传播本作品的行为；歪曲、篡改、剽窃本作品的行为，均违反《中华人民共和国著作权法》，其行为人应承担相应的民事责任和行政责任，构成犯罪的，将被依法追究刑事责任。

为了维护市场秩序，保护权利人的合法权益，我社将依法查处和打击侵权盗版的单位和个人。欢迎社会各界人士积极举报侵权盗版行为，本社将奖励举报有功人员，并保证举报人的信息不被泄露。

举报电话：（010）88254396；（010）88258888

传　　真：（010）88254397

E - m a i l：dbqq@phei.com.cn

通信地址：北京市万寿路 173 信箱

　　　　　电子工业出版社总编办公室

邮　　编：100036